21世纪高等学校规划教材 ｜ 电子信息

电子技术基础

（第3版）

霍亮生 主编

U0291422

清华大学出版社

北京

内 容 简 介

本书全面介绍了电子技术的基本理论、分析方法和实际应用。全书共分 10 章,第 1 章介绍半导体器件,第 2 和第 3 章介绍基本放大电路和集成运算放大电路,第 4 章介绍数字逻辑基础,第 5 和第 6 章介绍组合逻辑电路和时序逻辑电路,第 7 和第 8 章介绍半导体存储器件和可编程逻辑器件,第 9 章介绍信号的发生与变换,第 10 章介绍电力电子技术。

本书适合作为高等院校电子技术课程的教材,也可作为高等职业教育和成人教育电子课程的教材。

图书在版编目(CIP)数据

电子技术基础/霍亮生主编.—3 版.—北京:清华大学出版社,2019(2023.8 重印)
(21 世纪高等学校规划教材·电子信息)
ISBN 978-7-302-50183-1

Ⅰ.①电…　Ⅱ.①霍…　Ⅲ.①电子技术—高等学校—教材　Ⅳ.①TN

中国版本图书馆 CIP 数据核字(2018)第 112430 号

责任编辑:魏江江　赵晓宁
封面设计:傅瑞学
责任校对:梁　毅
责任印制:宋　林

出版发行:清华大学出版社
　　　　网　　　址:http://www.tup.com.cn,http://www.wqbook.com
　　　　地　　　址:北京清华大学学研大厦 A 座　　　　　　邮　　编:100084
　　　　社 总 机:010-83470000　　　　　　　　　　　　邮　　购:010-62786544
　　　　投稿与读者服务:010-62776969,c-service@tup.tsinghua.edu.cn
　　　　质量反馈:010-62772015,zhiliang@tup.tsinghua.edu.cn
　　　　课件下载:http://www.tup.com.cn,010-83470236
印 装 者:三河市龙大印装有限公司
经　　销:全国新华书店
开　　本:185mm×260mm　　印　张:25.75　　　　　　字　　数:624 千字
版　　次:2006 年 4 月第 1 版　2019 年 8 月第 3 版　　印　　次:2023 年 8 月第 10 次印刷
印　　数:17001～19000
定　　价:59.80 元

产品编号:071634-01

出 版 说 明

随着我国改革开放的进一步深化,高等教育也得到了快速发展,各地高校紧密结合地方经济建设发展需要,科学运用市场调节机制,加大了使用信息科学等现代科学技术提升、改造传统学科专业的投入力度,通过教育改革合理调整和配置了教育资源,优化了传统学科专业,积极为地方经济建设输送人才,为我国经济社会的快速、健康和可持续发展以及高等教育自身的改革发展做出了巨大贡献。但是,高等教育质量还需要进一步提高以适应经济社会发展的需要,不少高校的专业设置和结构不尽合理,教师队伍整体素质亟待提高,人才培养模式、教学内容和方法需要进一步转变,学生的实践能力和创新精神亟待加强。

教育部一直十分重视高等教育质量工作。2007 年 1 月,教育部下发了《关于实施高等学校本科教学质量与教学改革工程的意见》,计划实施"高等学校本科教学质量与教学改革工程(简称'质量工程')",通过专业结构调整、课程教材建设、实践教学改革、教学团队建设等多项内容,进一步深化高等学校教学改革,提高人才培养的能力和水平,更好地满足经济社会发展对高素质人才的需要。在贯彻和落实教育部"质量工程"的过程中,各地高校发挥师资力量强、办学经验丰富、教学资源充裕等优势,对其特色专业及特色课程(群)加以规划、整理和总结,更新教学内容、改革课程体系,建设了一大批内容新、体系新、方法新、手段新的特色课程。在此基础上,经教育部相关教学指导委员会专家的指导和建议,清华大学出版社在多个领域精选各高校的特色课程,分别规划出版系列教材,以配合"质量工程"的实施,满足各高校教学质量和教学改革的需要。

为了深入贯彻落实教育部《关于加强高等学校本科教学工作,提高教学质量的若干意见》精神,紧密配合教育部已经启动的"高等学校教学质量与教学改革工程精品课程建设工作",在有关专家、教授的倡议和有关部门的大力支持下,我们组织并成立了"清华大学出版社教材编审委员会"(以下简称"编委会"),旨在配合教育部制定精品课程教材的出版规划,讨论并实施精品课程教材的编写与出版工作。"编委会"成员皆来自全国各类高等学校教学与科研第一线的骨干教师,其中许多教师为各校相关院、系主管教学的院长或系主任。

按照教育部的要求,"编委会"一致认为:精品课程的建设工作从开始就要坚持高标准、严要求,处于一个比较高的起点上;精品课程教材应该能够反映各高校教学改革与课程建设的需要,要有特色风格、有创新性(新体系、新内容、新手段、新思路,教材的内容体系有较高的科学创新、技术创新和理念创新的含量)、先进性(对原有的学科体系有实质性的改革和发展,顺应并符合 21 世纪教学发展的规律,代表并引领课程发展的趋势和方向)、示范性(教材所体现的课程体系具有较广泛的辐射性和示范性)和一定的前瞻性。教材由个人申报或各校推荐(通过所在高校的"编委会"成员推荐),经"编委会"认真评审,最后由清华大学出版社审定出版。

目前,针对计算机类和电子信息类相关专业成立了两个"编委会",即"清华大学出版社计算机教材编审委员会"和"清华大学出版社电子信息教材编审委员会"。推出的特色精品教材包括:

(1) 21 世纪高等学校规划教材·计算机应用——高等学校各类专业,特别是非计算机专业的计算机应用类教材。

(2) 21 世纪高等学校规划教材·计算机科学与技术——高等学校计算机相关专业的教材。

(3) 21 世纪高等学校规划教材·电子信息——高等学校电子信息相关专业的教材。

(4) 21 世纪高等学校规划教材·软件工程——高等学校软件工程相关专业的教材。

(5) 21 世纪高等学校规划教材·信息管理与信息系统。

(6) 21 世纪高等学校规划教材·财经管理与计算机应用。

(7) 21 世纪高等学校规划教材·电子商务。

清华大学出版社经过三十多年的努力,在教材尤其是计算机和电子信息类专业教材出版方面树立了权威品牌,为我国的高等教育事业做出了重要贡献。清华版教材形成了技术准确、内容严谨的独特风格,这种风格将延续并反映在特色精品教材的建设中。

清华大学出版社教材编审委员会
联系人:魏江江
E-mail:weijj@tup.tsinghua.edu.cn

第3版前言

　　为了适应现代电子信息技术迅猛发展的需要,本书针对非电类专业学生的必修基础课程"电子技术(基础)"的内容和体系进行有机的整合,形成了新的教材体系。

　　在本书的编写过程中,参考了国内外大量优秀教材,充分吸收新概念、新理论和新技术,力求处理好先进性和适用性的关系,处理好教材内容变化和基础内容相对稳定的关系。力求重点突出,概念清晰,理论联系实际。

　　在第2版5次印刷的基础上,本书拥有了大量读者,许多读者提出了很好的修改建议,这些建议均在再版中得到体现,修正了第2版中存在的问题,充实了部分章节,在此表示衷心感谢。根据相关技术的发展与进步,对"门电路和组合逻辑电路""触发器和时序逻辑电路""可编程逻辑器件""信号的发生与变换"及"电力电子技术"等章节内容进行较多的更新,使读者在学习每个部分理论知识的同时也对最新器件有了更为全面的了解。

　　本书由霍亮生教授任主编并负责全书的内容编排和审核工作,刘美莲、吴雪、邵卫东参与了编写工作。第1和第2章由吴雪编写,第4和第5章由刘美莲编写,第3、第6和第7章由邵卫东编写,第8~第10章由霍亮生编写,冯涛、熊光洁也给予了许多帮助。李成龙在再版的后期完善中做了一些工作。借此机会向所有关心、支持和帮助过本书编写、修改、出版和发行工作的同志致以诚挚的谢意。

　　限于编者水平,书中难免存在不妥之处,恳请读者批评指正。

编　者

2019 年 5 月

第2版前言

为了适应现代电子信息技术迅猛发展的需要,本书针对非电类专业学生的必修基础课程"电子技术(基础)"的内容和体系进行有机的整合,形成了新的教材体系。

在本书的编写过程中,参考了国内外大量优秀教材,充分吸收新概念、新理论和新技术,力求处理好先进性和适用性的关系,处理好教材内容变化和基础内容相对稳定的关系。力求重点突出,概念清晰,理论联系实际。

在第1版5次印刷的基础上,本书拥有了大量读者,许多读者提出了很好的修改建议,这些建议均在再版中得到体现,修正了第1版中存在的问题,充实了部分章节,在此我们表示衷心感谢。根据相关技术的发展与进步,对"半导体存储器件""可编程逻辑器件""电力电子技术"及"信号的发生与变换"等章节内容进行较多的更新,补充了第1版中各章没有习题的部分。

本书由霍亮生教授任主编并负责全书的内容编排和审核工作,刘美莲、吴雪、邵卫东参与了编写工作。第1和第2章由吴雪编写,第4和第5章由刘美莲编写,第3、第6和第7章由邵卫东编写,第8~第10章由霍亮生编写,冯涛、熊光洁也给予了许多帮助。借此机会也向所有关心、支持和帮助过本书编写、修改、出版和发行工作的同志致以诚挚的谢意!

限于编者水平,书中难免存在不妥之处,恳请读者批评指正。

编 者

2010 年 11 月

第1版前言

为了适应现代电子信息科学技术迅猛发展的需要,本书针对非电类专业学生的必修基础课程"电子技术(基础)"的内容和体系进行有机的整合,形成新的教材体系。本书的主要特点表现在以下几个方面。

(1) 将"模拟电子技术基础"和"数字电子技术基础"课程的内容有机地结合在一起,注重培养学生分析问题和解决问题的能力,有利于提高学生综合利用各科知识讨论某些具体问题的能力。

(2) 兼顾经典理论与最新的现代电子技术,在保留传统电子学理论的基础上,介绍了大量现代电子技术的实际应用。

(3) 在叙述的过程中,注意引导学生对概念的理解,强化理论的推理过程,注意引导学生开放性的思维方法,有意识地培养学生从不同的渠道、利用不同的方法对同一个问题进行讨论,以加深学生对基本概念和基础知识的理解,培养学生分析问题和解决问题的能力,提高学生的综合素质。

在本书的编写过程中参考了国内外优秀教材,充分吸收新概念、新理论和新技术,力求处理好先进性和适用性的关系,处理好教材内容变化和基础内容相对稳定的关系。力求重点突出,概念清晰,理论联系实际。

本书由霍亮生教授主编,刘美莲、吴雪参与了教材编写工作。第1～第3、第9章由吴雪编写,第4～第7章由刘美莲编写,第8和第10章由霍亮生编写,冯涛、熊光洁、于洪涛和吴亚玲也给予了许多帮助。借此机会向所有关心、支持和帮助过本书编写、修改、出版和发行工作的同志致以诚挚的谢意。

限于编者水平,书中难免存在不妥之处,恳请读者批评指正。

编　者

2005 年 11 月

目　录

第1章

半导体器件

内容提要

半导体器件是组成各种电子电路的基础。本章首先介绍半导体基础知识,包括半导体材料的特性、半导体中载流子的运动、PN 结的单向导电性等;然后介绍半导体二极管、稳压管、双极型晶体管以及场效应管的结构、工作原理、特性曲线和主要参数。

1.1 半导体基础知识

自然界的物质按照导电能力的强弱可分为导体、绝缘体和半导体三类。物质的导电性能决定于原子结构。导体一般为低价元素,例如银、铜和铝等金属材料都是良好的导体,它们的最外层电子极易挣脱原子核的束缚成为自由电子,在外电场的作用下产生定向移动,形成电流。高价元素(如惰性气体)或高分子物质(如橡胶)的最外层电子受原子核束缚力极强,很难成为自由电子,所以其导电性极差,称为绝缘体。常用的半导体材料有硅(Si)和锗(Ge),锗原子中共有 32 个电子围绕原子核旋转,最外层轨道上有 4 个电子,如图 1-1(a)所示。原子外层轨道上的电子通常称为价电子,因此硅和锗均为 4 价元素。硅的原子结构如图 1-1(b)所示。为了方便起见,常常用带+4 价电荷的正离子和周围的 4 个价电子来表示一个 4 价元素的原子,如图 1-1(c)所示。硅和锗的最外层电子既不像导体那么容易挣脱原子核的束缚,也不像绝缘体那样被原子核束缚得那么紧,因此其导电性介于导体和绝缘体之间。

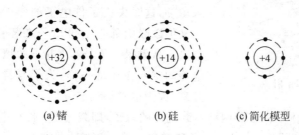

(a)锗   (b)硅   (c)简化模型

图 1-1 锗和硅的原子结构

1.1.1 本征半导体

将纯净半导体经过一定工艺过程制成的单晶体称为本征半导体。

1. 本征半导体的晶体结构

在硅(或锗)的晶体中,原子在空间形成规则的晶体点阵,即每个硅(或锗)原子处于正四面体中心,而有其他 4 个原子位于四面体的顶点,如图 1-2 所示。其中每个原子最外层的价电子不仅受到自身原子核的束缚,同时还受到相邻原子核的吸引。因此,价电子不仅围绕自身的原子核运动,同时也出现在围绕相邻原子核的轨道上。于是,两个相邻的原子共有一对价电子,即形成了晶体中的共价键结构。图 1-3 是硅晶体中共价键结构平面示意图。

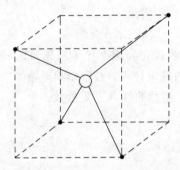

图 1-2　晶体中原子的排列方式

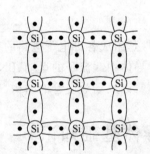

图 1-3　共价键结构平面示意图

2. 本征半导体中的两种载流子

对于本征半导体来说,由于晶体中共价键的结合力很强,在热力学温度零度(即 $T=0\text{K}$,相当于 $T=-273℃$)时,共价键中电子的能量不足以挣脱共价键的束缚,因此晶体中没有自由电子。所以,在 $T=0\text{K}$ 时,半导体不能导电,如同绝缘体一样。如果温度逐渐升高,例如在室温条件下,将有少数价电子获得足够的能量,以克服共价键的束缚而成为自由电子。此时本征半导体具有一定的导电能力,但因自由电子的数量很少,所以它的导电能力比较微弱。同时,在原来的共价键中留下一个空位,这种空位称为空穴,如图 1-4 所示。空穴能够吸引邻近共价键中的价电子来填补,这时失去了价电子的邻近共价键中出现的空穴又可以吸引邻近的价电子来替补,从而又出现一个空穴。从效果上看,这种电子的填补运动相当于带正电荷的空穴在运动一样,为了与自由电子的运动区别开来,称为空穴运动。

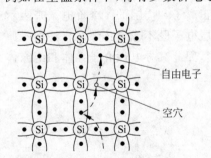

图 1-4　空穴和自由电子

自由电子

空穴

由此可见,半导体中存在着两种运载电荷的粒子,即载流子:带负电的自由电子和带正电的空穴。在本征半导体中,自由电子和空穴总是成对产生,成为电子-空穴对,因此两种载流子浓度是相等的。同时,当自由电子填补空穴时称为复合,而使电子-空穴对消失。在一定温度下,上述电子-空穴对产生和复合两种运动达到了平衡,使电子-空穴对的浓度稳定。

应当指出,本征半导体的导电性能很差,且与环境温度密切相关,随着温度的升高,载流子的浓度基本上呈指数规律增加。半导体材料性能对温度的这种敏感性,既可以用来制作光敏和热敏器件,也是造成半导体器件温度稳定性差的原因。

1.1.2 杂质半导体

本征半导体中虽然存在两种载流子,但因本征载流子的浓度很低,所以其导电能力很差。如果在本征半导体中掺入某种特定的杂质,并控制掺入杂质元素的浓度,就可以控制杂质半导体的导电性能。

1. N 型半导体

如果在纯净的硅或锗的晶体中掺入少量的 5 价杂质元素,如磷、锑等,则原来晶格中的某些硅原子将被杂质原子代替,就形成了 N 型半导体。由于杂质原子的最外层有 5 个价电子,所以它与周围 4 个硅原子组成共价键时还多出一个电子。这个电子不受共价键的束缚,只受自身原子核的吸引,而原子核的这种束缚力比较微弱,因此该电子在室温下即可成为自由电子,而杂质原子成为不可移动的正离子,如图 1-5 所示。在 N 型半导体中,自由电子的浓度将远远高于空穴的浓度,因此自由电子称为多数载流子(简称多子),而其中的空穴称为少数载流子(简称少子)。由于杂质原子可以提供电子,故称之为施主原子。N 型半导体主要靠自由电子导电,掺入的杂质越多,自由电子的浓度就越高,导电性能也就越强。

2. P 型半导体

如果在纯净的硅或锗的晶体中掺入少量的 3 价杂质元素,如硼、镓等,则原来晶格中的某些硅原子将被杂质原子代替,就形成了 P 型半导体。由于杂质原子的最外层有 3 个价电子,所以它与周围 4 个硅原子组成共价键时就产生了一个"空穴",当硅原子外层电子由于热运动填补此空穴时,杂质原子成为不可移动的负离子,同时在硅原子的共价键中产生一个空穴,如图 1-6 所示。在 P 型半导体中,空穴的浓度将远远高于自由电子的浓度,因此空穴为多子,而其中的自由电子为少子。由于杂质原子中的空穴吸引电子,故称之为受主原子。P 型半导体主要靠空穴导电,掺入的杂质越多,空穴的浓度就越高,导电性能就越强。

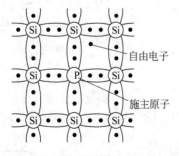

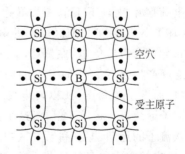

图 1-5 N 型半导体的晶体结构　　　　图 1-6 P 型半导体的晶体结构

在杂质半导体中,多数载流子的浓度主要取决于掺入的杂质浓度;而少数载流子的浓度主要取决于温度的影响。

对于杂质半导体来说,无论是 N 型还是 P 型半导体,从总体上看,仍然保持着电中性。为简单起见,以后通常只画出其中的正离子和等量的自由电子来表示 N 型半导体;同样地,只画出负离子和等量的空穴来表示 P 型半导体,分别如图 1-7(a) 和图 1-7(b) 所示。

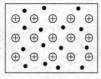 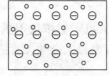

(a)N型半导体　　　(b)P型半导体

图 1-7　杂质半导体的简化表示法

总之,在纯净的半导体中掺入杂质以后,其导电性能将大大改善。例如,在 4 价的硅中掺入 3 价杂质硼后,在室温时的电阻率与本征半导体相比,将下降到五十万分之一,可见导电能力大大提高了。当然,仅仅提高导电能力不是最终目的,因为导体的导电能力更强。杂质半导体的奇妙之处在于:本征半导体掺入不同性质、不同浓度的杂质后,并对 P 型半导体和 N 型半导体采用不同的方式组合,可以制造出形形色色、品种繁多、用途各异的半导体器件。

1.1.3　PN 结及其单向导电性

采用不同的掺杂工艺,将 P 型半导体和 N 型半导体制作在同一块硅片上,在它们的交界面就形成 PN 结。

1. PN 结中载流子的运动

在 P 型和 N 型半导体的交界面两侧,由于电子和空穴的浓度相差悬殊,所以 N 型区中的多数载流子(电子)要向 P 型区扩散;同时,P 型区中的多数载流子(空穴)也要向 N 型区扩散,如图 1-8(a) 所示。当电子和空穴相遇时将发生复合而消失。于是,在交界面两侧形成一个由不能移动的正、负离子组成的空间电荷区,也就是 PN 结,如图 1-8(b) 所示。由于空间电荷区内缺少可以自由运动的载流子,所以又称为耗尽层。在扩散之前,无论是 P 型区还是 N 型区,从整体来说,各自都保持着电中性,因为在 P 型区中,多数载流子空穴的浓度等于负离子的浓度与少数载流子电子的浓度之和;而在 N 型区中,电子(多数载流子)的浓度等于正离子的浓度与空穴(少数载流子)的浓度之和。但是,由于多数载流子的扩散运动,电子和空穴因复合而消失。中间电荷区中只剩下不能参加导电的正、负离子,因而破坏了 N 型区和 P 型区原来的电中性,空间电荷区的右侧(P 区)带负电,左侧(N 区)带正电,因此在二者之间产生由 N 区指向 P 区的内电场。因为空穴带正电,而电子带负电,所以内电场的作用将阻止多数载流子继续进行扩散。但是,这个内电场却有利于少数载流子的运动,即有利于 P 区中的电子向 N 区运动,N 区中的空穴向 P 区运动。通常将少数载流子在内电场作用下的定向运动称为漂移运动。

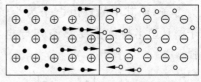

(a)P区与N区中载流子的扩散运动

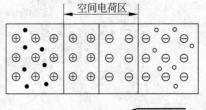

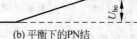

(b)平衡下的PN结

图 1-8　PN 结的形成

综上所述,在 PN 结中进行着两种载流子的运动:多数载流子的扩散运动和少数载流子的漂移运动。在无外电场和其他激发作用下,多子的扩散运动和少子的漂移运动达到动态平衡。

2．PN 结的单向导电性

如果在 PN 结的两端外加电压,就将破坏原来的平衡状态。此时,扩散电流不再等于漂移电流,因而 PN 结将有电流流过。当外加电压极性不同时,PN 结表现出截然不同的导电性能,即呈现出单向导电性。

1) PN 结外加正向电压时处于导通状态

当电源的正极(或正极串联电阻后)接到 PN 结的 P 端,且电源的负极(或负极串联电阻后)接到 PN 结的 N 端时,称 PN 结外加正向电压,如图 1-9 所示。此时外电场将多数载流子推向空间电荷区,使其变窄,削弱了内电场,破坏了原来的平衡,使扩散运动加剧,而漂移运动减弱。由于电源的作用,扩散运动将源源不断地进行,从而形成正向电流,PN 结导通。

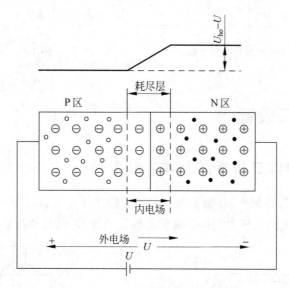

图 1-9　PN 结加正向电压时导通

PN 结导通时的结压降只有零点几伏,因而应在它所在的回路中串联一个电阻,以限制回路的电流,防止 PN 结因正向电流过大而损坏。

2) PN 结外加反向电压时处于截止状态

当电源的正极(或正极串联电阻后)接到 PN 结的 N 端,且电源的负极(或负极串联电阻后)接到 PN 结的 P 端时,称 PN 结外加反向电压,如图 1-10 所示。此时外电场使空间电荷区变宽,加强了内电场,阻止扩散运动的进行,而加剧漂移运动的进行,形成反向电流,也称为漂移电流。由于少子数目极少,即使所有的少子都参与漂移运动,反向电流也非常小,所以近似分析中常将其忽略不计,认为 PN 结加反向电压时处于截止状态。

3．PN 结的伏安特性

在 PN 结的两端加电压 u,然后测出流过 PN 结的电流 i,电压与电流之间的关系曲线即为 PN 结的伏安特性曲线,如图 1-11 所示。

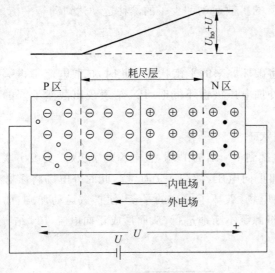

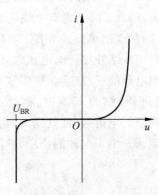

图 1-10　PN 结加反向电压时截止　　　　图 1-11　PN 结伏安特性

1.2　半导体二极管

1.2.1　半导体二极管的结构

将 PN 结用外壳封装起来,并加上电极引线就构成了半导体二极管。由 P 区引出的电极为阳极,由 N 区引出的电极为阴极。常见二极管的外形、结构和图形符号如图 1-12 所示。

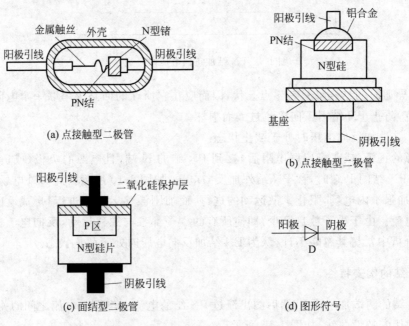

(a) 点接触型二极管

(b) 点接触型二极管

(c) 面结型二极管

(d) 图形符号

图 1-12　二极管的外形、结构和符号

二极管的类型很多,从制造二极管的材料来分,有硅二极管和锗二极管。从二极管的结构来分,主要有点接触型和面结型。点接触型二极管的特点是 PN 结的面积小,因而管子中不允许通过较大的电流,但是因为它们的结电容也小,可以在高频下工作,适用于检波和小功率的整流电路。面结型二极管则相反,由于 PN 结的面积大,故允许流过较大的电流,但只能在较低频率下工作,可用于整流电路。此外,还有一种开关型二极管,适用于在脉冲数字电路中用作开关管。

1.2.2　二极管的伏安特性

二极管的性能可用其伏安特性来描述。为了测得二极管的伏安特性,可在二极管的两端加上一个电压 u,然后测出流过二极管的电流 i,电流与电压之间的关系曲线 $i = f(u)$ 即是二极管的伏安特性,如图 1-13 所示。

特性曲线分为两部分:加正向电压时的特性称为正向特性(图 1-13 中曲线右半部分);加反向电压时的特性称为反向特性(图 1-13 中曲线左半部分)。

1. 正向特性

当加在二极管上的正向电压比较小时,正向电流很小,几乎等于 0。只有当在二极管两端的正向电压超过某一数值 U_{on} 时,正向电流才明显地增大。正向特性上的这一数值 U_{on} 通常称为"死区电压",如图 1-13 所示。死区电压的大小与二极管的材料及温度等因素有关。一般硅二极管的死区电压为 0.5V 左右,锗二极管为 0.1V 左右。

当正向电压超过死区电压以后,随着电压的升高,正向电流将迅速增大。电流与电压的关系基本上是一条指数曲线。

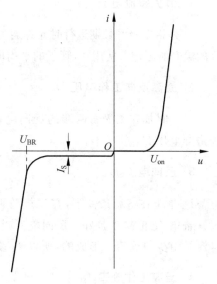

图 1-13　二极管伏安特性

2. 反向特性

由图 1-13 可见,当在二极管上加反向电压时,反向电流的值很小。而且当反向电压超过零点几伏以后,反向电流不再随着反向电压而增大,即达到了饱和,这个电流称为反向饱和电流,用符号 I_S 表示。

如果使反向电压继续升高,当超过 U_{BR} 以后,反向电流将急剧增大,这种现象称为击穿,U_{BR} 称为反向击穿电压。二极管击穿以后不再具有单向导电性。

应当指出,发生击穿并不意味着二极管被损坏。实际上,当反向击穿时,只要注意控制反向电流的数值,不使其过大,即可避免因过热而烧坏二极管。而当反向电压降低后,二极管的性能仍可能恢复正常。

根据半导体的物理原理,也可从理论上分析得到 PN 结伏安特性的表达式,此式通常称为二极管方程,即

$$I = I_S(e^{U/U_T} - 1)$$

式中　I_S——反向饱和电流;

　　　U_T——温度的电压当量,在常温(300K)下,$U_T = 26\text{mV}$。

由二极管方程可见,如果给二极管加上一个反向电压,即 $U < 0$,而且 $|U| \gg U_T$,则 $I \approx$ $-I_S$。若给二极管加上一个正向电压,即 $U > 0$,而且 $U \gg U_T$,则上式中的 $e^{U/U_T} \gg 1$,可得 $I = I_S e^{U/U_T}$,说明电流 I 与 U 基本上呈指数关系。

1.2.3　二极管的主要参数

电子器件的参数是其特性的定量描述,也是实际工作中根据要求选用器件的主要依据。各种器件的参数可由手册查得。半导体二极管的主要参数有以下几个。

1. 最大整流电流 I_F

I_F 是指二极管长期运行时允许通过管子的最大正向平均电流。I_F 的数值是由二极管允许的温升所限定。使用时,管子的平均电流不得超过此值,否则可能使二极管过热而损坏。

2. 最高反向工作电压 U_R

工作时加在二极管两端的反向电压不得超过此值,否则二极管可能被击穿。常取 U_R 为击穿电压 U_{BR} 的一半。

3. 反向电流 I_R

I_R 是指在室温条件下,在二极管两端加上规定的反向电压时,流过管子的反向电流。通常希望 I_R 值越小越好。反向电流越小,说明二极管的单向导电性越好。此外,由于反向电流是由少数载流子形成的,所以 I_R 受温度的影响很大。

4. 最高工作频率 f_M

f_M 值主要决定于 PN 结结电容的大小。结电容越大,二极管允许的最高工作频率越低。

例 1-1　电路如图 1-14(a)和图 1-14(b)所示,已知 $u_i = 6\sin\omega t\,(\text{V})$,图中的二极管 D_1 和 D_2 为理想二极管。试画出 u_i 与 u_o 的波形,并标出幅值。

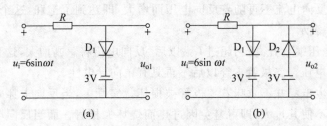

图 1-14　例 1-1 电路

在图 1-14(a)所示电路中,当 $u_i > 0$ 时,二极管 D_1 正向导通,相当于短路,输出电压 $u_{o1} = -3\text{V}$;当 $u_i < 0$ 时,若 $u_i > -3\text{V}$,二极管 D_1 正向导通,相当于短路,输出电压 $u_{o1} = -3\text{V}$。

当 $u_i < 0$ 时,若 $u_i < -3V$,二极管 D_1 反向截止,相当于开路,输出电压 $u_{o1} = u_i$,输出电压的波形如图 1-15(a)所示。

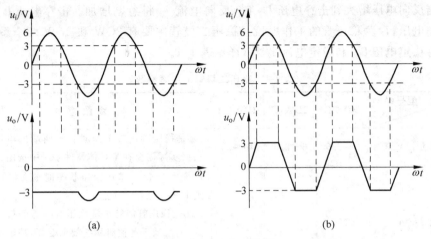

图 1-15 输出电压波形

图 1-14(b)所示电路中,当 $u_i > 0$ 时,若 $u_i < 3V$,D_1 和 D_2 反向截止,$u_{o2} = u_i$;当 $u_i > 0$ 时,若 $u_i > 3V$,D_1 正向导通,D_2 反向截止,$u_{o2} = 3$。当 $u_i < 0$ 时,若 $u_i > -3V$,D_1 和 D_2 反向截止,$u_{o2} = u_i$;当 $u_i < 0$ 时,若 $u_i < -3V$,D_1 反向截止,D_2 正向导通,$u_{o2} = -3V$,输出电压的波形如图 1-15(b)所示。

1.2.4 稳压管

上小节讨论的二极管不允许在反向击穿的状态下工作,若二极管处于反向击穿时,会因流过 PN 结的电流太大造成二极管的永久性损坏。由二极管的特性曲线可知,当二极管反向击穿时,流过二极管的电流急剧增大,但二极管两端的电压却几乎保持不变。利用二极管的这一特性,采用特殊工艺制成在反向击穿状态下工作而不损坏的二极管就是稳压管。

只要采取一定的工艺措施,稳压管的反向击穿曲线就会十分陡峭,击穿电压 U_{BR} 几乎不变,故称稳定电压,改用 U_Z 表示。稳压管的伏安特性曲线如图 1-16(a)所示,常用符号和等效电路如图 1-16(b)所示,稳压管在电路中常用字符 D_Z 表示。

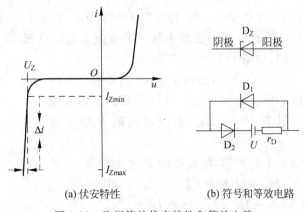

(a) 伏安特性　　　　(b) 符号和等效电路

图 1-16 稳压管的伏安特性和等效电路

由稳压管的伏安特性曲线可见,稳压管的正向特性和普通二极管基本相同,但反向特性不同。当反向电压较小时,反向电流几乎为 0,此时稳压管仍处于截止状态,不具有稳压的特性。当反向电压增大到击穿电压 U_Z 时,反向电流 I_Z 将急剧增加。击穿电压 U_Z 为稳压管的工作电压,I_Z 为稳压管的工作电流。稳压二极管主要有 2CW 和 2DW 两个系列,其参数主要有稳定电压 U_Z 和稳定电流 I_Z 等,详见表 1-1。

表 1-1　稳压二极管的主要参数

参数 ＼ 型号举例	2CW7C	2DW7C	2DW151	参 数 意 义
稳定电压 U_Z/V	5～6.5	6～6.5	440～510	U_Z 是稳压管正常工作时管子两端的电压值。可根据实际需要在半导体器件手册中选用
稳定电流 I_Z/mA	10	10	5	I_Z 是稳压管工作在稳压状态时的参考电流。原则上 $I_{Zmin}<I_Z<I_{Zmax}$。 I_{Zmin} 是稳压管能够正常稳压所必需的最小工作电流,电流低于此值时稳压效果变坏,甚至不稳压。 I_{Zmax} 是稳压管能够正常稳压的最大工作电流,电流高于此值时会因 PN 结温度过高而损坏
最大耗散功率 P_{ZM}/W	0.25	0.2	10	管子的最大工作电流 I_{Zmax} 与管子两端电压 U_Z 的乘积称为稳压管的最大耗散功率 P_{ZM}。稳压管的功耗 P_Z(管子的工作电流 I_Z 与管子两端电压 U_Z 的乘积即为 P_Z)超过 P_{ZM} 时会因 PN 结温度过高而损坏稳压管
动态电阻 r_D/Ω	30	10	800	稳压管工作在稳压区内,端电压的变化量与端电流的变化量的比 $\Delta U_Z/\Delta I_Z$ 即为动态电阻 r_D。r_D 越小,稳压管的特性越好
电压温度系数 α /(10^{-4}/℃)	−3～+5	0.05	12	温度每变化 1℃ 引起的稳定电压 U_Z 的变化值。通常 $U_Z<5$V 时具有负温度系数,$U_Z>7$V 时具有正温度系数,5V$<U_Z<$7V 时温度系数最小,所以一些精密稳压常取 $U_Z=6$V 左右的稳压管,并用正温度系数和负温度系数的两种管子串联组成温度补偿稳压管

由于稳压管的反向电流小于 I_{Zmin} 时,稳压管工作不稳定,大于 I_{Zmax} 时会因超过最大耗散功率 P_{ZM} 而损坏,所以稳压管电路中必须串联一个电阻来限制电流,以保证稳压管正常工作,该电阻称为限流电阻,如图 1-17 中的 R 所示。

例 1-2　在图 1-17 所示稳压管稳压电路中,已知稳压管的稳定电压 $U_Z=6$V,最小稳定电流 $I_{Zmin}=10$mA,最大稳定电流 $I_{Zmax}=30$mA,负载电阻 $R_L=1200$Ω。求限流电阻 R 的取值范围。

解　从图 1-17 所示电路可知,限流电阻 R 上的电压 $U_R=U_I-U_Z=(10-6)$V$=4$V。R 上电流 I_R 等于稳压管中电流 I_{D_Z} 和负载电流 I_{R_L} 之和,即 $I_R=I_{D_Z}+I_{R_L}$,其中 $I_{D_Z}=10\sim30$mA。

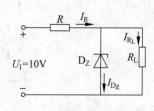

图 1-17　稳压管稳压电路

$$I_{R_L} = U_Z/R_L = 6V/1200\Omega = 5mA。因此,I_R = 15 \sim 35mA。$$

$$因此,R_{max} = \frac{U_R}{I_{Rmin}} = \frac{4V}{15mA} \approx 227\Omega$$

$$R_{min} = \frac{U_R}{I_{Rmax}} = \frac{4V}{35mA} \approx 114\Omega$$

所以,限流电阻 R 的取值范围为 $114 \sim 227\Omega$。

1.3 双极型晶体管

双极型晶体管(BJT)又称为半导体三极管、晶体三极管等,后面简称晶体管。图 1-18 所示为晶体管的几种常见外形。图 1-18(a)和图 1-18(b)所示为小功率管,图 1-18(c)所示为中等功率管,图 1-18(d)所示为大功率管。

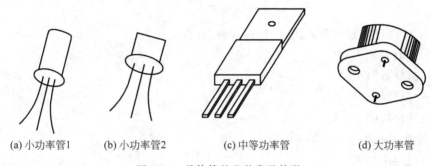

(a) 小功率管1　　(b) 小功率管2　　(c) 中等功率管　　(d) 大功率管

图 1-18　晶体管的几种常见外形

1.3.1 晶体管的结构和类型

晶体管的基本结构是由两个 PN 结构成,按 PN 结的组成方式分为 NPN 和 PNP 两种类型,如图 1-19 所示。由图可知,两类晶体管内部都有三个区:集电区、基区、发射区。由三个区引出的电极分别称为集电极、基极、发射极,分别用 c、b、e 来表示。从图 1-19 中可以看出每个管有两个 PN 结,它们分别称为集电结和发射结。

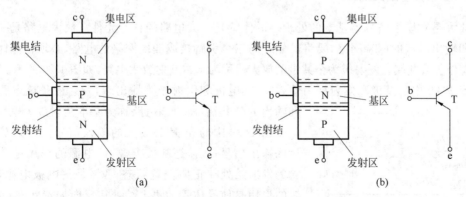

(a)　　　　　　　　　　　　(b)

图 1-19　双极型晶体管的结构示意图和图形符号

NPN 型和 PNP 型晶体管尽管在结构上有所不同,但其工作原理是相同的。只是注意在使用时,两种晶体管的电源极性是相反的。图 1-19 中,NPN 型和 PNP 型晶体管电路符号中的箭头表示晶体管工作时发射极电流的实际方向。

晶体管的结构在工艺上有以下两个主要特点:

(1) 位于中间的基区必须很薄,约一至几个微米,并且掺入杂质浓度最低。

(2) 发射区和集电区半导体类型相同,但发射区中杂质浓度远远大于集电区的杂质浓度。

正是这两个特点使晶体管具备了对电流的控制和放大作用。

国产晶体管的命名方法如下:

其中半导体材料和类型分为 A、B、C、D 这 4 种,其含义如下:

A——锗材料的 PNP;

B——锗材料的 NPN;

C——硅材料的 PNP;

D——硅材料的 NPN。

晶体管常用的功能类型如下:

X——低频小功率;

G——高频小功率;

D——低频大功率;

A——高频大功率;

K——开关管。

1.3.2　晶体管电流控制作用

1. 基本共射放大电路

放大是对模拟信号最基本的处理。晶体管是放大电路的核心元件。放大电路是一个有输入和输出端口的四端网络,要将晶体管的三个引脚接成四端网络的电路,必须将晶体管的一个脚作为公共端。发射极为公共端的放大器称为基本共射放大电路,如图 1-20 所示。

图 1-20 中的基极和发射极为输入端,集电极和发射极为输出端,发射极是该电路输入和输出的公共端,所以该电路称为基本共射放大电路。

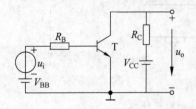

图 1-20　基本共射放大电路

图 1-20 中的 u_i 是要放大的输入信号;u_o 是放大以后的输出信号;V_{BB} 是基极电源,该电源的作用是使晶体管的发射结处在正向偏置状态;V_{CC} 是集电极电源,该电源的作用是使晶体管的集电结处在反向偏置状态;R_C 是集电极电阻。

2. 基本共射放大电路晶体管内部载流子的运动情况

基本共射放大电路晶体管内部载流子运动情况的示意图如图 1-21 所示。图 1-21 中载流子的运动规律可分为以下几个过程。

1) 发射区向基区发射电子的过程

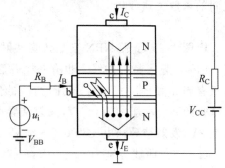

发射结处在正向偏置,使发射区的多数载流子(自由电子)不断地通过发射结扩散到基区,即向基区发射电子。与此同时,基区的空穴也会扩散到发射区,由于两者掺杂浓度上的悬殊,形成发射极电流 I_E 的载流子主要是电子,电流的方向与电子流的方向相反。发射区所发射的电子由电源 V_{CC} 的负极来补充。

图 1-21 共发射极晶体管内部载流子运动情况的示意图

2) 电子在基区中的扩散与复合的过程

扩散到基区的电子,将有一小部分与基区的空穴复合,同时基极电源 V_{BB} 不断向基区提供空穴,形成基极电流 I_B。由于基区掺杂的浓度很低且很薄,在基区与空穴复合的电子很少,所以基极电流 I_B 也很小。扩散到基区的电子除了被基区复合掉的一小部分外,大量的电子都能扩散到集电结的边缘。

3) 集电结收集电子的过程

反向偏置的集电结阻碍了集电区的多子——自由电子向基区的扩散,但扩散到集电结边缘的电子在集电结电场的作用下越过集电结,到达集电区,在集电极电源 V_{CC} 的作用下形成集电极电流 I_C。

3. 晶体管的电流分配关系和电流放大系数

根据上面的分析和节点电流定律可得,晶体管三个电极的电流 I_E、I_B、I_C 之间的关系为 $I_E = I_B + I_C$,且 $I_B \ll I_C$。表明由晶体管发射极发射的电子绝大多数通过基区到达集电区,只有少数电子在基区与空穴复合,这就是晶体管的电流分配关系。

当 I_B 有一增量 ΔI_B 时,I_C 和 I_E 也有相应的增量 ΔI_C 和 ΔI_E,$\Delta I_E = \Delta I_B + \Delta I_C$,且 $\Delta I_B \ll \Delta I_C$。这表明当晶体管的基极电流有一个小的变化量 ΔI_B 时会引起集电极电流有一个较大的变化量 ΔI_C。这就是晶体管的电流放大作用原理。

集电极电流的变化量 ΔI_C 与基极电流的变化量 ΔI_B 之比为共射交流电流放大系数 β,即

$$\beta = \frac{\Delta I_C}{\Delta I_B}$$

集电极电流 I_C 与基极电流 I_B 之比为共射直流电流放大系数 $\bar{\beta}$,即

$$\bar{\beta} = \frac{I_C}{I_B}$$

1.3.3 晶体管的共射特性曲线

晶体管的特性曲线是描述晶体管各个电极之间电压与电流关系的曲线,它们是晶体管内部载流子运动规律在管子外部的表现,用于对晶体管的性能、参数和晶体管电路的分析估算。

1. 输入特性曲线

输入特性曲线描述了在管压降 U_{CE} 保持不变的前提下,基极电流 i_B 和发射结压降 u_{BE} 之间的函数关系,即

$$i_B = f(u_{BE})\big|_{u_{CE}=常数}$$

由图 1-22 可见,NPN 型晶体管共射极输入特性曲线的特点如下:

(1) 在输入特性曲线上也有一个开启电压,在开启电压内,u_{BE} 虽大于 0,但 i_B 几乎仍为 0,只有当 u_{BE} 的值大于开启电压后,i_B 的值与二极管一样随 u_{BE} 的增加按指数规律增大。硅晶体管的开启电压约为 0.5V,发射结导通电压 U_{ON} 为 0.6~0.7V;锗晶体管的开启电压约为 0.2V,发射结导通电压为 0.2~0.3V。

(2) 三条曲线分别为 $u_{CE}=0V$,$u_{CE}=0.5V$ 和 $u_{CE}=1V$ 的情况。当 $u_{CE}=0V$ 时,相当于集电极和发射极短路,即集电结和发射结并联,输入特性曲线和 PN 结的正向特性曲线相类似。$u_{CE}=1V$,集电结处于反向偏置,内电场被加强,发射区注入基区的电子绝大多数被拉到集电区,只有少数与基区的空穴复合形成 i_B。在相同的 u_{BE} 下,基极电流比 $u_{CE}=0V$ 时减小,从而使曲线右移。$u_{CE}>1V$ 以后,输入特性几乎与 $u_{CE}=1V$ 时的特性曲线重合,这是因为 $u_{CE}>1V$ 后,集电极将发射区发射过来的电子几乎全部收集走,对基区电子与空穴的复合影响不大,i_B 的改变也不明显。所以,通常 $u_{CE}>1V$ 时只画一条曲线。

2. 输出特性曲线

输出特性曲线是描述输入电流 I_B 为一常量时,集电极电流 i_C 和管压降 u_{CE} 之间的函数关系,即 $i_C = f(u_{CE})\big|_{I_B=常数}$。输出特性曲线如图 1-23 所示,当 I_B 改变时,i_C 和 u_{CE} 的关系是一组平行的曲线簇,并有截止、放大和饱和三个工作区。

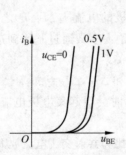

图 1-22 晶体管输入特性曲线

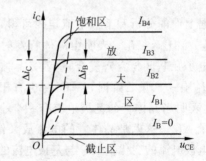

图 1-23 晶体管输出特性曲线

1) 截止区

$I_B=0$ 特性曲线以下的区域称为截止区。此时晶体管的集电结处于反偏,发射结电压 $u_{BE}<U_{on}$,也处于反向偏置的状态。由于 $I_B=0$,在反向饱和电流可忽略的前提下,$i_C=\bar{\beta}i_B$ 也等于 0,晶体管无电流的放大作用。处在截止状态下的晶体管,发射结和集电结都是反向偏置,在电路中犹如一个断开的开关。

实际的情况是:处在截止状态下的晶体管集电极有很小的电流 I_{CEO},该电流称为晶体管的穿透电流,它是在基极开路时测得的集电极-发射极间的电流,不受 I_B 的控制,但受温

度的影响。

2）饱和区

在图 1-20 所示的晶体管放大电路中，集电极接有电阻 R_C，如果电源电压 V_{CC} 一定，当集电极电流 i_C 增大时，$u_{CE}=V_{CC}-i_C R_C$ 将下降。对于硅管，当 u_{CE} 降低到小于 0.7V 时，集电结也进入正向偏置状态，集电极吸引电子的能力将下降，此时 i_B 再增大，i_C 几乎就不再增大了，晶体管失去了电流放大作用，处于这种状态下工作的晶体管称为饱和状态。

规定 $u_{CE}=u_{BE}$ 时的状态为临界饱和状态，图 1-23 中的虚线为临界饱和线。

当管子两端的电压 $u_{CE}<U_{CES}$（饱和管压降）时，晶体管将进入深度饱和状态，在深度饱和状态下，$i_C=\bar{\beta}i_B$ 的关系不成立，晶体管的发射结和集电结都处于正向偏置状态下，在电路中犹如闭合的开关。

数字电路中的各种开关电路就是利用晶体管截止和饱和的状态与开关断、通的特性很相似的这种特性来制作的。

3）放大区

晶体管输出特性曲线饱和区和截止区之间的部分就是放大区。工作在放大区的晶体管才具有电流放大作用。此时晶体管的发射结处在正向偏置 $u_{BE}>U_{on}$，集电结处在反向偏置 $u_{CE}>u_{BE}$。由放大区的特性曲线可见，由于 i_C 只受 i_B 的控制，$i_C=\bar{\beta}i_B$，几乎与 u_{CE} 的大小无关，说明处在放大状态下的晶体管相当于一个输出电流 i_C 受 i_B 控制的受控电流源。

1.3.4　晶体管的主要参数

1. 共射电流放大系数 β 和 $\bar{\beta}$

在共射极放大电路中，若交流输入 u_i 信号为 0，则管子各极间的电压和电流都是直流量，此时的集电极电流 I_C 与基极电流 I_B 之比为共射直流电流放大系数 $\bar{\beta}$，$\bar{\beta}=\dfrac{I_C}{I_B}$。

当共射极放大电路有交流信号输入时，因交流信号的作用，必然会引起 I_B 的变化，相应地也会引起 I_C 的变化，两电流变化量的比称为共射交流电流放大系数 β，$\beta=\dfrac{\Delta I_C}{\Delta I_B}$。

β 和 $\bar{\beta}$ 的含义虽然不同，但工作在输出特性曲线放大区平坦部分的晶体管，两者的差异极小，可做近似相等处理，故在今后应用时通常不加以区分，直接互相替代使用。

2. 极间反向饱和电流 I_{CBO} 和 I_{CEO}

（1）集电结反向饱和电流 I_{CBO} 是指发射极开路，集电结加反向电压时测得的集电极电流。

（2）集电极-发射极反向电流 I_{CEO} 是指基极开路时，集电极与发射极之间的反向电流，即穿透电流。穿透电流的大小受温度的影响较大，穿透电流小的管子热稳定性好。

3. 极限参数

1）集电极最大允许电流 I_{CM}

晶体管的集电极电流 i_C 在相当大的范围内，β 基本保持不变，但当 i_C 的数值大到一定程度时，电流放大系数 β 值将下降。使 β 明显减少的 i_C 即为 I_{CM}。

2）集电极最大允许功耗 P_{CM}

晶体管工作时，集电极电流在集电结上将产生热量，产生热量所消耗的功率就是集电极的功耗 P_{CM}，即 $P_{CM}=i_C u_{CE}$。

功耗与晶体管的结温有关，结温又与环境温度、管子是否有散热器等条件相关。根据式 $P_{CM}=i_C u_{CE}$，可在输出特性曲线上作出晶体管的允许功耗线，如图 1-24 所示。功耗线的左下方为安全工作区，右上方为过损耗区。

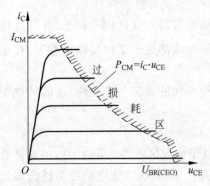

图 1-24 晶体管的允许功耗线

3）反向击穿电压 $U_{BR(CEO)}$

反向击穿电压 $U_{BR(CEO)}$ 是指基极开路时，加在集电极与发射极之间的最大允许电压。使用中，如果管子两端的电压 $U_{CE}>U_{BR(CEO)}$，集电极电流 i_C 将急剧增大，这种现象称为击穿。

4．温度对晶体管参数的影响

几乎所有的晶体管参数都与温度有关，因此不容忽视。温度对下列三个参数影响最大。

1）对 β 的影响

晶体管的 β 随温度的升高将增大，温度每上升 1℃，β 值增大 $0.5\%\sim 1\%$，其结果是在相同 I_B 的情况下，集电极电流 I_C 随温度上升而增大。

2）对反向饱和电流 I_{CEO} 的影响

I_{CEO} 是由少数载流子漂移运动形成的，它与环境温度关系很大，I_{CEO} 随温度上升会急剧增加。温度上升 10℃，I_{CEO} 将增加一倍。由于硅管的 I_{CEO} 很小，所以温度对硅管的 I_{CEO} 影响不大。

3）对发射结电压 U_{CE} 的影响

和二极管的正向特性一样，温度上升 1℃，U_{CE} 将下降 $2\sim 2.5\text{mV}$。

综上所述，随着温度的上升，β 值将增大，i_C 也将增大，U_{CE} 将下降，这对晶体管放大作用不利，使用中应采取相应的措施克服温度的影响。

1.4 绝缘栅型场效应晶体管

场效应晶体管（Field-Effect Transistor，FET）是利用输入回路的电场效应来控制输出回路电流的一种半导体器件。由于它仅靠半导体中的多数载流子导电，又称为单极型晶体管。场效应管按其结构可分为结型和绝缘栅型两大类。本书仅介绍应用较为广泛的绝缘栅型场效应晶体管（Insulated Gate FET，IGFET）。

绝缘栅型场效应晶体管的栅极与源极、栅极与漏极之间均采用 SiO_2 绝缘层隔离，故有绝缘栅型之称。或者按其金属-氧化物-半导体的材料构成，可称其为 MOS 管（Metal-Oxide-Semiconductor）。

1.4.1 基本结构和工作原理

绝缘栅型场效应晶体管有 N 沟道和 P 沟道两类，每一类又分为增强型和耗尽型两种。

　　N沟道绝缘栅型场效应晶体管的结构如图 1-25 所示。在一块低掺杂浓度的 P 型半导体(常称为衬底)上,扩散两个高掺杂浓度的 N⁺ 型半导体区,并引出两个电极,分别称为源极 S 和漏极 D。在两个 N⁺ 区间的 P 型半导体氧化上一层极薄的 SiO_2 绝缘层,在 SiO_2 绝缘层上制作一层金属铝,引出电极,作为栅极 G。

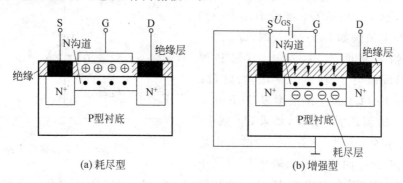

图 1-25　N沟道绝缘栅型场效应晶体管的结构

　　如图 1-25(a)所示,在制造 N 沟道 MOS 管时,如果在二氧化硅绝缘层中掺入大量正离子,就会在两个 N⁺ 型区之间的 P 型衬底表面形成足够强的电场,P 型衬底中的空穴被排斥到远端,衬底中的电子被吸引到表面,形成一个 N 型薄层,将两个 N⁺ 型区即漏极和源极沟通。这个 N 型薄层称为 N 型导电沟道,又因是 P 型衬底中的 N 型层而称为反型层。这种 MOS 管在制造时导电沟道已经形成,称为耗尽型 MOS 管。

　　如图 1-25(b)所示,如果导电沟道不是预先在制造时形成的,而是利用外加栅极-源极电压形成电场产生的,则此类称为增强型 MOS 管。当 $U_{GS}>0$ 时,G 和 S 像一个平板电容器的两个极板,SiO_2 和 P 型衬底好像电容中的介质,G-S 间加正向电压后,其间便形成一个电场,在此电场的作用下,P 型衬底中的空穴被排斥到远端,衬底中的电子被吸引到表面,形成一个 N 型导电沟道。当 U_{GS} 增加时,感生负电荷 $Q_负$ 增多;U_{GS} 大大增加时,感生负电荷 $Q_负$ 大大增多……当 U_{GS} 增大到某个值例如 $U_{GS}=M_{TN}$ 时,$Q_负$ 增加到足够多,恰好将两 N⁺ 区连通,这时只要 $U_{GS}≠0$,D-S 间就会导通,即 $I_D≠0$;如果 U_{GS} 继续增大,感生的 $Q_负$ 就会继续增多,D-S 间导通就越厉害,I_D 也就越大;相反,如果 U_{GS} 减小,$Q_负$ 减少,I_D 减小……I_D 随着 U_{GS} 的增大而增大,随着 U_{GS} 的减小而减小。如果在 D 引线中串入一个电阻 R_D,则 I_D 就会在 R_D 上产生压降,并随着 U_{GS} 的变化而变化。显然,这是一个受电压控制的晶体管。

　　P 沟道 MOS 管是因在 N 型衬底中生成 P 型反型层而得名。其结构和工作原理与 N 沟道 MOS 管相似。只是使用的栅-源和漏-源电压的极性与 N 沟道 MOS 的相反。各类型 MOS 的图形符号如图 1-26 所示。在增强型 MOS 的符号中,源极 S 和漏极 D 间的连线是断开的,表示 $U_{GS}=0$ 时导电沟道尚未形成。

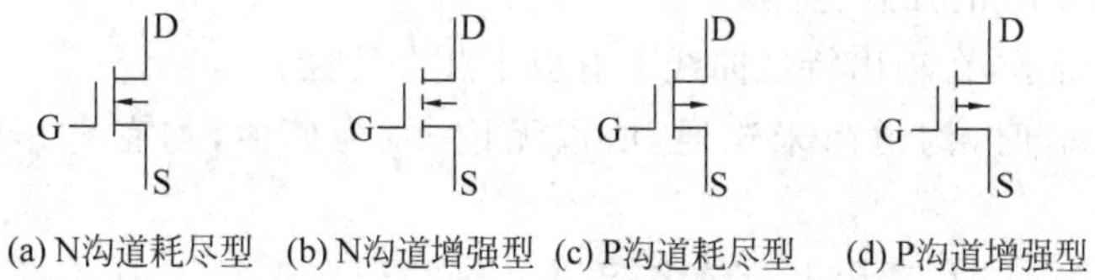

(a)N沟道耗尽型　(b)N沟道增强型　(c)P沟道耗尽型　(d)P沟道增强型

图 1-26　MOS 场效应管的图形符号

由于 MOS 工作时只有一种极性的载流子(N 沟道是电子、P 沟道是空穴)参与导电,故称为单极型晶体管。与双极型晶体管的共发射极接法类似,MOS 管常采用共源极接法,如图 1-27 所示。

当 U_{GS} 上升时,感生负电荷 $Q_负$ 增多;U_{GS} 继续上升时,感生负电荷 $Q_负$ 继续增多……当 U_{GS} 增大到某个值例如 $U_{GS} = M_{TN}$ 时,$Q_负$ 增加到足够多,恰好将两 N^+ 区连通,这时只要 $U_{GS} \neq 0$,D-S 间就会导通,即 $I_D \neq 0$;如果 U_{GS} 继续增大,感生的 $Q_负$ 就会继续增多,D-S 间导通就越厉害,I_D 就越大;相反,如果 U_{GS} 减小,$Q_负$ 减少,I_D 减小……I_D 随着 U_{GS} 的增大而增大,随着 U_{GS} 的减小而减小。如果在 D 引线中

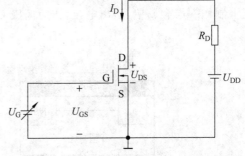

图 1-27　共源极接法电路

串入一个电阻 R_D,则 I_D 就会在 R_D 上产生压降,并随着 U_{GS} 的变化而变化。显然,这是一个受电压控制的晶体管。

MOSFET 与 BJT 都是半导体晶体管,MOSFET 的源极、漏极、栅极分别相当于 BJT 的发射极、集电极、基极。BJT 的集电极电流 I_C 受基极电流 I_B 的控制,是一种电流控制元件;而 MOSFET 的漏极电流 I_D 受栅-源电压 U_{GS} 的控制,是一种电压控制元件。但与 BJT 相比,MOSFET 具有输入电阻大、噪声低、热稳定性好、抗辐射能力强、耗电少等优点,这些优点使之从 20 世纪 60 年代一诞生就广泛应用于各种电子电路中。另外,MOSFET 的制造工艺比较简单,占用芯片面积小,特别适用于制造大规模集成电路。

与 BJT 类似,MOSFET 不仅可以通过 U_{GS} 对 I_D 的控制用于信号放大,而且也可以作为开关元件,通过 U_{GS} 控制其导通或关断,因此被广泛应用于开关电路和脉冲数字电路中。

1.4.2　绝缘栅型场效应晶体管的特性曲线

MOSFET 的特性包括转移特性和输出特性。

NMOS 场效应晶体管的输出特性同 NPN 晶体管的输出伏安特性曲线类似,只是参变量为栅-源电压 u_{GS}。

N 沟道增强型的 MOSFET 不具有原始导电沟道,漏、源两个 N^+ 型区之间被 P 型衬底隔开,漏极和源极之间相当于两个背靠背的 PN 结。当 $0 < u_{GS} < U_{GS(th)}$ 时,导电沟道尚未连通,不管漏-源电压 u_{DS} 的极性如何,总有一个 PN 结是反向偏置的,所以漏极电流 $i_D = 0$。只有当 $u_{GS} > U_{GS(th)}$ 时才会有漏极电流 i_D 出现。在一定的漏-源电压 u_{DS} 的作用下,使 MOSFET 由不导通变为导通的临界栅-源电压称为开启电压 $U_{GS(th)}$。如图 1-28(a)所示,转移特性反映着 u_{GS} 对 i_D 的控制特性。

如图 1-28(b)所示,在输出特性曲线上有以下几个特性:

(1) $u_{GS} < U_{GS(th)}$ 时,沟道尚未连通,所以无论 u_{DS} 为何值,均有 $i_D \approx 0$,习惯上称为截止区。

(2) 当 $u_{GS} > U_{GS(th)}$ 时,感生电荷较多,沟道连通。但在 $u_{DS} = 0$ 时,i_D 仍为 0,所以曲线将通过坐标原点 O,此时 $u_{DS} = 0$,且衬底接源极(地),所以感生电荷沿沟道是均匀分布的。

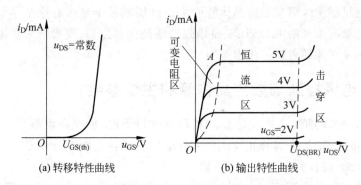

图 1-28 N 沟道增强型 MOS 场效应管的转移特性曲线和输出特性曲线

(3) 当 $u_{GS} > U_{GS(th)}$，例如 $u_{GS} = 2.5V$，且 $u_{DS} \neq 0$ 时，则 $i_D \neq 0$，u_{GS} 上升，有 i_D 上升，这就是图 1-28(b) 中的 OA 段，此时管子就像一个电阻，故称电阻段。

(4) 若 u_{DS} 增大，i_D 几乎不再随着 u_{DS} 的增大而增大，但在一定的 u_{DS} 下，i_D 随 u_{GS} 的增加而增长，故这个区域称为线性放大区或恒流区，用于放大时就工作在这个区域。如果漏-源电压过大，当其超过最大漏-源极击穿电压 $U_{DS(BR)}$ 时，将会使漏区与衬底间的 PN 结反向击穿，进入击穿区使 MOSFET 损坏。

P 沟道增强型 MOSFET 漏极电源、栅极电源的极性均与 N 沟道增强型 MOSFET 相反，故其转移特性曲线在第三象限。也就是说，P 沟道增强型 MOSFET 漏极和源极间应加负极性电源，栅极电位应比源极电位低 $|U_{GS(th)}|$ 时 MOSFET 才能导通。

耗尽型 MOSFET 由于具有原始导电沟道，所以 $u_{GS} = 0$ 时漏极电流已经存在，用 I_{DSS} 表示，称为饱和漏极电流。N 沟道耗尽型 MOSFET 的转移特性曲线和输出特性曲线如图 1-29 所示。

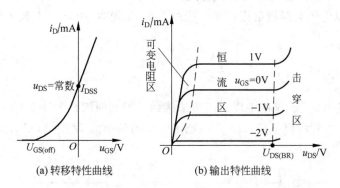

图 1-29 N 沟道耗尽型 MOS 场效应管的转移特性曲线和输出特性曲线

当 u_{GS} 减小（即向负值方向增大）到某一数值时，N 型沟道消失，$i_D \approx 0$，耗尽型 MOSFET 处于夹断状态（即截止），此时的栅-源电压称为夹断电压 $U_{GS(off)}$，如图 1-29(a) 所示。可见，耗尽型 MOSFET 不论栅-源电压 U_{GS} 是正是负或是 0，都能控制漏极电流 i_D，这个特点使其应用具有更大的灵活性。

与增强型 MOSFET 一样，耗尽型也有 N 沟道和 P 沟道之分。无论哪种类型的 MOSFET，使用时必须注意所加电压的极性。

　　增强型和耗尽型绝缘栅场效应晶体管的主要区别就在于是否有原始导电沟道。所以，如果要判别一个没有型号的 MOSFET 是增强型还是耗尽型，只要检查它在零栅压下给漏、源极间加电压时是否能导通就可作出判别。

1.4.3　绝缘栅型场效应晶体管的主要参数

　　增强型 MOSFET 的开启电压 $U_{GS(th)}$、耗尽型 MOSFET 的夹断电压 $U_{GS(off)}$ 和饱和漏极电流 I_{DSS} 以及共同的最大漏-源极击穿电压 $U_{DS(BR)}$ 等参数在介绍 MOSFET 的转移特性和输出特性时已经介绍，现仅介绍以下几个参数。

　　(1) 栅-源直流输入电阻 R_{GS}。在漏、源两极短路的情况下，外加栅-源直流电压与栅极直流电流的比值即为栅-源直流输入电阻。由于 MOSFET 是电压控制元件，所以 R_{GS} 很大，一般大于 $10^9\,\Omega$，这是 MOSFET 的优点之一。

　　(2) 栅-源击穿电压 $U_{GS(BR)}$。栅-源击穿电压是在增大 MOSFET 的 U_{GS} 过程中，绝缘层击穿，使 I_G 迅速增大时的 $U_{DS(BR)}$ 值。

　　(3) 最大漏极电流 I_{DM} 和最大耗散功率 P_{DM}。I_{DM} 和 P_{DM} 都是 MOSFET 的极限参数。I_{DM} 是 MOSFET 工作时允许流过的最大漏极电流。P_{DM} 是 MOSFET 正常工作时，其漏极允许的耗散功率($P_D = I_D U_{DS}$)最大值，受 MOSFET 最高工作温度的限制。

　　(4) 低频跨导 g_m。低频跨导是在 u_{DS} 为某一固定值时，漏极电流的微小变化 ΔI_D 和对应的输入电压变化量 ΔU_{GS} 之比，即

$$g_m = \left. \frac{\Delta I_D}{\Delta U_{GS}} \right|_{U_{DS}=常数}$$

其单位常采用 μS 和 mS(S 是西[门子]，电导的单位符号)。它的大小是转移特性曲线在工作点处的斜率，工作点的位置不同，其数值也不同。

　　g_m 表征栅-源电压对漏极电流控制作用的大小，是衡量 MOSFET 放大能力的参数。

习题 1

　　1.1　能否将 1.5V 的干电池以正向接法接到二极管两端？为什么？

　　1.2　已知稳压管的稳压值 $U_Z = 6V$，稳定电流的最小值 $I_{Zmin} = 5mA$，求图 T1.2 所示电路中 u_{o1} 和 u_{o2} 各为多少伏？

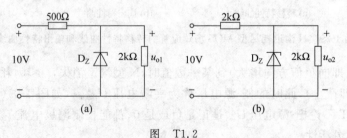

图　T1.2

　　1.3　写出图 T1.3 所示各电路的输出电压值，设二极管导通电压 $U_D = 0.7V$。

　　1.4　测得某放大电路中三个 MOS 管的三个电极的电位如表 T1.4 所示，它们的开启

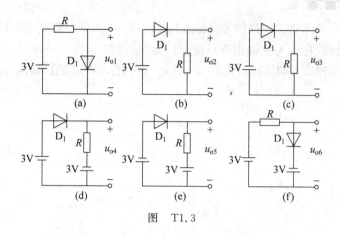

图　T1.3

电压也在表中。试分析各管的工作状态(截止区、恒流区、可变电阻区),并填入表 T1.4 内。

表　**T1.4**

管　号	$U_{GS(th)}/V$	U_S/V	U_G/V	U_D/V	工作状态
T_1	4	-5	1	3	
T_2	-4	3	3	10	
T_3	-4	6	0	5	

1.5　电路如图 T1.5(a)所示,其输入电压 u_{i1} 和 u_{i2} 的波形如图 T1.5(b)所示,二极管导通电压 $U_D=0.7V$。试画出输出电压 u_o 的波形,并标出幅值。

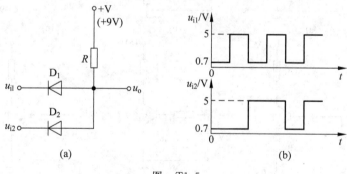

图　T1.5

1.6　某一只晶体管的 $P_{CM}=100mW,U_{CEO}=20V,I_{CM}=20mA$。

(1) 若 $U_{CE}=2V,I_C=40mA$,该晶体管能否正常工作?

(2) 若 $U_{CE}=5V,I_C=15mA$,该晶体管能否正常工作?

1.7　N 沟道增强型绝缘栅场效应管与 N 沟道耗尽型绝缘栅场效应管的工作原理有什么不同?

1.8　在图 T1.8 所示电路中,已知 $u_i=15V,R_L=1k\Omega$,稳压管 D_Z 的稳定电压 $U_Z=8V$,稳定工作电流为 6mA,试求限流电阻 R 的阻值。

1.9　电路如图 T1.9 所示,$V_{BB}=2V,V_{CC}=15V,\beta=100,U_{BE}=0.7V,R_C=5k\Omega$。试问:

(1) $R_b=50k\Omega$ 时,u_o 为多少?

(2) 若 T 临界饱和,则 R_b 约为多少?

1.10 有两只晶体管:一只的 $\beta=250$,$I_{CEO}=180\mu A$;另一只的 $\beta=100$,$I_{CEO}=10\mu A$。其他参数大致相同。你认为应选用哪只管子?为什么?

1.11 电路如图 T1.11 所示,$V_{CC}=5V$,$R_B=500k\Omega$,$R_C=5k\Omega$,试问 β 大于多少时晶体管饱和?

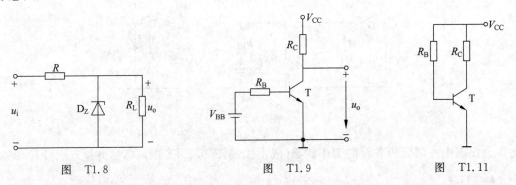

图 T1.8 　　　　　　图 T1.9 　　　　　　图 T1.11

1.12 分别判断图 T1.12 所示各电路中晶体管是否有可能工作在放大状态。

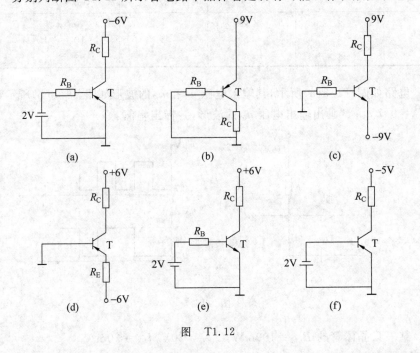

图 T1.12

1.13 已知放大电路中一只 N 沟道场效应管三个极①、②、③的电位分别为 4V、8V、12V,管子工作在恒流区。试判断它可能是哪种管子(结型管、MOS 管、增强型、耗尽型),并说明 ①、②、③与 G、S、D 的对应关系。

第 **2** 章

基本放大电路

放大电路的作用就是通过晶体管或场效应管组成的放大电路,在保证输出信号波形与输入信号波形相同或基本相同的前提下,将微弱的电信号增强到需要的量级。放大电路的实质就是用较小的能量去控制较大的能量,或者说用一个能量较小的输入信号对直流电源的能量进行控制和转换,使之变换成较大的交流电能输出,以便驱动负载工作。

放大电路的输出信号可以是电压,也可以是电流,还可以是功率。因此,基本放大电路主要有电压放大电路、电流放大电路和功率放大电路等。本章介绍一些常用的基本放大电路。

2.1 共射极放大电路

电流放大作用是晶体管的重要特性,利用这一特性可以组成各种放大电路,其中最基本的是共射极放大电路,常用于低频交流电压信号的放大。

2.1.1 共射极放大电路的组成

基本共射极放大电路如图 2-1 所示,其中 NPN 型晶体管是起电流放大或电流控制作用的核心元件。含有内阻 R_s 的信号源 u_s 为放大电路提供交流输入信号。直流电源 U_{BB} 为基极回路的偏置电源,V_{CC} 为集电极回路电源,一般为几伏到几十伏。U_{BB} 和 V_{CC} 的作用是为晶体管提供工作于放大区的偏置条件,即使发射结正向偏置,集电结反向偏置。

R_B 为基极回路电阻,它和电源 U_{BB} 一起,为晶体管提供一个合适的基极电流 I_B,这个电流常称为偏置电流。R_B 称为偏置电阻,阻值一般在几十千欧到几百千欧的范围。

电容 C_1 用于连接信号源 u_s 与放大电路;C_2 用于连接放大电路与负载 R_L。在电子电路中起连接作用的电容称为耦合电容。利用电容来连接电路称为阻容耦合,故图 2-1 所示的电路也称为阻容耦合共射放大电路。由于

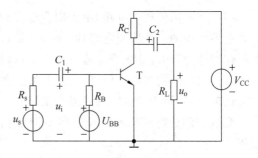

图 2-1 基本共射极放大电路

电容对直流量的容抗无穷大,所以信号源与放大电路、放大电路与负载之间没有直流量通过。耦合电容的容量应足够大,在输入信号频率范围内的容抗很小,近似为短路,可以通畅

地传递交流信号。C_1、C_2 的容量一般取值为几微法到几十微法,由于容量较大,故通常采用电解电容器,但电解电容器具有正、负极性,在电路中不能接反。

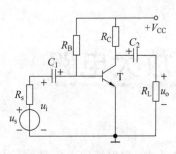

图 2-2　单电源供电的基本
共射极放大电路

R_L 为集电极电阻,一般取值为几千欧至几十千欧,它可将集电极电流的变化转变成电压的变化,以实现电压放大。

在图 2-1 所示的电路中使用了两个直流电源,实际应用中可以将 U_{BB} 省去,改接 R_B 至 V_{CC} 的正极,发射结仍为正偏,调整 R_B 的数值,同样可以产生合适的基极电流 I_B,如图 2-2 所示。

在放大电路中,通常把公共端接"地",设其电位为 0,作为电路中其他各点电位的参考点。同时为了简化电路的画法,习惯上不画电源 V_{CC} 的符号,而只在连接其正极的一端标出它对地的电压值 V_{CC} 和极性,如图 2-2 所示。

2.1.2　直流通道和交流通道

在图 2-2 所示的放大电路中,因为有直流电源 V_{CC} 的存在,电路中必然有直流电在流动,因为同时有交流输入信号 u_s 的加入,所以电路中又有交流信号在流动,直流量和交流量共同存在。为便于区分,表 2-1 中约定了直流量和交流量的符号。

表 2-1　直流量和交流量的符号

名　　称	直 流 分 量	交 流 分 量		直流＋交流
		瞬　时　值	有　效　值	
基极电流	I_B	i_b	I_b	i_B
集电极电流	I_C	i_c	I_c	i_C
发射极电流	I_E	i_e	I_e	i_E
管压降	U_{CE}	u_{ce}	U_{ce}	u_{CE}
发射结压降	U_{BE}	u_{be}	U_{be}	u_{BE}

图 2-2 所示的放大电路,由于耦合电容的存在,直流量所流经的通路和交流量所流经的通路是不相同的。在研究电路性能时,通常将直流电源对电路的作用和输入交流信号对电路的作用区分开来,分成直流通路和交流通路。

直流通路是指当输入信号 u_s 为 0 时在直流电源作用下直流量流通的路径,称为静态电流流通的通路,用于确定电路的静态工作点。

交流通路是指在输入信号作用下交流信号流通的路径,用于分析电路的动态参数和性能。

绘制放大电路的直流通路时,其原则是:将信号源视为短路,内阻保留;将电容视为开路。对于图 2-2 所示的放大电路,将耦合电容 C_1、C_2 开路后的直流通路如图 2-3(a)所示。从直流通路可以看出,直流量与信号源内阻 R_s 和输出负载电阻 R_L 均无关。

绘制放大电路的交流通路时,其原则是:将耦合电容和旁路电容视为短路;将直流电

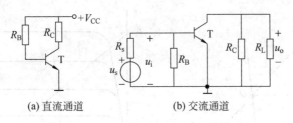

(a) 直流通道　　　　　　　　　　(b) 交流通道

图 2-3　基本放大电路的直流通道和交流通道

源也视为短路。在图 2-2 所示的放大电路中,将耦合电容 C_1、C_2 和直流电压 V_{CC} 短路后,交流通路如图 2-3(b)所示。由于 V_{CC} 对地短路,所以电阻 R_B 和 R_C 的对应一端变成接地点了。这时输入信号电压 u_s 加在基极和公共接地端,输出信号电压 u_o 取自集电极和公共接地端。

2.2　放大电路的静态分析

当电路的输入信号 $u_i = 0$ 时,在直流电源作用下晶体管的基极电流 I_B、集电极电流 I_C 以及发射结压降 U_{BE}、管压降 U_{CE} 的值称为放大电路的静态工作点,简称 Q 点,常将这 4 个物理量记作 I_{BQ}、I_{CQ}、U_{BEQ}、U_{CEQ}。放大电路的静态工作点可以通过直流通道来求解,也可以利用晶体管的输入输出特性用图解法来确定。

在近似估算中,常认为 U_{BEQ} 为已知量,对于硅管,取 $|U_{BEQ}|$ 为 $0.6 \sim 0.8\text{V}$ 中的某一值,如 0.7V;对于锗管,取 $|U_{BEQ}|$ 为 $0.1 \sim 0.3\text{V}$ 中的某一值,如 0.2V。

在图 2-2 所示电路中,令 $u_i = 0$,由图 2-3(a)所示的直流通道,根据回路方程,可得静态工作点的表达式为

$$I_{BQ} = \frac{V_{CC} - U_{BEQ}}{R_B}$$

$$I_{CQ} = \beta I_{BQ}$$

$$U_{CEQ} = V_{CC} - I_{CQ}R_C$$

需要指出的是,静态工作点也可以利用晶体管的输入输出特性用图解法来确定。晶体管的基极电流 I_{BQ}、发射结压降 U_{BEQ},既要满足回路方程 $I_{BQ} = \dfrac{V_{CC} - U_{BEQ}}{R_B}$,同时又要在晶体管输入特性曲线上,因此在输入特性曲线平面上,Q 点是回路方程 $I_{BQ} = \dfrac{V_{CC} - U_{BEQ}}{R_B}$ 所在直线与晶体管输入特性曲线的交点,Q 点所对应的坐标值即为 I_{BQ}、U_{BEQ},如图 2-4(a)所示。同样,晶体管的集电极电流 I_{CQ}、管压降 U_{CEQ},既要满足回路方程 $U_{CEQ} = V_{CC} - I_{CQ}R_C$,同时又要在晶体管输出特性曲线上,因此在输出特性曲线平面上,Q 点是回路方程 $U_{CEQ} = V_{CC} - I_{CQ}R_C$ 所在直线与晶体管对应于 $I_B = I_{BQ}$ 的输出特性曲线的交点,Q 点所对应的坐标值即为 I_{CQ}、U_{CEQ},如图 2-4(b)所示。

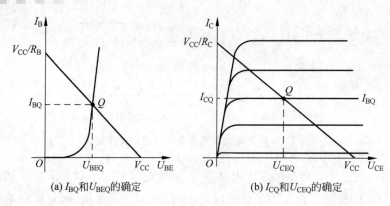

(a) I_{BQ}和U_{BEQ}的确定　　　　(b) I_{CQ}和U_{CEQ}的确定

图 2-4　图解法确定静态工作点

2.3　放大电路的动态分析

放大电路输入端加上交流信号 u_i 后的工作状态称为动态。放大电路加上 u_i 后，u_i 和直流电源 V_{CC} 共同作用，因此电路中既有直流量（V_{CC} 产生）又有交流量（u_i 产生）。各电压、电流都是在静态工作点 I_{BQ}、I_{CQ}、U_{BEQ}、U_{CEQ} 基础上叠加一个随着 u_i 变化的交流分量而组成。

2.3.1　图解法的动态分析

放大电路输入端加上交流信号 u_i 后，如图 2-5 所示的电路中，i_B 和 i_C 分别是基极和集电极电流总量，都是在静态值 I_{BQ}、I_{CQ} 基础上叠加交流量 i_b、i_c 得到的；发射结压降 u_{BE}、管压降 u_{CE} 也是在静态值 U_{BEQ}、U_{CEQ} 基础上叠加交流量 u_{be}、u_{ce} 得到的。

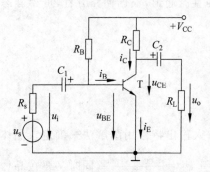

图 2-5　基本共射极放大电路

1. 利用输入特性曲线由输入电压 u_i 求基极电流 i_B

当图 2-5 所示的电路输入幅值为 U_{im} 的正弦信号 u_i 后，由于 C_1 的耦合作用，使晶体管基-射极的电压 u_{BE} 在原静态值 U_{BEQ} 的基础上发生变化，如图 2-6(a) 所示，此时的 u_{BE} 为

$$u_{BE} = U_{BEQ} + U_{im}\sin\omega t$$

由于晶体管基-射极的电压 u_{BE} 具有控制基极电流 i_B 的作用，基极电流 i_B 也将随 u_{BE} 在 I_{B1} 和 I_{B2} 之间变化。由于输入特性是非线性的，因此只有在动态范围较小且静态值 U_{BEQ} 适当时才可认为 i_B 随 u_i 按正弦规律变化，即

$$i_B = I_{BQ} + I_{bm}\sin\omega t$$

其中，u_i、U_{BEQ}、i_B 的波形如图 2-6(a) 所示。

2. 由输出特性和输出端负载求 i_C 和 u_{CE}

由图 2-5 可见，动态时管压降 u_{CE} 与集电极电流的合成量 i_C 之间的关系仍然是线性的，即 $u_{CE}=V_{CC}-i_C R_C$。

　　如前所述，由于 $R_L = \infty$（开路），输出端的负载线就是直流负载线。基极总电流 i_B 是在静态值 I_{BQ} 的基础上叠加一个随 u_i 按正弦规律变化的交流量 i_b，则集电极总电流 $i_C = I_{CQ} + i_c = I_{CQ} + I_{cm}\sin\omega t$ 也是按正弦规律变化的。同理可得，总的管压降 $u_{CE} = V_{CC} - i_C R_C = V_{CC} - (I_{CQ} + i_c)R_C = (V_{CC} - I_{CQ}R_C) - i_c R_C = U_{CEQ} + I_{cm}R_C\sin(\omega t - \pi) = U_{CEQ} + U_{cem}\sin(\omega t - \pi) = U_{CEQ} + u_{ce}$。由于电容 C_2 的隔直流作用，输出电压 $u_o = u_{ce} = U_{cem}\sin(\omega t - \pi)$ 的波形如图 2-6(b)所示。

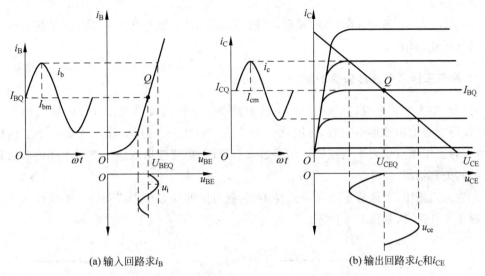

(a) 输入回路求i_B 　　　　　(b) 输出回路求i_C和i_{CE}

图 2-6　图解法分析放大电路的动态工作情况

　　应当注意，若在放大电路的输出端接上负载 R_L 后，输出特性上的负载线将发生变化，这时输出端如图 2-7(a)所示，输出端的等效负载电阻为 $R'_L = R_L /\!/ R_C$。由 R'_L 决定的负载线称为交流负载线。由于 $R'_L < R_C$，其交流负载线比直流负载线陡，交流负载线的斜率 $\tan\alpha' = \dfrac{1}{R'_L}$。在同样的输入信号 u_i 作用下，u_{CEM} 值减小，说明输出电压幅度减小。接上 R_L 后的交流通路和负载线如图 2-7(b)所示。

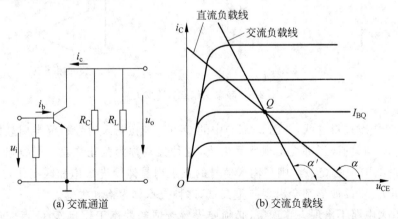

(a) 交流通道　　　　　　　(b) 交流负载线

图 2-7　接上负载后基本放大电路的交流通道和负载线

　　从交流通路可以看出，发射极是交流信号输入、输出回路的公共端，故有"共发射极放大电路"之称。

综上所述,可总结出以下几点:

(1)无输入信号时,晶体管的电流、电压都是直流量。当放大电路输入电压信号后,i_B、i_C、u_{BE}、u_{CE}都在原来静态值的基础上叠加了一个交流量。虽然交流量i_b、i_c、u_{be}、u_{ce}的瞬时值是变化的,但i_B、i_C、u_{BE}、u_{CE}的方向始终是不变的。

(2)输出电压u_o为与u_i同频率的正弦波,且输出电压u_o幅度比输入电压u_i的幅度大得多。

(3)电流i_B、i_C与输入电压u_i同相,而输出电压u_o与输入电压u_i反相,即共射极放大电路具有反相作用。

3. 静态工作点对波形失真的影响

对一个放大电路来说,其放大作用的前提是要保证输出波形能正确反映输入信号的变化,也就是要求输出波形不失真,否则就失去了放大的意义。但是,晶体管是一个非线性器件,由于静态工作点设置不当或输入信号过大等原因,可能会出现输出波形不能正确反映输入信号的失真情况。

在放大电路中,如果静态工作点选择不当,就可能使动态工作范围进入非线性区而产生严重的非线性失真,如图 2-8 所示。

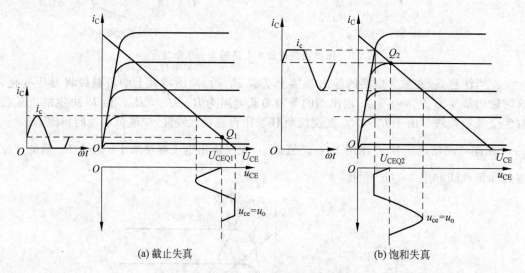

(a) 截止失真　　　　　　(b) 饱和失真

图 2-8　静态工作点与波形失真

若静态工作点选得过低,如图 2-8(a)中的 Q_1 点,则在输入信号的负半周晶体管进入截止区工作,i_b、i_c、u_{ce}的波形都会出现严重失真,这种失真称为截止失真;若静态工作点选得过高,如图 2-8(b)中的 Q_2 点,则在输入信号的正半周晶体管进入饱和区工作,这时 i_b 虽然失真很小,但 i_c、u_{ce}的波形都会出现严重失真,这种失真称为饱和失真。

所以,放大电路不出现失真现象,必须要设置合适的静态工作点 Q,Q 点应通过调整电路参数使之大致设置在交流负载线的中点,以使其动态范围尽可能大。即便如此,若输入信号 u_i 的幅值太大,以致使输出电压 u_o 的波形上下均产生失真,既包含截止失真,也包含饱和失真,这时只能通过减小输入信号电压 u_i 的幅度来消除失真。

2.3.2　微变等效电路法的动态分析

晶体管电路的复杂性在于晶体管输入、输出特性的非线性。在分析输入信号和输出信号关系时,如果能在一定条件下将晶体管的特性线性化,即用线性电路元件来描述非线性特性,建立线性电路模型,就可以应用线性电路的分析方法来分析晶体管电路了。

1. 晶体管的微变等效电路

晶体管可以用双口网络形式表示,如图 2-9(a)所示。首先研究一下在小信号范围内晶体管的输入、输出特性。

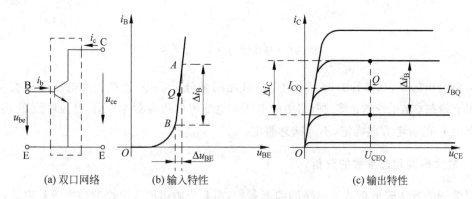

(a) 双口网络　　　(b) 输入特性　　　　　　(c) 输出特性

图 2-9　晶体管的输入、输出特性

1) 输入端口的微变等效电路

在图 2-9(b)所示的晶体管输入特性曲线上,在合适的静态工作点附近,输入特性曲线近似为线性段 AB,在该线性段内,发射结压降的变化量 Δu_{BE}(由输入信号 u_i 产生 Δu_{BE})与基极电流变化量 Δi_B 是成正比的。对于晶体管的输入端口,可以用线性电阻 r_{be} 来表示输入电压 Δu_{BE} 与输入电流 Δi_B 的关系,即

$$r_{be} = \frac{\Delta u_{BE}}{\Delta i_B}\bigg|_{u_{CE}=常数}$$

对于低频小功率管,线性电阻 r_{be} 可写成

$$r_{be} = 300 + (1+\beta)\frac{26(\text{mV})}{I_{EQ}(\text{mA})}\quad \Omega$$

式中,I_{EQ} 的值是由放大电路的静态工作点的值确定的。因此,r_{be} 是与静态工作点有关的。需要注意的是,r_{be} 是动态电阻,只用于分析输入信号对放大电路作用的动态分析。

2) 输出端口的微变等效电路

从图 2-9(c)所示的输出特性看,假定 Q 点附近的特性曲线基本上是水平的,表明晶体管集电极电流变化量 Δi_C 与管压降变化量 Δu_{CE} 无关,只取决于 Δi_B 的大小。因此,晶体管在线性工作范围内具有恒流源的性质,所以晶体管的输出端口可以近似用一个受 Δi_B 控制的恒流源表示。受控恒流源电流的大小为 $\Delta i_C = \beta \Delta i_B$。由于在 I_{CQ} 对应的输出特性上,当 Δu_{CE} 变化很大时,Δi_C 虽有变化,但却很小,所以晶体管的输出端口的输出电阻 $r_{ce} = \dfrac{\Delta u_{CE}}{\Delta i_C} \approx \infty$,

在小信号工作范围内可以当做开路处理,这样晶体管输出端口可简化为一受控恒流源。

3) 晶体管的微变等效电路

综上所述,晶体管在 Q 点附近的小信号微变等效电路如图 2-10 所示。输入回路用动态电阻 r_{be} 等效,忽略 u_{CE} 对 i_C 的影响,输出回路用受控恒流源 $i_c = \beta i_b$ 等效。

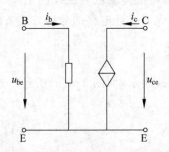

图 2-10 晶体管的微变等效电路

需要指出的是,晶体管的微变等效电路只能用来分析动态,计算放大电路的动态参数,不能用于静态参数的求解;等效电路中的电压和电流方向均为参考方向,受控电流源 $i_c = \beta i_b$ 的方向由 i_b 的参考方向确定,不能随意假定。

2. 放大电路动态参数的分析

用微变等效法来分析放大电路的动态参数,需要先画出放大电路的微变等效电路,一般步骤如下:

(1) 画出放大电路的交流通道。在 2.1 节已经讲述过交流通道的画法。例如,图 2-11(a)所示的单电源供电的基本共射极放大电路的交流通道如图 2-11(b)所示。

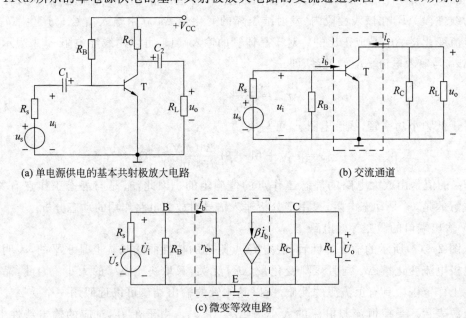

(a) 单电源供电的基本共射极放大电路　　　(b) 交流通道

(c) 微变等效电路

图 2-11 放大电路动态参数分析

（2）在交流通道的基础上，用晶体管微变等效电路替代晶体管元件符号，绘出参考电压和参考电流的方向。一般情况下，输入信号为正弦量，因此微变等效电路中的各电量均用相量表示。图 2-11(a)所示的放大电路的微变等效电路如图 2-11(c)所示。

利用放大电路的微变等效电路可以求解电路的动态参数。放大电路的主要参数有放大倍数、输入电阻 R_i 和输出电阻 R_o。

1）放大倍数

放大倍数是描述一个放大电路放大能力的指标。电压放大倍数 $\dot{A}_u$ 定义为输出电压与输入电压的相量之比，即

$$\dot{A}_u = \frac{\dot{U}_o}{\dot{U}_i}$$

电源电压放大倍数 $\dot{A}_{us}$ 定义为输出电压与电源电压的相量之比，即

$$\dot{A}_{us} = \frac{\dot{U}_o}{\dot{U}_s}$$

由图 2-11(c)可知，$\dot{U}_i = \dot{U}_{be} = \dot{I}_b r_{be}$

$$\dot{U}_o = -\dot{I}_c(R_C \mathbin{/\mkern-5mu/} R_L) = -\beta \dot{I}_b(R_C \mathbin{/\mkern-5mu/} R_L)$$

则电压放大倍数 $\dot{A}_u$ 为

$$\dot{A}_u = \frac{\dot{U}_o}{\dot{U}_i} = \frac{-\beta \dot{I}_b(R_C \mathbin{/\mkern-5mu/} R_L)}{\dot{I}_b r_{be}} = \frac{-\beta(R_C \mathbin{/\mkern-5mu/} R_L)}{r_{be}}$$

式中负号表示输出电压与输入电压反向。当负载 R_L 电压开路时，电压放大倍数为 $\dot{A}_u = \dfrac{-\beta R_C}{r_{be}}$。接上负载 R_L 后，电压放大倍数为 $\dot{A}_u = \dfrac{-\beta(R_C \mathbin{/\mkern-5mu/} R_L)}{r_{be}}$，表明 R_L 对 $\dot{I}_c$ 有分流作用，使输出电压 $\dot{U}_o$ 下降。

2）输入电阻

如图 2-12(a)所示，对信号源而言，放大电路相当于它的负载，其等效的负载电阻称为放大电路的输入电阻 R_i。定义为

$$R_i = \frac{\dot{U}_i}{\dot{I}_i}$$

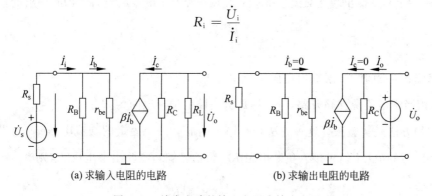

(a) 求输入电阻的电路   (b) 求输出电阻的电路

图 2-12　放大电路的输入电阻和输出电阻

式中的$\dot{U}_i$和$\dot{I}_i$为信号源输出电压和电流,即放大电路的输入电压和电流。$\dot{U}_i$、$\dot{I}_i$和信号源的电压$\dot{U}_s$、信号源内阻R_s与输入电阻R_i的数值关系为

$$U_i = \frac{R_i}{R_i + R_s} U_s$$

$$I_i = \frac{1}{R_i + R_s} U_s$$

在$\dot{U}_s$和R_s一定的情况下,R_i越大,则放大电路从信号源索取的电流越小,且输入电压$\dot{U}_i$越接近信号源电压$\dot{U}_s$。因此,为减小信号损失,一般要求放大电路的输入电阻大一些好。

如图2-11(c)所示的微变等效电路,设输入电流为$\dot{I}_i$,输入电压$\dot{U}_i = \dot{I}_i(R_B /\!/ r_{be})$,则输入电阻为$R_i = \dfrac{\dot{U}_i}{\dot{I}_i} = R_B /\!/ r_{be}$。通常基极偏置电阻$R_B$为几十千欧至几百千欧,$R_B \gg r_{be}$,所以$R_i \approx r_{be}$。但应注意两者的物理意义是不同的,$R_i$是放大电路的输入电阻,而$r_{be}$是晶体管的动态电阻。

3) 输出电阻

对负载而言,放大电路相当于一个电压源,当负载变化时,放大电路的输出电压$\dot{U}_o$随之变化,相当于该电源具有内阻,其等效的内阻即为放大电路的输出电阻R_o,如图2-12(b)所示,如设$\dot{U}'_o$为空载时的输出电压。$\dot{U}_o$与$\dot{U}'_o$之间的关系为

$$\dot{U}_o = \frac{R_L}{R_L + R_o} \dot{U}'_o$$

上式说明,由于R_o的存在,在有负载时,$\dot{U}_o < \dot{U}'_o$,$\dot{U}_o$下降的程度与R_o的大小有关。设有两个电路,其空载输出电压$\dot{U}'_o$相同,但R_o不相等,当这两个放大电路输出电流$\dot{I}_o$相同时,R_o小的放大电路输出电压$\dot{U}_o$下降较少。换言之,在输出电压$\dot{U}'_o$相等的条件下,R_o小的放大电路可以输出更大的电流$\dot{I}_o$,即可以带更多的负载,因此R_o小的放大电路带负载能力强。

输出电阻R_o的求取有以下两种方法:

第一种方法为分析法。将输入信号短路,即令$\dot{U}_s = 0$,但保留信号源内阻。在输出端将负载开路($R_L = \infty$),从输出端加交流电压$\dot{U}$,它在输出端产生电流$\dot{I}$。由此可知,输出电阻为

$$R_o = \frac{\dot{U}}{\dot{I}} \bigg|_{\dot{U}_s = 0 和 R_L = \infty}$$

在求输出电阻时,根据输出电阻的定义,如图2-12(b)所示。由于$\dot{U}_s = 0$,$\dot{I}_b = 0$,$\beta \dot{I}_b = 0$,相当于电流源支路开路。可见,放大电路的输出电阻为$R_o = R_c$。

第二种方法是实验法。这种方法是在输入端加上一个固定的交流电压$\dot{U}_i$,先测量输出端负载开路时的电压$\dot{U}'_o$,再接入负载电阻R_L(阻值已知),测输出端电压$\dot{U}_o$,则有

$$R_o = \left(\frac{\dot{U}'_o}{\dot{U}_o} - 1 \right) R_L$$

4) 电源电压放大倍数 $\dot{A}_{\mathrm{us}}$

电源电压放大倍数 $\dot{A}_{\mathrm{us}}$ 定义为：$\dot{A}_{\mathrm{us}} = \dfrac{\dot{U}_{\mathrm{o}}}{\dot{U}_{\mathrm{s}}}$。由于信号源内阻 R_{s} 的存在，放大电路的输入

电压 $\dot{U}_{\mathrm{i}}$ 是信号源电压 $\dot{U}_{\mathrm{s}}$ 在 R_{i} 上的分压值，即

$$\dot{U}_{\mathrm{i}} = \frac{R_{\mathrm{i}}}{R_{\mathrm{i}} + R_{\mathrm{s}}} \dot{U}_{\mathrm{s}}$$

所以 $\dot{A}_{\mathrm{us}} = \dfrac{\dot{U}_{\mathrm{o}}}{\dot{U}_{\mathrm{s}}} = \dfrac{\dot{U}_{\mathrm{i}}}{\dot{U}_{\mathrm{s}}} \cdot \dfrac{\dot{U}_{\mathrm{o}}}{\dot{U}_{\mathrm{i}}} = \dfrac{\dot{U}_{\mathrm{i}}}{\dot{U}_{\mathrm{s}}} = \dfrac{\dot{U}_{\mathrm{i}}}{\dot{U}_{\mathrm{s}}} \dot{A}_{\mathrm{u}} = \dfrac{R_{\mathrm{i}}}{R_{\mathrm{i}} + R_{\mathrm{s}}} \dot{A}_{\mathrm{u}}$

显然，考虑信号源内阻 R_{s} 时，电压放大倍数将下降。

图 2-11(c)所示的微变等效电路的电源电压放大倍数为

$$\dot{A}_{\mathrm{us}} = \frac{R_{\mathrm{B}} /\!/ r_{\mathrm{be}}}{R_{\mathrm{B}} /\!/ r_{\mathrm{be}} + R_{\mathrm{s}}} \left(-\beta \frac{R_{\mathrm{C}} /\!/ R_{\mathrm{L}}}{r_{\mathrm{be}}} \right)$$

2.4 静态工作点稳定的放大电路

由前一节的内容可知，放大电路的多项重要技术指标与静态工作点的位置密切相关，如果静态工作点不稳定，则放大电路的某些性能也将发生变动，因此保持静态工作点的稳定是一个十分重要的问题。在实际工作中，电路元件的老化、电源的波动和温度的变化都会引起工作点的不稳定，特别是温度的影响更为明显。

2.4.1 温度对静态工作点的影响

在单电源供电的基本共射极放大电路中，当电源电压 V_{CC} 和基极偏置电阻 R_{B} 确定后，

基极偏置电流 $I_{\mathrm{BQ}} = \dfrac{V_{\mathrm{CC}} - U_{\mathrm{BE}}}{R_{\mathrm{B}}}$ 也就固定了。这种电路结构简单，但在温度变化的影响下，静态工作点 Q 将会随之移动。因为当温度升高时，晶体管的参数 I_{CBO}、I_{CEO}、β 均增大，输出特性曲线向上平移，静态工作点沿负载线也上移，最后均集中反映在 I_{C} 的增大上。如图 2-13 的虚线所示，工作点由原来的 Q 点沿负载线向上移动至 Q' 点。为解决这一问题，可以从放大电路本身想办法，在允许温度变化的前提下，尽量保持静态工作点稳定。常采用如图 2-14 所示的稳定静态工作点的分压式偏置电路。

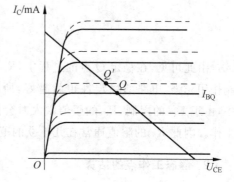

图 2-13 温度对静态工作点的影响

2.4.2 分压式偏置电路

在图 2-14(a)所示的电路中，偏置电路是由电阻 R_{B1}、R_{B2} 和射极电阻 R_{E} 组成的，称为分

压式偏置电路。图中 C_E 是旁路电容,其容量很大,对直流信号视为开路,对交流信号视为短路。图 2-14(b)所示是直流通路。

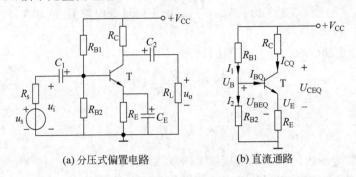

(a) 分压式偏置电路　　　　　(b) 直流通路

图 2-14　分压式偏置电路和直流通路

1. 稳定工作点的原理

(1) 基极电阻 R_{B1}、R_{B2} 组成分压器,固定基极电位 U_B。在图 2-14(b)所示的直流通路中,基极 B 的电流方程为 $I_1 = I_2 + I_{BQ}$。为了稳定 Q 点,通常选取 $I_2 \gg I_{BQ}$,则 $I_1 \approx I_2 = \dfrac{V_{CC}}{R_{B1}+R_{B2}}$,所以基极 B 的电位为 $U_{BQ} = I_2 R_{B2} = \dfrac{R_{B2}}{R_{B1}+R_{B2}}V_{CC}$,这表明基极电位 U_{BQ} 只取决于电阻 R_{B1}、R_{B2} 和电源电压 V_{CC},不受环境温度的影响。当环境温度改变时,U_{BQ} 基本不变。

(2) 利用发射极电阻 R_E 上的电压 U_E 来影响 I_C 和 I_E。$U_E = I_E R_E \approx I_C R_E$,而 $U_{BEQ} = U_{BQ} - U_E = U_{BQ} - I_{EQ}R_E$,若设 $U_{BQ} \gg U_{BEQ}$,则 $I_{EQ} = \dfrac{U_{BQ}-U_{BEQ}}{R_E} \approx \dfrac{U_{BQ}}{R_E} \approx I_{CQ}$。因为 U_{BQ} 不受温度变化的影响,所以 I_{CQ} 也不受温度变化的影响。

图 2-14(a)所示的分压式偏置电路稳定工作点的物理过程可以表述如下:

$$当温度升高 \longrightarrow I_C{\uparrow} \longrightarrow I_E{\uparrow} \longrightarrow U_E(=I_E R_E){\uparrow} \longrightarrow U_{BE}{\downarrow}$$

$$U_{BQ} \text{ 基本固定}$$

$$I_C{\downarrow} \longleftarrow \quad \longleftarrow I_B{\downarrow}$$

由此可见,在稳定 Q 点的过程中,R_E 的阻值越大,则 R_E 上的压降越大,对 I_C 变化的抑制作用越强,电路的稳定性也就越好,所以 R_E 在电路中起着重要的作用。但在实际使用中,由于 V_{CC} 的限制,R_E 的阻值太大时会使晶体管的静态工作点进入饱和区,电路不能正常工作。因此 R_E 的阻值通常在几千欧的范围内取值。

2. 静态工作点的估算

可以利用估算法求静态工作点。根据图 2-14(b)所示的直流通路可得

$$U_{BQ} = \frac{R_{B2}}{R_{B1}+R_{B2}}V_{CC}$$

$$I_{CQ} \approx I_{EQ} = \frac{U_{BQ}-U_{BEQ}}{R_E}$$

$$I_{BQ} = \frac{I_{CQ}}{\beta}$$

$$U_{CEQ} \approx V_{CC} - I_{CQ}(R_C + R_E)$$

3. 动态参数的计算

画出图 2-14(a)所示电路的微变等效电路,如图 2-15(a)所示。一般由于旁路电容 C_E 的容量很大,它在微变等效电路中可视为短路。由图 2-15(a)中的电路求解动态参数可得

$$\dot{A}_u = \frac{\dot{U}_o}{\dot{U}_i} = \frac{-\beta \dot{I}_b(R_C \parallel R_L)}{\dot{I}_b r_{be}} = \frac{-\beta(R_C \parallel R_L)}{r_{be}}$$

$$R_i = \frac{\dot{U}_i}{\dot{I}_i} = R_{B1} \parallel R_{B2} \parallel r_{be}$$

$$R_o = R_C$$

当旁路电容 C_E 开路时,其微变等效电路如图 2-15(b)所示,则动态参数为

$$\dot{A}_u = \frac{\dot{U}_o}{\dot{U}_i} = \frac{-\beta \dot{I}_b(R_C \parallel R_L)}{\dot{I}_b r_{be} + (1+\beta)\dot{I}_b R_E} = \frac{-\beta(R_C \parallel R_L)}{r_{be} + (1+\beta)R_E}$$

$$R_i = \frac{\dot{U}_i}{\dot{I}_i} = R_{B1} \parallel R_{B2} \parallel [r_{be} + (1+\beta)R_E]$$

$$R_o = R_C$$

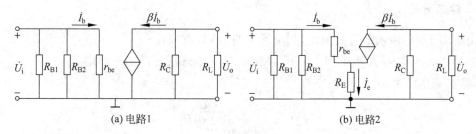

(a) 电路1　　　　　　　　(b) 电路2

图 2-15　微变等效电路

2.5　基本共集电极放大电路

根据放大电路的信号输入和输出回路公共端的不同,基本放大电路有三种形式。除了前面讨论的基本共射放大电路之外,还有基本共集电极放大电路(以下简称基本共集放大电路)和基本共基极放大电路(以下简称基本共基放大电路)。这三种基本放大电路在电路结构和性能上有各自的特点,但基本的分析方法一样。本节仅分析基本共集电极放大电路。

基本共集电极放大电路结构如图 2-16(a)所示,基本共集放大电路的直流通道、交流通道和微变等效电路如图 2-16(b)～图 2-16(d)所示。从图 2-16(c)所示的基本共集放大电路的交流通道可以看出,集电极是交流信号输入、输出回路的公共端,因此电路得名基本共集放大电路。

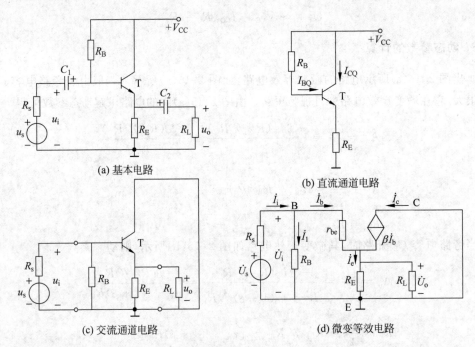

图 2-16 基本共集电极放大电路

1. 静态分析

由图 2-16(b)所示的直流通道,列出回路的 KVL 方程:

$$V_{CC} = I_{BQ}R_B + U_{BEQ} + I_E R_E = I_{BQ}R_B + U_{BEQ} + (1+\beta)I_{BQ}R_E$$

所以,静态工作点为

$$I_{BQ} = \frac{V_{CC} - U_{BEQ}}{R_B + (1+\beta)R_E}$$

$$I_{CQ} = \beta I_{BQ} \approx I_{EQ}$$

$$U_{CEQ} = V_{CC} - I_{EQ}R_E$$

2. 动态分析

1)电压放大倍数 $\dot{A}_u$

根据图 2-16(d)所示的基本共集放大电路的微变等效电路可知:

$$\dot{U}_i = \dot{I}_b r_{be} + (1+\beta)\dot{I}_b(R_E /\!/ R_L)$$

$$\dot{U}_o = \dot{I}_e(R_E /\!/ R_L) = (1+\beta)\dot{I}_b(R_E /\!/ R_L)$$

$$\dot{A}_u = \frac{\dot{U}_o}{\dot{U}_i} = \frac{(1+\beta)(R_E /\!/ R_L)}{r_{be} + (1+\beta)(R_E /\!/ R_L)}$$

当 $r_{be} \leqslant (1+\beta)(R_E /\!/ R_L)$ 时,$\dot{A}_u \approx 1$,可见基本共集放大电路的电压放大倍数近似等于 1,而且 $\dot{U}_o$ 和 $\dot{U}_i$ 同相。由于输出电压随输入电压变化,所以基本共集放大电路又称为射极跟随器。

2) 输入电阻

由图 2-16(d)所示的基本共集放大电路的微变等效电路可知，$\dot{I}_i = \dot{I}_b + \dot{I}_1$。其中，因为
$\dot{U}_i = \dot{I}_b r_{be} + (1+\beta)\dot{I}_b(R_E /\!/ R_L)$，所以

$$\dot{I}_b = \frac{\dot{U}_i}{r_{be} + (1+\beta)(R_E /\!/ R_L)}$$

$$\dot{I}_1 = \frac{\dot{U}_i}{R_B}$$

根据输入电阻的定义得

$$R_i = \frac{\dot{U}_i}{\dot{I}_i} = \frac{\dot{U}_i}{\dot{I}_b + \dot{I}_1} = \frac{\dot{U}_i}{\dfrac{\dot{U}_i}{r_{be} + (1+\beta)(R_E /\!/ R_L)} + \dfrac{\dot{U}_i}{R_B}}$$

$$= \frac{1}{\dfrac{1}{r_{be} + (1+\beta)(R_E /\!/ R_L)} + \dfrac{1}{R_B}}$$

$$= R_B /\!/ [r_{be} + (1+\beta)(R_E /\!/ R_L)]$$

上式表明，基本共集放大电路的输入电阻比基本共射
放大电路的输入电阻高得多。

3) 输出电阻

根据输出电阻的定义，令 $\dot{U}_s = 0$（短路），$R_L = \infty$
（开路），在输出端加电压 $\dot{U}$，求电流 $\dot{I}$，输出电阻 $R_o =$
$\dfrac{\dot{U}}{\dot{I}}\bigg|_{\dot{U}_s=0 和 R_L=\infty}$。求 R_o 的等效电路如图 2-17 所示。

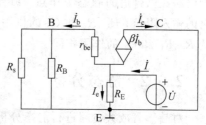

图 2-17　计算输出电阻的等效电路

节点电流方程为

$$\dot{I} = \dot{I}_e + \dot{I}_b + \dot{I}_c = \dot{I}_e + (1+\beta)\dot{I}_b = \frac{\dot{U}}{R_E} + (1+\beta)\frac{\dot{U}}{r_{be} + R_s /\!/ R_B}$$

所以

$$R_o = \frac{\dot{U}}{\dot{I}}\bigg|_{\dot{U}_s=0 和 R_L=\infty} = \frac{\dot{U}}{\dfrac{\dot{U}}{R_E} + (1+\beta)\dfrac{\dot{U}}{r_{be} + R_s /\!/ R_B}}$$

$$= \frac{1}{\dfrac{1}{R_E} + (1+\beta)\dfrac{1}{r_{be} + R_s /\!/ R_B}}$$

即 $R_o = R_E /\!/ \dfrac{r_{be} + R_s /\!/ R_B}{1+\beta}$。

通常 $R_E \gg \dfrac{r_{be} + R_s /\!/ R_B}{1+\beta}$，则 $R_o \approx \dfrac{r_{be} + R_s /\!/ R_B}{1+\beta}$，所以基本共集放大电路的输出电阻较低。

基本共集放大电路具有输入电阻大的特点，常用于多级放大电路的输入级，可以减小从
信号源索取的电流，对信号源工作的影响小。基本共集放大电路的输出电阻小，常用于多级
放大电路的输出级，以提高带负载能力。

2.6　场效应管基本放大电路

场效应管放大电路与晶体管放大电路一样,也有三种基本组态,即共源极、共栅极和共漏极放大电路。场效应管放大电路的分析方法同晶体管放大电路一样,也包括静态分析和动态分析,只是放大元件的特性和电路模型不同。下面以增强型 N 沟道 MOS 管为例来讨论场效应管放大电路。

2.6.1　电路的组成

N 沟道 MOS 管共源电压放大器的电路组成如图 2-18 所示,该电路的结构与工作点稳定的晶体管电压放大器很相似。图中的 R_{G1} 和 R_{G2} 为偏置电阻,其作用与晶体管放大电路中的 R_{B1} 和 R_{B2} 相同,通过 R_{G1} 和 R_{G2} 对电源电压 V_{CC} 分压来设置静态偏压,从而为电路提供合适的静态工作点;R_G 的作用是提高电路的输入阻抗;R_D、R_S 和 C_S 的作用与晶体管电路中的 R_C、R_E 和 C_E 的作用相同。

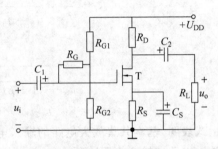

图 2-18　场效应管共源极放大电路

2.6.2　静态分析

对晶体管放大电路进行静态分析的目的是计算电路的静态工作点 $Q(I_{BQ}$、I_{CQ}、$U_{CEQ})$。

对场效应管放大电路进行静态分析的目的也是计算电路的静态工作点 Q。由于场效应管是压控元件,所以静态工作点 Q 为 U_{GSQ}、I_{DQ} 和 U_{DSQ}。

静态时,源极电位 $U_{SQ}=I_{DQ}R_S$,因栅极电流 $I_G=0$,电阻 R_G 上无压降,因此栅极电位 $U_{GQ}=\dfrac{R_{G2}}{R_{G1}+R_{G2}}U_{DD}$,则其栅源电压为 $U_{GSQ}=U_{GQ}-U_{SQ}=\dfrac{R_{G2}}{R_{G1}+R_{G2}}U_{DD}-I_{DQ}R_S$。

所以静态工作点为

$$U_{GS}=U_G-U_S=\frac{R_{G2}}{R_{G1}+R_{G2}}U_{DD}-I_{DQ}R_S$$

$$I_{DQ}=I_{DSS}\left(\frac{U_{GSQ}}{U_{GS(th)}}-1\right)^2$$

$$U_{DSQ}=U_{DD}-I_{DQ}(R_D+R_S)$$

联立上面三个方程式,可求得静态工作点 $Q(U_{GSQ}$、I_{DQ} 和 $U_{DSQ})$。

2.6.3　动态分析

与晶体管放大电路一样,对场效应管放大电路进行动态分析的目的也是计算电路的电压放大倍数、输入电阻和输出电阻。

进行动态分析所用的电路也是微变等效电路。

1. 场效应管的微变等效电路

在输入回路中,由于场效应管的输入电阻 R_{GS} 很高,所以栅极电流 $i_G=0$,在交流小信号工作范围内可以认为 MOS 管的输入回路栅极 G 和源极 S 间开路,其开路电压为 $\dot{U}_{gs}$。

在输出回路中,场效应管是一个电压控制电流的元件,它是用 $\dot{U}_i$ 来控制漏极电流 $\dot{I}_d$ 的。所以输出回路可用一个受控电流源表示,即 $\dot{I}_d=g_m\dot{U}_{gs}$(其中 g_m 称为低频跨导,用 $g_m=\dfrac{\mathrm{d}i_D}{\mathrm{d}u_{GS}}\bigg|_{u_{DS}=常数}$ 表示)。当信号为正弦量时,$g_m=\dfrac{\dot{I}_d}{\dot{U}_{gs}}$,因此 MOS 管的输出回路是一个电压控制的受控电流源 $g_m\dot{U}_{gs}$。场效应管的简化微变等效电路如图 2-19(a)所示。

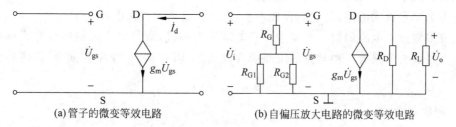

(a)管子的微变等效电路　　　　(b)自偏压放大电路的微变等效电路

图 2-19　场效应管的微变等效电路和自偏压放大电路的微变等效电路

2. 场效应管放大电路的微变等效电路分析法

用微变等效电路法来分析图 2-18 所示的自偏压放大电路时,画出其微变等效电路,如图 2-19(b)所示。动态参数的计算如下。

1)电压放大倍数 $\dot{A}_u$

根据图 2-19(b)所示的微变等效电路可知:

$$\dot{U}_i=\dot{U}_{gs}$$

$$\dot{U}_o=-\dot{I}_d(R_D \mathbin{/\mkern-5mu/} R_L)$$

所以

$$\dot{A}_u=\frac{\dot{U}_o}{\dot{U}_i}=\frac{-\dot{I}_d(R_D \mathbin{/\mkern-5mu/} R_L)}{\dot{U}_{gs}}=g_m(R_D \mathbin{/\mkern-5mu/} R_L)$$

2)输入电阻

根据输入电阻的定义,$R_i=\dfrac{\dot{U}_i}{\dot{I}_i}$,由图 2-19(b)所示的微变等效电路可得

$$R_i=R_G+R_{G1} \mathbin{/\mkern-5mu/} R_{G2}$$

3)输出电阻

根据输出电阻的定义,令 $\dot{U}_s=0$(短路),$R_L=\infty$(开路),在输出端加电压 $\dot{U}$,求电流 $\dot{I}$,输

出电阻 $R_\circ = \dfrac{\dot{U}}{\dot{I}}\bigg|_{\dot{U}_s=0\,\text{和}\,R_L=\infty}$ ，有 $R_\circ = R_D$。因共漏放大器等效于共集放大器，共栅放大器等效于共基放大器，所以这两个电路的分析方法分别与共集放大器和共基放大器讨论问题的方法相同，这里不再赘述。

2.7　多级放大电路

2.7.1　多级放大电路的耦合方式

在实际应用中，常对放大电路的性能提出多方面的要求。单级放大电路的电压倍数一般只能达到几十倍，往往不能满足实际应用的要求，而且也很难兼顾各项性能指标。这时可以选择多个基本放大电路，将它们合理连接，从而构成多级放大电路。

组成多级放大电路的每一个基本放大电路称为一级，级与级之间的连接方式称为级间耦合。多级放大电路有 4 种常见的级间耦合方式，即阻容耦合、变压器耦合、直接耦合和光耦合。

1. 阻容耦合

将放大电路的前级输出端通过电容接到后级输入端称为阻容耦合方式。图 2-20 所示为两级阻容耦合放大电路，第一级为共射放大电路，第二级为共集放大电路。

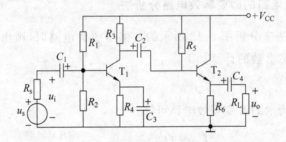

图 2-20　两级阻容耦合放大电路

阻容耦合方式充分利用了电容"隔直流、通交流"的作用，主要优点是放大电路各级之间的直流通路各不相通，各级的静态工作点相互独立，在求解或实际调试静态工作点时可按单级处理，便于电路的静态值分析、设计和调试。而且只要输入信号频率较高，耦合电容容量较大，前级的输出信号就可以几乎没有衰减地传递到后级的输入端，因此在分立元件电路中阻容耦合方式得到非常广泛的应用。

阻容耦合放大电路的缺点是低频特性差，不适于放大缓慢变化的信号。这是因为电容对这类信号呈现出很大的容抗，信号的一部分甚至全部都衰减在耦合电容上，根本不向后级传递。更重要的是，在集成电路中，要想制造大容量电容是很困难的，所以这种耦合方式在集成电路中无法采用。应当指出，由于集成放大电路的应用越来越广泛，只有在特殊需要下，由分立元件组成的放大电路中才可能采用阻容耦合方式。

2. 变压器耦合

将放大电路前级的输出端通过变压器接到后级的输入端或负载电阻上称为变压器耦合。图 2-21 所示为变压器耦合共射放大电路。

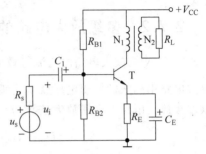

由于变压器耦合电路的前、后级靠磁路耦合，所以与阻容耦合电路一样，它的各级放大电路的静态工作点相互独立，便于分析、设计和调试。除了隔离直流的优点以外，变压器耦合方式还可以在传递交流信号的同时实现阻抗变换。但由于变压器比较笨重，无法实现集成，而且也不能传输缓慢变化的信号，因此这种耦合方式目前已很少采用。

3. 直接耦合

图 2-21　变压器耦合多级放大电路

把前级的输出端直接接到后级的输入端，如图 2-22(a)所示，这种连接方式称为直接耦合。

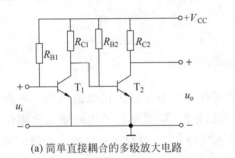

(a) 简单直接耦合的多级放大电路　　　　(b) 改进直接耦合的多级放大电路

图 2-22　直接耦合的放大电路

直接耦合方式的优点是既能放大交流信号，也能放大缓慢变化的信号和直流信号。更重要的是便于集成化，实际的集成线性放大电路一般都是采用直接耦合方式。但是直接耦合也存在一些问题。

1) 各级工作点之间相互影响

直接耦合使前、后级电路之间存在有直流通路，造成各级静态工作点相互影响。

例如，在图 2-22(a)所示的电路中，T_1 的集-射极电压受到 T_2 发射结正向电压的约束，只能为 0.7V 左右，导致 T_1 处于临界饱和状态。

为了使前、后级的静态工作点都较为合理，必须对电路的结构进行必要的改进。图 2-22(b)所示为一种简单改进的直接耦合放大电路。图中 T_2 的发射极接有稳压管 D_Z，利用稳压管的直流压降 U_Z 可以提高 T_1 的集-射极电压($U_{CE1}=U_{BE2}+U_Z$)，而且由于稳压管的动态电阻很小，故对第二级电路的电压放大倍数影响不大。

2) 零点漂移问题

如果将直接耦合放大电路的输入端短接或接固定的直流电压，其输出应有一固定的直流电压，即静态输出电压。但是，实际上即使将输入端短接，用灵敏的直流表测量输出端，也会有变化缓慢的输出电压，这种现象称为零点漂移，简称零漂。

放大电路中任何参数的变化，如电源的波动、元件的老化、半导体元件参数随温度变化而产生的变化都将产生输出电压的漂移。在直接耦合的多级放大电路中,由于前、后级直接相连,前一级的漂移电压会和有用的信号一起被送到下一级,而且逐级放大,以至于在输出端很难区别什么是有用信号,什么是漂移电压,放大电路不能正常工作。

抑制零漂简单而且有效的措施是采用差动式放大电路,这种电路将在 2.8 节中详细介绍。

2.7.2 多级放大电路的动态分析

一个 N 级放大电路的交流等效电路可用图 2-23 所示的方框图表示。由图 2-23 可知,放大电路中前级的输出电压就是后级的输入电压,即 $\dot{U}_{o1}=\dot{U}_{i2}$,$\dot{U}_{o2}=\dot{U}_{i3}$,$\cdots$,$\dot{U}_{o(n-1)}=\dot{U}_{in}$,所以多级放大电路的电压放大倍数为

$$\dot{A}_{u}=\frac{\dot{U}_{o1}}{\dot{U}_{i1}}\cdot\frac{\dot{U}_{o2}}{\dot{U}_{i2}}\cdot\cdots\cdot\frac{\dot{U}_{o}}{\dot{U}_{in}}=\dot{A}_{u1}\cdot\dot{A}_{u2}\cdot\cdots\cdot\dot{A}_{un}$$

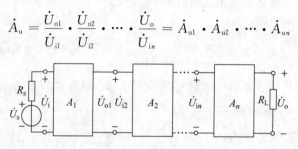

图 2-23   多级放大电路

上式表明,多级放大电路的总电压放大倍数等于各单级电压放大倍数的乘积。应当指出的是,在多级放大电路中,求解前一级的电压放大倍数时,应当把后一级的输入电阻作为前一级的实际负载电阻来考虑。同样,对于后级放大电路而言,应把前一级放大电路的输出电阻作为后一级的信号源内阻来处理。

根据放大电路中输入电阻的定义,多级放大电路的输入电阻就是其第一级的输入电阻,即 $R_{i}=R_{i1}$。

根据放大电路的输出电阻的定义,多级放大电路的输出电阻等于其最后一级的输出电阻,即 $R_{o}=R_{on}$。

当多级放大电路的输出波形产生失真时,应首先确定是在哪一级先出现的失真,然后再判断是产生了饱和失真还是截止失真。

2.8 差动放大电路

在直接耦合放大电路中抑制零点漂移最有效的电路结构是差动放大电路,差动放大电路常作为多级放大电路的输入级,在模拟集成电路中应用最为广泛。

2.8.1 电路组成

1. 基本电路

图 2-24 所示为典型的差动放大电路,其结构特点是由两个单管放大电路组成。电路的参数对称,即 $R_{B1}=R_{B2}$,$R_{C1}=R_{C2}$;T_1、T_2 管的特性相同,具有相同的温度特性;电阻 R_E 为

两管的公共发射极电阻；u_{i1} 和 u_{i2} 是两个输入信号端；输出电压 u_o 取自两管的集电极。这种电路结构称为双端输入双端输出差动放大电路。

2. 电路抑制零点漂移的原理

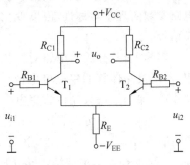

图 2-24 差动放大电路

当电路处于静态，即输入信号 $u_{i1}=u_{i2}=0$，由于电路的对称性，两只晶体管的集电极电流及集电极电位均相等，输出电压 $u_o=u_{C1}-u_{C2}=0$。当温度变化引起晶体管集电极电流发生变化时，两个晶体管都产生温度漂移现象，因电路的对称性，这种漂移是同向的，即同时增大或同时减小，且变化量相同。这些同向、相等的增量在输出端因相减而相互抵消，使温度漂移得到完全的控制。

2.8.2　差动放大电路的分析

1. 静态分析

静态时，$u_{i1}=u_{i2}=0$，$I_{C1}=I_{C2}=I_{CQ}$，流过 R_E 的电流为两管发射极电流之和，即 $I_{RE}=I_{E1}+I_{E2}=2I_{EQ}$。设 $U_{BEQ1}=U_{BEQ2}=U_{BEQ}$，$R_{B1}=R_{B2}=R_B$，$R_{C1}=R_{C2}=R_C$，由基极-发射极回路列方程

$$I_{BQ}R_B+U_{BEQ}+2I_{EQ}R_E=I_{BQ}R_B+U_{BEQ}+2(1+\beta)I_{BQ}R_E=V_{EE}$$

有

$$I_{BQ}=\frac{V_{EE}-U_{BE}}{R_B+2(1+\beta)R_E} \tag{2-1}$$

通常情况下，R_B 阻值很小，I_{BQ} 也很小，所以 $I_{BQ}R_B$ 可以忽略不计，发射极静态电流

$$I_{EQ}\approx\frac{V_{EE}-U_{BEQ}}{2R_E} \tag{2-2}$$

$$U_{CEQ}=U_{CQ}-U_{EQ}=V_{CC}-I_{CQ}R_C+U_{BEQ}$$

2. 动态分析

1) 对共模信号的抑制作用

共模信号指的是两个大小相等、极性相同的输入信号，即 $u_{i1}=u_{i2}=u_{ic}$，如图 2-25 所示。

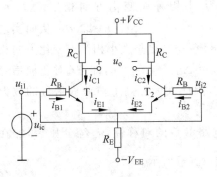

图 2-25　输入共模信号电路

由于电路参数对称，T_1、T_2 所产生的电流变化相等，即 $\Delta i_{B1}=\Delta i_{B2}$，$\Delta i_{C1}=\Delta i_{C2}$，因此集电极电位的变化也相等，$\Delta u_{C1}=\Delta u_{C2}$。因为输出电压是 T_1 管和 T_2 管集电极电位差，所以输出电压 $u_o=u_{C1}-u_{C2}=(U_{CQ1}+\Delta u_{C1})-(U_{CQ2}+\Delta u_{C2})=0$，说明差分放大电路对共模信号有很强的抑制作用，在参数完全对称的情况下，共模输出为 0。

从差分放大电路组成的分析可知，电路参数的对称性起到了相互补偿的作用，抑制了温度漂移。当电

路输入共模信号时,如图 2-25 所示,基极电流和集电极电流的变化量相等,即 $\Delta i_{B1} = \Delta i_{B2}$, $\Delta i_{C1} = \Delta i_{C2}$,因此集电极电位的变化也相等,即 $\Delta u_{C1} = \Delta u_{C2}$,从而使得输出电压 $u_o = 0$。由于电路参数的理想对称性,温度变化时管子的电流变化完全相同,故可以将温度漂移等效成共模信号。

实际上,差分放大电路对共模信号的抑制,不但利用了电路参数对称性所起的补偿作用,使两只晶体管的集电极电位变化相等,而且还利用了发射极电阻 R_E 对共模信号的负反馈作用,抑制了每只晶体管集电极电流的变化,从而抑制集电极电位的变化。

从图 2-25 中可以看出,当共模信号作用于电路时,两只管子发射极电流的变化量相等,即 $\Delta i_{E1} = \Delta i_{E2} = \Delta i_E$。显然,电阻 R_E 上电流的变化量为 $2\Delta i_E$,因而发射极电位的变化量 $\Delta u_E = 2\Delta i_E R_E$。不难理解,$\Delta u_E$ 的变化方向与输入共模信号的变化方向相同,因而使 b-e 极间电压的变化方向与之相反,导致基极电流变化,从而抑制了集电极电流的变化。例如,当所加共模信号 u_{ic} 为正时,晶体管各极之间电流、电压的变化方向简述如下:

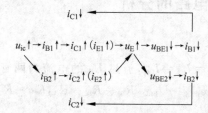

可见,R_E 对共模输入信号起负反馈作用。而且,对于每边晶体管而言,发射极等效电阻为 $2R_E$,阻值越大,负反馈作用越强,集电极电流变化越小,因而集电极电位的变化也就越小。但 R_E 的取值不宜过大,因为由式(2-2)可知,它受电源电压 V_{EE} 的限制。为了描述差分放大电路对共模信号的抑制能力,引入一个新的参数——共模放大倍数 A_c,定义为

$$A_c = \frac{u_{oc}}{u_{ic}} \tag{2-3}$$

式中,u_{ic} 为共模输入电压;u_{oc} 是 u_{ic} 作用下的输出电压。它们可以是缓慢变化的信号,也可以是正弦交流信号。

在图 2-25 所示的差分放大电路中,在电路参数理想对称的情况下,$A_c = 0$。

2) 对差模信号的放大作用

差模信号指的是两个大小相等、极性相反的输入信号,即 $u_{i1} = -u_{i2}$。由于 $u_{i1} = -u_{i2}$,又由于电路参数对称,T_1、T_2 所产生的电流变化大小相等而变化方向相反,即 $\Delta i_{B1} = -\Delta i_{B2}$,$\Delta i_{C1} = -\Delta i_{C2}$,因此集电极电位的变化也是大小相等而变化方向相反,$\Delta u_{C1} = -\Delta u_{C2}$,这样得到输出电压 $u_o = u_{C1} - u_{C2} = (U_{CQ1} + \Delta u_{C1}) - (U_{CQ2} + \Delta u_{C2}) = 2\Delta u_{C1}$,从而实现电压的放大。同时,$T_1$、$T_2$ 发射极电流的变化同基极电流一样,也是大小相等而变化方向相反,即 $\Delta i_{E1} = -\Delta i_{E2}$,因此流过电阻 R_E 的电流变化 $\Delta i_{RE} = \Delta i_{E1} + \Delta i_{E2} = 0$,即 R_E 对差模信号无反馈作用。也就是说,R_E 对于差模信号相当于短路,因此大大提高了对差模信号的放大能力。

当差动放大电路输入一个差模信号 u_{id} 时,由于电路参数的对称性,u_{id} 经分压后,加在 T_1 管一边的为 $+\dfrac{u_{id}}{2}$,加在 T_2 管一边的为 $-\dfrac{u_{id}}{2}$,如图 2-26(a)所示。

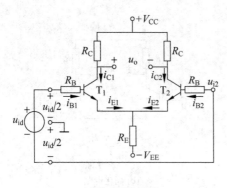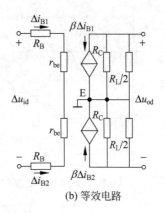

(a) 差动放大电路　　　　　(b) 等效电路

图 2-26　差动放大电路及其等效电路

由于 E 点电位在差模信号作用下不变,相当于接"地",而负载电阻的中点电位在差模信号作用下也不变,也相当于接"地",因而 R_L 被分成相等的两部分,分别接在 T_1 管和 T_2 管的 c 和 e 极之间,所以图 2-26(a)所示电路在差模信号作用下的等效电路如图 2-26(b)所示。

输入差模信号时的放大倍数称为差模放大倍数,记作 A_d,A_d 定义为

$$A_d = \frac{\Delta u_{od}}{\Delta u_{id}}$$

式中 u_{od} 是 u_{id} 作用下的输出电压。从图 2-26(b)可知,$\Delta u_{id} = 2\Delta i_{B1}(R_B + r_{be})$,$\Delta u_{od} = -2\Delta i_{C1}\left(R_C \,//\, \frac{R_L}{2}\right)$,所以 $A_d = -\dfrac{\beta\left(R_C \,//\, \dfrac{R_L}{2}\right)}{R_B + r_{be}}$。

由此可见,虽然差动放大电路用了两只晶体管,但它的电压放大能力只相当于单管共射放大电路。因而差动放大电路是以牺牲一只管子的放大倍数为代价,换取抑制温度漂移的效果。

根据输入电阻的定义,从图 2-26(b)可以看出 $R_i = 2(R_B + r_{be})$,它是单管共射放大电路输入电阻的两倍。

电路的输出电阻 $R_o = 2R_C$,也是单管共射放大电路输出电阻的两倍。

为了综合考虑差动放大电路对差模信号的放大能力和对共模信号的抑制能力,又引入一个指标参数——共模抑制比,记作 K_{CMR},定义为

$$K_{CMR} = \left|\frac{A_d}{A_c}\right|$$

其值越大,说明电路性能越好。对于图 2-26(a)所示的电路,在电路参数理想对称的情况下,$K_{CMR} = \infty$。

在差分放大电路中,增大发射极电阻 R_E 的阻值能够有效地抑制每一边电路的温漂,提高共模抑制比。但 R_E 太大时,工作点会偏低;要求工作点合适时,所加的负电源 V_{EE} 将会很高。如当 $I_E = 0.5\text{mA}$,$R_E = 10\text{k}\Omega$ 时,$V_{EE} \approx 2I_{EQ}R_E + U_{BEQ} = 10.7\text{V}$。当 $I_E = 0.5\text{mA}$,$R_E = 100\text{k}\Omega$ 时,$V_{EE} \approx 2I_{EQ}R_E + U_{BEQ} = 100.7\text{V}$,这显然是不现实的。一方面集成电路中不易制作大阻值电阻,另一方面这样高的电源电压对于小信号放大电路也非常不合适。为了既能采用较低的电源电压,又能有很大的等效电阻 R_E,可采用恒流源电路来取代 R_E,如图 2-27 所示。

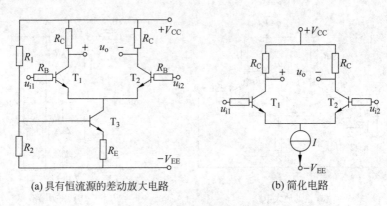

(a) 具有恒流源的差动放大电路　　　　(b) 简化电路

图 2-27　恒流源差分放大电路

3) 任意信号的分解

任意信号是指两个输入信号 u_{i1}、u_{i2} 既非差模信号又非共模信号,如图 2-28(a)所示。可以将这对任意信号等效替换成一对共模信号和一对差模信号,如图 2-28(b)所示。

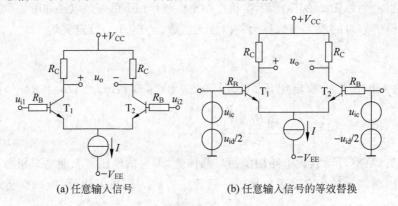

(a) 任意输入信号　　　　　(b) 任意输入信号的等效替换

图 2-28　任意信号分解电路

替换成的共模信号为 $u_{ic} = \dfrac{u_{i1} + u_{i2}}{2}$,$u_{ic} = \dfrac{u_{i1} + u_{i2}}{2}$。

替换成的差模信号为 $\dfrac{u_{id}}{2} = \dfrac{u_{i1} - u_{i2}}{2}$,$-\dfrac{u_{id}}{2} = -\dfrac{u_{i1} - u_{i2}}{2}$。

2.9　功率放大电路

放大电路的作用是将信号放大后输出,并驱动执行机构完成特定的工作,执行机构通常称为电路的负载。不同的负载具有不同的功率,放大器要驱动负载必须输出相应的功率。能够向负载提供足够输出功率的电路称为功率放大器,简称功放。

由前面的讨论可知,放大电路的实质是能量的转换和电路的控制。从能量转换和控制的角度来看,功率放大电路和电压放大电路没有什么本质的区别,电压放大电路和功率放大电路的主要差别是所完成的任务不同。电压放大器的任务是放大输入电压;而功率放大电路是放大输入功率。

功率放大电路在多级放大电路中处于最后一级,其任务是能够向负载输出足够大的信号功率,以驱动诸如扬声器、记录仪及伺服电机等功率负载。

2.9.1　功率放大电路的特点

功率放大电路在工作过程中的主要任务是向负载提供较大的功率信号,它主要具有以下特点:

1. 输出功率尽可能大

为了实现尽量大的输出功率,要求功率放大器的电压和电流都要有足够大的输出幅度,因此三极管往往工作在极限的状态下。

2. 尽量提高功率转换的效率

放大电路在信号作用下向负载提供的输出功率是由直流电源转换而来的,在转换时,晶体管和电路中的耗能元件均要消耗功率。设放大电路的输出功率为 P_o,电源消耗的功率为 P_E,则功率放大电路的效率为

$$\eta = \frac{P_o}{P_E}$$

3. 允许适当的非线性失真

工作在大信号极限状态下的晶体管,不可避免地会产生非线性失真,且同一个晶体管,输出功率越大,非线性失真越严重,因此功率放大电路的非线性失真和输出尽量大的功率是一对矛盾。在不同的应用场合,处理这对矛盾的侧重点不同。

例如,在音响系统中,要求在输出功率一定时,非线性失真要尽量小;而在工业控制系统中,通常对非线性失真不要求,只要求功率放大的输出功率足够大。

需要指出的是,在功率放大电路中,因功放管的集电极电流较大,所以功放管的集电极将消耗大量的功率,使功放管的集电极温度升高。为了保护功放管不会因温度太高而损坏,必须采用适当的措施对功放管进行散热。另外,在功率放大电路中,为了输出较大的信号功率,功放管往往工作在大电流和高电压的情况下,功放管损坏的概率比较大,采取措施保护功放管也是功放电路要考虑的问题。

2.9.2　功率放大器的工作状态

功率放大电路按放大电路静态工作点在直流负载线上位置的不同,可将放大器的工作状态分为甲类、乙类和甲乙类三种类型。

1. 甲类工作状态

静态工作点位于直流负载线中点的功率放大电路称为甲类功放电路。工作在甲类状态下的晶体管,在输入信号的整个周期内都处于导通的状态,如图 2-29(a)所示。当输入交流信号 $u_i=0$ 时,直流电源会提供 I_{CQ} 和 U_{CEQ},这时电源提供的功率全部消耗在管子和电阻上,

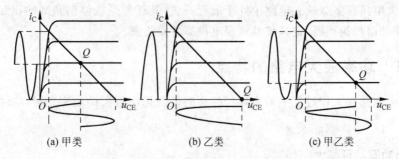

图 2-29　放大电路的工作状态

即 $P_E = I_{CQ}U_{CEQ}$。当有交流输入信号 u_i 时,产生交流电流 i_c、交流电压 u_{ce},两者的乘积即为输出功率。由图 2-29(a)可见,若功放管的饱和管压降可忽略,在理想的情况下,信号电流和信号电压的最大值约等于 I_{CQ} 和 U_{CEQ},根据有效值和最大值的关系,可得在理想情况下,输出信号功率的最大值为

$$P_{o\,max} = IU = \frac{I_{CQ}}{\sqrt{2}}\frac{U_{CEQ}}{\sqrt{2}} = \frac{1}{2}I_{CQ}U_{CEQ}$$

根据效率的定义式 $\eta = \dfrac{P_o}{P_E}$,可得甲类功率放大电路的最高效率为 50%。说明甲类功率放大电路的功率转换效率较低,所以甲类放大器主要用于电压放大,在功率放大电路中较少应用。

2. 乙类工作状态

由于甲类放大器的能量转换效率较低,为了提高功率放大电路的能量转换效率,将电路的静态工作点移到直流负载线 I_{CQ} 为 0 的 Q 点,工作点位于图 2-29(b)所示 Q 点的放大器称为乙类放大器。

乙类放大器的特点是功放管只在信号的半个周期内处于导通的状态,电路的静态工作点 I_{CQ} 等于 0。当输入交流信号 $u_i = 0$ 时,直流电源提供 $P_E = I_{CQ}U_{CEQ} = 0 \cdot U_{CEQ} = 0$,说明电源不向外提供能量。随着信号 u_i 的输入,电源提供的功率、功率放大电路的输入功率和效率也随着发生变化。

由图 2-29(b)可见,若功放管的饱和管压降可忽略,在理想的情况下,乙类放大器输出信号的最大值为 V_{CC},输出信号功率的最大值为 $P_{o\,max} = \dfrac{U_{ce\,max}^2}{R_L} = \dfrac{V_{CC}^2}{R_L}$。

因乙类放大器只在信号的半个周期内有功率输出,所以该放大器有信号输出时,电源消耗的功率 P_E 为电源电压与半波电流的平均值 $I_{(AV)} = \dfrac{2I_{max}}{\pi} = \dfrac{2V_{CC}}{\pi R_L}$ 的乘积,即

$$P_E = I_{(AV)}V_{CC} = \frac{2V_{CC}^2}{\pi R_L}$$

所以 $$\eta = \frac{P_o}{P_E} = \frac{4}{\pi} = 78.5\%$$

3. 甲乙类工作状态

将静态工作点值取在图 2-29(c)所示的 Q 点,具有这种工作点特性的放大器称为甲乙

类放大器。

甲乙类放大器的特点是功放管在信号半个周期以上的时间内处于导通状态。由于电路的静态工作点 I_{CQ} 较小，静态功耗也较小，在理想的情况下，甲乙类功率放大电路的转换效率接近乙类功率放大电路。

由上面的分析可见，乙类和甲乙类放大器的功率转换效率较高，但都存在着波形失真的问题。既要提高效率，又要解决波形失真的问题是功率放大电路的结构特点。

2.9.3　互补对称功率放大电路

工作在乙类状态下的放大电路，虽然管耗小、效率高，但输入信号的半个波形被削掉了，产生了严重的失真现象。解决失真问题的方法是，用两个工作在乙类状态下的放大器分别放大输入的正、负半周信号，同时采取措施，使放大后的正、负半周信号能加在负载上面，在负载上获得一个完整的波形。利用这种方式工作的功率放大电路称为互补对称功率放大电路。

目前广泛使用的互补对称功率放大电路是 OTL 电路(无输出变压器功率放大电路)、OCL 电路(无输出电容功率放大电路)和 BTL 电路(桥式推挽功率放大电路)。

1. OTL 电路

OTL 功率放大电路的组成如图 2-30 所示。它只有一个电源 V_{CC}，T_2 管的集电极直接接地，电路的输出端采用了一个大容量的电容，也称为无输出变压器功率放大电路，简称 OTL(Output Transformer-Less)电路。

静态时，前级电路应使基极电位为 $V_{CC}/2$，由于 T_1 管和 T_2 管的对称性，发射极电位也为 $V_{CC}/2$，故电容上的电压 $V_{CC}/2$，极性见图 2-30。设电容容量足够大，对交流信号可视为短路；晶体管 b-e 极间的开启电压可忽略不计；输入电压 u_i 为正弦波。当 u_i 为正半周时，T_1 管导通，T_2 管截止，电流如图 2-30 中实线箭头所示，由 T_1 管和 R_L 组成的电路为射极输出形式，$u_o \approx u_i$；当 u_i 为负半周时，T_1 管截止，T_2 管导通，电流如图 2-30 中虚线箭头所示，由 T_2 管和 R_L 组成的电路也为射极输出形式，$u_o \approx$

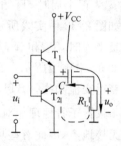

图 2-30　OTL 功率放大电路

u_i。故电路输出电压跟随输入电压。

由于一般情况下功率放大电路的负载电流很大，电容容量常选为几千微法，且为电解电容。电容容量越大，电路低频特性将越好。

2. OCL 电路

OCL 功率放大电路的组成如图 2-31 所示。由于电路的输出端不经电容耦合，直接接至负载，故称为无输出电容功率放大电路，简称 OCL(Output Capacitor-Less)电路。

静态时，$u_i = 0$，电路的基极偏置电压为 0，T_1 管和 T_2 管均截止，T_1 管和 T_2 管的静态参数 U_{BEQ}、I_{BQ}、I_{CQ} 的值均为 0，负载电阻 R_L 上无电流通过，输出电压为 0。设晶体管 b-e 极间的开启电压可忽略不计；输入电压为正弦波。当 u_i 为正半周时，T_1 的发射结正向偏置而导通，T_2 管的发射结反向偏置而截止，正电源供电，电流如图 2-31 实线箭头所示，在负载电阻 R_L 上得到正半周的信号电压，不考虑管子的饱和压降 U_{CES} 时，输出电压 $u_o \approx u_i$。当 u_i

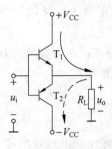

图 2-31　OCL 功率放大电路

为负半周时，T_1 管的发射结反向偏置而截止，T_2 管的发射结正向偏置而导通，负电源供电，电流如图 2-31 虚线箭头所示，在负载电阻 R_L 上得到负半周的信号电压，不考虑管子的饱和压降 U_{CES} 时，输出电压 $u_o \approx u_i$。于是在负载电阻 R_L 上获得了完整的正弦信号电压。T_1 管和 T_2 管交替工作，正、负电源交替供电，输入与输出之间双向跟随。不同类型的两只晶体管（T_1 管和 T_2 管）交替工作，且均组成射极输出形式的电路称为"互补"电路，两只管子的这种交替工作方式称为"互补"工作方式。

3. 桥式推挽功率放大电路

在 OCL 电路中采用了双电源供电，没有了大电容，但是在制作负电源时仍需用变压器或带铁芯的电感、大电容等，所以就整个电路系统而言未必是最佳方案。为了实现单电源供电，且不使用变压器和大电容，可采用桥式推挽功率放大电路，简称 BTL（Balanced Transformer-Less）电路。

图 2-32 中 4 只管子特性对称，静态时均处于截止状态，负载上电压为 0。设晶体管 b-e 极间的开启电压可忽略不计；输入电压为正弦波，假设正方向如图 2-32 所示。当 u_i 为正半周时，T_1 和 T_4 管导通，T_2 和 T_3 管截止，电流如图 2-32 中实线所示，负载上获得正半周电压；当 u_i 为负半周时，T_2 和 T_3 管导通，T_1 和 T_4 管截止，电流如图 2-32 中虚线所示，负载上获得负半周电压，因而负载上获得交流功率。BTL 电路所用管子数量较多，难以做

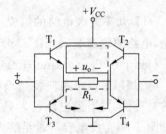

图 2-32　桥式推挽功率放大电路

到 4 只管子特性理想对称；且管子的总损耗大，必然使得转换效率降低；电路的输入和输出均无接地点，因此有些场合不适用。

综上所述，OTL、OCL 和 BTL 电路中晶体管均工作在乙类状态，它们各有优、缺点，且均有集成电路，使用时应根据需要合理选择。

2.9.4　OCL 电路

下面以 OCL 电路为例，介绍功率放大电路最大输出功率和转换效率的分析计算，以及功放中晶体管的选择。

1. 电路组成

对于图 2-31 所示的基本 OCL 电路，若考虑晶体管 b-e 极间的开启电压 U_{on}，则当输入电压的数值 $u_i < U_{on}$ 时，T_1 和 T_2 管均处于截止状态，无输出电压，使波形失真；只有当 $|u_i| > U_{on}$ 时，T_1 和 T_2 管才导通，它们的基极电流失真，如图 2-33 所示，因而输出电压波形

产生交越失真。为了消除交越失真，应当设置合适的静态工作点，使两只晶体管均工作在临界导通或微导通状态。消除交越失真的 OCL 电路如图 2-34 所示。

2. 工作原理

在图 2-34 所示电路中，功放管 T_1、T_2 的基极间接有两个二极管 D_1、D_2。静态时，从电源的 $+V_{CC}$ 经过 R_1、R_2、D_1、D_2、R_3 到 $-V_{CC}$ 有一个电流流过，静态工作电流在 D_1、D_2 上产生正向压降，给 T_1、T_2 提供大于死区电压的基极偏置电压，其值约为两管开启电压之和。

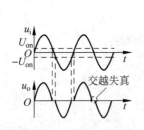

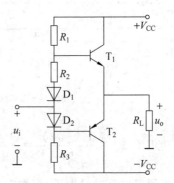

图 2-33　交越失真的产生　　　　图 2-34　消除交越失真的 OCL 电路

静态时，就产生有静态工作电流 I_{B1}、I_{B2}，这时虽有静态发射极工作电流 $I_{E1}=-I_{E2}$，其值相等、方向相反，而负载 R_L 上没有静态电流流过，$U_E=0$，则输出电压 $u_o=0$。

当有正弦输入信号电压 u_i 作用时，由于二极管的动态电阻 r_d 和电阻 R_2 的阻值均较小，可以认为 $u_{B1}=u_{B2}=u_i$。当输入信号电压 u_i 为正半周时，晶体管 T_1 导通，T_2 截止，电源 $+V_{CC}$ 通过 T_1 和 R_L 到地，产生电流 $i_{c1}=i_o$，电流 i_o 通过负载电阻 R_L，产生正半周输出电压 u_o；当输入信号电压 u_i 为负半周时，晶体管 T_2 导通，T_1 截止，负电源 $-V_{CC}$ 为 R_L 提供的电流反向，在负载电阻 R_L 输出电压 u_o。可见，在 u_i 的一个变化周期内，负载 R_L 上输出一个完整的不失真的正弦波电压 u_o 或电流信号 i_o。

应该注意，静态工作点 Q 不宜设置得过高，应尽可能接近乙类状态，否则静态电流较大，会使功耗增大，效率降低，导致功放管过热而损坏。

3. OCL 电路的输出功率及效率

功率放大电路中最重要的技术指标是电路的最大输出功率 $P_{o\,max}$ 和效率 η_o，为求 $P_{o\,max}$，需首先求出负载上能够得到的最大输出电压幅值。当输入电压足够大，又不产生饱和失真时，电路的图解分析如图 2-35 所示。

图 2-35 是乙类互补功率放大电路两管工作时信号电流 i_{C1}、i_{C2} 的波形以及合成后的 u_{ce} 波形的图解分析。为分析方便见，将晶体管 T_2 的特性曲线倒置在 T_1 的右下方。两管的特性曲线在 Q 点（$U_{CE}=V_{CC}$）处重合，这时负载线通过 V_{CC}，为一条斜线。从图 2-35 可知，在输入信号足够大的情况下，电流的最大变化范围为 $2i_{c\,max}$，电压 u_{ce} 的变化范围为 $2(V_{CC}-U_{CES})$，当输入电压 u_i 变化时，其最大输出电压 $U_{om}=V_{CC}-U_{CES}$。

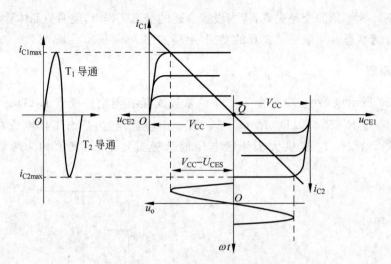

图 2-35　OCL 功率放大电路的图解分析

最大输出功率 $P_{o\,max} = \dfrac{(U_{om}/\sqrt{2})^2}{R_L} = \dfrac{(V_{CC} - U_{CES})^2}{2R_L}$。

在忽略基极回路电流的情况下,电源 V_{CC} 提供的电流 $i_C = \dfrac{V_{CC} - U_{CES}}{R_L} \sin\omega t$。

电源在负载获得最大交流功率时所消耗的平均功率等于其平均电流与电源电压之积,其表达式为

$$P_E = \frac{1}{\pi}\int_0^{\pi} \frac{V_{CC} - U_{CES}}{R_L} \sin\omega t \cdot V_{CC}\,\mathrm{d}\omega t = \frac{2}{\pi} \cdot \frac{(V_{CC} - U_{CES})V_{CC}}{R_L}$$

因此,$\eta = \dfrac{P_{o\,max}}{P_E} = \dfrac{\pi}{4} \cdot \dfrac{V_{CC} - U_{CES}}{R_L}$。

在理想情况下,即饱和管压降 U_{CES} 可忽略不计的情况下,

$$P_{o\,max} = \frac{U_{om}^2}{R_L} = \frac{V_{CC}^2}{2R_L}$$

$$P_E = \frac{1}{\pi}\int_0^{\pi} \frac{V_{CC} - U_{CES}}{R_L} \sin\omega t \cdot V_{CC}\,\mathrm{d}\omega t = \frac{2}{\pi} \cdot \frac{V_{CC}^2}{R_L}$$

所以,$\eta = \dfrac{P_o}{P_E} = \dfrac{4}{\pi} = 78.5\%$。

应当指出,大功率管的饱和管压降常为 $2\sim3\mathrm{V}$,因而一般情况下都不能忽略饱和管压降 U_{CES}。

4. OCL 电路中晶体管的选择

在功率放大电路中,应根据晶体管所承受的最大管压降、集电极最大电流和最大功耗来选择晶体管。

1) 最大管压降

当一只管子导通时,另一只管子承受的最大反向电压 $U_{CE\,max} = 2V_{CC}$。

2）集电极最大电流

$I_{\text{C max}} \approx I_{\text{E max}} = \dfrac{V_{\text{CC}} - U_{\text{CES}}}{R_{\text{L}}}$。考虑留有一定的余量，$I_{\text{C max}} = \dfrac{V_{\text{CC}}}{R_{\text{L}}}$。

3）集电极最大功耗

管压降和集电极电流瞬时值的表达式分别为

$$u_{\text{CE}} = (V_{\text{CC}} - U_{\text{CES}})\sin\omega t, \quad i_{\text{C}} = \dfrac{U_{\text{om}}}{R_{\text{L}}}\sin\omega t$$

功放管的集电极功耗表达式

$$P_{\text{T}} = \dfrac{1}{2\pi}\int_0^{\pi}(V_{\text{CC}} - U_{\text{om}})\sin\omega t \cdot \dfrac{U_{\text{om}}}{R_{\text{L}}}\sin\omega t\, \mathrm{d}\omega t = \dfrac{1}{R_{\text{L}}} \cdot \left(\dfrac{V_{\text{CC}}U_{\text{om}}}{\pi} - \dfrac{U_{\text{om}}^2}{4}\right)$$

令$\dfrac{\mathrm{d}P_{\text{T}}}{\mathrm{d}U_{\text{om}}} = 0$，可得$U_{\text{om}} = \dfrac{2}{\pi}V_{\text{CC}} \approx 0.6V_{\text{CC}}$。

上式分析表明，当$U_{\text{om}} \approx 0.6V_{\text{CC}}$，$P_{\text{T}} = P_{\text{T max}}$。将$U_{\text{om}}$代入$P_{\text{T}}$表达式中，得出

$$P_{\text{T max}} = \dfrac{2}{\pi}P_{\text{o max}} \approx 0.2P_{\text{o max}}$$

可见，晶体管集电极最大功耗仅为最大输出功率的1/5。

所以在查阅手册时，应使极限参数$U_{\text{CEO}} > 2V_{\text{CC}}$，$I_{\text{CM}} > \dfrac{V_{\text{CC}}}{R_{\text{L}}}$，$P_{\text{CM}} > 0.2P_{\text{o max}}$。

习题 2

2.1　试分析图 T2.1 所示各电路是否能够放大正弦交流信号，简述理由。设图中所有电容对交流信号均可视为短路。

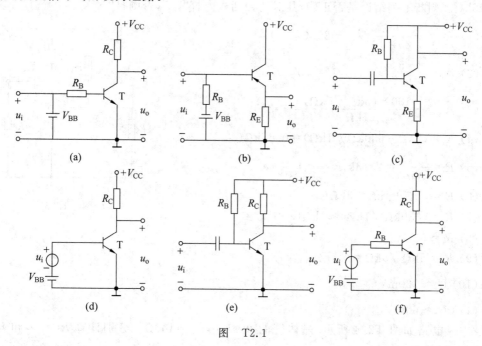

图　T2.1

2.2　画出图 T2.2 所示各电路的直流通路和交流通路。设所有电容对交流信号均可视为短路。

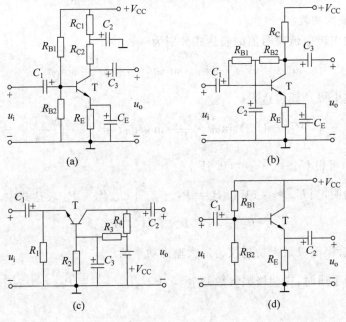

图　T2.2

2.3　在图 T2.3 所示电路中,已知晶体管的 $\beta=100$,$r_{be}=1\text{k}\Omega$,$\dot{U}_i=40\text{mV}$,信号源内阻 $R_S=2\text{k}\Omega$;静态时 $V_{CC}=12\text{V}$,$U_{BEQ}=0.7\text{V}$,$U_{CEQ}=5\text{V}$,$I_{BQ}=30\mu\text{A}$,$R_B=630\text{k}\Omega$,$R_C=5\text{k}\Omega$,$R_L=5\text{k}\Omega$。判断下列结论是否正确,凡对的在括号内打"√",否则打"×"。

(1) $\dot{A}_u=-\dfrac{5}{20\times10^{-3}}=-250$（　　　）

(2) $\dot{A}_u=-\dfrac{5}{0.7}\approx-7.14$（　　　）

(3) $\dot{A}_u=-\dfrac{100\times(5\text{k}\Omega/\!/5\text{k}\Omega)}{1\text{k}\Omega}=-250$（　　　）

(4) $R_i=(2\text{k}\Omega/\!/630\text{k}\Omega/\!/1\text{k}\Omega)=0.67\text{k}\Omega$（　　　）

(5) $R_i=\dfrac{0.7\text{V}}{30\mu\text{A}}=23.3\text{k}\Omega$（　　　）

(6) $R_i\approx2\text{k}\Omega+1\text{k}\Omega=3\text{k}\Omega$（　　　）

(7) $R_i=(630\text{k}\Omega/\!/1\text{k}\Omega)\approx1\text{k}\Omega$（　　　）

(8) $R_o\approx5\text{k}\Omega$（　　　）

(9) $R_o=5\text{k}\Omega/\!/5\text{k}\Omega=2.5\text{k}\Omega$（　　　）

(10) $\dot{U}_s\approx120\text{mV}$（　　　）

(11) $\dot{U}_s\approx60\text{mV}$（　　　）

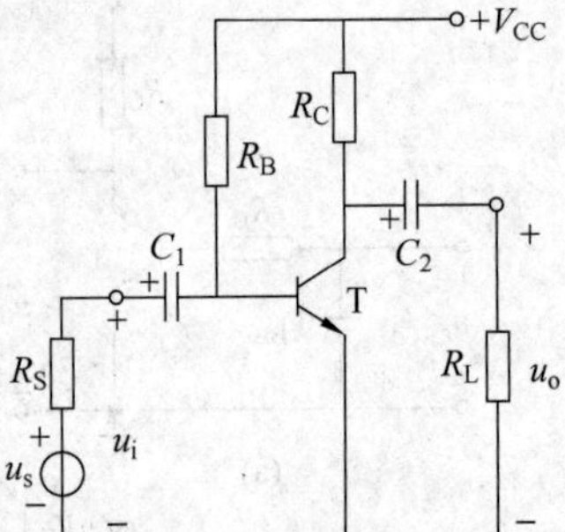

图　T2.3

2.4　电路如图 T2.4 所示,晶体管的 $\beta=100$,$r_{be}=100\Omega$。分别计算 $R_L=\infty$ 和 $R_L=5\text{k}\Omega$ 时的 Q 点、$\dot{A}_u$、R_i 和 R_o。

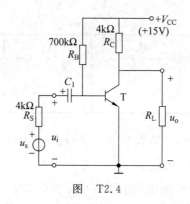

图 T2.4

2.5 在图 T2.5 所示电路中,由于电路参数不同,在信号源电压为正弦波时,测得输出波形如图 T2.5(a)~图 T2.5(c)所示,试说明电路分别产生了什么失真,如何消除?

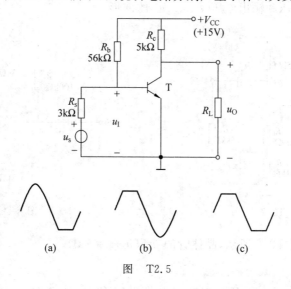

(a)   (b)   (c)

图 T2.5

2.6 已知图 T2.6 所示电路中晶体管的 $\beta=100$,$r_{be}=1\text{k}\Omega$。

(1) 现已测得静态管压降 $U_{CEQ}=6\text{V}$,估算 R_b 约为多少千欧;

(2) 若测得 $\dot{U}_i$ 和 $\dot{U}_o$ 的有效值分别为 1mV 和 100mV,则负载电阻 R_L 为多少千欧?

2.7 在图 T2.6 中,设某一参数变化时其余参数不变,在表 T2.7 中填入:①增大;②减小;③基本不变。

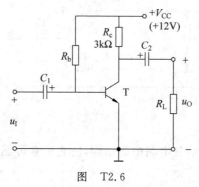

图 T2.6

表　T2.7

参数变化	I_{BQ}	U_{CEQ}	$|\dot{A}_u|$	R_i	R_o
R_b 增大					
R_c 增大					
R_L 增大					

2.8　电路如图 T2.7 所示,晶体管的 $\beta=100,r_{bb'}=100\Omega$。

(1) 求电路的 Q 点、$\dot{A}_u$、R_i 和 R_o;

(2) 若电容 C_e 开路,则将引起电路的哪些动态参数发生变化? 如何变化?

2.9　设图 T2.8 所示电路所加输入电压为正弦波。试问:

(1) $\dot{A}_{u1}=\dot{U}_{o1}/\dot{U}_i\approx?$　$\dot{A}_{u2}=\dot{U}_{o2}/\dot{U}_i\approx?$

(2) 画出输入电压和输出电压 u_i、u_{o1}、u_{o2} 的波形。

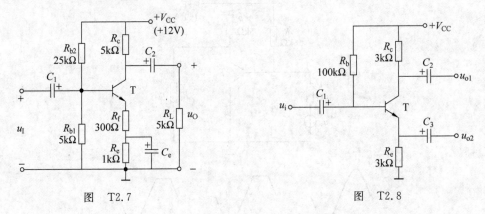

图　T2.7　　　　　　　　　　图　T2.8

2.10　电路如图 T2.9 所示,晶体管的 $\beta=80,r_{be}=1k\Omega$。

(1) 求出 Q 点;

(2) 分别求出 $R_L=\infty$ 和 $R_L=3k\Omega$ 时电路的 $\dot{A}_u$ 和 R_i;

(3) 求出 R_o。

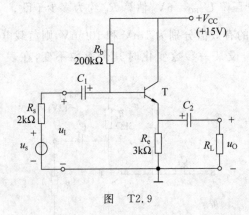

图　T2.9

2.11　改正图 T2.10 所示各电路中的错误,使它们有可能放大正弦波电压。要求保留电路的共漏接法。

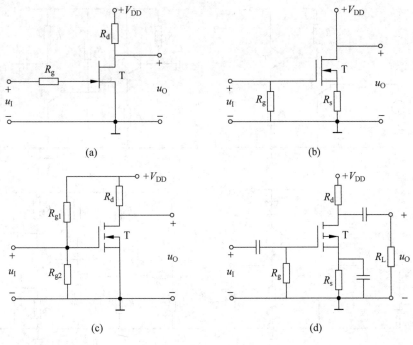

图 T2.10

2.12 电路如图 T2.11 所示,所有晶体管均为硅管,β 均为 60,$r_{bb'} = 100\Omega$,静态时 $|U_{BEQ}| \approx 0.7V$。试求:

(1)静态时 T_1 管和 T_2 管的发射极电流;

(2)若静态时 $u_O > 0$,则应如何调节 R_{c2} 的值才能使 $u_O = 0V$?若静态 $u_O = 0V$,则 R_{c2} 为多少?电压放大倍数为多少?

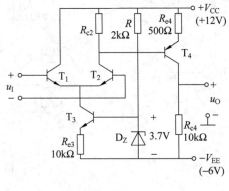

图 T2.11

2.13 设图 T2.12 所示各电路的静态工作点均合适,分别画出它们的交流等效电路,并写出 $\dot{A}_u$、R_i 和 R_o 的表达式。

2.14 电路如图 T2.13 所示,T_1 管和 T_2 管的 β 均为 40,r_{be} 均为 3kΩ。试问:若输入直流信号 $u_{I1} = 20mV$,$u_{I2} = 10mV$,则电路的共模输入电压 u_{IC} 为多少?差模输入电压 u_{Id} 为多少?输出动态电压 Δu_O 为多少?

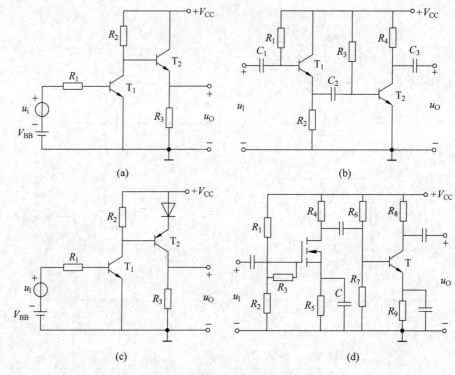

图   T2.12

2.15   电路如图 T2.14 所示,晶体管的 $\beta=50$,$r_{bb'}=100\Omega$。

(1) 计算静态时 T_1 管和 T_2 管的集电极电流和集电极电位;

(2) 用直流表测得 $u_O=2V$,u_I 为多少? 若 $u_I=10mV$,则 u_O 为多少?

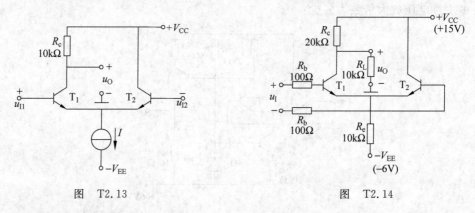

图   T2.13   图   T2.14

2.16   已知交流负反馈有 4 种组态:

A. 电压串联负反馈   B. 电压并联负反馈

C. 电流串联负反馈   D. 电流并联负反馈

选择合适的答案填入下列空格内,只填入 A、B、C 或 D。

(1) 要得到电流—电压转换电路,应在放大电路中引入_____。

(2) 要将电压信号转换成与之成比例的电流信号,应在放大电路中引入_____。

(3) 要减小电路从信号源获得的电流,增大带负载能力,应在放大电路中引入_____。

（4）要从信号源获得更大的电流，并稳定输出电流，应在放大电路中引入_____。

2.17 判断图 T2.15 所示各电路中是否引入了反馈；若引入了反馈，则判断是正反馈还是负反馈；若引入了交流负反馈，则判断是哪种组态的负反馈，并求出反馈系数和深度负反馈条件下的电压放大倍数 $\dot{A}_{uf}$ 或 $\dot{A}_{usf}$。设图中所有电容对交流信号均可视为短路。

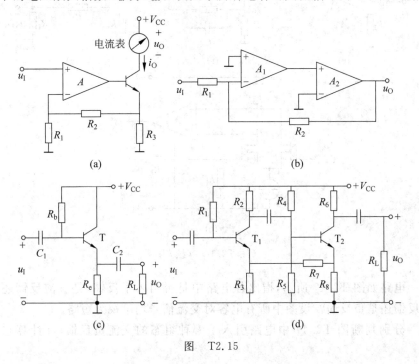

图 T2.15

2.18 判断图 T2.16 所示各电路中是否引入了反馈，是直流反馈还是交流反馈？是正反馈还是负反馈？设图中所有电容对交流信号均可视为短路。

2.19 分别判断图 T2.16(d)～图 T2.16(h)中各电路引入了哪种组态的交流负反馈，并计算它们的反馈系数。

2.20 估算图 T2.16 中各电路在深度负反馈条件下的电压放大倍数。

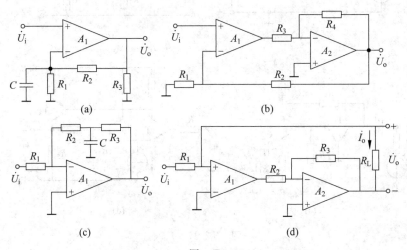

图 T2.16

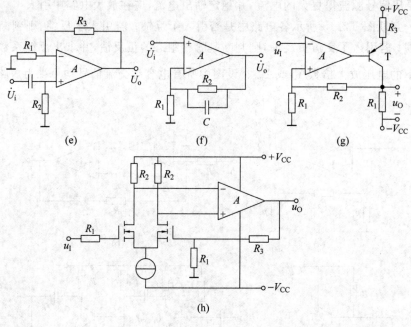

图 T2.16　(续)

2.21　电路如图 T2.17 所示,指出各电路中是否引入了反馈,是直流反馈还是交流反馈?是正反馈还是负反馈?设图中所有电容对交流信号均可视为短路。

2.22　分别判断图 T2.17 中电路引入了哪种组态的交流负反馈,并计算它们的反馈系数。

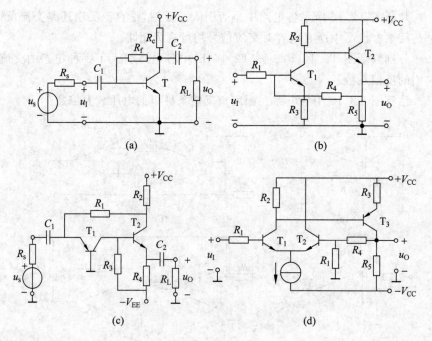

图　T2.17

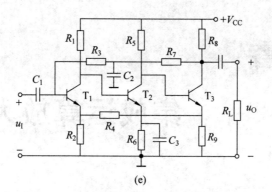

(e)

图 T2.17 （续）

第3章 集成运算放大电路

3.1 集成运算放大电路概述

集成运算放大电路是一种高电压放大倍数、高输入电阻和低输出电阻的多级直接耦合放大电路,因其最初多用于模拟信号的运算,所以被称为集成运算放大电路,简称集成运放。随着集成电路技术的不断发展,集成运放的性能不断改善,种类也越来越多,现在集成运放的应用已远远超出了信号运算的范围,在电子技术的许多领域都有广泛的应用。

集成运放的电路结构特点如下:

(1) 硅片上不能制作大电容,所以集成运放均采用直接耦合方式。

(2) 集成电路内部相邻元件具有良好的对称性,受环境温度和其他干扰等影响时的变化趋势相同,所以集成运放中大量采用各种差动放大电路(作输入级)和恒流源电路(作偏置电路或有源负载)。

(3) 硅片上不宜制作高阻值电阻,所以在集成运放中常用有源元件(晶体管或场效应管)取代高阻值电阻。

(4) 集成晶体管和场效应管因制作工艺不同,性能上有较大差异,所以在集成运放中常采用复合管结构来改善性能。

3.1.1 集成运放的电路组成及其各部分的作用

集成运放是一种高电压放大倍数的多级直接耦合放大电路,由 4 部分组成:输入级、中间级、输出级和偏置电路,原理框图如图 3-1 所示。它有两个输入端,一个输出端,图中所标 u_P、u_N、u_o 均以“地”为公共端。

图 3-1 集成运放原理框图

1. 输入级

输入级往往是一个高性能的双端输入差动放大电路。一般要求其输入电阻高,差模电压放大倍数大,抑制共模信号的能力强,静态电流小。输入级的好坏直接影响集成运放的大多数性能参数,如输入电阻、共模抑制比等。

2. 中间级

中间级的作用是使集成运放具有较强的放大能力,多采用共射(或共源)放大电路。而且为了提高电压放大倍数,经常采用复合管作放大管,以恒流源作集电极负载。其电压放大倍数可达千倍以上。

3. 输出级

输出级应具有输出电压线性范围宽、输出电阻小(即带负载能力强)、非线性失真小等特点。集成运放的输出级多采用互补对称功率放大电路。

4. 偏置电路

偏置电路用于设置集成运放内部各级电路的静态工作点。与分立元件不同,集成运放通常采用电流源电路为各级提供合适的集电极(或发射极、漏极)静态工作电流,从而确定了合适的静态工作点。

3.1.2 集成运放的主要性能指标

在考察集成运放的性能时,常用下列参数来描述。

1. 开环差模电压放大倍数 A_{od}

开环差模电压放大倍数 A_{od} 指的是运放在没有外接反馈时的差模电压放大倍数。即 $A_{od} = \Delta u_O / \Delta(u_P - u_N)$,常用分贝数(dB)表示,其分贝数为 $20\lg|A_{od}|$,通用型集成运放的 A_{od} 通常在 10^5 左右,即 100dB 左右。一般 F007 的 $A_{od} > 94$dB。理想条件下,可以认为 $A_{od} \approx \infty$。

2. 共模抑制比 K_{CMR}

共模抑制比 K_{CMR} 等于差模放大倍数与共模放大倍数之比的绝对值,即 $K_{CMR} = |A_{od}/A_{oc}|$,也常用 dB 表示,其数值为 $20\lg K_{CMR}$。K_{CMR} 值越大,集成运放抑制共模信号的能力越强。F007 的 $K_{CMR} > 80$dB。理想条件下,可以认为 $K_{CMR} \approx \infty$。

3. 差模输入电阻 r_{id}

集成运放的差模输入电阻 r_{id} 是指集成运放在输入差模信号时的输入电阻。r_{id} 值越大,运放向信号源获取的电流越小。F007 的 $r_{id} > 2$MΩ。理想条件下,可以认为 $r_{id} \approx \infty$。

4. 输入失调电压 U_{IO}

理想的集成运放在输入电压为 0 时,输出电压也应为 0。但由于输入级电路参数不可能绝对对称等原因,实际的集成运放输入为 0 时输出并不为 0。输入失调电压 U_{IO} 的数值等于为使输出为 0 在输入端所要加的补偿电压,其数值是 $u_I = 0$ 时,输出电压折合到输入端电

压的负值,即 $U_{IO} = -\dfrac{u_O|_{u_I=0}}{A_{od}}$。$U_{IO}$ 反映了输出失调的程度,因而 U_{IO} 的值越小越好。F007 的 $U_{IO} < 2\text{mV}$。理想条件下,可以认为 $U_{IO} \approx 0$。

5. 输入失调电流 I_{IO}

输入失调电流 I_{IO} 的值等于运放的输入级差动放大电路两个静态输入电流的差值,它反映了运放两个静态输入电流的不对称程度。I_{IO} 的存在会产生输出失调,因而 I_{IO} 的值越小越好。理想条件下,可以认为 $I_{IO} \approx 0$。

6. 最大共模输入电压 $U_{Ic\,max}$

集成运放对共模信号有抑制作用,但当共模输入电压超过一定极限数值时,运放将不能正常工作甚至损坏,共模输入电压的这一极限数值就是集成运放的最大共模输入电压 $U_{Ic\,max}$。

除上述主要参数外,集成运放的参数还有输入偏置电流 I_{IB}、最大差模输入电压 $U_{Id\,max}$ 等。有关参数测试条件和性能指标可参考有关的电子产品手册。

3.1.3　集成运放的电压传输特性

集成运放的两个输入端分别为同相输入端 u_P 和反相输入端 u_N,这里的"同相"和"反相"是指运放的输入电压与输出电压之间的相位关系,集成运放的符号如图 3-2(a)所示。从外部看,可以认为集成运放是一个双端输入、单端输出、具有高差模放大倍数、高输入电阻、低输出电阻、能较好地抑制温漂的差动放大电路。

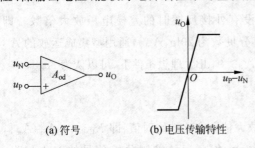

(a) 符号　　(b) 电压传输特性

图 3-2　集成运放的符号和电压传输特性

集成运放的输出电压 u_O 与输入电压(即同相输入端与反相输入端之间的差值电压)之间的关系曲线称为电压传输特性,即

$$u_O = f(u_P - u_N)$$

对于正、负两路电源供电的集成运放,其电压传输特性如图 3-2(b)所示。从图示曲线可以看出,集成运放有线性放大区域(称为线性区)和饱和区域(称为非线性区)两部分。在线性区,曲线的斜率为电压放大倍数;在非线性区,输出电压只有两种可能的情况,即 $+U_{OM}$ 或 $-U_{OM}$。

由于集成运放放大的对象是差模信号,而且没有通过外电路引入反馈,因而集成运放工作在线性区时 $u_O = A_{od}(u_P - u_N)$。通常 A_{od} 在 10^5 左右,因此集成运放的线性区非常狭窄。

3.1.4　理想集成运放

为便于分析,通常将集成运放看成理想集成运放。所谓的理想集成运放就是将实际的集成运放性能指标理想化,以便于电路的分析计算。由于实际集成运放的性能指标与理想运放比较接近,所以用理想运放代替实际运放所引起的误差并不大,在工程计算中是允许的,而且可以使运放应用电路的分析简化。具体地说,这些理想化的性能指标为:

开环差模电压放大倍数 $A_{od} \approx \infty$;

差模输入电阻 $r_{id} \approx \infty$;

输出电阻 $r_o \approx 0$;

共模抑制比 $K_{CMR} \approx \infty$ 等。

1. 理想集成运放在线性区的特点

设集成运放同相输入端和反相输入端的电位分别为 u_P 和 u_N,电流分别为 i_P 和 i_N。当集成运放工作在线性区时,输出电压应与输入差模电压呈线性关系,即应满足

$$u_O = A_{od}(u_P - u_N)$$

由于 u_O 为有限值,对于理想集成运放 $A_{od} \approx \infty$,因而净输入电压 $u_P - u_N = 0$,即 $u_P = u_N$。

这个结论称两个输入端"虚短路"。所谓"虚短路"是指集成运放的两个输入端电位无穷接近,但又不是真正短路的特点。

因为净输入电压为 0,又因为理想集成运放的输入电阻为无穷大,所以两个输入端的输入电流也均为 0,即 $i_P = i_N = 0$。

换句话说,即从集成运放输入端看进去相当于断路,称两个输入端"虚断路"。所谓"虚断路"是指集成运放两个输入端的电流趋于 0,但又不是真正断路的特点。

应当特别指出,"虚短"和"虚断"是非常重要的概念。对于集成运放工作在线性区的应用电路,"虚短"和"虚断"是分析其输入信号和输出信号关系的两个基本出发点。

2. 集成运放工作在线性区的电路特征

对于理想集成运放,由于 $A_{od} \approx \infty$,因而若两个输入端之间加无穷小电压,则输出电压就将超出其线性范围,不是正向最大电压 $+U_{OM}$,就是负向最大电压 $-U_{OM}$。因此,只有电路引入负反馈,才能保证集成运放工作在线性区,集成运放工作在线性区的特征是电路引入了负反馈。

对于单个的集成运放,通过无源的反馈网络将集成运放的输出端与反相输入端连接起来,就表明电路引入了负反馈,如图 3-3 所示。因此,可以通过电路是否引入了负反馈来判断电路是否工作在线性区。

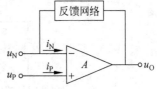

图 3-3 集成运放引入负反馈

3. 理想集成运放的非线性工作区

在电路中,若集成运放处于开环状态(即没有引入反馈),或是只引入了正反馈,则表明集成运放工作在非线性区。

对于理想集成运放,由于差模增益无穷大,只要同相输入端与反相输入端之间有无穷小的差值电压,输出电压就将达到正的最大值或负的最大值,即输出电压 u_O 与输入电压 $(u_P - u_N)$ 不再是线性关系,称集成运放工作在非线性工作区,其电压传输特性如图 3-4 所示。

理想集成运放工作在非线性区的两个特点如下：

（1）输出电压 u_O 只有两种可能的情况，分别为 $+U_{OM}$ 或 $-U_{OM}$。当 $u_P > u_N$ 时，$u_O = +U_{OM}$；当 $u_P < u_N$ 时，$u_O = -U_{OM}$。

（2）由于理想集成运放的差模输入电阻无穷大，故净输入电流为 0，即 $i_P = i_N = 0$。

可见，理想集成运放仍具有"虚断"的特点，但其净输入电压不再为 0，而取决于电路的输入信号。对于集成运放工作在非线性区的应用电路，上述两个特点是分析其输入信号和输出信号关系的基本出发点。

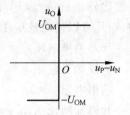

图 3-4　理想集成运放工作在非线性区的电压传输特性

3.2　集成运放在信号运算方面的应用

3.2.1　比例运算电路

1. 反相比例运算电路

在反相比例运算电路中，电路输入信号 u_i 总是经过一个电阻 R_1 接到反相输入端，输出信号 u_O 经过一个电阻如 R_F 反馈到反相输入端，如图 3-5(a)所示。图中电路是一个用国产芯片 F741 接成的反相比例运算电路，图中同时给出了电源连接及调零电路，并在同相输入端对地串了一个电阻 $R_2 = R_1 /\!/ R_F$，目的是使两个输入端对地的等效电阻相同。需要强调的是，今后除特殊情况外，电源及调零等电路均为默认，不再画出，从而图 3-5(a)所示电路将简化为图 3-5(b)所示。

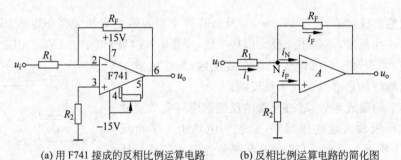

(a) 用 F741 接成的反相比例运算电路　　　(b) 反相比例运算电路的简化图

图 3-5　反相比例运算电路

对于图 3-5(b)，由于理想运放的净输入电流为 0，所以 $i_P = i_N = 0$。由于运放的同相和反相输入端"虚短路"，反相输入端（标注 N 处）电位近似为 0，所以 $u_P = u_N = 0$。

节点 N 的电流方程为 $i_1 = i_F$

$$\frac{u_i - u_N}{R_1} = \frac{u_N - u_O}{R_F}$$

则有

$$u_O = -\frac{R_F}{R_1} u_i$$

所以
$$A_{uf} = \frac{u_o}{u_i} = -\frac{R_F}{R_1}$$

上式表明,反相比例放大电路的电压放大倍数仅仅取决于反馈电阻 R_F 与输入电阻 R_1 之比。式中负号"−"表示输出电压的相位与输入电压相位相反,即"反相"。

反相放大器的输入电阻为 $R_i = \frac{u_i}{i_1} = R_1$。

2. 同相比例放大电路

同相比例放大电路如图 3-6 所示,输入信号 u_i 加在同相输入端,输出信号 u_o 仍经电阻 R_F 反馈到反相输入端,形成负反馈。

由于理想集成运放的净输入电流为 0,所以 $i_P = i_N = 0$,所以 $u_P = u_i$,且 $i_1 = i_F$,即 $\frac{u_N - 0}{R_1} = \frac{u_o - u_N}{R_F}$,整理得

$$u_o = \left(1 + \frac{R_F}{R_1}\right)u_N \tag{3-1}$$

由于同相和反相输入端虚短路,反相输入端(标注 N 处)的电位与同相输入端相同,即
$$u_N = u_P = u_i \tag{3-2}$$

将式(3-2)代入式(3-1)得

$$u_o = \left(1 + \frac{R_F}{R_1}\right)u_i \tag{3-3}$$

所以

$$A_{uf} = \frac{u_o}{u_i} = 1 + \frac{R_F}{R_1} \tag{3-4}$$

上式表明,输出电压与输入电压成比例运算关系而且同相。电阻 R_2 是平衡电阻,$R_2 = R_1 /\!/ R_F$。

由式(3-3)知,如果使 $R_1 = \infty$ 或使 $R_1 = \infty$ 且 $R_F = 0$,电路就变成了图 3-7 或图 3-8 所示的样子,这时的电压放大倍数 $A_{uf} = 1$,即 $u_o = u_i$,电路的输出电压和输入电压相同,这样的电路称为电压跟随器。

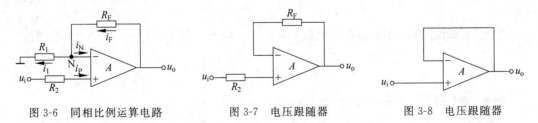

图 3-6 同相比例运算电路　　　　图 3-7 电压跟随器　　　　图 3-8 电压跟随器

3.2.2 加减运算电路

1. 反相加法运算电路

加法运算电路能够实现多个模拟量的求和运算。图 3-9 所示为一个三个输入信号的反

相加法运算电路。

根据"虚短路"和"虚断路"的原则，$u_P = u_N = 0$。

节点 N 的电流方程为 $i_{11} + i_{12} + i_{13} = i_F$

$$\frac{u_{i1} - u_N}{R_{11}} + \frac{u_{i2} - u_N}{R_{12}} + \frac{u_{i3} - u_N}{R_{13}} = \frac{u_N - u_o}{R_F}$$

对上式整理得

$$u_o = -R_F \left(\frac{u_{i1}}{R_{11}} + \frac{u_{i2}}{R_{12}} + \frac{u_{i3}}{R_{13}} \right)$$

当 $R_{11} = R_{12} = R_{13} = R_1$，$u_o = -\dfrac{R_F}{R_1}(u_{i1} + u_{i2} + u_{i3})$

当 $R_{11} = R_{12} = R_{13} = R_F$，$u_o = -(u_{i1} + u_{i2} + u_{i3})$

平衡电阻 $R_2 = R_{11} \mathbin{/\mkern-5mu/} R_{12} \mathbin{/\mkern-5mu/} R_{13} \mathbin{/\mkern-5mu/} R_F$。

2. 同相加法运算电路

加法运算电路也可采用同相输入的方式，图 3-10 所示为一个两个输入信号的同相加法运算电路。

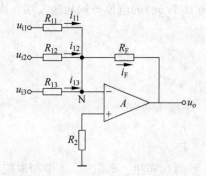

图 3-9　反相加法运算电路

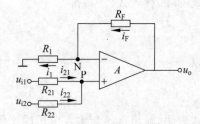

图 3-10　同相加法运算电路

根据"虚断路"的原则，$i_1 = i_F$，即 $\dfrac{u_N - 0}{R_1} = \dfrac{u_o - u_N}{R_F}$，整理得

$$u_N = \frac{R_1}{R_1 + R_F} u_o \tag{3-5}$$

根据"虚断路"的原则，节点 P 的电流方程为 $i_{21} + i_{22} = 0$，即 $\dfrac{u_{i1} - u_P}{R_{21}} + \dfrac{u_{i2} - u_P}{R_{22}} = 0$，整理得

$$u_P = (R_{21} \mathbin{/\mkern-5mu/} R_{22}) \left(\frac{u_{i1}}{R_{21}} + \frac{u_{i2}}{R_{22}} \right) \tag{3-6}$$

根据"虚短路"的原则，并结合式(3-5)和式(3-6)得

$$(R_{21} \mathbin{/\mkern-5mu/} R_{22}) \left(\frac{u_{i1}}{R_{21}} + \frac{u_{i2}}{R_{22}} \right) = \frac{R_1}{R_1 + R_F} u_o$$

从而 $u_o = \left(1 + \dfrac{R_F}{R_1} \right)(R_{21} \mathbin{/\mkern-5mu/} R_{22}) \left(\dfrac{u_{i1}}{R_{21}} + \dfrac{u_{i2}}{R_{22}} \right)$

若 $R_{21} = R_{22} = R_1 = R_F$，则 $u_o = u_{i1} + u_{i2}$。

为了提高电路的共模抑制比和减小零漂，一般要求 $R_{21} \mathbin{/\mkern-5mu/} R_{22} = R_1 \mathbin{/\mkern-5mu/} R_F$。

3. 减法运算电路

减法运算电路如图 3-11 所示,同相和反相输入端都有信号输入,则称为差动输入运算电路。

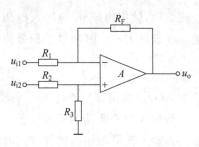

分析减法运算电路用叠加原理比较简单,图 3-12(a) 和图 3-12(b) 分别是输入信号 u_{i1} 和 u_{i2} 单独作用时的电路。

由图 3-12(a)可知,u_{i1} 单独作用时电路为反相比例运算电路,输出电压为 $u'_o = -\dfrac{R_F}{R_1} u_i$。

图 3-11 减法运算电路

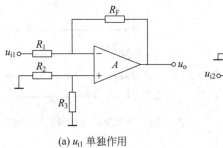

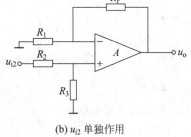

(a) u_{i1} 单独作用

(b) u_{i2} 单独作用

图 3-12 减法运算电路

由图 3-12(b)可知,u_{i2} 单独作用时电路为同相比例运算电路,由于电阻 R_3 的分压作用,使同相输入端电位 $u_P = \dfrac{R_3}{R_2 + R_3} u_{i2}$,所以输出电压为

$$u''_o = \left(1 + \frac{R_F}{R_1}\right) u_P = \left(1 + \frac{R_F}{R_1}\right) \frac{R_3}{R_2 + R_3} u_{i2}$$

因此,u_{i1} 和 u_{i2} 同时作用的输出电压为

$$u_o = u'_o + u''_o = \left(1 + \frac{R_F}{R_1}\right) u_P = -\frac{R_F}{R_1} u_{i1} + \left(1 + \frac{R_F}{R_1}\right) \frac{R_3}{R_2 + R_3} u_{i2}$$

当 $R_1 = R_2$、$R_3 = R_F$ 时,$u_o = \dfrac{R_F}{R_1}(u_{i2} - u_{i1})$。

当 $R_1 = R_2 = R_3 = R_F$,$u_o = u_{i2} - u_{i1}$。

3.2.3 微分、积分运算电路

1. 积分运算电路

将反相比例运算电路的反馈电阻 R_F 换成电容 C 而得到积分运算电路,如图 3-13 所示。

根据"虚短路"和"虚断路"的原则,$u_P = u_N = 0$。

节点 N 的电流方程为 $i_1 = i_F$,其中 $i_1 = \dfrac{u_i - u_N}{R_1} = \dfrac{u_i}{R_1}$,$i_F = C \dfrac{\mathrm{d}u_C}{\mathrm{d}t} = -C \dfrac{\mathrm{d}u_o}{\mathrm{d}t}$,所以 $\dfrac{u_i}{R_1} = -C \dfrac{\mathrm{d}u_o}{\mathrm{d}t}$,则有

$$u_o = -\frac{1}{R_1 C}\int u_i \mathrm{d}t$$

上式表明，输出电压 u_o 与输入电压 u_i 之间为积分运算关系。其中，$\tau = R_1 C$ 为积分时间常数。在求解 $t_1 \sim t_2$ 时间段的积分值时，有

$$u_o = -\frac{1}{R_1 C}\int_{t_1}^{t_2} u_i \mathrm{d}t + u_o(t_1)$$

式中，$u_o(t_1)$ 为积分起始时刻 t_1 的输出电压，积分的终值是 t_2 时刻的输出电压。

当输入为阶跃信号 U 时，若 t_0 时刻电容上的电压为 0，则输出电压波形如图 3-14 所示。当输入波形为正弦波和方波时，输出电压波形如图 3-15 和图 3-16 所示。

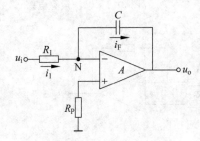

图 3-13　积分运算电路

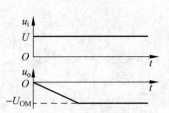

图 3-14　输入为阶跃信号时输出电压波形

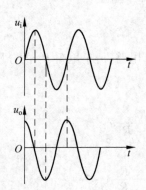

图 3-15　输入为正弦波时输出电压波形

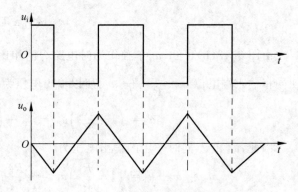

图 3-16　输入为方波时输出电压波形

2. 微分运算电路

将反相比例运算电路的电阻 R 和电容 C 的位置互换，就得到了微分运算电路，如图 3-17 所示。

根据"虚短路"和"虚断路"的原则，$u_P = u_N = 0$。

节点 N 的电流方程为 $i_C = i_F$，其中 $i_C = C\dfrac{\mathrm{d}u_C}{\mathrm{d}t} = C\dfrac{\mathrm{d}u_i}{\mathrm{d}t}$，$i_F = \dfrac{u_N - u_o}{R_1} = -\dfrac{u_o}{R_1}$。所以有

$$u_o = -R_F C\frac{\mathrm{d}u_i}{\mathrm{d}t}$$

上式表明，输出电压 u_o 与输入电压 u_i 对时间的一次微分成正比。

当 u_i 为矩形波信号时，输出电压为正、负相间的尖脉冲，波形如图 3-18 所示，可见，仅在 u_i 发生跃变时才有尖峰电压输出；而当输入电压不变时，输出将为 0。说明微分运算电

路的输出信号对输入信号的突然变化比较敏感,常用于自动控制中,以提高系统的状态灵敏度。

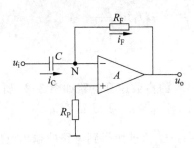

图 3-17　微分运算电路

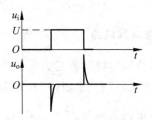

图 3-18　微分电路波形

3.2.4　对数和指数运算电路

1. 对数运算电路

由于 PN 结的伏安特性具有指数规律,因而可以利用二极管或晶体管来实现对数和指数运算。利用二极管的运算电路如图 3-19 所示。为使二极管导通,输入电压 u_i 应大于 0。

二极管在正向偏置的情况下,二极管内电流和电压的关系为

$$i_D \approx I_S e^{\frac{u_D}{U_T}}$$

上式整理得

$$u_D = U_T \ln \frac{i_D}{I_S}$$

根据"虚短路"和"虚断路"的原则,$u_P = u_N = 0$,且 $i_R = i_D$,所以 $i_D = i_R = \dfrac{u_i - u_N}{R} = \dfrac{u_i}{R}$,进而得到输出电压为

$$u_o = -u_D \approx -U_T \ln \frac{u_i}{I_S R}$$

晶体管的对数运算电路如图 3-20 所示。

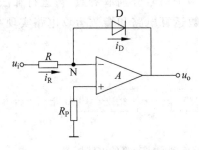

图 3-19　二极管对数运算电路

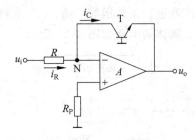

图 3-20　晶体管对数运算电路

根据"虚短路"和"虚断路"的原则,$u_P = u_N = 0$。

节点 N 的电流方程为 $i_R = i_C$,其中 $i_R = \dfrac{u_i - u_N}{R} = \dfrac{u_i}{R}$。

根据半导体的基础知识可知,工作在放大区的晶体管电流和电压的关系为 $i_C \approx i_E \approx$

$I_S e^{\frac{u_{BE}}{U_T}}$，可得 $u_{BE} \approx U_T \ln \dfrac{i_C}{I_S}$，所以输出电压为

$$u_o = -u_{BE} \approx -U_T \ln \dfrac{i_C}{I_S} = -U_T \ln \dfrac{u_i}{I_S R}$$

2. 指数运算电路

指数运算和对数运算互为反函数。采用二极管的指数运算电路如图 3-21 所示。根据"虚短路"和"虚断路"的原则，$u_P = u_N = 0$，且 $i_R = i_D$，所以 $u_D = u_i$。

由电路可得 $i_D \approx I_S e^{\frac{u_D}{U_T}} = I_S e^{\frac{u_i}{U_T}}$ 和 $i_R = \dfrac{u_N - u_o}{R} = -\dfrac{u_o}{R}$，进而得到电路的输出电压为

$$u_o = -i_R R \approx -R I_S e^{\frac{u_i}{U_T}}$$

图 3-22 是采用晶体管的指数运算电路。

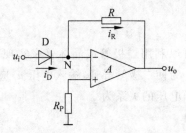

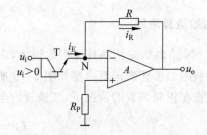

图 3-21　二极管指数运算电路　　　　图 3-22　晶体管指数运算电路

根据"虚短路"和"虚断路"的原则，$u_P = u_N = 0$，且 $i_R = i_E$，所以 $u_{BE} = u_i$。

由电路可得 $i_E \approx I_S e^{\frac{u_{BE}}{U_T}} = I_S e^{\frac{u_i}{U_T}}$ 和 $i_R = \dfrac{u_N - u_o}{R} = -\dfrac{u_o}{R}$，进而得到电路的输出电压为

$$u_o = -i_R R \approx -R I_S e^{\frac{u_i}{U_T}}$$

3.2.5　乘法和除法运算电路

实现两个输入信号的乘法运算，可以先把这两个信号分别取对数，再进行加法运算，然后将得到的和进行指数运算。图 3-23 是利用对数运算电路和指数运算电路实现乘法运算的方框图。具体的电路如图 3-24 所示。

图 3-23　利用指数和对数运算电路实现乘法运算的电路框图

$$u_{o1} \approx -U_T \ln \dfrac{u_{i1}}{I_S R}$$

$$u_{o2} \approx -U_T \ln \dfrac{u_{i2}}{I_S R}$$

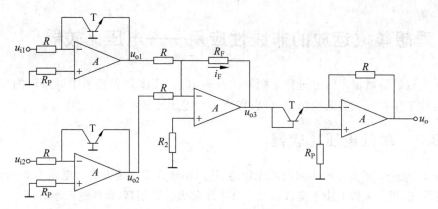

图 3-24　乘法运算电路

$$u_{o3} = -(u_{o1} + u_{o2}) = U_T \ln\frac{u_{i1}}{I_S R} + U_T \ln\frac{u_{i2}}{I_S R} = U_T \ln\frac{u_{i1} u_{i2}}{(I_S R)^2}$$

$$u_o \approx -R I_S \mathrm{e}^{\frac{u_{o3}}{U_T}} = -\frac{1}{I_S R} u_{i1} u_{i2}$$

同理，要实现两个输入信号的除法运算，可将图 3-24 所示电路中的求和运算电路用求差运算电路取代，则可得到除法运算电路，这里不再叙述。

目前实际应用中已有多种集成模拟乘法器可以选用。图 3-25 所示为集成模拟乘法器的符号。

集成模拟乘法器有两个输入端和一个输出端，其输入输出关系为 $u_o = k u_X u_Y$，式中 k 为比例系数。

应用集成模拟乘法器可以方便地实现乘法、除法、开方运算电路。图 3-26 所示为用模拟乘法器实现立方运算电路。电路的输出电压为 $u_o = k^2 u_i^3$。

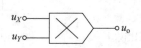

图 3-25　集成模拟乘法器符号

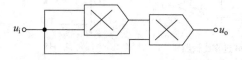

图 3-26　3 次方运算电路

例 3-1　求图 3-27 所示电路的输出电压 u_o 与输入电压 u_{i1} 和 u_{i2} 的关系。

根据"虚短路"和"虚断路"的原则，$u_P = u_N = 0$，且 $i_1 = i_2$，所以 $\dfrac{u_{i1} - u_N}{R_1} = \dfrac{u_N - u_{o1}}{R_2}$，即 $\dfrac{u_{i1}}{R_1} = -\dfrac{u_{o1}}{R_2}$。

图 3-27 中集成模拟乘法器的两个输入信号 u_o 和 u_{i2}，所以其输出 $u_{o1} = k u_o u_{i2}$，整理以上两式得 $u_o = -\dfrac{R_2}{k R_1}\dfrac{u_{i1}}{u_{i2}}$，从而可以实现除法运算。

集成模拟乘法器除了用于信号运算外，还在自动控制、仪器仪表等方面有广泛的应用。

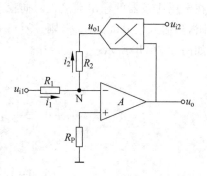

图 3-27　除法运算电路

3.3　理想集成运放的非线性应用——电压比较器

电压比较器是对输入信号进行鉴幅和比较的电路,在测量和控制中有广泛的应用。利用集成运放工作在非线性区的特性,可以构成多种电压比较电路。

3.3.1　单限电压比较器

图 3-28 是一种最简单的单限电压比较器,其同相输入端接地即参考电压为 0。图中运放处于开环状态(没有反馈),由于集成运放开环电压放大倍数很高,即使输入端有一个非常微小的差值信号,也会使输出达到饱和值,因此集成运放工作在非线性区。集成运放工作在非线性区时,输出电压 u_o 只有高电平、低电平两种可能。当输入信号 $u_i > 0$,则 $u_o = -U_{OM}$;当输入信号 $u_i < 0$,则 $u_o = +U_{OM}$。输入信号每次经过零点时输出都要跳变,因而称为过零比较器。

若电压比较器的参考电压不为 0,而是某一数值 U_{REF},则构成图 3-29(a)所示的一般单限电压比较器。若将参考电压接在反相输入端,输入信号接在同相输入端,则当输入信号 $u_i > U_{REF}$,则 $u_o = +U_{OM}$;当输入信号 $u_i < U_{REF}$,则 $u_o = -U_{OM}$。需要指出的是,电压比较器中,使输出电压 u_o 从高电平跃变为低电平或者从低电平跃变为高电平的输入电压称为阈值电压,或转折电压,记作 U_T。例如,图 3-29(a)所示电路的阈值电压即为 $U_T = U_{REF}$。这种电压比较器的特点是输入信号每次经过参考电压 U_{REF} 时输出要跳变,也称为一般单限电压比较器。

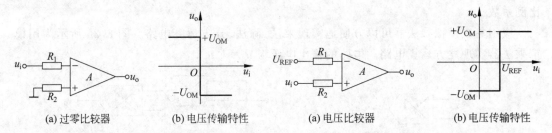

(a) 过零比较器　　　(b) 电压传输特性　　　　　(a) 电压比较器　　　(b) 电压传输特性

图 3-28　过零比较器及其电压传输特性　　　　图 3-29　一般单限电压比较器及其电压传输特性

实际应用中,为了限定运放输出电压的幅值,以便与输出端所接负载电平相配合,一般在电压比较器的输出端接入双向稳压管 D_Z 进行双向限幅,如图 3-30(a)所示。R 是限幅电阻,当输入信号 $u_i > U_{REF}$,则 $u_o = +U_Z$;当输入信号 $u_i < U_{REF}$,则 $u_o = -U_Z$,电压传输特性如图 3-30(b)所示。

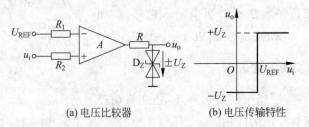

(a) 电压比较器　　　　　(b) 电压传输特性

图 3-30　具有输出限幅功能的电压比较器

3.3.2 滞回比较器

单限电压比较器电路简单,灵敏度高,但抗干扰能力差。当输入电压信号接近阈值电压时,很容易因微小的干扰信号而发生输出电压的误跳变。为了克服这一缺点,应使电路具有滞回的输出特性,提高抗干扰能力。图 3-31(a)是一个滞回比较器电路,图 3-31(b)是其电压传输特性。

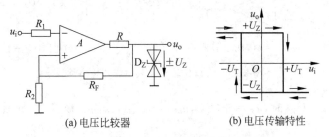

(a) 电压比较器　　　　　　(b) 电压传输特性

图 3-31　滞回电压比较器及其电压传输特性

电路中引入了正反馈,运放工作在非线性区,电路的输出电压有两种取值,即 $u_\text{o} = \pm U_\text{Z}$,根据电路可以得出同相输入端电压为

$$u_\text{P} = \frac{R_2}{R_2 + R_\text{F}} u_\text{o} = \pm \frac{R_2}{R_2 + R_\text{F}} U_\text{Z}$$

因为电路中 $u_\text{P} = u_\text{N}$,所以 u_P 就是电路的阈值电压 U_T,即 $\pm U_\text{T} = \pm \dfrac{R_2}{R_2 + R_\text{F}} U_\text{Z}$。

假设 $u_\text{i} < -U_\text{T} = -\dfrac{R_2}{R_2 + R_\text{F}} U_\text{Z}$,无论同相输入端电压为 $u_\text{P} = +\dfrac{R_2}{R_2 + R_\text{F}} U_\text{Z}$ 或 $u_\text{P} = -\dfrac{R_2}{R_2 + R_\text{F}} U_\text{Z}$,那么 $u_\text{N}(=u_\text{i})$ 一定小于 u_P,因而 $u_\text{o} = +U_\text{Z}$,所以此时 $u_\text{P} = +U_\text{T} = +\dfrac{R_2}{R_2 + R_\text{F}} U_\text{Z}$。只有当输入电压 u_i 增大到 $+U_\text{T}$,再增大一个无穷小量时,输出电压 u_o 才会从 $+U_\text{Z}$ 跃变为 $-U_\text{Z}$。同理,假设 $u_\text{i} > +U_\text{T} = +\dfrac{R_2}{R_2 + R_\text{F}} U_\text{Z}$,无论同相输入端电压为 $u_\text{P} = +\dfrac{R_2}{R_2 + R_\text{F}} U_\text{Z}$ 或 $u_\text{P} = -\dfrac{R_2}{R_2 + R_\text{F}} U_\text{Z}$,那么 $u_\text{N}(=u_\text{i})$ 一定大于 u_P,因而 $u_\text{o} = -U_\text{Z}$,所以此时 $u_\text{P} = -U_\text{T} = -\dfrac{R_2}{R_2 + R_\text{F}} U_\text{Z}$。只有当输入电压 u_i 减小到 $-U_\text{T}$,再减小一个无穷小量时,输出电压 u_o 才会从 $-U_\text{Z}$ 跃变为 $+U_\text{Z}$。可见,u_o 从 $+U_\text{Z}$ 跃变为 $-U_\text{Z}$ 与 u_o 从 $-U_\text{Z}$ 跃变为 $+U_\text{Z}$ 的阈值电压是不同的,电压传输特性如图 3-31(b)所示。

从电压传输特性曲线上可以看出,当 $-U_\text{T} < u_\text{i} < +U_\text{T}$ 时,u_o 可能是 $+U_\text{Z}$,也可能是 $-U_\text{Z}$。如果 u_i 是从小于 $-U_\text{T}$ 的值逐渐增大到 $-U_\text{T} < u_\text{i} < +U_\text{T}$,那么 u_o 应为 $+U_\text{Z}$;如果 u_i 是从大于 $+U_\text{T}$ 的值逐渐减小到 $-U_\text{T} < u_\text{i} < +U_\text{T}$,那么 u_o 应为 $-U_\text{Z}$。曲线具有方向性,如图 3-31(b)中所标注。

3.3.3 窗口比较器

单限电压比较器和滞回电压比较器在输入电压 u_i 单一方向变化时,输出电压 u_o 只跃变一次,因此只能检测出 u_i 与一个参考电压值的大小关系。如果要判断 u_i 是否在两个给定的电压之间,就要采用窗口比较器。图 3-32(a)是一种窗口比较器,外加参考电压 $U_{RH}>U_{RL}$,R_1、R_2 和稳压管 D_Z 构成限幅电路。

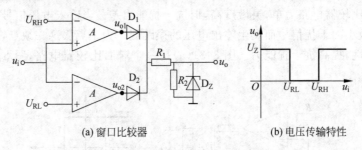

(a) 窗口比较器　　　　(b) 电压传输特性

图 3-32　窗口比较器及其电压传输特性

当输入电压 $u_i>U_{RH}$ 时,$u_{o1}=+U_{OM}$,$u_{o2}=-U_{OM}$,因而二极管 D_1 导通,D_2 截止,所以电路的输出电压 $u_o=U_Z$。

当输入电压 $u_i<U_{RL}$ 时,$u_{o1}=-U_{OM}$,$u_{o2}=+U_{OM}$,因而二极管 D_1 截止,D_2 导通,所以电路的输出电压 $u_o=U_Z$。

当输入电压 $U_{RL}<u_i<U_{RH}$ 时,$u_{o1}=-U_{OM}$,$u_{o2}=-U_{OM}$,因而二极管 D_1 和 D_2 都截止,所以电路的输出电压 $u_o=0$。

窗口比较器的电压传输特性如图 3-32(b)所示。

通过以上三种电压比较器的分析可得出以下结论:

(1) 在电压比较器中,集成运放多工作在非线性区,输出电压只有高电平和低电平两种可能的情况。

(2) 一般用电压传输特性来描述输出电压与输入电压的函数关系。

(3) 电压传输特性的三个要素是输出电压的高电平、低电平,阈值电压和输出电压的跃变方向。输出电压的高电平、低电平决定于限幅电路;阈值电压是使输出电压 u_o 从高电平跃变为低电平或者从低电平跃变为高电平的某一输入电压;u_i 等于阈值电压时输出电压的跃变方向决定于输入电压作用于同相输入端还是反相输入端。

习题 3

3.1　已知图 T3.1 所示各电路中的集成运放均为理想运放,模拟乘法器的乘积系数 k 大于 0。试分别求解各电路的运算关系。

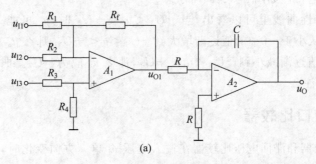

(a)

图　T3.1

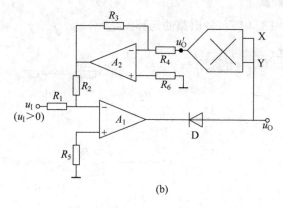

图 T3.1(续)

3.2 电路如图 T3.2 所示,集成运放输出电压的最大幅值为 ±14V,填下表。

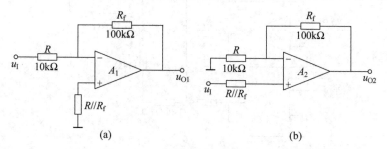

图 T3.2

u_1/V	0.1	0.5	1.0	1.5
u_{O1}/V				
u_{O2}/V				

3.3 试求图 T3.3 所示各电路输出电压与输入电压的运算关系式。

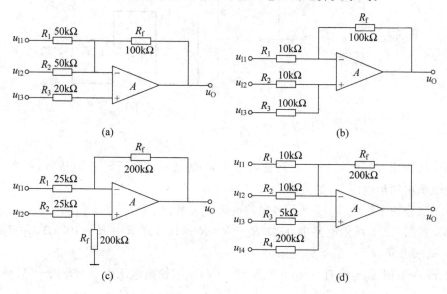

图 T3.3

3.4 分别求解图 T3.4 所示各电路的运算关系。

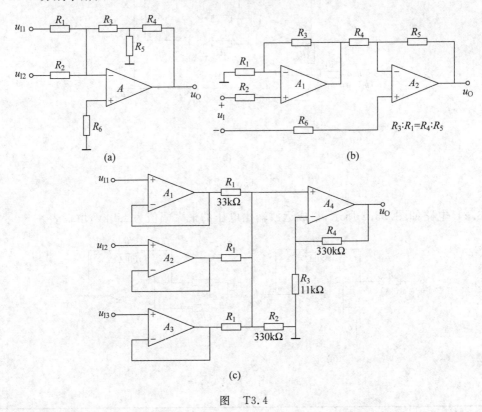

图 T3.4

3.5 在图 T3.5(a)所示电路中,已知输入电压 u_I 的波形如图 T3.5(b)所示,当 $t=0$ 时 $u_O=0$。试画出输出电压 u_O 的波形。

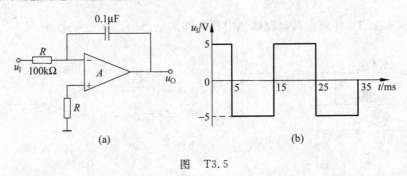

图 T3.5

3.6 已知图 T3.6(a)所示电路输入电压 u_I 的波形如图 T3.6(b)所示,且当 $t=0$ 时 $u_O=0$。试画出输出电压 u_O 的波形。

3.7 试分别求解图 T3.7 所示各电路的运算关系。

3.8 在图 T3.8 所示电路中,已知 $R_1=R=R'=100\text{k}\Omega$,$R_2=R_f=100\text{k}\Omega$,$C=1\mu\text{F}$。

(1) 试求出 u_O 与 u_I 的运算关系。

(2) 设 $t=0$ 时 $u_O=0$,且 u_I 由 0 跃变为 -1V,试求输出电压由 0 上升到 $+6\text{V}$ 所需要的时间。

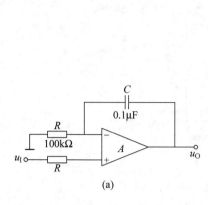

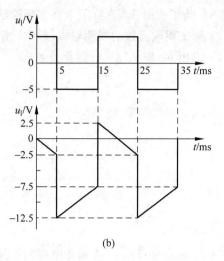

图 T3.6

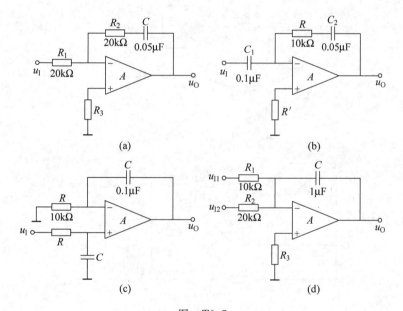

图 T3.7

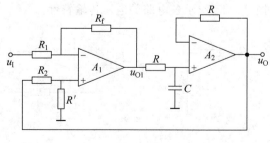

图 T3.8

3.9　为了使图 T3.9 所示电路实现除法运算,则

(1) 标出集成运放的同相输入端和反相输入端;

(2) 求出 u_O 和 u_{I1}、u_{I2} 的运算关系式。

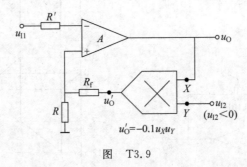

图　T3.9

3.10　求出图 T3.10 所示各电路的运算关系。

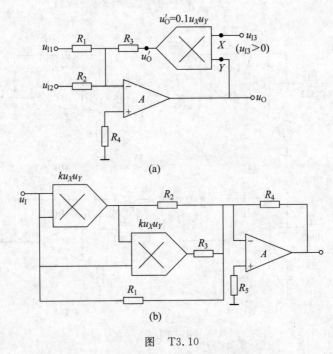

图　T3.10

3.11　试分别求出图 T3.11 所示各电路的电压传输特性。

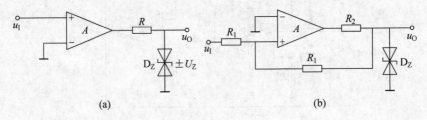

图　T3.11

3.12　电路如图 T3.12 所示。

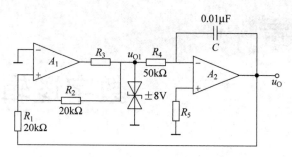

图　T3.12

(1) 分别说明 A_1 和 A_2 各构成哪种基本电路。

(2) 求出 u_{O1} 与 u_O 的关系曲线 $u_{O1} = f(u_O)$。

(3) 求出 u_O 与 u_{O1} 的运算关系式 $u_O = f(u_{O1})$。

(4) 定性画出 u_{O1} 与 u_O 的波形。

(5) 提高振荡频率,可以改变哪些电路参数? 如何改变?

3.13　试分别求解图 T3.13 所示各电路的电压传输特性。

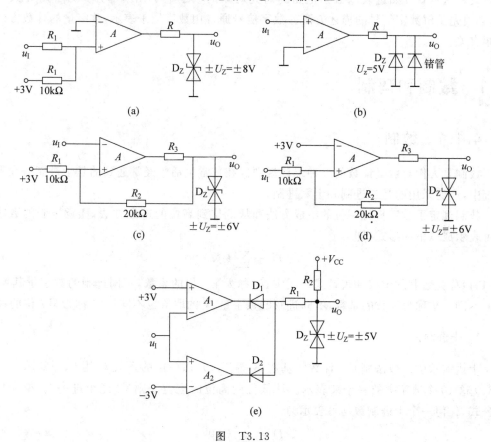

图　T3.13

第4章 数字逻辑基础

自然界中形形色色的物理量不外乎有两大类：一类物理量的变化在时间上或数值上是连续的，这类物理量叫做模拟量，把表示模拟量的信号叫做模拟信号，并把工作在模拟信号下的电子电路称为模拟电路；另一类物理量的变化在时间上或数值上都是离散（不连续）的，这类物理量叫做数字量，把表示数字量的信号叫做数字信号，并把工作在数字信号下的电子电路称为数字电路。

前面介绍的模拟电子技术就是以模拟电路为研究对象，提供了解决模拟电路问题的解决方案。从本章开始进入以数字电路为研究对象的数字电子技术部分。为了研究数字电路，必须先了解数字信号的描述方法。数字信号通常用数字量来表示，数字量的计数方法与数制有关。

4.1 数制和码制

4.1.1 数制

数制是人们对数量计数的一种统计规则。在日常生活中经常遇到的是十进制。在数字系统中，广泛采用的是二进制和十六进制。

数制规定了数字量每一位的组成方法和从低位到高位的进位方法，任意进制的数字量均可表示成以下的形式，即

$$D = \sum k_i N^i \tag{4-1}$$

式(4-1)称为数制的位权和表达式。式中，k_i 称为第 i 位的系数，不同进制的数字量其 k_i 的取值不同；N 称为计数的基数，不同进制的数字量 N 的取值也不同；N^i 称为第 i 位的权。

1. 十进制

十进制数的计数法则是：计数的基数 N 等于 10，每一位的系数 k_i 用 0、1、2、3、4、5、6、7、8、9 这 10 个数字中的一个来表示。从低位到高位的进位法则是"逢十进一"。根据位权和公式，任何一个十进制数均可表示为

$$D = \sum k_i 10^i \tag{4-2}$$

的形式。例如：

$$(143.65)_D = 1 \times 10^2 + 4 \times 10^1 + 3 \times 10^0 + 6 \times 10^{-1} + 5 \times 10^{-2}$$

上式的左边表示一个十进制数,括号的下角标 D(Decimal)代表十进制数,也可用下角标 10 来表示,还可以省略。

2. 二进制

二进制的计数法则是:计数的基数 N 等于 2,每一位的系数 k_i 用 0 或 1 这两个数字中的一个来表示。从低位到高位的进位法则是"逢二进一"。根据位权和公式,任何一个二进制数均可表示为

$$D = \sum k_i 2^i \tag{4-3}$$

的形式。例如:

$(10011.11)_B = 1 \times 2^4 + 0 \times 2^3 + 0 \times 2^2 + 1 \times 2^1 + 1 \times 2^0 + 1 \times 2^{-1} + 1 \times 2^{-2}$

上式的左边表示一个二进制数,括号的下角标 B(Binary)代表二进制数,也可用下角标 2 来表示。右边是该二进制数位权和的表达式,因表达式中的 2^4、2^3、2^2 等是根据十进制数的运算法则来计算的,所以该表达式也是二进制数和十进制数之间转换运算的方法,利用这种关系可以实现将二进制数转化成十进制数的运算。例如:

$$(10011.11)_B = 1 \times 2^4 + 0 \times 2^3 + 0 \times 2^2 + 1 \times 2^1 + 1 \times 2^0 + 1 \times 2^{-1} + 1 \times 2^{-2}$$
$$= 1 \times 2^4 + 1 \times 2^1 + 1 \times 2^0 + 1 \times 2^{-1} + 1 \times 2^{-2} = (19.75)_D$$

3. 十六进制

为了解决二进制数不容易阅读和记忆的问题,人们引入十六进制数。十六进制数的计数法则是:计数的基数 N 是 16,每一位的系数是用 0~9、A(10)、B(11)、C(12)、D(13)、E(14)、F(15)这 16 个数字中的一个来表示,从低位到高位的进位法则是"逢十六进一"。根据位权和的公式,任何一个十六进制数均可表示成

$$D = \sum k_i 16^i \tag{4-4}$$

的形式。例如:

$$(3D.BE)_H = 3 \times 16^1 + 13 \times 16^0 + 11 \times 16^{-1} + 14 \times 16^{-2}$$

上式的左边表示一个十六进制数,括号的下角标 H(Hexadecimal)代表十六进制数,也可用角标 16 来表示。右边是该十六进制数位权和的表达式,因表达式中的 16^1、16^0、16^{-1} 等是根据十进制数的运算法则来计算的,所以该表达式也是十六进制数和十进制数之间转换运算的方法,利用这种关系可以实现将十六进制数转化成十进制数的运算。例如:

$$(3D.BE)_H = 3 \times 16^1 + 13 \times 16^0 + 11 \times 16^{-1} + 14 \times 16^{-2}$$
$$= (61.74)_D$$

4.1.2 码制

分析日常生活中所接触到的数字,无非有两种类型的数字:一类数字描述的是量的大小或多少,如路长 40km、体重 40kg 等;另一类数字不表示量的大小或多少,而是代表某个事物的代码,如运动员的编号、学生的学号等。为了便于记忆和处理,在编制代码时总要遵循一定的规则,这些规则就叫做码制。

在数字系统中,对各类信息进行处理时,总是先将这些信息用一定位数的二进制代码表示,然后再对这些二进制代码进行处理。因此,为了便于机器识别,必须把十进制数的各个数码用二进制代码表示出来,形成相应的二进制代码,也叫二-十进制代码,简称 BCD (Binary Coded Decimals)码。

根据不同的编码规则,有不同的 BCD 码。几种常用的 BCD 码如表 4-1 所示。

表 4-1　几种常见的 BCD 代码

编码种类 十进制数码	恒权代码			变权代码	
	8421 码	2421 码	5211 码	余 3 码	余 3 循环码
0	0000	0000	0000	0011	0010
1	0001	0001	0001	0100	0110
2	0010	0010	0100	0101	0111
3	0011	0011	0101	0110	0101
4	0100	0100	0111	0111	0100
5	0101	1011	1000	1000	1100
6	0110	1100	1001	1001	1101
7	0111	1101	1100	1010	1111
8	1000	1110	1101	1011	1110
9	1001	1111	1111	1100	1010
权	8421	2421	5211		

8421 码是 BCD 码中最常用的一种。在这种编码方式中每一位的 1 都代表一个固定的值,从左向右分别为 8、4、2、1,它们称为每一位的权,因为每一位的权都是保持不变的,所以 8421 码是恒权代码。把 8421 码中所有 1 所在位的权值相加得到的结果就是该代码所代表的十进制数。因此,8421 码的编码规则遵循加权和的公式。

2421 码也是一种恒权代码,从左向右各位的权依次为 2、4、2、1。从表 4-1 中可以看出,0 和 9、1 和 8、2 和 7、3 和 6、4 和 5 的 2421 码互为反码,所以利用 2421 码可以方便地求十进制数的补码。

5211 码也是一种恒权代码,从左向右各位的权依次为 5、2、1、1。利用该代码可以方便地组成分频器。

余 3 码的编码规则与前面三种编码不同,每一位的 1 在不同的代码中并不代表固定的数值,因此称为变权代码。从表 4-1 中可以看出,如果把每一个余 3 码看作一个 4 位二进制数,则它的数值比它所表示的十进制数多 3,故将这种代码叫做余 3 码。利用余 3 码也可以方便地求十进制数的补码。

余 3 循环码也是一种变权代码,其编码的特点是相邻的两个代码之间仅有一位的状态不同。

4.2　逻辑代数中的基本运算

在数字电路中,二进制数码 0 和 1 不仅可以表示数量的大小,而且可以表示两种不同的逻辑状态。例如,用 1 和 0 分别表示事情的"是"与"非",电压的"高"与"低",开关的"通"与"断",电灯的"亮"与"灭"等。这种只有两种对立逻辑状态的逻辑关系称为二值逻辑。

在客观世界中,事物的发展变化通常都存在着一定的逻辑关系,描述客观事物之间逻辑关系的数学方法称为逻辑代数。由于英国数学家乔治·布尔(Georoge Boole)最先创立了逻辑代数的数学方法,因此又称为布尔代数。布尔代数广泛应用于解决开关电路和数字逻辑电路的分析和设计中,故又称为开关代数。

逻辑代数中也有变量和常量之分。和普通代数比较,逻辑代数中的常量称为逻辑常量,只有 0 和 1 两个逻辑常量。逻辑代数中的变量称为逻辑变量,也用英文字母表示,逻辑变量的取值只有 0 和 1 两个值。在逻辑代数中,0 和 1 不表示数值的大小,而表示事物的两种不同的逻辑状态。

逻辑代数的基本运算有三种:与、或、非运算。还有由基本运算复合而成的复合运算,常用的有与非、或非、与或非、异或、同或运算等。

4.2.1　逻辑与

只有当决定一件事情的条件全部具备之后,这件事情才会发生,否则不发生。这种逻辑关系称为逻辑与的关系。逻辑与的运算符号是"·",也可以省略。

在图 4-1(a)所示电路中,开关 A、B 与灯 Y 串联连接,只有在开关 A、B 都闭合的条件下,灯 Y 才亮,则灯与开关 A、B 之间是逻辑与的关系。如果开关的闭合状态用 1 表示,断开状态用 0 表示,灯亮的状态用 1 表示,灯灭的状态 0 表示,则开关与灯之间的逻辑关系可以用图 4-1(b)表示,称为逻辑真值表。

逻辑与的关系是:输入有 0,输出为 0;输入全 1,输出为 1。

逻辑与的表达式为

$$Y = A \cdot B = AB \tag{4-5}$$

在数字电路中能实现与运算的电路称为与门电路,其逻辑图形符号如图 4-1(c)和图 4-1(d)所示。图 4-1(c)所示为国标符号,图 4-1(d)所示为美国标准符号。

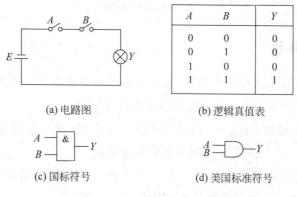

A	B	Y
0	0	0
0	1	0
1	0	0
1	1	1

(a) 电路图　　　　(b) 逻辑真值表

(c) 国标符号　　　　(d) 美国标准符号

图 4-1　逻辑与

如果串联开关的数量为 n 个,逻辑与的表达式可以推广到多个变量的一般形式,即

$$Y = A \cdot B \cdot C \cdot D \cdot \cdots = ABCD\cdots$$

4.2.2 逻辑或

当决定一件事情的几个条件中,只要有一个或一个以上条件具备,这件事情就会发生,这种逻辑关系称为逻辑或的关系。逻辑或的运算符号是"+",不能省略。

在图 4-2(a)所示电路中,开关 A 与 B 并联连接,当开关 A 和 B 其中一个闭合的条件下,灯 Y 就亮,则灯与开关 A、B 之间是逻辑或的关系。

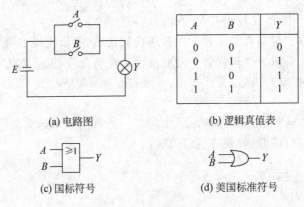

(a) 电路图   (b) 逻辑真值表

(c) 国标符号   (d) 美国标准符号

图 4-2　逻辑或

如果开关的闭合状态用 1 表示,断开状态用 0 表示,灯亮的状态用 1 表示,灭的状态用 0 表示,则开关与灯之间的逻辑关系可以用图 4-2(b)表示。

逻辑或的关系是:输入有 1,输出为 1;输入全 0,输出为 0。

逻辑或的表达式为

$$Y = A + B \tag{4-6}$$

在数字电路中能实现或运算的电路称为或门电路,其逻辑图形符号如图 4-2(c)和图 4-2(d)所示。图 4-2(c)所示为国标符号,图 4-2(d)所示为美国标准符号。

如果串联开关的数量为 n 个,逻辑或的表达式可以推广到多个变量的一般形式,即

$$Y = A + B + C + D + \cdots$$

4.2.3 逻辑非

某事情发生与否仅取决于一个条件,而且是对该条件的否定。即条件具备时事情不发生;条件不具备时事情才发生。这样的逻辑关系称为逻辑非。

图 4-3(a)所示电路中,开关 A 与灯 Y 并联连接,当开关 A 闭合时,灯 Y 不亮;当开关 A 断开时,灯 Y 亮,则灯 Y 与开关 A 之间是逻辑非的关系。

如果开关的闭合状态用 1 表示,断开状态用 0 表示,灯亮的状态用 1 表示,灭的状态用 0 表示,则开关与灯之间的逻辑关系可以用图 4-3(b)表示。

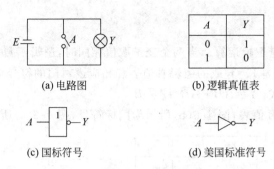

(a) 电路图　　　　　　　　　(b) 逻辑真值表

(c) 国标符号　　　　　　　　(d) 美国标准符号

图 4-3 逻辑非

逻辑非的表达式为

$$Y = \overline{A} \tag{4-7}$$

式中变量 A 上面的符号"—"表示对变量 A 求非的运算。A 称为原变量,$\overline{A}$ 称为反变量。

在数字电路中实现非运算的电路称为非门电路,其逻辑图形符号如图 4-3(c) 和图 4-3(d) 所示。图 4-3(c) 所示为国标符号,图 4-3(d) 所示为美国标准符号。

4.2.4 复合逻辑

任何复杂的逻辑运算都可以由以上三种基本逻辑运算组合而成。在实际应用中为了减少逻辑门的数目,使数字电路的设计更方便,还常使用其他几种逻辑运算。

1. 与非运算

与非是由与运算和非运算组合而成,如图 4-4 所示。

与非运算的逻辑式:$Y = \overline{AB}$。

图 4-4(a) 所示为真值表,图 4-4(b) 所示为国标符号,图 4-4(c) 所示为美国标准符号。

2. 或非运算

或非是由或运算和非运算组合而成,如图 4-5 所示。

或非运算的逻辑式:$Y = \overline{A+B}$。

图 4-5(a) 所示为真值表,图 4-5(b) 所示为国标符号,图 4-5(c) 所示为美国标准符号。

A	B	Y
0	0	1
0	1	1
1	0	1
1	1	0

(a) 真值表

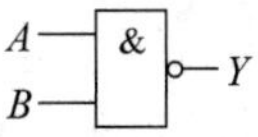

(b) 国标符号

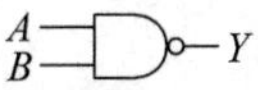

(c) 美国标准符号

图 4-4 逻辑与非

A	B	Y
0	0	1
0	1	0
1	0	0
1	1	0

(a) 真值表

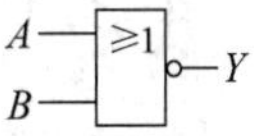

(b) 国标符号

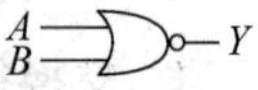

(c) 美国标准符号

图 4-5 逻辑或非

3. 异或

异或是一种二变量逻辑运算。当两个变量取值相同时,逻辑函数值为0;当两个变量取值不同时,逻辑函数值为1。异或的逻辑真值表和相应逻辑门的符号如图4-6所示。

异或运算的逻辑式:$Y=\overline{A}B+A\overline{B}=A\oplus B$。

图4-6(a)所示为真值表,图4-6(b)所示为国标符号,图4-6(c)所示为美国标准符号。

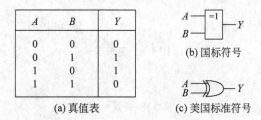

(a) 真值表　　　　(c) 美国标准符号

图4-6　逻辑异或

4. 同或

同或是异或的反运算。当两个变量取值相同时,逻辑函数值为1;当两个变量取值不同时,逻辑函数值为0。同或的逻辑真值表和相应逻辑门的符号如图4-7所示。

同或运算的逻辑式:$Y=AB+\overline{A}\overline{B}=A\odot B=\overline{A\oplus B}$。

图4-7(a)所示为真值表,图4-7(b)所示为国标符号,图4-7(c)所示为美国标准符号。

(a) 真值表　　　　(c) 美国标准符号

图4-7　逻辑同或

4.3　逻辑代数中的基本定律和常用公式

4.3.1　基本定律

逻辑代数是一门完整的科学。与普通代数一样,也有一些用于运算的基本定律。基本定律反映了逻辑运算的基本规律,是化简逻辑函数、分析和设计逻辑电路的基本方法。

1. 交换律

$$A+B=B+A$$
$$A \cdot B=B \cdot A$$

2. 结合律

$$A+(B+C)=(A+B)+C$$
$$A \cdot (B \cdot C)=(A \cdot B) \cdot C$$

3. 分配律

$$A \cdot (B+C)=A \cdot B+A \cdot C$$
$$A+B \cdot C=(A+B) \cdot (A+C)$$

4. 反演律（德·摩根定律）

$$\overline{A+B}=\overline{A} \cdot \overline{B}$$
$$\overline{A \cdot B}=\overline{A}+\overline{B}$$

4.3.2　基本公式

1. 常量与常量

$$0 \cdot 0=0 \quad 0 \cdot 1=0 \quad 1 \cdot 1=1$$
$$0+0=0 \quad 0+1=1 \quad 1+1=1$$
$$\overline{0}=1 \qquad \overline{1}=0$$

2. 常量与变量

$$0 \cdot A=0 \quad 1 \cdot A=A$$
$$0+A=A \quad 1+A=1$$

3. 变量与变量

$$A \cdot A=A \quad \overline{A} \cdot A=0$$
$$A+A=A \quad \overline{A}+A=1$$
$$\overline{\overline{A}}=A$$

4.3.3　常用公式

除了上述基本公式外，还有一些常用公式，这些常用公式可以利用基本公式和基本定律推导出来，直接利用这些导出公式可以方便、有效地化简逻辑函数。

1. $A+A \cdot B=A$

证明：

$$A+A \cdot B=A(1+B)=A$$

上式说明当两个乘积项相加时，若其中一项（长项：$A \cdot B$）以另一项（短项：A）为因子，则该项（长项）是多余项，可以删掉。该公式可用口诀"长中含短，留下短"帮助记忆。

2. $A \cdot B+A \cdot \overline{B}=A$

证明：

$$A \cdot B+A \cdot \overline{B}=A \cdot (B+\overline{B})=A \cdot 1=A$$

上式说明当两个乘积项相加时，若它们分别包含互为逻辑反的因子（B 和 $\overline{B}$），而其他因子相同，则两项定能合并，可将互为逻辑反的两个因子（B 和 $\overline{B}$）消掉。

3. $A + \overline{A} \cdot B = A + B$

证明：

$$A + \overline{A} \cdot B = (A + \overline{A}) \cdot (A + B) = 1 \cdot (A + B) = A + B$$

上式说明当两项相加时，若其中一项（长项：$\overline{A} \cdot B$）包含另一项（短项：A）的逻辑反（$\overline{A}$）作为乘积因子，则可将该项（长项）中的该乘积因子（$\overline{A}$）消掉。该公式可用口诀"长中含反，去掉反"帮助记忆。

例如，$AB + \overline{AB}(C + D) = AB + C + D$，$A + B + \overline{A + B}(C + D) = (A + B) + \overline{A + B}(C + D) = A + B + C + D$。

4. $AB + \overline{A}C + BC = AB + \overline{A}C$

证明：

$$
\begin{aligned}
AB + \overline{A}C + BC &= AB + \overline{A}C + (A + \overline{A})BC \\
&= AB + \overline{A}C + ABC + \overline{A}BC \\
&= AB(1 + C) + \overline{A}C(1 + B) \\
&= AB + \overline{A}C
\end{aligned}
$$

上式说明当三项相加时，若其中两项（AB 和 $\overline{A}C$）含有互为逻辑反的因子（A 和 $\overline{A}$），则这两项中去掉互为逻辑反的因子后剩余部分的乘积（BC）称为冗余因子。若第三项包含前两项的冗余因子，则可将第三项消掉，该项也称为前两项的冗余项。该公式可用口诀"正负相对，余（余项）全完"帮助记忆。

例如，$AB + \overline{A}C + BC(D + E) = AB + \overline{A}C$。

4.4 逻辑函数及其表示方法

逻辑代数中，用以描述逻辑关系的函数称为逻辑函数。前面讨论的与、或、非、与非、或非、异或都是逻辑函数。逻辑函数是从生活和生产实践中抽象出来的，但是只有那些能明确地用"是"或"否"作出回答的事物才能定义为逻辑函数。

4.4.1 逻辑函数的建立

例如，三个人表决一件事情，结果按"少数服从多数"的原则决定，试建立该逻辑函数。

将实际问题中的逻辑关系表达为逻辑函数，需要以下三个步骤：

（1）定义自变量和因变量。将三人的意见设置为自变量 A、B、C，并规定只能有同意或不同意两种意见。将表决结果设置为因变量 Y，显然也只有通过或不通过两种情况。

（2）定义变量状态的逻辑取值。

对于自变量 A、B、C，设：同意为逻辑 1，不同意为逻辑 0。

对于因变量 Y，设：表决通过为逻辑 1，没通过为逻辑 0。

（3）根据题意及上述规定列写逻辑函数（真值表如表 4-2 所示）。

表 4-2　真值表

A	B	C	Y
0	0	0	0
0	0	1	0
0	1	0	0
0	1	1	1
1	0	0	0
1	0	1	1
1	1	0	1
1	1	1	1

由真值表可以看出,当自变量 A、B、C 取确定值后,因变量 Y 的值就完全确定了。所以,Y 就是 A、B、C 的函数。A、B、C 常称为输入逻辑变量,Y 称为输出逻辑变量。

一般地说,若输入逻辑变量 A、B、C、$\cdots$ 的取值确定以后,输出逻辑变量 Y 的值也唯一地确定了,就称 Y 是 A、B、C、$\cdots$ 的逻辑函数,写作

$$Y = f(A, B, C, \cdots)$$

逻辑函数与普通代数中的函数相比较,有两个突出的特点:

① 逻辑变量和逻辑函数只能取两个值 0 和 1。

② 函数和变量之间的关系是由"与""或""非"三种基本运算决定的。

4.4.2　逻辑函数的表示方法

逻辑函数通常有 4 种表示方法,即真值表、函数表达式、逻辑图和卡诺图。先介绍前三种表示方法,卡诺图的方法在逻辑函数化简章节中详细介绍。下面结合一个实例来讲解。

例如,如图 4-8 所示,有一 T 形走廊,在相会处有一盏路灯,在进入走廊的 A、B、C 三地各有一个控制开关,都能独立进行控制。

控制要求:

- 任意闭合一个开关,灯亮;
- 任意闭合两个开关,灯灭;
- 三个开关同时闭合,灯亮。

要求列写逻辑函数 Y。

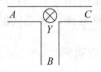

图 4-8　三地控制一灯示意图

设 A、B、C 代表三个开关(输入变量),开关闭合状态为 1,断开状态为 0;Y(输出变量)灯亮为 1,灯灭为 0。

1. 真值表

真值表是将输入逻辑变量的各种可能取值和相应的函数值排列在一起而组成的表格。按照上述逻辑要求,可以列出逻辑真值表(如表 4-3 所示)。

表 4-3　三地控制一灯逻辑真值表

A	B	C	Y	
0	0	0	0	
0	0	1	1	$\overline{A}\,\overline{B}C$
0	1	0	1	$\overline{A}B\overline{C}$
0	1	1	0	
1	0	0	1	$A\overline{B}\,\overline{C}$
1	0	1	0	
1	1	0	0	
1	1	1	1	ABC

输入变量的取值组合数随着输入变量个数不同而不同：两个输入变量的取值组合有 4 种；3 个输入变量的取值组合有 8 种……如果有 n 个输入变量，则有 2^n 种取值组合。为避免遗漏，各变量的取值组合应按照二进制递增的次序排列。

从表 4-3 可以看出，用真值表表示逻辑函数有以下特点：

① 直观明了。输入变量取值一旦确定后，即可在真值表中查出相应的函数值。

② 把一个实际的逻辑问题抽象成一个逻辑函数时，使用真值表是最方便的。所以，在设计逻辑电路时，总是先根据设计要求列出真值表。

③ 真值表的缺点是当变量比较多时，表比较大，显得过于烦琐。

2. 函数表达式

函数表达式就是由逻辑变量和"与""或""非"三种运算符所构成的表达式。逻辑函数表达式可根据真值表写出，如表 4-3 所示。

方法：在真值表中依次找出函数值等于 1 的变量取值组合，写出与该取值组合对应的自变量乘积项。1 写成原变量，0 写成反变量。然后把这些乘积项相加，就得到相应的函数表达式了。

根据表 4-3 所示逻辑真值表写出逻辑函数表达式为

$$Y = \overline{A}\,\overline{B}C + \overline{A}B\overline{C} + A\overline{B}\,\overline{C} + ABC \qquad (4\text{-}8)$$

用逻辑函数表达式表示逻辑函数，便于研究逻辑电路，通过对逻辑函数式的化简，可以简化逻辑电路。缺点：逻辑函数式所表达的逻辑关系不直观。

3. 逻辑图

逻辑图就是由逻辑图形符号及其之间的连线构成的图形。由函数表达式可以画出相应的逻辑图。

方法：根据逻辑函数表达式中各逻辑变量运算的优先级顺序画出逻辑电路图。

在逻辑函数表达式(4-8)中，优先级最高的是非运算，其次是与运算，最后是或运算。根据该优先级顺序依次画出逻辑图(如图 4-9 所示)。

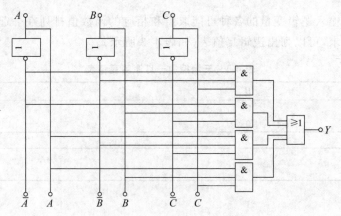

图 4-9   三地控制一灯逻辑图

注意：逻辑图是根据逻辑式画出的逻辑电路。因为同一个逻辑函数可用不同的逻辑式表达，因此同一个逻辑函数的逻辑图是不唯一的。

4.5 逻辑函数的公式化简法

4.5.1 逻辑函数的最简形式

一个逻辑函数的表达式不是唯一的，可以有多种形式，并且能互相转换。例如：

$$L=AC+\overline{A}B \qquad \text{与-或表达式}$$
$$=(A+B)(\overline{A}+C) \qquad \text{或-与表达式}$$
$$=\overline{\overline{AC}\cdot\overline{\overline{A}B}} \qquad \text{与-非表达式}$$
$$=\overline{\overline{A+B}+\overline{\overline{A}+C}} \qquad \text{或-非表达式}$$
$$=\overline{A\overline{C}+\overline{A}\overline{B}} \qquad \text{与-或-非表达式}$$

在上述多种表达式中，与-或表达式是逻辑函数的最基本表达形式。因此，在化简逻辑函数时，通常是将逻辑式化简成最简与-或表达式，然后再根据需要转换成其他形式。究竟应该将函数式变换成什么形式，要视所用门电路的功能类型而定。

在与-或式中，若其中包含的乘积项已经最少，而且每个乘积项中的因子也不能再减少时，则称此与-或式为最简与-或式。

如果只有与非门一种器件，则必须将逻辑函数式变换成全部由与非门组成的逻辑式——与-非式。

前面对与-或式最简形式的定义对其他形式的逻辑式同样也适用，即函数式中相加的乘积项不能再减少，而且每项中相乘的因子不能再减少时，函数式为最简形式。

化简逻辑函数的目的就是消去多余的乘积项和每个乘积项中多余的因子，以得到逻辑函数式的最简形式。

例 4-1 将逻辑函数 $Y=\overline{\overline{AB}+\overline{CD}}+\overline{B}C+BD$ 化为最简与-非式。

解 首先将 Y 化成最简的与-或式

$$Y=\overline{\overline{AB}+\overline{CD}}+\overline{B}C+BD$$
$$=ABCD+\overline{B}C+BD$$
$$=(ABD+\overline{B})C+BD$$
$$=ACD+\overline{B}C+BD$$
$$=\overline{B}C+BD$$

再根据 $\overline{\overline{Y}}=Y$，并利用公式和定律化为最简与-非式

$$Y=\overline{\overline{\overline{B}C+BD}}$$
$$=\overline{\overline{\overline{B}C}\cdot\overline{BD}}$$

4.5.2 几种常用的化简方法

公式化简法的原理就是反复使用逻辑代数的基本公式和常用公式消去函数式中多余的

乘积项和多余的因子,以求得函数式的最简形式。

公式化简法没有固定的步骤,现将经常使用的方法归纳如下。

1. 并项法

应用 $A+\overline{A}=1$,将两项合并为一项,可消去一个或两个变量。例如:

$$Y = ABC + AB\overline{C} + AB\overline{C} + A\overline{B}C$$
$$= AB(C+\overline{C}) + A\overline{B}(\overline{C}+C)$$
$$= AB + A\overline{B} = A(B+\overline{B}) = A$$

2. 配项法

应用 $B=B(A+\overline{A})$,将 $(A+\overline{A})$ 与某乘积项相乘,而后展开、合并化简。例如:

$$Y = AB + \overline{A}\,\overline{C} + B\overline{C}$$
$$= AB + \overline{A}\,\overline{C} + B\overline{C}(A+\overline{A})$$
$$= AB + \overline{A}\,\overline{C} + AB\overline{C} + \overline{A}B\overline{C}$$
$$= AB(1+\overline{C}) + \overline{A}\,\overline{C}(1+B)$$
$$= AB + \overline{A}\,\overline{C}$$

3. 加项法

应用 $A+A=A$,在逻辑式中加相同的项,而后合并化简。例如:

$$Y = ABC + \overline{A}BC + A\overline{B}C$$
$$= ABC + \overline{A}BC + A\overline{B}C + ABC$$
$$= BC(A+\overline{A}) + AC(\overline{B}+B)$$
$$= BC + AC$$

4. 吸收法

应用 $A+AB=A$,消去多余因子。例如:

$$Y = BC + ABC(D+E)$$
$$= BC(1 + A(D+E))$$
$$= BC$$

总之,利用公式化简函数式的方法有很多,除了上述总结的几种方法外,还会有其他的方法,如也可以利用前面讲过的常用公式中总结的几个口诀进行化简。

例 4-2 利用公式化简下列逻辑式:

$$Y_1 = \overline{A}\,\overline{B} + BD + \overline{A}BD + \overline{A}B\overline{C}D + A\overline{B}$$
$$Y_2 = AD + A\overline{D} + AB + \overline{A}C + BD + ACEF + \overline{B}EF + DEFG$$

解　$Y_1 = \overline{A}\,\overline{B} + BD + \overline{A}BD + \overline{A}B\overline{C}D + A\overline{B}$

$$= \overline{B} + BD + \overline{A}BD + \overline{A}B\overline{C}D$$ 　方法:合并项 $\overline{A}\,\overline{B}+A\overline{B}=\overline{B}$

$$= \overline{B} + BD$$ 　方法:长中含短,留下短

$$= \overline{B} + D$$ 　方法:长中含反,去掉反

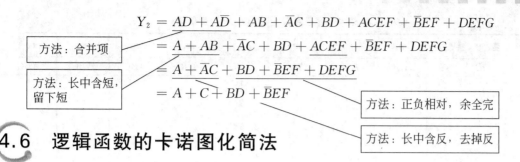

4.6 逻辑函数的卡诺图化简法

4.6.1 逻辑函数的卡诺图表示法

1. 逻辑函数最小项之和的形式

（1）最小项的定义。

在 n 变量逻辑函数中，若 m 为包含 n 个因子的乘积项，而且这 n 个变量均以原变量或反变量的形式在 m 中出现一次，则称 m 为该组变量的最小项。

根据定义，A、B、C 三个变量的最小项有 ABC、$AB\overline{C}$、$A\overline{B}C$、$A\overline{B}\,\overline{C}$、$\overline{A}BC$、$\overline{A}B\overline{C}$、$\overline{A}\,\overline{B}C$、$\overline{A}\,\overline{B}\,\overline{C}$ 共 8 个（即 2^3 个）。同理，n 个变量的最小项应该有 2^n 个。

由此可见，一组输入变量的每一组取值都能使它们的一个最小项的值等于 1。例如，当三个变量 A、B、C 的取值为 0、1、0 时，它们的最小项 $\overline{A}B\overline{C}=1$。如果把 $\overline{A}B\overline{C}$ 的取值 010 看作一个二进制数，则它所对应的十进制数是 2。为了使用方便，将 $\overline{A}B\overline{C}$ 这个最小项记作 m_2。按照这一规定，三变量最小项的编号表如表 4-4 所示。

表 4-4 三变量最小项的编号

最　小　项	使最小项为 1 的变量取值			对应的十进制数	编　　号
	A	B	C		
$\overline{A}\,\overline{B}\,\overline{C}$	0	0	0	0	m_0
$\overline{A}\,\overline{B}C$	0	0	1	1	m_1
$\overline{A}B\overline{C}$	0	1	0	2	m_2
$\overline{A}BC$	0	1	1	3	m_3
$A\overline{B}\,\overline{C}$	1	0	0	4	m_4
$A\overline{B}C$	1	0	1	5	m_5
$AB\overline{C}$	1	1	0	6	m_6
ABC	1	1	1	7	m_7

根据同样的道理，把 A、B、C、D 这 4 个变量的 16 个最小项记作 $m_0 \sim m_{15}$。

（2）最小项的性质。

以三变量为例说明最小项的性质，列出三变量全部最小项的真值表如表 4-5 所示。

从表 4-5 中可以看出最小项具有以下几个性质：

① 对于任意一个最小项，只有一组变量取值使它的值为 1，而其余各种变量取值均使它的值为 0。

② 不同的最小项，使它的值为 1 的那组变量取值也不同。

表 4-5　三变量全部最小项的真值表

变　量			m_0	m_1	m_2	m_3	m_4	m_5	m_6	m_7
A	B	C	$\overline{A}\,\overline{B}\,\overline{C}$	$\overline{A}\,\overline{B}C$	$\overline{A}B\overline{C}$	$\overline{A}BC$	$A\overline{B}\,\overline{C}$	$A\overline{B}C$	$AB\overline{C}$	ABC
0	0	0	1	0	0	0	0	0	0	0
0	0	1	0	1	0	0	0	0	0	0
0	1	0	0	0	1	0	0	0	0	0
0	1	1	0	0	0	1	0	0	0	0
1	0	0	0	0	0	0	1	0	0	0
1	0	1	0	0	0	0	0	1	0	0
1	1	0	0	0	0	0	0	0	1	0
1	1	1	0	0	0	0	0	0	0	1

③ 对于变量的任一组取值,任意两个最小项的乘积为 0。

④ 对于变量的任一组取值,全体最小项的和为 1。

(3) 逻辑函数的最小项之和的形式。

利用基本公式 $A+\overline{A}=1$,可以把任何一个逻辑函数化为最小项之和的标准形式。这种标准形式在逻辑函数的化简及计算机辅助分析和设计中得到了广泛的应用。

例如,给定逻辑函数为

$$Y = AB\overline{C} + BC$$

则可以化为

$$Y = AB\overline{C} + (A+\overline{A})BC$$
$$= AB\overline{C} + ABC + \overline{A}BC$$
$$= m_6 + m_7 + m_3$$

有时也写成 $\sum_i m_i\,(i=3,6,7)$、$\sum m(3,6,7)$ 或 $\sum(3,6,7)$ 的形式。

2. 用卡诺图表示逻辑函数

1) 表示最小项的卡诺图

将 n 变量的全部最小项各用一个小方块表示,并使具有逻辑相邻性(只有一项不同的两个最小项称为逻辑相邻,如 $\overline{A}BC$ 与 $\overline{A}B\overline{C}$ 逻辑相邻、$\overline{A}B\overline{C}$ 与 $\overline{A}\,\overline{B}\,\overline{C}$ 逻辑相邻等)的最小项在几何位置上也相邻地排列起来,所得到的图形叫做 n 变量最小项的卡诺图。因为这种表示方法是由美国工程师卡诺(Karnaugh)首先提出的,所以把这种图形叫做卡诺图。

图 4-10 画出了二到四变量最小项的卡诺图。

图中表格两侧标注的 0 和 1 表示对应的小方格内最小项取值为 1 时变量的取值。同时,这些 0 和 1 组成的二进制数(行编号在前,列编号在后)所对应的十进制数的大小也就是对应的最小项的编号。

为了保证图中几何位置相邻的最小项在逻辑上也具有相邻性,图形两侧标注的输入变量数码的排序不是按照自然二进制数的规则从小到大排列,而是按照循环码的规则来排序的,以确保相邻的两个最小项仅有一个变量是不同的。

从图 4-10 所示的卡诺图上还可以看出,处在任何一行或一列两端的最小项也仅有一个变量不同,所以它们也具有逻辑相邻性。因此,从几何位置上应该把卡诺图看成是上下、左

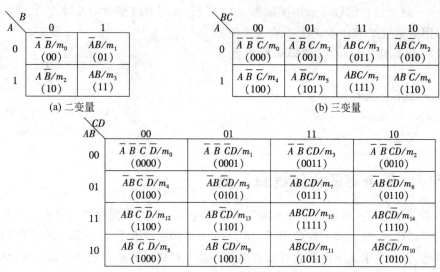

A \ B	0	1
0	$\overline{A}\,\overline{B}/m_0$ (00)	$\overline{A}B/m_1$ (01)
1	$A\overline{B}/m_2$ (10)	AB/m_3 (11)

(a) 二变量

A \ BC	00	01	11	10
0	$\overline{A}\,\overline{B}\,\overline{C}/m_0$ (000)	$\overline{A}\,\overline{B}C/m_1$ (001)	$\overline{A}BC/m_3$ (011)	$\overline{A}B\overline{C}/m_2$ (010)
1	$A\overline{B}\,\overline{C}/m_4$ (100)	$A\overline{B}C/m_5$ (101)	ABC/m_7 (111)	$AB\overline{C}/m_6$ (110)

(b) 三变量

AB \ CD	00	01	11	10
00	$\overline{A}\,\overline{B}\,\overline{C}\,\overline{D}/m_0$ (0000)	$\overline{A}\,\overline{B}\,\overline{C}D/m_1$ (0001)	$\overline{A}\,\overline{B}CD/m_3$ (0011)	$\overline{A}\,\overline{B}C\overline{D}/m_2$ (0010)
01	$\overline{A}B\overline{C}\,\overline{D}/m_4$ (0100)	$\overline{A}B\overline{C}D/m_5$ (0101)	$\overline{A}BCD/m_7$ (0111)	$\overline{A}BC\overline{D}/m_6$ (0110)
11	$AB\overline{C}\,\overline{D}/m_{12}$ (1100)	$AB\overline{C}D/m_{13}$ (1101)	$ABCD/m_{15}$ (1111)	$ABC\overline{D}/m_{14}$ (1110)
10	$A\overline{B}\,\overline{C}\,\overline{D}/m_8$ (1000)	$A\overline{B}\,\overline{C}D/m_9$ (1001)	$A\overline{B}CD/m_{11}$ (1011)	$A\overline{B}C\overline{D}/m_{10}$ (1010)

(c) 四变量

图 4-10　二到四变量最小项的卡诺图

右闭合的图形。

2）用卡诺图表示逻辑函数

既然任何一个逻辑函数都能表示为最小项之和的形式，那么自然也就可以设法用卡诺图来表示任意一个逻辑函数。

具体方法：首先把逻辑函数化成最小项之和的形式，然后在卡诺图中与这些最小项对应的方格内填上 1，在其余的方格内填上 0，就得到了表示该逻辑函数的卡诺图。也就是说，任何一个逻辑函数都等于表示它的卡诺图中填入 1 的那些小方格对应的最小项之和。

例 4-3　用卡诺图表示逻辑函数

$$Y=\overline{A}B\overline{C}D+A\overline{B}D+ACD+A\overline{B}$$

解　首先将逻辑函数 Y 化为最小项之和的形式

$$\begin{aligned}Y&=\overline{A}B\overline{C}D+A\overline{B}(C+\overline{C})D+A(B+\overline{B})CD+A\overline{B}(C+\overline{C})(D+\overline{D})\\&=\overline{A}B\overline{C}D+A\overline{B}CD+A\overline{B}\,\overline{C}D+ABCD+A\overline{B}CD+A\overline{B}CD+A\overline{B}C\overline{D}+A\overline{B}\,\overline{C}D+A\overline{B}\,\overline{C}\,\overline{D}\\&=\overline{A}B\overline{C}D+A\overline{B}CD+A\overline{B}\,\overline{C}D+ABCD+A\overline{B}C\overline{D}+A\overline{B}\,\overline{C}\,\overline{D}\end{aligned}$$

画出四变量最小项的卡诺图，在对应于函数式中各最小项的位置上填上 1，其余位置上填上 0，就得到如图 4-11 所示的卡诺图。

AB \ CD	00	01	11	10
00	0	0	0	0
01	0	1	0	0
11	0	0	1	0
10	1	1	1	1

图 4-11　例 4-3 的卡诺图

例 4-4 已知逻辑函数的卡诺图如图 4-12 所示,试写出该函数的逻辑式。

解 因为函数 Y 等于卡诺图中填入 1 的方格所对应的最小项之和,所以逻辑函数 Y 的函数式为

$$Y = \overline{A}\overline{B}C + A\overline{B}\overline{C} + ABC + AB\overline{C}$$
$$= m_1 + m_4 + m_6 + m_7$$
$$= \sum m(1,4,6,7)$$

A＼BC	00	01	11	10
0	0	1	0	0
1	1	0	1	1

图 4-12　例 4-4 的卡诺图

4.6.2　用卡诺图化简逻辑函数

利用卡诺图化简逻辑函数的方法称为卡诺图化简法。卡诺图化简的依据:具有相邻性的最小项可以合并,并消去不同的因子。由于在卡诺图上几何位置相邻与最小项的逻辑相邻是一致的,因而从卡诺图上能直观地找出那些具有相邻性的最小项并将其合并化简。

1. 卡诺图化简逻辑函数的原理

根据卡诺图中最小项的排列特点,卡诺图中最小项的公因子如图 4-13 所示。

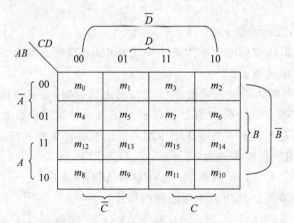

图 4-13　卡诺图中最小项的公因子

根据图 4-13 所示的卡诺图中公因子的分布,可以分析相邻项的化简情况。

(1) 两个相邻的最小项结合(用一个包围圈表示),可以消去一个取值不同的变量而合并为一项,如图 4-14 所示。

(2) 4 个相邻的最小项结合(用一个包围圈表示),可以消去两个取值不同的变量而合并为一项,如图 4-15 所示。

(3) 8 个相邻的最小项结合(用一个包围圈表示),可以消去三个取值不同的变量而合并为一项,如图 4-16 所示。

总之,$2n$ 个相邻的最小项结合,可以消去 n 个取值不同的变量而合并为一项。

2. 用卡诺图合并最小项的原则

用卡诺图化简逻辑函数,就是在卡诺图中找相邻的最小项,即画圈。为了保证将逻辑函

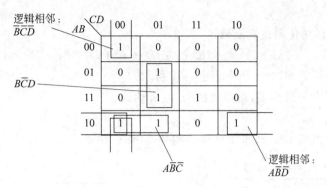

图 4-14　两个相邻的最小项合并

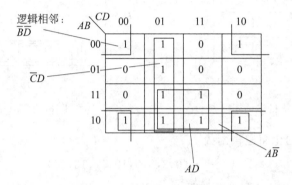

图 4-15　4 个相邻的最小项合并

数化到最简,画圈时必须遵循以下原则:

（1）圈要尽可能大,这样消去的变量就多。但每个圈内只能含有 $2n(n=0,1,2,3,\cdots)$ 个相邻项。要特别注意对边相邻性和四角相邻性。

（2）圈的个数尽量少,这样化简后的逻辑函数的与项就少。

（3）卡诺图中所有取值为 1 的方格均要被圈过,即不能漏下取值为 1 的最小项。

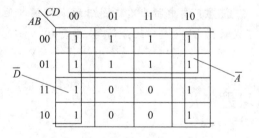

图 4-16　8 个相邻的最小项合并

（4）取值为 1 的方格可以被重复圈在不同的包围圈中,但在新画的包围圈中至少要含有一个未被圈过的方格,否则该包围圈是多余的。

3. 用卡诺图化简逻辑函数的步骤

（1）将逻辑函数化为最小项之和的形式。

（2）画出逻辑函数的卡诺图。

（3）找出相邻的最小项,即根据前述原则画圈。

（4）写出化简后的乘积项。每一个圈写一个最简与项。规则是:取值为 1 的变量用原变量表示,取值为 0 的变量用反变量表示,将这些变量相乘。然后将所有乘积项相加,即得最简与-或表达式。

例 4-5 用卡诺图化简逻辑函数

$$Y = \overline{AB} + BD + \overline{A}BD + \overline{A}B\overline{C}D + A\overline{B}$$

解 (1) 由表达式画出卡诺图如图 4-17 所示。

(2) 画包围圈合并最小项,得简化的与-或表达式。

$$Y = \overline{B} + D$$

注意:图中包围圈 $\overline{B}$ 是利用了对边的相邻性(逻辑相邻性)。

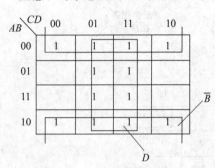

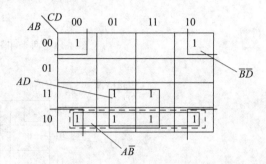

图 4-17 例 4-5 的卡诺图   图 4-18 例 4-6 的卡诺图

例 4-6 用卡诺图化简逻辑函数

$$Y = \sum m(0,2,8,9,10,11,13,15)$$

解 (1) 由表达式画出卡诺图如图 4-18 所示。

(2) 画包围圈合并最小项。

注意:图中因为虚线圈中的 1 都被其他的圈圈过,所以虚线圈是多余的,应去掉,否则不是最简与-或式。故最简与-或式为

$$Y = AD + \overline{B}\overline{D}$$

习题 4

4.1 将下列二进制数转换为等值的十进制数和等值的十六进制数。

(1) $(10010111)_2$;(2) $(110111)_2$;(3) $(11.101)_2$;(4) $(0.10111)_2$。

4.2 将下列十进制数转换成等值的二进制数和等值的十六进制数。要求二进制数保留小数点后 4 位有效数字,十六进制数保留小数点后 2 位有效数字。

(1) $(17)_D$;(2) $(137.53)_D$;(3) $(37.5)_D$;(4) $(0.53)_D$。

4.3 将下列十六进制数转换成等值的二进制数和等值的十进制数。

(1) $(9C)_H$;(2) $(3D.BE)_H$;(3) $(AF.D)_H$;(4) $(25)_H$。

4.4 如图 T4.4 所示,A、B 分别为某种门电路的两个输入信号的波形图。试分别画出当该门电路分别为“与”门、“或”门、“与非”门、“异或”门电路时的输出波形。并总结上述 4 种门电路的输入、输出信号的对应关系。

4.5 利用逻辑函数的基本公式和定理证明下列各恒等式。

(1) $\overline{A + BC + D} = \overline{A}(\overline{B} + \overline{C})\overline{D}$。

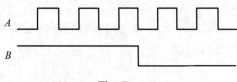

图 T4.4

(2) $\overline{A}B+AB+\overline{A}\overline{B}+A\overline{B}=1$。

(3) $ABCD+\overline{A}\overline{B}\overline{C}\overline{D}=\overline{\overline{A}\overline{B}+B\overline{C}+C\overline{D}+\overline{A}D}$。

(4) $ABC+\overline{A}+\overline{B}+\overline{C}=1$。

(5) $AB+\overline{A}\overline{B}=\overline{\overline{A}B+A\overline{B}}$。

(6) $A(\overline{A}+B)+B(B+C)+B=B$。

4.6 已知逻辑函数 Y 的真值表如表 T4.6 所示,试写出 Y 的逻辑函数式。

表 T4.6

A	B	C	Y
0	0	0	1
0	0	1	0
0	1	0	0
0	1	1	0
1	0	0	1
1	0	1	1
1	1	0	0
1	1	1	1

4.7 画出下列逻辑函数式的逻辑图,并列出真值表。

(1) $Y=\overline{\overline{A}B+A\overline{B}}$。

(2) $Y=AB+B\overline{C}+A\overline{B}C$。

(3) $Y=A\overline{B}(A+B)$。

(4) $Y=A\overline{D}+\overline{\overline{B}D}+\overline{\overline{\overline{A}(\overline{C}+\overline{BC})}}$。

4.8 将下列函数化为最简与-或式。

(1) $Y=A\overline{B}+\overline{A}C+\overline{B}C$。

(2) $Y=A+\overline{\overline{B}+\overline{CD}}+\overline{\overline{ADB}}$。

(3) $Y=AB\overline{C}+AB+\overline{B}C$。

(4) $Y=\overline{(A\oplus B)}(B\oplus\overline{C})$。

(5) $Y=\overline{\overline{AC}+B}\cdot\overline{CD}+\overline{CD}$。

(6) $Y=\overline{A}BD+\overline{A}C+\overline{B}CD+\overline{B}D+AC$。

4.9 用"与-非"门实现以下逻辑函数,并画出逻辑图。

(1) $Y=AB+\overline{A}C$。

(2) $Y=A+B+\overline{C}$。

(3) $Y=ABC$。

（4）$Y = \overline{A}B + A\overline{B}$。

4.10　证明图 T4.10 中(a)、(b)所示两电路具有相同的逻辑功能。

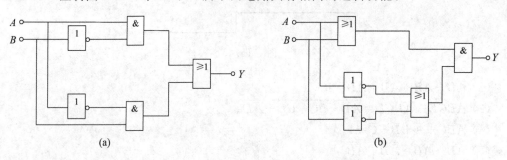

图　T4.10

4.11　用卡诺图表示下列逻辑函数并化简。

（1）$Y = AB + \overline{A}BC + \overline{A}B\overline{C}$。

（2）$Y = A\,\overline{BCD} + \overline{A}B\overline{C}D + \overline{A}BCD + A\overline{B}C\overline{D}$。

（3）$Y = A\overline{B} + B\overline{C}\overline{D} + ABD + \overline{A}B\overline{C}D$。

（4）$Y = A + \overline{A}B + \overline{A}\overline{B}C + \overline{A}\,\overline{BC}D$。

4.12　用卡诺图化简下列逻辑函数。

（1）$Y(A,B,C) = \sum m(0,1,2,4,7)$。

（2）$Y(A,B,C,D) = \sum m(3,4,5,7,9,13,14,15)$。

（3）$Y(A,B,C,D) = \sum m(0,1,2,3,4,6,8,9,10,11,12,14)$。

（4）$Y(A,B,C,D) = \sum m(0,1,3,4,6,7,9,10,11,13,14,15)$。

第 5 章
门电路和组合逻辑电路

5.1 概述

用以实现(逻辑运算)的单元电路称为门电路。与第 4 章所讲的逻辑运算相对应,常用的门电路有与门、或门、非门、与非门、或非门、异或门、同或门等。

由于数字电路是以二值数字逻辑为基础的,只有 0 和 1 两个基本数字,易于用电路来实现,例如可用二极管、三极管的导通与截止这两个对立的状态来表示数字信号的逻辑 0 和逻辑 1。

获得高、低电平的基本原理如图 5-1 所示。

当开关 S 断开时,输出电压 u_o 为高电平(V_{CC});当开关 S 闭合时,输出电压 u_o 为低电平(0)。

在数字电路中,通过输入信号 u_i 控制半导体二极管、三极管或 MOS 管工作在截止或导通两个状态来模拟开关 S 的工作状态。

在数字电路的分析过程中:如果用高电平表示逻辑 1,用低电平表示逻辑 0,则称正逻辑;反之,如果用高电平表示逻辑 0,而用低电平表示逻辑 1,则称负逻辑。如图 5-2 所示。除非特别说明,本书均采用正逻辑。

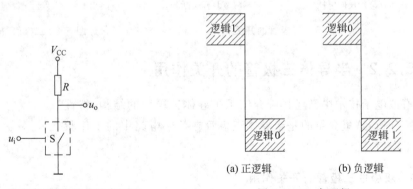

图 5-1 输出高、低电平的基本原理　　　　图 5-2 正、负逻辑

分析数字电路中的逻辑问题时,只要能区分出高、低电平就可以知道它表示的逻辑状态,因此不要求高、低电平是一个精确的数值,允许有一个有效范围,而且对高、低电平的正、负号及电压值也没有要求,只要能有效区分高、低电平的状态即可,如图 5-2 所示。所以,在数字电路中,对元、器件参数的精度要求以及对供电电源稳定性的要求都比模拟电路要低。

5.2 半导体二极管和三极管的开关作用

上节已经讲过,在数字电路中通常用半导体二极管和三极管来模拟开关的导通和断开的状态,即利用了半导体二极管和三极管的开关作用。

5.2.1 半导体二极管的开关作用

由于半导体二极管具有单向导电性,即外加正向电压时导通,外加反向电压时截止,所以半导体二极管相当于一个受外加电压控制的开关。

如图 5-3 所示:当二极管两端加正向电压(如图 5-3(a)所示),二极管导通,相当于开关闭合(如图 5-3(b)所示);当二极管两端加反向电压(如图 5-3(c)所示),二极管截止,相当于开关断开(如图 5-3(d)所示)。

因此,二极管在电路中表现为一个受外加电压 u_i 控制的开关。当外加电压 u_i 为一脉冲信号时,二极管将随着脉冲电压的变化在"开"态与"关"态之间转换。这个转换过程就是二极管开关的动态特性。

用二极管取代图 5-1 中的开关 S,可以得到图 5-4 所示的二极管开关电路。

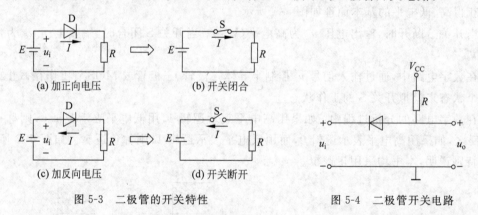

（a）加正向电压   （b）开关闭合

（c）加反向电压   （d）开关断开

图 5-3 二极管的开关特性   图 5-4 二极管开关电路

5.2.2 半导体三极管的开关作用

模拟电子技术中已经详细介绍了半导体三极管的结构、特性及电路分析,这里介绍的是半导体三极管在数字电路中的工作状态和工作特点。

1. 双极性三极管的开关作用

用 NPN 型三极管取代图 5-1 中的开关 S,就得到了图 5-5 所示的三极管开关电路。前面已经讲过双极性三极管有三种工作状态:截止状态、放大状态和饱和状态。在模拟电路中,主要利用三极管的放大状态工作;而在数字电路中,则是利用三极管的截止状态和饱和状态交替工作,实现输出端高、低电平的转换。

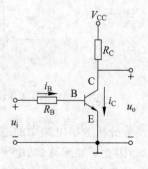

图 5-5 三极管的基本
开关电路

下面介绍如图 5-5 所示的三极管开关电路中三极管实现开关作用的工作过程。

在共射极放大电路中,三极管的输入特性曲线和输出特性曲线如图 5-6 所示。

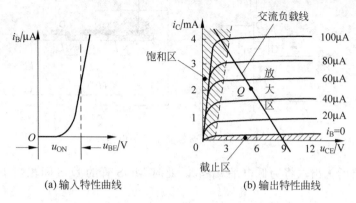

(a) 输入特性曲线　　　　　　　(b) 输出特性曲线

图 5-6　双极性三极管的特性曲线

当输入电压 $u_i = 0$ 时,三极管的基极-发射极电压 $u_{BE} = 0$。由如图 5-6(a) 所示的输入特性曲线可知,此时 $i_B = 0$。由如图 5-6(b) 所示的输出特性曲线可知,三极管处于截止状态,近似认为 $i_C = 0$,故 $u_o = V_{CC}$,输出高电平,相当于开关断开,如图 5-5 所示。由输入特性曲线可以近似地认为,只要 $u_i < u_{ON}$,三极管就已经处于截止状态,即 $i_B \approx 0$,输出即为高电平。

同样道理,当 $u_i > u_{ON}$ 时,$i_B > 0$,三极管的工作状态开始进入放大区。随着 u_i 的增大,i_B 也跟着增大,三极管的工作点 Q 沿着交流负载线上移,当基极电流 i_B 增大到一定程度,三极管的工作点 Q 进入饱和区,三极管工作在饱和状态。此时,$i_C \approx \dfrac{V_{CC}}{R_C}$,$u_{CE} \approx 0$,即输出电压 $u_o \approx 0$,输出低电平,相当于开关闭合。

根据以前学过的知识可知,三极管处于饱和状态时,三极管的基极电流为 $I_{BS} \approx \dfrac{V_{CC}}{\beta R_C}$,故为使三极管处于饱和状态,开关电路输出低电平,必须保证 $i_B \geqslant I_{BS}$。

综上所述:只要合理地选择电路参数,保证当 u_i 为低电平时,$u_{BE} < u_{ON}$,三极管工作在截止状态,三极管的集电极和发射极之间相当于开关断开,输出高电平;当 u_i 为高电平时,$i_B \geqslant I_{BS}$,三极管工作在饱和状态,三极管的集电极和发射极之间相当于开关闭合,输出低电平。

2. MOS 管的开关特性

用 MOS 管替代图 5-1 中的开关 S,就得到了图 5-7 所示的 MOS 管开关电路(以 N 沟道增强型 MOS 管为例)。

当 $u_i = u_{GS} < u_{GS(th)}$($u_{GS(th)}$ 为 MOS 管的开启电压)时,MOS 管工作在截止区。只要负载电阻 R_D 远远小于 MOS 管的截止内阻 R_{OFF},输出电压即为高电平 $u_o \approx V_{CC}$。此时 MOS 管的 D-S 间相当于一个开关处于断开状态。

当 $u_i > u_{GS(th)}$,并且在 u_{DS} 较高的情况下,MOS 管工作在恒流区。随着 u_i 的升高,i_D 增加,而 u_o 下降,此时 MOS 管工作在放大状态。

当 u_i 继续升高时,MOS 管的导通内阻 R_{ON} 变得很小(通常在 $1k\Omega$ 以内),只要 $R_D \gg$

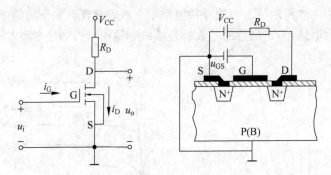

图 5-7   MOS 管基本开关电路

R_{ON}，则开关电路的输出端将为低电平 $u_{\mathrm{o}} \approx 0$。此时 MOS 管的 D-S 间相当于一个开关处于闭合状态。

综上所述：只要电路参数选择得当，就可以做到输入为低电平时 MOS 管截止，开关电路输出高电平；输入高电平时 MOS 导通，开关电路输出低电平。

5.3 基本逻辑门电路

与基本逻辑运算对应的基本逻辑门电路有与门电路、或门电路、非门电路、与非门电路、与或门电路、异或门电路等。基本逻辑门电路的结构形式很多：由分立元、器件组成的门电路，称为分立元器件门电路；由集成电路组成的门电路，称为 CMOS 和 TTL。根据集成规模的高低，分为小规模、中规模、大规模和超大规模集成门电路。

5.3.1 分立元器件门电路

1. 二极管与门电路

1）电路结构

利用二极管的单向导电性可以组成二极管与门电路，电路结构如图 5-8(a)所示，图 5-8(b)和图 5-8(c)所示为与门的逻辑图形符号。4.2 节中已经讲了它们的具体含义，不再赘述。

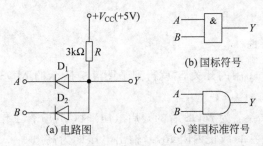

图 5-8   二极管与门电路结构及逻辑图形符号

说明：门电路的逻辑图形符号都是通用的，即不管门电路的电路结构如何，只要逻辑门电路的逻辑功能符合相同的逻辑关系，其逻辑图形符号都相同。

2）工作原理

设电路的工作电压 $V_{CC}=5V$，A、B 输入端的高、低电平分别为 $U_{IH}=5V$，$U_{IL}=0V$，二极管 D_1、D_2 的导通压降 $U_{DF}=0.7V$。

（1）$U_A=U_B=0V$。此时二极管 D_1 和 D_2 都导通，由于二极管正向导通时的钳位作用，$U_Y=0.7V$。

（2）$U_A=0V$，$U_B=5V$。此时二极管 D_1 导通，由于钳位作用，$U_Y=0.7V$，D_2 受反向电压而截止。

（3）$U_A=5V$，$U_B=0V$。此时 D_2 导通，$U_Y=0.7V$，D_1 受反向电压而截止。

（4）$U_A=U_B=5V$。此时二极管 D_1 和 D_2 都截止，$U_Y=V_{CC}=5V$。

把上述分析结果归纳起来列入表 5-1 中，很容易看出它实现如下逻辑运算：

$$Y=A \cdot B$$

如果采用正逻辑，其逻辑真值表如表 5-2 所示。

表 5-1　与门输入输出电压的关系

输　　入		输出 U_Y/V
U_A/V	U_B/V	
0	0	0.7
0	5	0.7
5	0	0.7
5	5	5

表 5-2　与逻辑真值表

输　　入		输出 Y
A	B	
0	0	0
0	1	0
1	0	0
1	1	1

说明：相同逻辑关系的逻辑门电路，它们的逻辑真值表也相同。逻辑真值表反映的是逻辑变量之间的逻辑关系。

增加一个输入端和一个二极管，就可变成三输入端与门。按此办法可构成更多输入端的与门。

2．二极管或门电路

1）电路结构

利用二极管的单向导电性可以组成二极管或门电路，电路结构如图 5-9（a）所示，图 5-9（b）和图 5-9（c）所示为或门的逻辑图形符号。

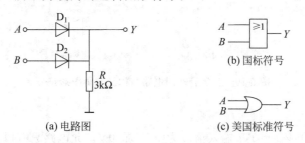

图 5-9　二极管或门电路结构及逻辑符号

2）工作原理

设 A、B 输入端的高、低电平分别为 $U_{IH}=5V$，$U_{IL}=0V$，二极管 D_1、D_2 的导通压降 $U_{DF}=0.7V$。

(1) $U_A=U_B=0$V。此时二极管 D_1 和 D_2 都截止,$U_Y=0$V。

(2) $U_A=0$V,$U_B=5$V。此时二极管 D_2 导通,由于钳位作用,$U_Y=4.3$V,D_1 受反向电压而截止。

(3) $U_A=5$V,$U_B=0$V。此时 D_1 导通,$U_Y=4.3$V,D_2 受反向电压而截止。

(4) $U_A=U_B=5$V。此时二极管 D_1 和 D_2 都导通,$U_Y=4.3$V。

把上述分析结果归纳起来列入表 5-3 中,很容易看出它实现如下逻辑运算:

$$Y = A + B$$

如果采用正逻辑,其逻辑真值表如表 5-4 所示。

表 5-3 或门输入输出电压的关系

输 入		输出 U_Y/V
U_A/V	U_B/V	
0	0	0
0	5	4.3
5	0	4.3
5	5	4.3

表 5-4 或逻辑真值表

输 入		输出 Y
A	B	
0	0	0
0	1	1
1	0	1
1	1	1

增加一个输入端和一个二极管,就可变成三输入端或门。按此办法可构成更多输入端的或门。

3. 三极管非门电路

1) 电路结构

利用三极管的开关作用可以组成非门电路,如图 5-10(a)所示,图 5-10(b)和图 5-10(c)所示为非门的逻辑图形符号。非门又称为反相器。三极管的开关特性已在 5.2 节作过详细讨论,这里重点分析它的逻辑关系。

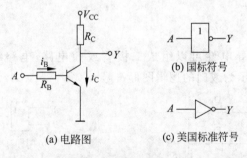

(a) 电路图   (b) 国标符号   (c) 美国标准符号

图 5-10 三极管非门电路结构及逻辑图形符号

2) 工作原理

设电路工作电压 $V_{CC}=5$V,输入信号为 $+5$V 或 0V。此电路只有以下两种工作情况:

(1) $U_A=0$V。此时三极管的发射结电压小于死区电压,满足截止条件,所以管子截止,$U_Y=V_{CC}=5$V。

(2) $U_A=5$V。此时三极管的发射结正偏,管子导通,只要合理选择电路参数,使其满足饱和条件 $i_B>I_{BS}$,则管子工作于饱和状态,有 $U_Y \approx 0$V。

把上述分析结果列入表 5-5 中,很容易看出它实现如下逻辑运算:

$$Y = \overline{A}$$

非逻辑真值表如表 5-6 所示。

表 5-5　非门输入/输出电压的关系

输入 U_A/V	输出 U_Y/V
0	5
5	0

表 5-6　非逻辑真值表

输入 A	输出 Y
0	1
1	0

4. 分立元件复合门电路

前面介绍的二极管与门和或门电路虽然结构简单,逻辑关系明确,但却不实用,存在着高、低电平偏移现象,且带负载能力差。而三极管非门电路则不存在这些缺点。

为此,常将二极管与门和或门与三极管非门组合起来组成与非门和或非门电路,以消除在串接时产生的电平偏离,并提高带负载能力。

图 5-11 所示为由二极管与门电路与三极管非门电路串联而成的与非门电路的结构和逻辑图形符号。

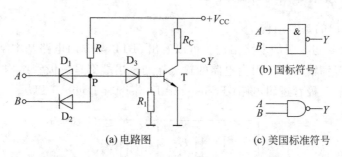

图 5-11　与非门电路与逻辑图形符号

图中二极管 D_3 的作用是提高输入低电平的抗干扰能力,即当输入低电平有波动时,保证三极管可靠截止,以输出高电平。电阻 R_1 的作用是当三极管从饱和向截止转换时,给基区存储电荷提供一个泄放回路。与非门电路的工作原理请读者自行分析。

图 5-12 所示为由二极管或门电路与三极管非门电路串联而成的或非门电路的结构和逻辑图形符号。或非门电路的工作原理请读者自行分析。

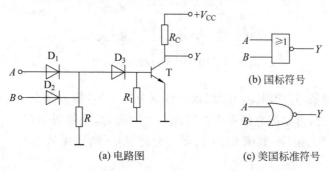

图 5-12　或非门电路与逻辑图形符号

5.3.2　TTL 集成门电路

分立元件门电路虽然结构简单,但是存在着体积大、工作可靠性差、工作速度慢等许多缺点。1961 年美国德克萨斯仪器公司率先将数字电路的元器件和连线制作在同一硅片上,制成了集成电路(Integrated Circuit,IC)。由于集成电路体积小、质量轻、工作可靠,因而在大多数领域迅速取代了分立元件电路。随着集成电路制造工艺的发展,集成电路的集成度越来越高。

按照集成度的高低,将集成电路分为小规模集成电路(Small Scale Integration,SSI)、中规模集成电路(Medium Scale Integration,MSI)、大规模集成电路(Large Scale Integration,LSI)和超大规模集成电路(Very Large Scale Integration,VLSI)。

根据制造工艺的不同,集成电路又分为双极型和单极型两大类。TTL 门电路是目前双极型数字集成电路中用得最多的一种。

TTL 门电路中用得最普遍的是与非门电路,下面以 TTL 与非门为例,介绍 TTL 电路的基本结构、工作原理和特性。

1. TTL 与非门的基本结构与工作原理

1) TTL 与非门的基本结构

图 5-13 是 TTL 与非门的电路结构。可以看出,TTL 与非门电路基本结构由三部分构成:输入级、中间级和输出级。因为电路的输入端和输出端都是三极管结构,所以称这种结构的电路为三极管-三极管逻辑电路(Transistor-Transistor Logic,TTL)。

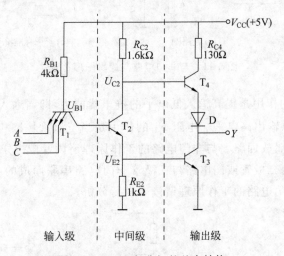

图 5-13　TTL 与非门的基本结构

输入级:由三极管 T_1 和电阻 R_{B1} 组成。仔细分析可知,输入级是一个与门电路结构。T_1 是多发射极晶体管,可以把它的集电结看成一个二极管,把发射结(三个发射结)看成是与前者背靠背的三个二极管,如图 5-14 所示。由此看出,输入级就是一个与门电路:$Y = A \cdot B \cdot C$。

中间级:由三极管 T_2 和电阻 R_{C2}、R_{E2} 组成。在电路的开通过程中利用 T_2 的放大作用,

为输出管 T_3 提供较大的基极电流,加速了输出管的导通。所以,中间级的作用是提高输出管的开通速度,改善电路的性能。

输出级:由三极管 T_3、T_4、二极管 D 和电阻 R_{C4} 组成。如图 5-15 所示,图 5-15(a)所示为前面讲过的三极管非门电路,图 5-15(b)所示为 TTL 与非门电路中的输出级。从图中可以看出,输出级由三极管 T_3 实现了逻辑非的运算。但在输出级电路中用三极管 T_4、二极管 D 和 R_{C4} 组成的有源负载替代了三极管非门电路中的 R_C,目的是使输出级具有较强的负载能力。

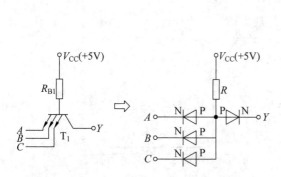

图 5-14　多发射极晶体管的等效电路

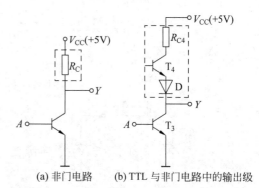

(a) 非门电路　　(b) TTL 与非门电路中的输出级

图 5-15　TTL 与非门输出级与三极管非门电路

2) 工作原理

在下面的分析中假设输入高、低电平分别为 3.6V 和 0.3V,PN 结导通压降为 0.7V。

(1) 输入全为高电平 3.6V(逻辑 1)。

如果不考虑 T_2 的存在,则应有 $U_{B1}=U_A+0.7=4.3$V。显然,在存在 T_2 和 T_3 的情况下,T_2 和 T_3 的发射结必然同时导通。而一旦 T_2 和 T_3 导通之后,U_{B1} 便被钳在了 2.1V($U_{B1}=0.7\times3=2.1$V),所以 T_1 的发射结反偏,而集电结正偏,称为倒置放大工作状态。由于电源通过 R_{B1} 和 T_1 的集电结向 T_2 提供足够的基极电位,使 T_2 饱和,T_2 的发射极电流在 R_{E2} 上产生的压降又为 T_3 提供足够的基极电位,使 T_3 也饱和,所以输出端的电位为 $U_Y=U_{CES3}=0.3$V,U_{CES3} 为 T_3 饱和时集电极与发射极之间的压降。

这时 $U_{E2}=U_{B3}=0.9$V,而 $U_{CE2}=0.3$V,故有 $U_{C2}=U_{E2}+U_{CE2}=1$V。1V 的电压作用于 T_4 的基极,使 T_4 和二极管 D 都截止。

可见实现了与非门的逻辑功能之一:输入全为高电平时,输出为低电平。

(2) 输入低电平 0.3V(逻辑 0)。

当输入端中有一个或几个为低电平 0.3V(逻辑 0)时,T_1 的基极与 0 态发射极之间处于正向偏置,该发射结导通,T_1 的基极电位被钳位到 $U_{B1}=0.3+0.7=1$V。T_2 和 T_3 都截止(由前面分析知,T_2 和 T_3 导通时,$U_{B1}=2.1$V)。由于 T_2 截止,由工作电源 V_{CC} 流过 R_{C2} 的电流仅为 T_4 的基极电流,这个电流较小,在 R_{C2} 上产生的压降也较小,可以忽略,所以 $U_{B4}\approx V_{CC}=5$V,使 T_4 和 D 导通,则有 $U_Y=V_{CC}-U_{BE4}-U_D=5-0.7-0.7=3.6$V。

可见实现了与非门的逻辑功能的另一方面:输入有低电平时,输出为高电平。

综合上述两种情况,该电路满足与非的逻辑功能,是一个与非门。

2．TTL 与非门电路的特性

1) 电压传输特性

电压传输特性是指与非门的输出电压与输入电压之间的对应关系，即 $U_o = f(U_i)$，它反映了电路的静态特性。

图 5-16(a)所示为电压传输特性的实验电路，图 5-16(b)所示为 TTL 与非门的电压传输特性曲线。

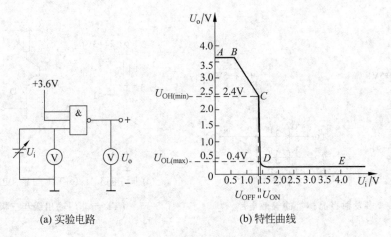

(a) 实验电路　　　　　　　(b) 特性曲线

图 5-16　TTL 与非门电路电压传输特性

由图可见，TTL 与非门电路的电压传输特性曲线由 AB、BC、CD、DE 四段组成。

当 $U_i < 0.7\text{V}$ 时，相当于输入低电平信号，输出电压 $U_o \approx 3.6\text{V}$，相当于输出高电平信号，此即特性曲线的 AB 段。当 U_i 在 $0.7\sim1.3\text{V}$ 之间时，U_o 随 U_i 的增大而线性地减小，即 BC 段。当 U_i 增到 1.4V 左右时，T_3 开始导通，输出迅速转为低电平，$U_o \approx 0.3\text{V}$，即 CD 段。当 $U_i > 1.4\text{V}$ 时，输出保持低电平，即 DE 段。T_3 由截止转为导通，或输出由高电平转为低电平时，所对应的输入电压，称为 TTL 门电路的阈值电压或门槛电压，用 U_T 表示。图 5-16(b)所示特性曲线中的阈值电压 $U_T = 1.4\text{V}$。

U_T 是一个很重要的参数，在近似计算中，常把阈值电压当作确定 TTL 门电路工作状态关键值。当 $U_i < U_T$ 时，输出高电平；当 $U_i > U_T$ 时，输出低电平。

从 TTL 与非门的电压传输特性曲线上，可以定义几个重要的电路指标。

(1) 输出高电平电压 U_{OH}。U_{OH} 的理论值为 3.6V，产品规定输出高电压的最小值 $U_{OH(\min)} = 2.4\text{V}$，即大于 2.4V 的输出电压就可称为输出高电压 U_{OH}。

(2) 输出低电平电压 U_{OL}。U_{OL} 的理论值为 0.3V，产品规定输出低电压的最大值 $U_{OL(\max)} = 0.4\text{V}$，即小于 0.4V 的输出电压就可称为输出低电压 U_{OL}。

由上述规定可以看出，TTL 门电路的输出高、低电压都不是一个值，而是一个范围。

(3) 关门电平电压 U_{OFF}。是指输出电压下降到 $U_{OH(\min)}$ 时对应的输入电压。显然，只要 $U_i < U_{OFF}$，U_o 就是高电压，所以 U_{OFF} 就是输入低电压的最大值，在产品手册中常称为输入低电平电压，用 $U_{IL(\max)}$ 表示。从电压传输特性曲线上看 $U_{IL(\max)}$(U_{OFF}) $\approx 1.3\text{V}$，产品规定

$U_{\text{IL(max)}}=0.8\text{V}$。

（4）开门电平电压 U_{ON}。是指输出电压下降到 $U_{\text{OL(max)}}$ 时对应的输入电压。显然，只要 $U_i>U_{\text{ON}}$，U_o 就是低电压，所以 U_{ON} 就是输入高电压的最小值，在产品手册中常称为输入高电平电压，用 $U_{\text{IH(min)}}$ 表示。从电压传输特性曲线上看，$U_{\text{IH(min)}}(U_{\text{ON}})$ 略大于 1.3V，产品规定 $U_{\text{IH(min)}}=2\text{V}$。

（5）阈值电压 U_T。决定电路截止和导通的分界线，也是决定输出高、低电压的分界线。从电压传输特性曲线上看，U_T 的值介于 U_{OFF} 与 U_{ON} 之间，而 U_{OFF} 与 U_{ON} 的实际值又差别不大，所以近似为 $U_T\approx U_{\text{OFF}}\approx U_{\text{ON}}$。$U_T$ 是一个很重要的参数，在近似分析和估算时常把它作为决定与非门工作状态的关键值，即：$U_i<U_T$，与非门开门，输出低电平；$U_i>U_T$，与非门关门，输出高电平。U_T 又常被形象化地称为门槛电压。U_T 的值为 $1.3\sim1.4\text{V}$。

2）噪声容限电压

由 TTL 门电路的输出特性曲线可知，TTL 门电路的输出高、低电平不是一个值，而是一个范围。同样，它的输入高、低电平也有一个范围，即它的输入信号允许一定的容差，称为噪声容限。

图 5-17 给出了噪声容限的示意图。在将许多门电路互相连接组成系统时，前一级门电路的输出就是后一级门电路的输入，如图 5-17 所示。对后一级而言，输入高电平信号可能出现的最小值为 $U_{\text{OH(min)}}$，由此可得到输入为高电平时的噪声容限为

$$U_{\text{NH}}=U_{\text{OH(min)}}-U_{\text{ON}}$$

同理可得，输入为低电平时的噪声容限为

$$U_{\text{NL}}=U_{\text{OFF}}-U_{\text{OL(max)}}$$

噪声容限表示门电路的抗干扰能力。显然，噪声容限越大，电路的抗干扰能力越强。通过这一段的讨论，也可看出二值数字逻辑中的 0 和 1 都是允许有一定容差的，这也是数字电路的一个突出特点。

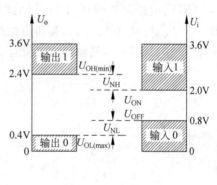

图 5-17 噪声容限示意图

3）TTL 门电路的扇出系数 N

门电路根据不同的需要通常都带有不同的负载，门电路输出端典型的负载也是门电路，描述门电路输出端最多所能带的门电路的个数称为门电路的扇出系数，它表示门电路的带负载能力。对于 TTL 与非门，$N_o>8$。

4）TTL 与非门传输延迟时间 t_{pd}

当与非门输入一个脉冲波形时，其输出波形有一定的延迟，如图 5-18 所示。定义了以下两个延迟时间：

（1）导通延迟时间 t_{pd1}。从输入波形上升沿的中点到输出波形下降沿的中点所经历的时间。

（2）截止延迟时间 t_{pd2}。从输入波形下降沿的中点到输出波形上升沿的中点所经历的时间。

与非门的传输延迟时间 t_{pd} 是 t_{pd1} 和 t_{pd2} 的平均值。即

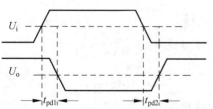

图 5-18 TTL 与非门传输延迟时间示意图

$$t_{\mathrm{pd}} = \frac{t_{\mathrm{pd1}} + t_{\mathrm{pd2}}}{2}$$

一般 TTL 与非门传输延迟时间 t_{pd} 的值为几纳秒至十几纳秒。

3. 其他类型的 TTL 门电路

1) 集电极开路的门(OC 门)电路

在工程实践中,有时需要将几个门的输出端并联使用,以实现与逻辑,称为线与。前面讲过的 TTL 门电路的输出结构决定了它不能进行线与。

如图 5-19 所示,如果将 G_1、G_2 两个 TTL 与非门的输出直接连接起来,当 G_1 输出为高电平,G_2 输出为低电平时,从 G_1 的电源 V_{CC} 通过 G_1 的 T_4、D 到 G_2 的 T_3,形成一个低阻通路,产生很大的电流,输出既不是高电平也不是低电平,逻辑功能将被破坏,还可能烧毁器件。所以普通的 TTL 门电路是不能进行线与的。

为满足实际应用中实现线与的要求,专门生产了一种可以进行线与的门电路——集电极开路门电路,简称 OC(Open Collector)门。

OC 门电路是在普通 TTL 门电路的基础上进一步完善得到的。OC 与非门电路如图 5-20 所示。与普通 TTL 与非门电路相比,去掉了图 5-13 所示 TTL 与非门电路中的三极管 T_4 和二极管 D,使输出端三极管 T_3 的集电极开路,故称为集电极开路门电路。

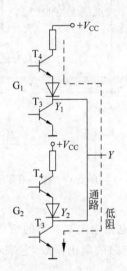

图 5-19　普通的 TTL 门电路输出并联使用

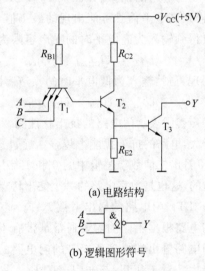

(a) 电路结构

(b) 逻辑图形符号

图 5-20　OC 与非门电路

OC 门可以实现线与。图 5-21 所示为两个 OC 与非门实现线与时的电路。此时的逻辑关系为

$$Y = Y_1 Y_2 = \overline{A_1 B_1 C_1} \cdot \overline{A_2 B_2 C_2} = \overline{A_1 B_1 C_1 + A_2 B_2 C_2}$$

即在输出线上实现了与运算,通过逻辑变换可转换为与或非运算。

2) 三态输出门电路

三态输出门电路与前面所讲的门电路不同,它的输出端除了出现高、低电平外,还可以出现第三种状态——高阻状态,所

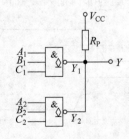

图 5-21　OC 门线与电路

以称为三态输出门电路。

图 5-22 是三态输出与非门电路的电路结构和逻辑图形符号。与图 5-13 所示的普通 TTL 与非门比较,多了一个二极管 D_1,其中 A、B 是输入端,EN 是控制端,也称为使能端。

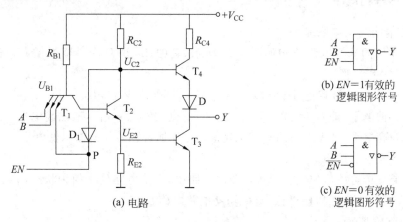

(b) $EN=1$ 有效的
逻辑图形符号

(c) $EN=0$ 有效的
逻辑图形符号

图 5-22　三态输出门

当控制端 $EN=1$ 时,D_1 截止,与 P 端相连的 T_1 的发射结也截止。三态门相当于一个正常的二输入端与非门,输出 $Y=\overline{AB}$,称为正常工作状态。

当控制端 $EN=0$ 时:一方面使 D_1 导通,$U_{C2}=0.7V$,T_4、D 截止;另一方面使 $U_{B1}=0.7V$,T_2、T_3 也截止。这时从输出端 Y 看进去,对地和对电源都相当于开路,呈现高阻。所以称这种状态为高阻态。

这种 $EN=1$ 时为正常工作状态的三态门称为高电平有效的三态门,逻辑图形符号如图 5-22(b)所示。如果将图 5-22(a)中的 EN 端加上一个非门,则使能端 $EN=0$ 时为正常工作状态,$EN=1$ 时为高阻状态,这种三态门称为低电平有效的三态门,逻辑图形符号如图 5-22(c)所示。

三态门的一个重要应用是可以实现用一根导线轮流传送几个不同的数据或控制信号,如图 5-23 所示,这根导线称为母线或总线。只要让各三态门的控制端轮流处于高电平,即任何时间只能有一个三态门处于工作状态,而其余三态门处于高阻状态,这样总线就会轮流接受各三态门的输出。这种用总线来传送数据或信息的方法在计算机中被广泛应用。

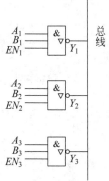

图 5-23　三态输出与
非门的应用

5.3.3　CMOS 门电路

MOS 逻辑门电路是继 TTL 之后发展起来的另一种应用广泛的数字集成电路。由于它功耗低、抗干扰能力强、工艺简单,几乎所有的大规模、超大规模数字集成器件都采用 MOS 工艺。就其发展趋势看,MOS 电路特别是 CMOS 电路有可能超越 TTL 成为占统治地位的逻辑器件。

CMOS 逻辑门电路是由 N 沟道增强型 MOS 管和 P 沟道增强型 MOS 管互补而成,通

常称为互补型 MOS 逻辑电路,简称 CMOS 逻辑电路。下面以 CMOS 非门为例介绍 CMOS
门电路的工作原理及特性。

1. CMOS 非门电路

1) 电路结构及工作原理

CMOS 非门的基本电路结构如图 5-24 所示,其中 T_P 是 P 沟道增强型 MOS 管,T_N 是
N 沟道增强型 MOS 管。

假如 T_P 和 T_N 的开启电压分别为 U_{TP} 和 U_{TN},则要求 $V_{DD} > U_{TP} + U_{TN}$。

当输入为低电平,即 $U_i = 0$ 时,T_N 截止,T_P 导通,故 $U_o \approx V_{DD}$,输出高电平。

当输入为高电平,即 $U_i = V_{DD}$ 时,T_P 截止,T_N 导通,故 $U_o \approx 0$,输出低电平。

该电路实现了非逻辑。

通过以上分析可以看出,在 CMOS 非门电路中,无论电路处于何种状态,T_P、T_N 中总有
一个截止,所以它的静态功耗极低,有微功耗电路之称。

2) 电压传输特性

在图 5-24 所示的 CMOS 非门电路中,设 $V_{DD} > U_{TP} + U_{TN}$,且 $U_{TP} = U_{TN}$,T_P 和 T_N 具有
同样的导通内阻 R_{ON} 和截止内阻 R_{OFF},则输出电压随输入电压变化的曲线,即电压传输特性
如图 5-25 所示。

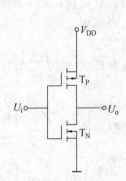

图 5-24　CMOS 非门电路结构

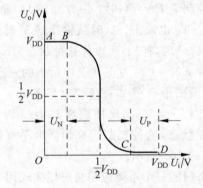

图 5-25　CMOS 非门的电压传输特性

在特性曲线的 AB 段,由于 $U_i < U_N$,所以 T_N 截止,T_P 导通并工作在低内阻的电阻区,
$U_o \approx V_{DD}$,输出高电平。

在特性曲线的 CD 段,$U_i > V_{DD} - U_P$,所以 T_P 截止,T_N 导通并工作在低内阻的电阻区,
$U_o \approx 0$,输出低电平。

在特性曲线的 BC 段,即 $U_N < U_i < V_{DD} - U_P$ 的区间里,T_P 和 T_N 同时导通。如果 T_P 和
T_N 的参数完全对称,则 $U_i = \frac{1}{2}V_{DD}$ 时,两管的导通内阻相等,$U_o = \frac{1}{2}V_{DD}$,即工作于电压传输
特性转折区的中点。因此,CMOS 非门的阈值电压为 $U_T = \frac{1}{2}V_{DD}$。

从图 5-25 所示的曲线上可以看出,CMOS 非门的电压传输特性不仅有阈值电压 $U_T = \frac{1}{2}V_{DD}$ 的特点,而且曲线转折区的曲率很大,因此更接近于理想的开关特性,从而使 CMOS

非门电路获得了更大的输入端噪声容限。

2. 其他形式的 CMOS 门电路

1）CMOS 与非门电路

CMOS 与非门电路如图 5-26 所示。驱动管 T_{N1} 和 T_{N2} 为 N 沟道增强型 MOS 管，两者串联；负载管 T_{P1} 和 T_{P2} 为 P 沟道增强型 MOS 管，两者并联。负载管整体与驱动管相串联。

当 A、B 两个输入端均为高电平时，T_{P1} 和 T_{P2} 截止，T_{N1} 和 T_{N2} 导通，Y 输出低电平；当 A、B 两个输入端中有一个以上为低电平（如 A 端为低电平）时，T_{P2} 导通，其他管均截止，Y 输出高电平，实现了与非逻辑。CMOS 与非门电路在结构上也是互补对称的，因此它具有和 CMOS 非门电路相同的优点。

2）CMOS 或非门电路

CMOS 或非门电路如图 5-27 所示。驱动管 T_{N1} 和 T_{N2} 为 N 沟道增强型 MOS 管，两者并联；负载管 T_{P1} 和 T_{P2} 为 P 沟道增强型 MOS 管，两者串联。驱动管整体与负载管相串联。

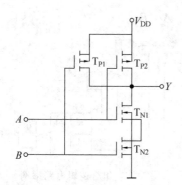

图 5-26 CMOS 与非门电路

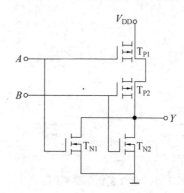

图 5-27 CMOS 或非门电路

当 A、B 两个输入端全为 1 或其中一个为 1 时，输出端 Y 为低电平；只有当 A、B 全为 0 时，Y 才输出高电平。实现了或非逻辑关系。

5.4 组合逻辑电路的分析和设计

5.4.1 组合逻辑电路的特点

前面学习了门电路，可以用门电路来搭接各种具有特定功能的数字电路。根据电路的逻辑功能不同，可以把数字电路分成两大类：一类叫做组合逻辑电路；另一类叫做时序逻辑电路。

在组合逻辑电路中，任一时刻的输出仅仅决定于当时的输入，与电路原来的状态无关。这是组合逻辑电路在逻辑功能上的共同特点。因此，组合逻辑电路中没有存储元件，门电路是组合逻辑电路中的基本元件。

在时序逻辑电路中，任一时刻的输出不仅仅取决于当时的输入，还与电路的原来状态有关，即时序逻辑电路具有"记忆"功能，因此时序逻辑电路中一定要有存储元件，存储器是时序逻辑电路的基本元件。时序逻辑电路的知识将在后面的章节中详细介绍。

组合逻辑电路可用图 5-28 所示的框图表示。图中 $A_1, A_2, \cdots, A_n$ 表示输入变量,Y_1,$Y_2, \cdots, Y_m$ 表示输出变量。输出变量与输入变量之间的逻辑关系可以用逻辑函数表示,即

$$
\begin{cases}
F_1 = f_1(A_1, A_2, \cdots, A_n) \\
F_2 = f_2(A_1, A_2, \cdots, A_n) \\
\quad\vdots \\
F_m = f_m(A_1, A_2, \cdots, A_n)
\end{cases}
$$

除了用逻辑图和逻辑函数表示组合逻辑电路的逻辑功能以外,还可以用逻辑真值表的形式表示,以使电路的逻辑功能更加直观。

图 5-29 所示就是一个组合逻辑电路的例子。它有三个输入变量 A、B、CI,两个输出变量 S、CO。组成元件都是门电路,只要 A、B、CI 的取值确定,则 S、CO 的取值也随之确定,与电路原来的状态没有关系。其逻辑功能用逻辑函数表示为

$$
\begin{cases}
S = (A \oplus B) \oplus CI \\
CO = (A \oplus B) \cdot CI + A \cdot B
\end{cases}
$$

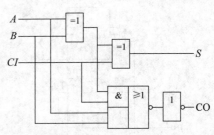

图 5-28　组合逻辑电路框图　　　　图 5-29　组合逻辑电路举例

其逻辑真值表如表 5-7 所示。从该电路的真值表可知,该电路的逻辑功能是一位二进制加法计算器电路。

表 5-7　组合逻辑举例的真值表

A	B	CI	S	CO
0	0	0	0	0
0	0	1	1	0
0	1	0	1	0
0	1	1	0	1
1	0	0	1	0
1	0	1	0	1
1	1	0	0	1
1	1	1	1	1

5.4.2　组合逻辑电路的分析

所谓组合逻辑电路的分析,就是已知组合逻辑电路,通过分析得到该电路的逻辑功能。

通常采用的分析方法是：按照从电路的输入端到输出端的顺序，逐级写出各门电路的逻辑输出表达式，最终写出整个组合逻辑电路的输出逻辑表达式。然后用逻辑代数中逻辑函数的化简方法将最终的逻辑表达式化为最简的逻辑表达式。最后列出该逻辑函数的逻辑真值表，总结出组合逻辑电路的逻辑功能。

例 5-1　分析图 5-30 所示逻辑电路的逻辑功能。

分析：该组合逻辑电路由 5 个逻辑门组成，由逻辑图逐级写出各个逻辑门电路的输出表达式，最终写出整个组合逻辑电路的输出表达式。

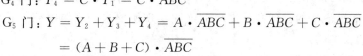

图 5-30　例 5-1 的逻辑电路

解　(1) 由逻辑图逐级写出各逻辑门电路的逻辑表达式。

$$G_1 \text{ 门：} Y_1 = \overline{ABC}$$

$$G_2 \text{ 门：} Y_2 = A \cdot Y_1 = A \cdot \overline{ABC}$$

$$G_3 \text{ 门：} Y_3 = B \cdot Y_1 = B \cdot \overline{ABC}$$

$$G_4 \text{ 门：} Y_4 = C \cdot Y_1 = C \cdot \overline{ABC}$$

$$G_5 \text{ 门：} Y = Y_2 + Y_3 + Y_4 = A \cdot \overline{ABC} + B \cdot \overline{ABC} + C \cdot \overline{ABC}$$
$$= (A + B + C) \cdot \overline{ABC}$$

(2) 化简。

$$Y = (A + B + C) \cdot \overline{ABC} = \overline{\overline{A + B + C} + ABC} = \overline{\overline{ABC} + ABC}$$

(3) 由表达式列出真值表（如表 5-8 所示）。

表 5-8　例 5-1 的真值表

A	B	C	Y
0	0	0	0
0	0	1	1
0	1	0	1
0	1	1	1
1	0	0	1
1	0	1	1
1	1	0	1
1	1	1	0

(4) 分析逻辑功能。

由真值表可知，当 A、B、C 这三个变量不一致时，电路输出为 1，所以这个电路称为"不一致电路"。

上例中输出变量只有一个，对于多输出变量的组合逻辑电路，分析方法完全相同。

5.4.3　组合逻辑电路的设计

根据给出的实际逻辑问题求出实现该逻辑功能的最简单的逻辑电路，这一过程就是逻辑电路的设计过程。所谓"最简"，是指电路所用的逻辑器件数目最少、种类最少，而且器件之间的连线也最少。

组合逻辑电路的设计通常按以下步骤进行：

（1）进行逻辑抽象。从实际逻辑问题中抽象出自变量和因变量；定义逻辑变量逻辑状态的逻辑取值，即什么状态为逻辑0，什么状态为逻辑1；根据逻辑问题中的因果关系（或逻辑条件）列出逻辑真值表。

（2）根据真值表写出逻辑函数式。具体方法在前面章节中已经介绍过。

（3）选择逻辑器件的类型。实现同一逻辑功能的逻辑电路，既可以用小规模集成的门电路，也可以采用中规模集成的常用组合逻辑电路，还可以用半导体存储器件、可编程逻辑器件等。至于采用何种逻辑器件，要根据电路的具体要求和器件资源的情况决定。

（4）根据逻辑器件的种类，将逻辑函数式化简或变换成相应的形式。

在使用小规模集成的门电路设计组合逻辑电路时，为了使电路最简单，应将逻辑函数化简为最简形式。如果问题中对逻辑器件有特殊规定（例如，用与非门实现），则应该将逻辑函数式变换为与所要求的器件对应的形式。

在使用中规模集成的常用组合逻辑电路设计组合逻辑电路时，需要把逻辑函数式变换成适当的形式，以便能用最少的器件和最简单的连线实现所要求的逻辑电路。具体做法将在5.5节中详细介绍。

有关使用半导体存储器和可编程逻辑器件设计组合逻辑电路的方法将在后面的章节中介绍。

（5）根据化简或变换后的逻辑函数式画出逻辑电路图。

例 5-2 按少数服从多数的原则设计一个三人表决电路。每人有一个电键，如果赞成则按键，如果不赞成就不按键。表决结果用指示灯表示，多数人同意则指示灯亮，否则指示灯不亮。

解 （1）逻辑抽象。三人的电键为输入变量，分别用 A、B、C 表示，按键为逻辑1，不按键为逻辑0。

指示灯为输出变量，用 Y 表示，灯亮为逻辑1，灯不亮为逻辑0。

根据逻辑要求，列出真值表如表5-9所示。

表 5-9　例 5-2 的真值表

A	B	C	Y
0	0	0	0
0	0	1	0
0	1	0	0
0	1	1	1
1	0	0	0
1	0	1	1
1	1	0	1
1	1	1	1

（2）根据逻辑真值表列写逻辑函数式：

$$Y = \overline{A}B\overline{C} + A\overline{B}C + AB\overline{C} + ABC$$

（3）选择逻辑器件,将逻辑函数化简或变换为适当的形式。

该题目中没有对采用的逻辑器件有特殊的要求,故采用小规模集成的门电路设计组合逻辑电路,因此需要将逻辑函数式化简为最简的形式。

利用卡诺图（如图 5-31 所示）化简得到最简的逻辑式为

$$Y = AC + B\overline{C}$$

（4）根据最简逻辑式画出逻辑图。

所设计的逻辑图如图 5-32 所示。

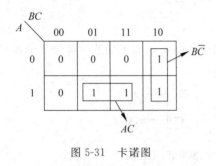

图 5-31　卡诺图

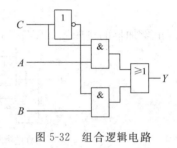

图 5-32　组合逻辑电路

5.5　常用的组合逻辑电路

由于实际的逻辑问题千差万别,因而所设计的组合逻辑电路也多种多样,但有一些逻辑电路经常大量地用于各种数字系统中,如加法器、编码器⇌译码器、数据选择器等。为了方便使用,降低设计成本,增强逻辑电路的稳定性、可靠性,已经把这些逻辑电路制成了中、小规模集成的标准化集成电路产品,供设计者购买使用。下面分别介绍这些器件的工作原理和使用方法。

5.5.1　加法器

计算机内部两个二进制之间的加、减、乘、除算术运算都将转化成若干步的加法运算进行。因此,在数字系统中,尤其在计算机的数字系统中,二进制加法器是其基本部件。

1. 1 位加法器

实现 1 位二进制数之间加法运算的电路称为 1 位加法器。根据加数的不同,1 位加法器又分为半加器和全加器两种电路类型。

1）半加器

如果不考虑来自低位的进位而是只将两个 1 位二进制数相加,即只有加数和被加数相加,这种加法运算称为半加运算。实现半加运算的电路叫做半加器。

按照二进制加法运算的规则,列出半加器的逻辑真值表如表 5-10 所示。其中 A、B 是加数和被加数,S 是相加的和（本位和）输出,CO 是向相邻高位的进位输出。

表 5-10 半加器真值表

输	入	输	出
A	*B*	CO	*S*
0	0	0	0
0	1	0	1
1	0	0	1
1	1	1	0

根据真值表写出逻辑函数式并化简：

$$\begin{cases} S = \overline{A}B + A\overline{B} = A \oplus B \\ CO = AB \end{cases}$$

(5-1)

(5-2)

画出半加器的逻辑图如图 5-33(a)所示。图 5-33(b)所示为半加器的逻辑图形符号。

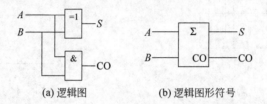

(a) 逻辑图   (b) 逻辑图形符号

图 5-33 半加器

2) 全加器

两个多位二进制数相加时,除了最低位以外,其他每一位相加时都需要考虑低位的进位,即将加数、被加数和低位的进位三个数相加,这种加法运算称为全加运算,实现全加运算的电路叫做全加器。

全加器的真值表如表 5-11 所示。A、B、C 分别为加数、被加数和低位的进位,S 为本位和输出,CO 为向相邻高位的进位输出。

表 5-11 全加器真值表

输		入	输	出
A	*B*	*C*	CO	*S*
0	0	0	0	0
0	0	1	0	1
0	1	0	0	1
0	1	1	1	0
1	0	0	0	1
1	0	1	1	0
1	1	0	1	0
1	1	1	1	1

根据真值表写出输出逻辑函数式：

$$\begin{cases} S = \overline{A}\,\overline{B}C + \overline{A}B\overline{C} + A\overline{B}\,\overline{C} + ABC \\ CO = \overline{A}BC + A\overline{B}C + AB\overline{C} + ABC \end{cases}$$

(5-3)

(5-4)

将函数式进行化简和转换：

$$S = \overline{A}\overline{B}C + \overline{A}B\overline{C} + A\overline{B}\overline{C} + ABC$$
$$= (\overline{A}B + A\overline{B})C + (\overline{A}\overline{B} + AB)\overline{C}$$
$$= (\overline{A \oplus B}) \cdot C + (A \oplus B)\overline{C} \tag{5-5}$$
$$= A \oplus B \oplus C$$
$$CO = \overline{A}BC + A\overline{B}C + AB\overline{C} + ABC$$
$$= (\overline{A}B + A\overline{B})C + AB$$
$$= (A \oplus B)C + AB \tag{5-6}$$

画出全加器的逻辑图,如图 5-34(a)所示。图 5-34(b)所示为全加器的逻辑图形符号。

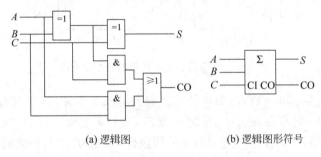

(a) 逻辑图　　　　　　　　(b) 逻辑图形符号

图 5-34　全加器

2. 多位加法器

1）串行进位加法器

两个多位二进制数进行加法运算时,上面讲的一位二进制数加法器是不能完成的,必须把多个这样的全加器连接起来使用,即把相邻的低一位全加器的进位输出,连接到相邻的高位全加器的进位输入,最低一位相加时可以使用半加器,也可以使用全加器。使用全加器时,需要把最低位全加器的 C_{i-1} 端接低电平 0。这样组成的加法器称为串行进位加法器,如图 5-35 所示。

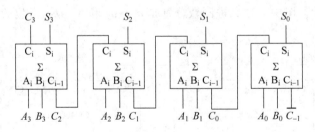

图 5-35　4 位串行进位加法器

在图 5-35 中,由于电路的进位是从低位到高位依次连接而成的,所以必须等到低位的进位产生并送到相邻的高位以后,相邻的高一位才能产生相加的结果和进位输出。所以,这种串行进位加法器的缺点是运算速度慢,如果位数增加,传输延迟时间将更长,工作速度更慢。只能用在对工作速度要求不太高的场合。串行进位加法器的优点是电路简单。

2）超前进位加法器

为了克服串行进位加法器的缺点,提高工作速度,常采用超前进位的方法。它们在做加法运算的同时,利用快速进位电路把各位进位也求出来并送到高位,从而提高运算速度。具有这种结构的加法器称为超前进位加法器。现在的集成加法器大多采用这种方法。图 5-36 所示为 TTL 及其 CMOS 型 4 位超前进位加法器集成组件的外部管脚排列图。

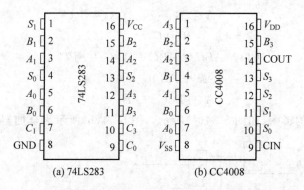

图 5-36　4 位超前进位加法器管脚排列图

图 5-36(a)中 74LS283 执行两个 4 位二进制数的加法运算,每位有对应的输出端,A_3、B_3 之和为 S_3,A_2、B_2 之和为 S_2,A_1、B_1 之和为 S_1,A_0、B_0 之和为 S_0,C_1 是本片的进位输出端,C_0 是进位输入端,为了片与片之间的连接而设计。V_{CC} 为 TTL 型集成电路电源的正极,GND 为公共端(或称为接地端)。4 位内部都有超 1 前进位功能,产生进位项一般在 10ns 以内,相对于串行进位加法器来说,运算速度比较快。图 5-36(b)中 CC4008 也是 4 位超前进位全加器。该电路包括 4 对二进制加数输入(A_3、B_3,A_2、B_2,A_1、B_1 以及 A_0、B_0),还有一个低位的进位输入端 CIN;输出包括 4 位和的输出(S_3,S_2,S_1,S_0),以及整片的进位输出 COUT。V_{DD} 为 CMOS 型集成电路电源的正极,V_{SS} 为 CMOS 型集成电路电源的负极。例 5-3 说明了超前进位加法器的简单应用。

例 5-3　用两片 4 位超前进位加法器 CC4008 构成 8 位二进制加法器。

解　一片 CC4008 只能进行两个 4 位二进制数的加法运算,要实现 8 位二进制数的加法运算需要将两片 CC4008 级联起来,即把第一片的 COUT 连接到第二片的 CIN。电路连接图如图 5-37 所示。图中 8 位二进制数分别是 $a_0 \sim a_7$ 和 $b_0 \sim b_7$,本位的和为 $S_0 \sim S_7$,向更高位的进位输出为 COUT。

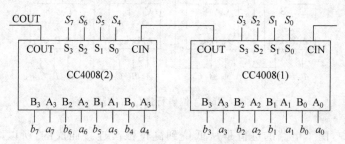

图 5-37　例 5-3 电路连接图

5.5.2　编码器

在数字系统中,所谓编码是将字母、数字、符号等信息编成一组二进制代码的过程。编码器是数字电路中常用的集成电路之一。最常见的计算机键盘中就含有编码器器件,当按下键盘上的按键时,编码器将按键信息转换成二进制代码,并将这组二进制代码送到计算机进行处理。

目前经常使用的编码器有普通编码器和优先编码器两类,下面分别介绍。

1. 普通编码器

在普通编码器中,任何时刻只允许输入一个编码信号,否则输出将发生混乱。现以将十进制的 10 个数码 0、1、2、3、4、5、6、7、8、9 的按键编成二进制代码的电路为例,分析普通编码器的设计过程。

若规定每次只能按下其中的一个数码,否则无效,则 10 个数码就对应着 10 个状态,也就是应该有 10 个二进制编码与之对应。

1) 确定二进制代码的位数

因为每一位二进制数只有 0 和 1 两个数码,因此 n 位二进制数最多可以对 2^n 个信息进行编码。故二进制代码的位数可以用下列公式确定,即

$$2^n \geqslant M$$

式中,M 为待编码信息的个数;n 为所需的二进制代码的位数。

因为 $2^4 \geqslant 10$,所以对 $0 \sim 9$ 这 10 个数码进行编码需要 4 位二进制数码。即该编码器有 10 个输入,4 个输出,因此称具有该结构特点的编码器为 10-4 线编码器,又因为该编码器是将 $0 \sim 9$ 这 10 个十进制数码编成二进制代码,故又称为二-十进制编码器。

2) 列编码表(编码器的真值表)

$0 \sim 9$ 这 10 个数码所对应的 10 个按键可以看成 10 根输入线,按下的数码键对应的输入线为高电平,否则为低电平。因此 $0 \sim 9$ 这 10 个数码对应的 10 个状态可以表示成处在不同的高、低电平组合状态下的这 10 根输入线的组合。

设 $0 \sim 9$ 这 10 个数码(输入变量)分别用 I_0、I_1、I_2、I_3、I_4、I_5、I_6、I_7、I_8、I_9 表示,4 位二进制代码(输出变量)分别用 Y_0、Y_1、Y_2、Y_3 表示,并设按下数码键的状态对应逻辑 1,不按数码键的状态对应逻辑 0。根据编码器每次只允许按下一个数码键的要求,可得编码器的编码表如表 5-12 所示。

表 5-12　10-4 线编码器的编码表

输　　入										输　　出			
I_0	I_1	I_2	I_3	I_4	I_5	I_6	I_7	I_8	I_9	Y_3	Y_2	Y_1	Y_0
1	0	0	0	0	0	0	0	0	0	0	0	0	0
0	1	0	0	0	0	0	0	0	0	0	0	0	1
0	0	1	0	0	0	0	0	0	0	0	0	1	0
0	0	0	1	0	0	0	0	0	0	0	0	1	1
0	0	0	0	1	0	0	0	0	0	0	1	0	0
0	0	0	0	0	1	0	0	0	0	0	1	0	1
0	0	0	0	0	0	1	0	0	0	0	1	1	0
0	0	0	0	0	0	0	1	0	0	0	1	1	1
0	0	0	0	0	0	0	0	1	0	1	0	0	0
0	0	0	0	0	0	0	0	0	1	1	0	0	1

编码表反映了编码器的编码规则,即反映待编码信号与二进制代码的对应关系,这种对应关系是人为的。4位二进制代码共有16种状态(编码组合),其中任何10种状态都可以表示0~9这10个数的输入,方案很多。表5-12所列的只是其中的一种,采用的是8421编码方式。在设计编码器的编码规则时要遵循一定的规律,便于使用和记忆。

3) 由编码表写出各输出的逻辑式

$$Y_3 = \bar{I}_0\bar{I}_1\bar{I}_2\bar{I}_3\bar{I}_4\bar{I}_5\bar{I}_6\bar{I}_7 I_8\bar{I}_9 + \bar{I}_0\bar{I}_1\bar{I}_2\bar{I}_3\bar{I}_4\bar{I}_5\bar{I}_6\bar{I}_7\bar{I}_8 I_9 \tag{5-7}$$

$$\begin{aligned} Y_2 &= \bar{I}_0\bar{I}_1\bar{I}_2\bar{I}_3 I_4\bar{I}_5\bar{I}_6\bar{I}_7\bar{I}_8\bar{I}_9 + \bar{I}_0\bar{I}_1\bar{I}_2\bar{I}_3\bar{I}_4 I_5\bar{I}_6\bar{I}_7\bar{I}_8\bar{I}_9 \\ &+ \bar{I}_0\bar{I}_1\bar{I}_2\bar{I}_3\bar{I}_4\bar{I}_5 I_6\bar{I}_7\bar{I}_8\bar{I}_9 + \bar{I}_0\bar{I}_1\bar{I}_2\bar{I}_3\bar{I}_4\bar{I}_5\bar{I}_6 I_7\bar{I}_8\bar{I}_9 \end{aligned} \tag{5-8}$$

$$\begin{aligned} Y_1 &= \bar{I}_0\bar{I}_1 I_2\bar{I}_3\bar{I}_4\bar{I}_5\bar{I}_6\bar{I}_7\bar{I}_8\bar{I}_9 + \bar{I}_0\bar{I}_1\bar{I}_2 I_3\bar{I}_4\bar{I}_5\bar{I}_6\bar{I}_7\bar{I}_8\bar{I}_9 \\ &+ \bar{I}_0\bar{I}_1\bar{I}_2\bar{I}_3\bar{I}_4\bar{I}_5 I_6\bar{I}_7\bar{I}_8\bar{I}_9 + \bar{I}_0\bar{I}_1\bar{I}_2\bar{I}_3\bar{I}_4\bar{I}_5\bar{I}_6 I_7\bar{I}_8\bar{I}_9 \end{aligned} \tag{5-9}$$

$$\begin{aligned} Y_0 &= \bar{I}_0 I_1\bar{I}_2\bar{I}_3\bar{I}_4\bar{I}_5\bar{I}_6\bar{I}_7\bar{I}_8\bar{I}_9 + \bar{I}_0\bar{I}_1\bar{I}_2 I_3\bar{I}_4\bar{I}_5\bar{I}_6\bar{I}_7\bar{I}_8\bar{I}_9 \\ &+ \bar{I}_0\bar{I}_1\bar{I}_2\bar{I}_3\bar{I}_4 I_5\bar{I}_6\bar{I}_7\bar{I}_8\bar{I}_9 + \bar{I}_0\bar{I}_1\bar{I}_2\bar{I}_3\bar{I}_4\bar{I}_5\bar{I}_6 I_7\bar{I}_8\bar{I}_9 \\ &+ \bar{I}_0\bar{I}_1\bar{I}_2\bar{I}_3\bar{I}_4\bar{I}_5\bar{I}_6\bar{I}_7\bar{I}_8 I_9 \end{aligned} \tag{5-10}$$

将式(5-7)~式(5-10)化简为

$$Y_3 = I_8 + I_9 \tag{5-11}$$

$$Y_2 = I_4 + I_5 + I_6 + I_7 \tag{5-12}$$

$$Y_1 = I_2 + I_3 + I_6 + I_7 \tag{5-13}$$

$$Y_0 = I_1 + I_3 + I_5 + I_7 + I_9 \tag{5-14}$$

4) 根据化简结果画出编码器电路图

根据上式画出的10-4线编码器电路如图5-38(a)所示,图5-38(b)所示是对应该电路的10-4线编码器的图形符号。

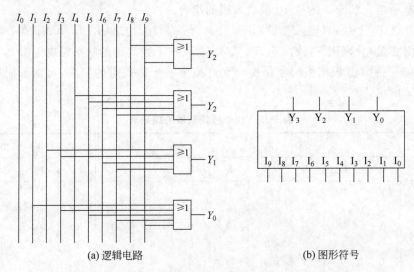

(a) 逻辑电路   (b) 图形符号

图 5-38   10-4 线编码器逻辑电路和图形符号一

若选择与非门组建逻辑电路,则必须将化简结果转换成与非的形式。根据摩根定律将式(5-11)~式(5-14)转换成与非式

$$Y_3 = \overline{\overline{I_8 + I_9}} = \overline{I_8}\,\overline{I_9} \tag{5-15}$$

$$Y_2 = \overline{\overline{I_4 + I_5 + I_6 + I_7}} = \overline{I_4}\,\overline{I_5}\,\overline{I_6}\,\overline{I_7} \tag{5-16}$$

$$Y_1 = \overline{\overline{I_2 + I_3 + I_6 + I_7}} = \overline{I_2}\,\overline{I_3}\,\overline{I_6}\,\overline{I_7} \tag{5-17}$$

$$Y_0 = \overline{\overline{I_1 + I_3 + I_5 + I_7 + I_9}} = \overline{I_1}\,\overline{I_3}\,\overline{I_5}\,\overline{I_7}\,\overline{I_9} \tag{5-18}$$

根据式(5-15)~式(5-18)搭建的 10-4 线编码器逻辑电路如图 5-39(a)所示。

由图 5-39(a)可见,该编码器电路的输入变量是反变量。如果用输入变量的反变量作为输入变量,即以 $\overline{I_0}$、$\overline{I_1}$、$\overline{I_2}$、$\overline{I_3}$、$\overline{I_4}$、$\overline{I_5}$、$\overline{I_6}$、$\overline{I_7}$、$\overline{I_8}$、$\overline{I_9}$ 作为输入变量,以 Y_0、Y_1、Y_2、Y_3 作为输出变量,则根据式(5-15)~式(5-18)列出的该编码器的编码表如表 5-13 所示。

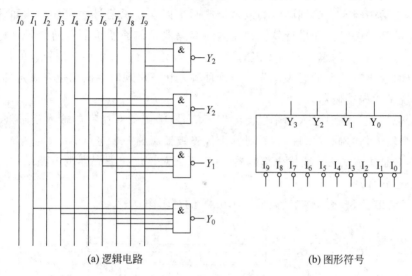

(a) 逻辑电路　　　　　　　　　　(b) 图形符号

图 5-39　10-4 线编码器逻辑电路和图形符号二

表 5-13　10-4 线编码器的以反变量作为输入变量时的编码表

输　　入										输　　出			
$\overline{I_0}$	$\overline{I_1}$	$\overline{I_2}$	$\overline{I_3}$	$\overline{I_4}$	$\overline{I_5}$	$\overline{I_6}$	$\overline{I_7}$	$\overline{I_8}$	$\overline{I_9}$	Y_3	Y_2	Y_1	Y_0
0	1	1	1	1	1	1	1	1	1	0	0	0	0
1	0	1	1	1	1	1	1	1	1	0	0	0	1
1	1	0	1	1	1	1	1	1	1	0	0	1	0
1	1	1	0	1	1	1	1	1	1	0	0	1	1
1	1	1	1	0	1	1	1	1	1	0	1	0	0
1	1	1	1	1	0	1	1	1	1	0	1	0	1
1	1	1	1	1	1	0	1	1	1	0	1	1	0
1	1	1	1	1	1	1	0	1	1	0	1	1	1
1	1	1	1	1	1	1	1	0	1	1	0	0	0
1	1	1	1	1	1	1	1	1	0	1	0	0	1

从表 5-13 中可以看出,当输入变量为反变量时,编码器是对低电平 0 的输入信号进行编码,此时称该编码器的输入信号为低电平有效。对应的编码器的图形符号的输入端处有一个小圆圈,表示输入端低电平有效。图 5-39(b)所示为输入端低电平有效的 10-4 线编码器的图形符号。相应地,图 5-38(b)所示编码器的图形符号的输入端没有小圆圈,则表示输入端高电平有效,即编码器对高电平的输入信号编码。

除了上面介绍的 10-4 线编码器以外,还有 8-3 线编码器、16-4 线编码器等。设计这些编码器的方法与上面所介绍的方法相同,这里不再赘述,请读者自行设计完成。

2. 优先编码器(同时输入多个编码信号)

在实际生活中经常会遇到同时输入两个或两个以上编码信号的情况。例如,同时按下计算机键盘的两个按键。如果计算机键盘内的编码器是前面所讲的普通编码器,当同时按下两个按键时,键盘内的编码器将不能对这种输入状态进行编码,会出现错误的信息。这种错误信息有时会出现致命的后果。为了使这种输入状态出现时编码器也有确定的输出信号输出,便出现了优先编码器。

优先编码器允许同时输入两个以上的编码信号,编码器对所有的输入信号规定了优先顺序,当多个输入信号同时出现时,只对其中优先级最高的一个进行编码。

74LS148 是集成的 8-3 线优先编码器产品,下面对该优先编码器的电路结构、工作原理及使用方法进行介绍。

图 5-40 给出了 8-3 线优先编码器 74LS148 的逻辑图。

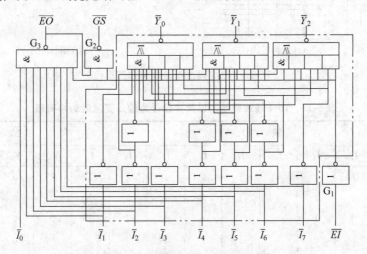

图 5-40 8-3 线优先编码器 74LS148 的逻辑电路

从图 5-40 可以看出,优先编码器 74LS148 的逻辑电路由两部分组成:一部分是双点画线框内的(编码电路);另一部分是双点画线框以外由门 G_1、G_2、G_3 组成的(控制电路)。

输出端 $\overline{Y}_0$、$\overline{Y}_1$、$\overline{Y}_2$ 为编码输出端,用于输出输入信号的编码;$\overline{EO}$ 和 $\overline{GS}$ 是为了扩展电路的编码功能,分别叫做选通输出端和扩展输出端。

根据逻辑电路可以写出输出与输入变量之间的逻辑函数式为

$$\left\{ \begin{aligned} \bar{Y}_0 &= \overline{(I_1\bar{I}_2\bar{I}_4\bar{I}_6 + I_3\bar{I}_4\bar{I}_6 + I_5\bar{I}_6 + I_7) \cdot EI} \\ \bar{Y}_1 &= \overline{(I_2\bar{I}_4\bar{I}_5 + I_3\bar{I}_4\bar{I}_5 + I_6 + I_7) \cdot EI} \\ \bar{Y}_2 &= \overline{(I_4 + I_5 + I_6 + I_7) \cdot EI} \\ \overline{EO} &= \overline{\bar{I}_0\bar{I}_1\bar{I}_2\bar{I}_3\bar{I}_4\bar{I}_5\bar{I}_6\bar{I}_7 \cdot EI} \\ \overline{GS} &= \overline{(I_0 + I_1 + I_2 + I_3 + I_4 + I_5 + I_6 + I_7) \cdot EI} \end{aligned} \right. \qquad (5\text{-}19)$$

从式(5-19)可以看出,当$\overline{EI}=1$时,编码输出端$\bar{Y}_0$、$\bar{Y}_1$、$\bar{Y}_2$均被锁定在高电平状态,只有在$\overline{EI}=0$的条件下编码器才能正常工作。故$\overline{EI}$为控制端,又称为选通输入端,且为低电平有效。

根据式(5-19)可以列出优先编码器74LS148的逻辑功能表,如表5-14所示。

表 5-14　74LS148 的逻辑功能表

输　　　入									输　　　出				
$\overline{EI}$	$\bar{I}_0$	$\bar{I}_1$	$\bar{I}_2$	$\bar{I}_3$	$\bar{I}_4$	$\bar{I}_5$	$\bar{I}_6$	$\bar{I}_7$	$\bar{Y}_2$	$\bar{Y}_1$	$\bar{Y}_0$	$\overline{EO}$	$\overline{GS}$
1	×	×	×	×	×	×	×	×	1	1	1	1	1
0	1	1	1	1	1	1	1	1	1	1	1	0	1
0	×	×	×	×	×	×	×	0	0	0	0	1	0
0	×	×	×	×	×	×	0	1	0	0	1	1	0
0	×	×	×	×	×	0	1	1	0	1	0	1	0
0	×	×	×	×	0	1	1	1	0	1	1	1	0
0	×	×	×	0	1	1	1	1	1	0	0	1	0
0	×	×	0	1	1	1	1	1	1	0	1	1	0
0	×	0	1	1	1	1	1	1	1	1	0	1	0
0	0	1	1	1	1	1	1	1	1	1	1	1	0

在表5-14中,符号"×"表示任意状态(0或1,即输入端有无信号)。从表5-14中可以看出,优先编码器74LS148的逻辑功能具有以下特点:

(1) 控制端$\overline{EI}=1$时,无论输入端有无信号,输出端都被锁定在高电平,编码器不工作;当控制端$\overline{EI}=0$时,编码器才能正常工作,所以控制端为低电平有效。

(2) 编码输出端$\bar{Y}_2$、$\bar{Y}_1$、$\bar{Y}_0$对应输入端$\bar{I}_0 \sim \bar{I}_7$的低电平状态,即输入端为低电平时认为该输入端有编码输入信号,所以输入端也是低电平有效。

(3) 在$\overline{EI}=0$的状态下,允许输入端$\bar{I}_0 \sim \bar{I}_7$中有多个输入端为低电平状态(即有编码输入信号),但编码输出端在同一个时刻只对一个编码输入信号进行编码输出,即输入端的编码输入信号具有优先级。从表5-14中可以看出,74LS148优先编码器的输入端中$\bar{I}_7$的优先级最高,$\bar{I}_0$的优先级最低。当$\bar{I}_7=0$时,无论其他输入端有无信号,输出端只给出$\bar{I}_7$的编码,即$\bar{Y}_2\bar{Y}_1\bar{Y}_0=000$,其他以此类推。

(4) 只有当控制端$\overline{EI}=0$(编码器处于工作状态),且所有的编码输入端$\bar{I}_0 \sim \bar{I}_7$都是高电平(即都没有编码输入信号)时,选通输出端$\overline{EO}$为低电平。因此$\overline{EO}=0$表示编码器工作,但输入端没有编码信号输入。因为$\overline{EO}=0$能确定编码器的状态,因此又称选通输出端低电平有效。

（5）当控制端 $\overline{EI}=0$（编码器处于工作状态），且编码输入端有编码信号输入（低电平）时，扩展输出端 $\overline{GS}$ 输出低电平。因此 $\overline{GS}=0$ 表示编码器工作，且有编码信号输入。因为 $\overline{GS}=0$ 能确定编码器的状态，因此又称扩展输出端低电平有效。

（6）从表 5-14 中可以看出，编码器有三种 $\overline{Y_2}\,\overline{Y_1}\,\overline{Y_0}=111$ 的状态，可以根据选通输出 $\overline{EO}$ 和扩展输出 $\overline{GS}$ 的状态区分此时编码器的状态。$\overline{EO}=0$ 表示编码器工作但没有编码信号输入，此时 $\overline{Y_2}\,\overline{Y_1}\,\overline{Y_0}=111$；$\overline{GS}=0$ 表示编码器工作且有编码信号输入，所以此时 $\overline{Y_2}\,\overline{Y_1}\,\overline{Y_0}=111$ 表示 $\overline{I_0}=0$ 的编码；$\overline{EI}=1$ 表示编码器没有工作，此时 $\overline{Y_2}\,\overline{Y_1}\,\overline{Y_0}=111$。

图 5-41 所示为优先编码器 74LS148 的逻辑图形符号。图中输入、输出端靠近边框的小圆圈表示低电平有效，且相应的字母符号上有一短画线。

因为 74LS148 优先编码器有 8 个编码输入信号、3 个编码输出信号，因此又称为 8-3 线优先编码器。

例 5-4　试用两片 74LS148 设计一个 16-4 线优先编码器。允许附加必要的门电路。

解　根据优先编码器的逻辑功能，列出 16-4 线优先编码器的逻辑功能表如表 5-15 所示。$\overline{A_0}\sim\overline{A_{15}}$ 为编码输入端，其中 $\overline{A_{15}}$ 的优先级最高，$\overline{A_0}$ 的优先级最低。$\overline{Z_0}\sim\overline{Z_3}$ 为编码输出端。输入、输出均为低电平有效。

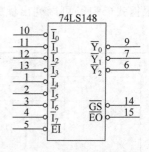

图 5-41　74LS148 逻辑图形符号

表 5-15　16-4 线优先编码器的逻辑功能表

| 输　　入 | | | | | | | | | | | | | | | | 输　出 | | | |
$\overline{A_0}$	$\overline{A_1}$	$\overline{A_2}$	$\overline{A_3}$	$\overline{A_4}$	$\overline{A_5}$	$\overline{A_6}$	$\overline{A_7}$	$\overline{A_8}$	$\overline{A_9}$	$\overline{A_{10}}$	$\overline{A_{11}}$	$\overline{A_{12}}$	$\overline{A_{13}}$	$\overline{A_{14}}$	$\overline{A_{15}}$	$\overline{Z_3}$	$\overline{Z_2}$	$\overline{Z_1}$	$\overline{Z_0}$
×	×	×	×	×	×	×	×	×	×	×	×	×	×	×	0	0	0	0	0
×	×	×	×	×	×	×	×	×	×	×	×	×	×	0	1	0	0	0	1
×	×	×	×	×	×	×	×	×	×	×	×	×	0	1	1	0	0	1	0
×	×	×	×	×	×	×	×	×	×	×	×	0	1	1	1	0	0	1	1
×	×	×	×	×	×	×	×	×	×	×	0	1	1	1	1	0	1	0	0
×	×	×	×	×	×	×	×	×	×	0	1	1	1	1	1	0	1	0	1
×	×	×	×	×	×	×	×	×	0	1	1	1	1	1	1	0	1	1	0
×	×	×	×	×	×	×	×	0	1	1	1	1	1	1	1	0	1	1	1
×	×	×	×	×	×	×	0	1	1	1	1	1	1	1	1	1	0	0	0
×	×	×	×	×	×	0	1	1	1	1	1	1	1	1	1	1	0	0	1
×	×	×	×	×	0	1	1	1	1	1	1	1	1	1	1	1	0	1	0
×	×	×	×	0	1	1	1	1	1	1	1	1	1	1	1	1	0	1	1
×	×	×	0	1	1	1	1	1	1	1	1	1	1	1	1	1	1	0	0
×	×	0	1	1	1	1	1	1	1	1	1	1	1	1	1	1	1	0	1
×	0	1	1	1	1	1	1	1	1	1	1	1	1	1	1	1	1	1	0
0	1	1	1	1	1	1	1	1	1	1	1	1	1	1	1	1	1	1	1

通过分析表 5-15 可以看出，16-4 线优先编码器可以由两片 8-3 线优先编码器组成。两片 8-3 线优先编码器正好有 16 个编码输入端，作为 16-4 线优先编码器的编码输入端。16-4 线优先编码器的编码输出端由两片 8-3 线优先编码器的编码输出端和扩展输出端组成。具

体的连线方式下面将详细介绍。

从表 5-15 中还可以看出,用多个优先编码器扩展成其他多输入的优先编码器时,根据优先编码的特点,组成的扩展电路中始终只有一个编码器工作。优先级高的输入所在的编码器($\overline{A}_8 \sim \overline{A}_{15}$ 所在的优先编码器为编码器 Ⅰ,用 74LS148(Ⅰ)表示)接在前面,优先级低的输入所在的编码器($\overline{A}_0 \sim \overline{A}_7$ 所在的优先编码器为编码器 Ⅱ,用 74LS148(Ⅱ)表示)接在后面,且编码器按连接顺序依次开始工作(即 74LS148(Ⅰ)先工作,74LS148(Ⅱ)后工作),当后面的编码器工作时,前面的编码器处于工作但没有输入的状态。最前面的编码器始终处于工作状态(将选通输入端接地)。

根据上面的分析,可以将表 5-15 表示成表 5-16 所示的形式。

表 5-16 表 5-15 的简化形式

输　入																输　出			
编码器(Ⅱ)								编码器(Ⅰ)											
$\overline{A}_0$	$\overline{A}_1$	$\overline{A}_2$	$\overline{A}_3$	$\overline{A}_4$	$\overline{A}_5$	$\overline{A}_6$	$\overline{A}_7$	$\overline{A}_8$	$\overline{A}_9$	$\overline{A}_{10}$	$\overline{A}_{11}$	$\overline{A}_{12}$	$\overline{A}_{13}$	$\overline{A}_{14}$	$\overline{A}_{15}$	$\overline{Z}_3$	$\overline{Z}_2$	$\overline{Z}_1$	$\overline{Z}_0$
$\overline{EI}_2=1$ $\overline{EO}_2=1,\overline{GS}_2=1$ $\overline{Y}_{22}$、$\overline{Y}_{21}$、$\overline{Y}_{20}$ 全部为 1								$\overline{EI}_1=0$ $\overline{EO}_1=1,\overline{GS}_1=0$ $\overline{Y}_{12}$、$\overline{Y}_{11}$、$\overline{Y}_{10}$ 正常输出								0	编码器(Ⅰ) $\overline{Y}_{12} \sim \overline{Y}_{10}$		
$\overline{EI}_2=0$ $\overline{EO}_2=1,\overline{GS}_2=0$ $\overline{Y}_{22}$、$\overline{Y}_{21}$、$\overline{Y}_{20}$ 正常输出								$\overline{EI}_1=0$ $\overline{EO}_1=0,\overline{GS}_1=1$ $\overline{Y}_{12}$、$\overline{Y}_{11}$、$\overline{Y}_{10}$ 全部为 1								1	编码器(Ⅱ) $\overline{Y}_{22} \sim \overline{Y}_{20}$		

从表 5-16 中可以得出,16-4 线优先编码器的输入分别由两片 8-3 线优先编码器的输入组成。编码器(Ⅰ)的输入为 16-4 线优先编码器的高优先级输入,编码器(Ⅱ)的输入为 16-4 线优先编码器的低优先级输入。16-4 线优先编码器的低端输出是两片 8-3 线优先编码器的编码输出经与门(与运算)输出,高端输出由两片 8-3 线优先编码器的扩展输出端补充。根据输入端优先级的高低,编码器(Ⅰ)先工作,编码器(Ⅱ)再工作。从表 5-16 中可以看出,可以用前面编码器的选通输出端控制后面编码器的工作状态,即 $\overline{EI}_i = \overline{EO}_{i-1}$。优先级最高的编码器一直处于工作状态,因此 $\overline{EI}_1 = 0$,即将 $\overline{EI}_1$ 接地即可。

由表 5-16 可以得出 16-4 线优先编码器的高端输出与各片 8-3 线优先编码器的扩展输出端之间的状态关系,如表 5-17 所示。

表 5-17 表 5-16 扩展输出端间的状态关系

$\overline{GS}_2$	$\overline{GS}_1$	$\overline{Z}_3$
1	0	0
0	1	1

表 5-17 可以看成是输出 $\overline{Z}_3$ 与输入 $\overline{GS}_1$、$\overline{GS}_2$ 之间的逻辑真值表。根据该表可以写出输出与输入之间的函数式为

$$\overline{Z}_3 = \overline{GS}_1 \, \overline{\overline{GS}_2}$$

根据上面的分析,可以得出由两片 8-3 线优先编码器接成 16-4 线优先编码器的电路,如图 5-42 所示。

按照这种分析方法,可以任意扩展优先编码器的输入与输出。读者可以自行分析。

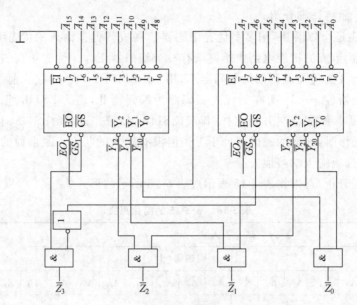

图 5-42　16-4 线优先编码器的逻辑电路

5.5.3　译码器

译码是编码的反过程。编码是将信号转换成二进制代码,译码则是将二进制代码转换成特定的信号。将输入的二进制代码转换成特定的高(低)电平信号输出的逻辑电路称为译码器。

假设译码器有 n 个输入信号和 N 个输出信号,如果满足 $N=2^n$,就称为全译码器,又称为二进制译码器,常见的全译码器有 2-4 线译码器、3-8 线译码器、4-16 线译码器等。如果满足 $N<2^n$,称为部分译码器,如二-十进制译码器(又称为 4-10 线译码器)、显示译码器等。下面介绍几种典型的译码器。

1. 3-8 线译码器

3-8 线译码器是一种全译码器(二进制译码器)。全译码器的输入是一组二进制代码,输出是一组与输入代码一一对应的高(低)电平。

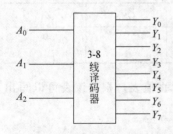

图 5-43　3-8 线译码器框图

3-8 线译码器的输入是 3 位二进制代码,3 位二进制代码共有 8 种组合,故输出是与这 8 种组合一一对应的 8 个输出信号。译码器将每种二进制的代码组合译成对应的一根输出线上的高(低)电平信号。因此把这种译码器也称为 3-8 线译码器。图 5-43 所示为 3-8 线译码器的框图。

根据 3-8 线译码器的逻辑功能可以列出它的逻辑真值表,如表 5-18 所示。

从表 5-18 中可以看出,输入信号的每一种组合对应着一个输出端的高电平信号,即输出端为高电平(1)时认为该输出端有输出信号。当然,根据需要也可以定义输出端为低电平(0)时认为该输出端有输出信号,此时称输出端低电平有效。

表 5-18 3-8 线译码器的逻辑真值表

输 入			输 出							
A_2	A_1	A_0	Y_7	Y_6	Y_5	Y_4	Y_3	Y_2	Y_1	Y_0
0	0	0	0	0	0	0	0	0	0	1
0	0	1	0	0	0	0	0	0	1	0
0	1	0	0	0	0	0	0	1	0	0
0	1	1	0	0	0	0	1	0	0	0
1	0	0	0	0	0	1	0	0	0	0
1	0	1	0	0	1	0	0	0	0	0
1	1	0	0	1	0	0	0	0	0	0
1	1	1	1	0	0	0	0	0	0	0

根据真值表可以写出逻辑函数式为

$$
\begin{cases}
Y_0 = \overline{A}_2\,\overline{A}_1\,\overline{A}_0 = m_0 \\
Y_1 = \overline{A}_2\,\overline{A}_1 A_0 = m_1 \\
Y_2 = \overline{A}_2 A_1\,\overline{A}_0 = m_2 \\
Y_3 = \overline{A}_2 A_1 A_0 = m_3 \\
Y_4 = A_2\,\overline{A}_1\,\overline{A}_0 = m_4 \\
Y_5 = A_2\,\overline{A}_1 A_0 = m_5 \\
Y_6 = A_2 A_1\,\overline{A}_0 = m_6 \\
Y_7 = A_2 A_1 A_0 = m_7
\end{cases}
\tag{5-20}
$$

根据逻辑函数式可以画出 3-8 线译码器的逻辑电路,如图 5-44 所示。

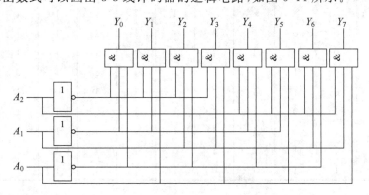

图 5-44 3-8 线译码器的逻辑电路

74LS138 是一种集成的 3-8 线译码器芯片。它的逻辑电路如图 5-45 所示。

从图 5-45 中可以看出,74LS138 电路除了双点画线框内的译码电路以外,还包含了由 G_S 门组成的控制电路部分。

74LS138 有三个附加的控制端 S_0、$\overline{S}_1$ 和 $\overline{S}_2$。当 $S_0 = 1$、$\overline{S}_1 = \overline{S}_2 = 0$ 时,G_S 输出为高电平(1),译码器处于正常工作状态;否则,译码器被禁止,所有的输出被锁定在高电平。这三个控制端又称为"片选"输入端,利用片选的作用可以将多片连接起来以扩展译码器的功能。

表 5-19 所示为 74LS138 译码器的逻辑功能表。

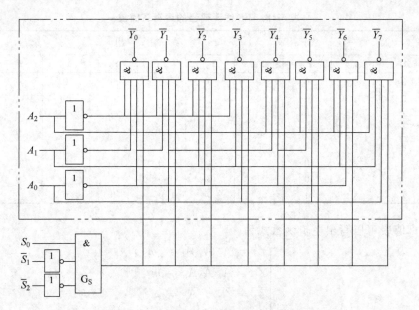

图 5-45   74LS138 3-8 线译码器的逻辑电路

表 5-19   74LS138 译码器的逻辑功能表

输 入					输 出							
S_0	$\bar{S}_1+\bar{S}_2$	A_2	A_1	A_0	$\bar{Y}_7$	$\bar{Y}_6$	$\bar{Y}_5$	$\bar{Y}_4$	$\bar{Y}_3$	$\bar{Y}_2$	$\bar{Y}_1$	$\bar{Y}_0$
0	×	×	×	×	1	1	1	1	1	1	1	1
×	1	×	×	×	1	1	1	1	1	1	1	1
1	0	0	0	0	1	1	1	1	1	1	1	0
1	0	0	0	1	1	1	1	1	1	1	0	1
1	0	0	1	0	1	1	1	1	1	0	1	1
1	0	0	1	1	1	1	1	1	0	1	1	1
1	0	1	0	0	1	1	1	0	1	1	1	1
1	0	1	0	1	1	1	0	1	1	1	1	1
1	0	1	1	0	1	0	1	1	1	1	1	1
1	0	1	1	1	0	1	1	1	1	1	1	1

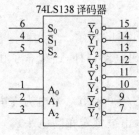

图 5-46   74LS138 逻辑
图形符号

从表 5-19 可以看出,输入变量的每一组状态组合对应着一个输出端的低电平 0 信号,因此当输出端输出低电平 0 时,认为该端有信号输出,称为输出端为低电平有效,相应地输出变量的字母上面画一短线。只有当 $S_0=1$、$\bar{S}_1=\bar{S}_2=0$ 时,译码器才处于工作状态,否则译码器不工作,输出端全部为高电平 1。因为译码器工作时,$\bar{S}_1=\bar{S}_2=0$,因此称控制端 $\bar{S}_1$、$\bar{S}_2$ 也为低电平有效,用字母上画一短线表示。图 5-46 所示为 74LS138 的逻辑图形符号,输入、输出端靠近方框处的小圆圈表示低电平有效。

例 5-5   试用两片 74LS138 组成 4-16 线译码器,将输入的 4

位二进制代码 $A_3 A_2 A_1 A_0$ 译成 16 个独立的低电平信号 $\overline{Y}_0 \sim \overline{Y}_{15}$。

解　由图 5-47 可知，一片 74LS138 芯片只有三个代码输入端 A_2、A_1、A_0，要想对 4 位代码进行译码，必须用控制端来补充作为第 4 个代码输入端 A_3。

由 74LS138 的逻辑功能表（表 5-19）可知，控制端 $S_0 = 1$、$\overline{S}_1 = \overline{S}_2 = 0$ 时译码器才能工作，否则译码器不工作。因此，可以用第 4 个代码输入端 A_3 作为高位端，通过该端的状态分别控制两片 74LS138 芯片的工作状态。逻辑电路如图 5-47 所示。

当然，连线的方式不止这一种，请读者自行分析。

由表 5-19 可知，当 $S_0 = 1$、$\overline{S}_1 = \overline{S}_2 = 0$ 时，译码器处于工作状态，而且若将 A_2、A_1、A_0 作为三个逻辑输入变量，则 8 个输出端给出的就是这三个输入变量的全部最小项，即

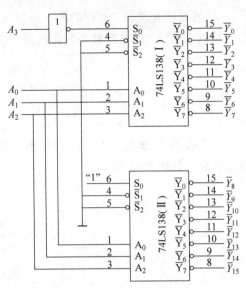

图 5-47　例 5-5 的逻辑图

$$\begin{cases} \overline{Y}_0 = \overline{\overline{A}_2 \, \overline{A}_1 \, \overline{A}_0} = \overline{m}_0 \\ \overline{Y}_1 = \overline{\overline{A}_2 \, \overline{A}_1 A_0} = \overline{m}_1 \\ \overline{Y}_2 = \overline{\overline{A}_2 A_1 \, \overline{A}_0} = \overline{m}_2 \\ \overline{Y}_3 = \overline{\overline{A}_2 A_1 A_0} = \overline{m}_3 \\ \overline{Y}_4 = \overline{A_2 \, \overline{A}_1 \, \overline{A}_0} = \overline{m}_4 \\ \overline{Y}_5 = \overline{A_2 \, \overline{A}_1 A_0} = \overline{m}_5 \\ \overline{Y}_6 = \overline{A_2 A_1 \, \overline{A}_0} = \overline{m}_6 \\ \overline{Y}_7 = \overline{A_2 A_1 A_0} = \overline{m}_7 \end{cases} \qquad (5\text{-}21)$$

利用附加的门电路将这些最小项适当地组合起来，可以产生任何形式的三变量组合逻辑函数。

同理，由于 n 位二进制译码器的输出给出了 n 个变量的全部最小项，因此用 n 变量的二进制译码器可以获得任意形式的输入变量不大于 n 的组合逻辑函数。

例 5-6　试用 3-8 线译码器 74LS138 和门电路实现下列组合逻辑函数。

$$\begin{cases} Y_1 = AC \\ Y_2 = \overline{A}BC + A\overline{B}C + BC \\ Y_3 = \overline{B}\,\overline{C} + AB\overline{C} \end{cases} \qquad (5\text{-}22)$$

解　首先将给定的组合逻辑函数式化成最小项之和的形式，即

$$Y_1 = AC = ABC + A\overline{B}C = m_7 + m_5$$

$$Y_2 = \overline{A}BC + A\overline{B}C + BC = \overline{A}BC + A\overline{B}C + ABC + \overline{A}BC = m_1 + m_4 + m_7 + m_3$$

$$Y_3 = \overline{B}\,\overline{C} + AB\overline{C} = A\overline{B}\,\overline{C} + \overline{A}\,\overline{B}\,\overline{C} + AB\overline{C} = m_4 + m_0 + m_6 \qquad (5\text{-}23)$$

由图 5-47 和式(5-21)可知,只要令 74LS138 的输入 $A_2=A, A_1=B, A_0=C$,则它的输出 $\overline{Y}_0 \sim \overline{Y}_7$ 就对应着式(5-23)中的 $\overline{m}_0 \sim \overline{m}_7$。

所以将式(5-23)化成最小项非的形式,即

$$Y_1 = \overline{\overline{m_7 + m_5}} = \overline{\overline{m}_7 \cdot \overline{m}_5}$$

$$Y_2 = \overline{\overline{m_1 + m_4 + m_7 + m_3}} = \overline{\overline{m}_1 \cdot \overline{m}_4 \cdot \overline{m}_7 \cdot \overline{m}_3}$$

$$Y_3 = \overline{\overline{m_4 + m_0 + m_6}} = \overline{\overline{m}_4 \cdot \overline{m}_0 \cdot \overline{m}_6} \tag{5-24}$$

上式表明,只要在 74LS138 的输出端附加三个与非门就可以得到所要求的逻辑函数。电路的接法如图 5-48 所示。

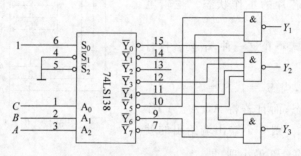

图 5-48　例 5-6 的电路

2. 集成 4-10 线译码器

集成 4-10 线译码器,即 BCD 码译码器,将输入的一组 8421 码(4 位码元)译码为 10 路输出信号,其典型芯片有 74LS42、74HC42 等。74LS42 为 TTL 芯片,74HC42 为 CMOS 芯片。

图 5-49 所示为 74LS42 的芯片封装图和功能示意图。

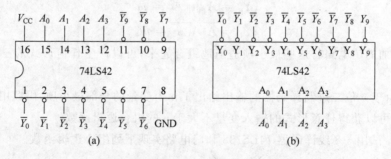

图 5-49　集成 4-10 线译码器 74LS42

根据图 5-49 可知,74LS42 为 16 引脚 DIP 封装,第 8、16 引脚为电源端,其余 14 个引脚均为逻辑功能端,包括 4 个输入代码端和 10 个输出信号端,无控制端,且输出 10 路信号为低有效方式表达。

表 5-20 所示为 74LS42 的功能表。

表 5-20 4-10 线译码器 74LS42 的功能表

输	入			输	出								
A_3	A_2	A_1	A_0	$\bar{Y}_9$	$\bar{Y}_8$	$\bar{Y}_7$	$\bar{Y}_6$	$\bar{Y}_5$	$\bar{Y}_4$	$\bar{Y}_3$	$\bar{Y}_2$	$\bar{Y}_1$	$\bar{Y}_0$
0	0	0	0	1	1	1	1	1	1	1	1	1	0
0	0	0	1	1	1	1	1	1	1	1	1	0	1
0	0	1	0	1	1	1	1	1	1	1	0	1	1
0	0	1	1	1	1	1	1	1	1	0	1	1	1
0	1	0	0	1	1	1	1	1	0	1	1	1	1
0	1	0	1	1	1	1	1	0	1	1	1	1	1
0	1	1	0	1	1	1	0	1	1	1	1	1	1
0	1	1	1	1	1	0	1	1	1	1	1	1	1
1	0	0	0	1	0	1	1	1	1	1	1	1	1
1	0	0	1	0	1	1	1	1	1	1	1	1	1
1	0	1	0	1	1	1	1	1	1	1	1	1	1
1	0	1	1	1	1	1	1	1	1	1	1	1	1
1	1	0	0	1	1	1	1	1	1	1	1	1	1
1	1	0	1	1	1	1	1	1	1	1	1	1	1
1	1	1	0	1	1	1	1	1	1	1	1	1	1
1	1	1	1	1	1	1	1	1	1	1	1	1	1

由 74LS42 的芯片封装图和功能表可知,它与 BCD 码优先编码器 74LS147 类似,都是"上电即工作"。此外,74LS42 输入的是 8421 码,也就是说,输入信号不会出现 **1010~1111** 这 6 种情况,自然也不会译码得到对应的输出信号。如果因为外界干扰等某些原因,输入信号误码,出现了这 6 种情况,根据功能表可知,10 路输出信号全 **1**,即没有正常信号输出。

3. 显示译码器

在许多电气设备上都有显示十进制字符的字符显示器,以直观地显示电气设备的工作状态。能够显示数字的器件称为数字显示器。

在数字电路中,数字量都是以一定的代码形式出现的,所以这些数字量要先经过译码才能送到数字显示器去显示。这种能把数字量翻译成数字显示器所能识别的信号的译码器称为数字显示译码器。

目前应用最广泛的数字显示器是由发光二极管构成的七段数字显示器。

1) 七段数字显示器

七段数字显示器就是将 7 个发光二极管(加小数点为 8 个)按一定的方式排列起来,七段 a、b、c、d、e、f、g(小数点 DP)各对应一个发光二极管,利用不同发光段的组合显示不同的阿拉伯数字,如图 5-50 所示。

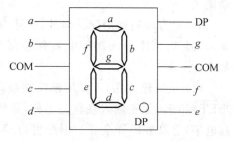

图 5-50 七段数字显示器

表 5-21　数码显示器的数码显示与输入端电平的对应表

输 入 端							显 示 字 形	输 入 端							显 示 字 形
a	b	c	d	e	f	g		a	b	c	d	e	f	g	
1	1	1	1	1	1	0		1	0	1	1	0	1	1	
0	1	1	0	0	0	0		1	0	1	1	1	1	1	
1	1	0	1	1	0	1		1	1	1	0	0	0	0	
1	1	1	1	0	0	1		1	1	1	1	1	1	1	
0	1	1	0	0	1	1		1	1	1	1	0	1	1	

　　按内部连接方式不同,七段数字显示器分为共阴极和共阳极两种,如图 5-51 所示。图 5-51(a)中将发光二极管的阳极接在一起,称为共阳极接法;图 5-51(b)中将发光二极管的阴极接在一起,称为共阴极接法。

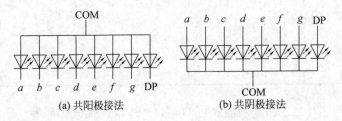

(a) 共阳极接法　　　　　　(b) 共阴极接法

图 5-51　七段数字显示器的接法

　　当数字显示器的 7 个输入端($a\sim g$)输入不同的高、低电平时,数字显示器显示不同的十进制数码。表 5-21 所示为共阴极接法数字显示器的输入电平与数字显示之间的对应关系。

　　半导体显示器的优点是工作电压较低(1.5~3V),体积小,寿命长,亮度高,响应速度快,工作可靠性高;缺点是工作电流大,每个字段的工作电流为 10mA 左右。

　　2)七段显示译码器

　　七段显示译码器是将 4 位权值为 8421 的二进制代码转换成数码显示器输入端的高、低电平信号,此电平信号与该二进制代码所表示的十进制数值相对应。

　　七段显示译码器 74LS48 是一种与共阴极数字显示器配合使用的集成译码器。

　　图 5-52 所示为七段显示译码器 74LS48 的引脚特性框图,表 5-22 所示为它的逻辑功能表。

　　$a\sim g$ 为译码输出端。另外,它还有三个控制端:试灯输入端$\overline{LT}$、灭零输入端$\overline{RBI}$、特殊控制端$\overline{BI}/\overline{RBO}$。其功能如下:

　　(1)试灯输入端$\overline{LT}$。用来检验数码管是否正常工作。当$\overline{LT}=0$时,无论输入端状态怎样,数码输出端 $a\sim g$ 全为高电平,七段数码管全亮。因此可以检验显示器的数码管的好坏。

　　(2)灭零输入端$\overline{RBI}$。当$\overline{RBI}=0$,$\overline{LT}=1$,$\overline{BI}/\overline{RBO}=1$,

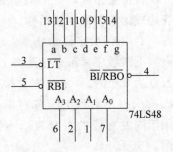

图 5-52　74LS48 引脚特性框图

且输入 $A_3A_2A_1A_0=0000$ 时，译码器的输出 $a\sim g$ 全部为 0，使显示器全灭，不显示 0 字；此时，如果令 $\overline{RBI}=1$，则译码器正常输出，显示 0 字。当 $A_3A_2A_1A_0$ 为其他状态组合时，不论 $\overline{RBI}$ 的状态如何，译码器都正常输出。因此，该输入端可以消除无效的 0。如可消除 00.010 中的前一个 0 和最后一个 0，使译码器显示为 0.01。

（3）特殊控制端 $\overline{BI}/\overline{RBO}$。$\overline{BI}/\overline{RBO}$ 可以作输入端，也可以作输出端。

表 5-22　七段显示译码器 74LS48 的逻辑功能表

功能 (输入)	输　入			输入/输出	输　　出							显示 字形
	$\overline{LT}$	$\overline{RBI}$	$A_3\ A_2\ A_1\ A_0$	$\overline{BI}/\overline{RBO}$	a	b	c	d	e	f	g	
0	1	1	0　0　0　0	1	1	1	1	1	1	1	0	
1	1	×	0　0　0　1	1	0	1	1	0	0	0	0	
2	1	×	0　0　1　0	1	1	1	0	1	1	0	1	
3	1	×	0　0　1　1	1	1	1	1	1	0	0	1	
4	1	×	0　1　0　0	1	0	1	1	0	0	1	1	
5	1	×	0　1　0　1	1	1	0	1	1	0	1	1	
6	1	×	0　1　1　0	1	0	0	1	1	1	1	1	
7	1	×	0　1　1　1	1	1	1	1	0	0	0	0	
8	1	×	1　0　0　0	1	1	1	1	1	1	1	1	
9	1	×	1　0　0　1	1	1	1	1	1	0	1	1	
灭灯	×	×	×　×　×　×	0	0	0	0	0	0	0	0	全灭
灭零	1	0	0　0　0　0	1	0	0	0	0	0	0	0	灭 0
试灯	0	×	×　×　×　×	1	1	1	1	1	1	1	1	

作输入使用时，如果 $\overline{BI}=0$，不管其他输入端状态如何，$a\sim g$ 均输出 0，显示器全灭，因此 $\overline{BI}$ 称为灭灯输入端。

作输出端使用时，受控于 $\overline{RBI}$。当 $\overline{RBI}=0$，且输入 $A_3A_2A_1A_0=0000$ 时，$\overline{RBO}=0$，用以指示该译码器正处于灭零状态。所以，$\overline{RBO}$ 又称为灭零输出端。

上述三个输入控制端均为低电平有效，当译码器正常工作时均要接高电平。

图 5-53 所示为 74LS48 与共阴极数码管相连的电路。

5.5.4　数据选择器

除了前面讲过的编码器、译码器，还有一种经常使用的集成组合逻辑电路器件，就是数据选择器。数

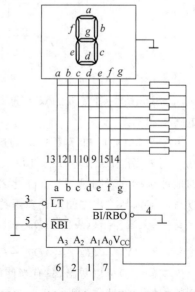

图 5-53　译码器与显示管的连接示意图

据选择器的功能是根据地址选择码从多路输入数据中选择一路送到输出,其作用可用如图 5-54 所示的单刀多掷开关表示。$D_0 \sim D_{2^n-1}$ 为输入数据,Y 为选择输出的数据,S 是选择开关,实际上是 n 位地址信号,最大可以控制选择的数据为 2^n 个。

1. 数据选择器的工作原理

常用的数据选择器有 4 选 1、8 选 1、16 选 1 等多种类型。下面以 4 选 1 数据选择器为例介绍数据选择器的工作原理。

根据前面介绍的数据选择器的功能,可以列出 4 选 1 数据选择器的逻辑功能表,如表 5-23 所示。其中 $D_0 \sim D_3$ 为数据输入端,A_0、A_1 为数据选择端。

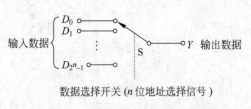

图 5-54　数据选择器的功能示意图

表 5-23　4 选 1 数据选择器的逻辑功能表

地　址　输　入		输　　出
A_1	A_0	Y
0	0	D_0
0	1	D_1
1	0	D_2
1	1	D_3

由逻辑功能表可以写出输出与输入之间的逻辑表达式为

$$Y = (\overline{A_1}\,\overline{A_0})D_0 + (\overline{A_1}A_0)D_1 + (A_1\,\overline{A_0})D_2 + (A_1 A_0)D_3 \tag{5-25}$$

由逻辑表达式画出 4 选 1 数据选择器的逻辑电路如图 5-55 所示。

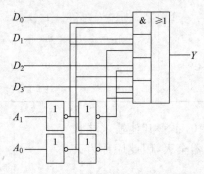

图 5-55　4 选 1 数据选择器的逻辑电路

74LS153 是一种集成的双 4 选 1 数据选择器逻辑器件。图 5-56 所示为 74LS153 的逻辑电路图和框图。

由图 5-56(a)可知,74LS153 的逻辑电路中包含两个 4 选 1 数据选择器,它们的数据输入端分别为 D_{10}、D_{11}、D_{12}、D_{13} 和 D_{20}、D_{21}、D_{22}、D_{23},数据输出端分别为 Y_1 和 Y_2。它们有公共的地址选择输入端 A_0、A_1。除此之外,还各自有一个使能控制端 $\overline{S}_1$ 和 $\overline{S}_2$。由图 5-56(a)可以写出输入与输出之间的逻辑函数式为

$$\begin{cases} Y_1 = ((\overline{A_1}\,\overline{A_0})D_{10} + (\overline{A_1}A_0)D_{11} + (A_1\,\overline{A_0})D_{12} + (A_1 A_0)D_{13})\overline{S}_1 \\ Y_2 = ((\overline{A_1}\,\overline{A_0})D_{20} + (\overline{A_1}A_0)D_{21} + (A_1\,\overline{A_0})D_{22} + (A_1 A_0)D_{23})\overline{S}_2 \end{cases} \tag{5-26}$$

由式(5-26)可以看出,只有当使能控制端 $\overline{S}_1 = 0$、$\overline{S}_2 = 0$ 时,数据选择器才能正常工作,否则数据输出端锁定在低电平。故使能控制端为低电平有效。

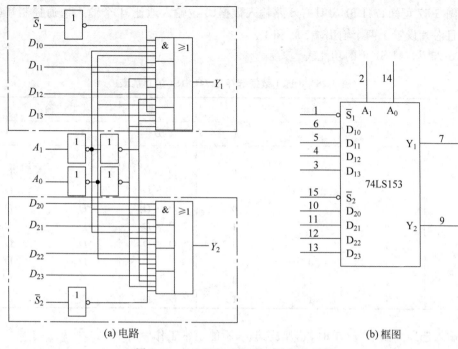

(a) 电路　　　　　　　　　　　(b) 框图

图 5-56　74LS153 双 4 选 1 数据选择器

74LS153 的逻辑功能表如表 5-24 所示。

表 5-24　74LS153 的逻辑功能表

控　制　端	地　址　输　入		输　出
$\overline{S}$	A_1	A_0	Y
1	×	×	0
0	0	0	D_0
0	0	1	D_1
0	1	0	D_2
0	1	1	D_3

2. 8 选 1 数据选择器

集成 8 选 1 数据选择器的典型芯片有 74151、74LS151、74LS251 等,其引脚排列和逻辑功能基本一致。以 74LS151 为例,图 5-57 所示为 74LS151 的芯片封装图和功能示意图。

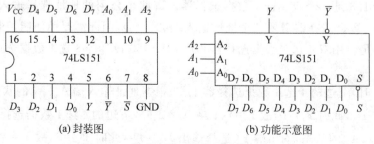

(a) 封装图　　　　　　　　　　(b) 功能示意图

图 5-57　集成 8 选 1 数据选择器 74LS151

由图 5-57 可知,74LS151 具有 8 路输入数据、3 位输入地址、1 个输入选通控制端(低有效),并且芯片设置了两个输出端:Y 和 $\overline{Y}$。

表 5-25 为 74LS151 的功能表。

表 5-25　8 选 1 数据选择器 74LS151 的功能表

选通	地址			数据	输出	
$\overline{S}$	A_2	A_1	A_0	D	Y	$\overline{Y}$
1	$\times$	$\times$	$\times$	$\times$	0	1
0	0	0	0	$D_0 \sim D_7$	D_0	$\overline{D_0}$
0	0	0	1	$D_0 \sim D_7$	D_1	$\overline{D_1}$
0	0	1	0	$D_0 \sim D_7$	D_2	$\overline{D_2}$
0	0	1	1	$D_0 \sim D_7$	D_3	$\overline{D_3}$
0	1	0	0	$D_0 \sim D_7$	D_4	$\overline{D_4}$
0	1	0	1	$D_0 \sim D_7$	D_5	$\overline{D_5}$
0	1	1	0	$D_0 \sim D_7$	D_6	$\overline{D_6}$
0	1	1	1	$D_0 \sim D_7$	D_7	$\overline{D_7}$

当输入选通控制端 $\overline{S}=1$ 时,芯片被禁止,不能正常工作。

当 $\overline{S}=0$ 时,芯片选通工作,完成 8 选 1 数据选择功能。

同时,不论芯片的工作状态如何,两个输出端的取值始终保持反向关系,因此常称输出端 Y 为原码输出端,$\overline{Y}$ 为反码输出端。

不难理解,74LS151 的输出表达式为

$$Y = \overline{A_2}\,\overline{A_1}\,\overline{A_0}\,D_0 + \overline{A_2}\,\overline{A_1}\,A_0\,D_1 + \cdots + A_2 A_1 A_0 D_7$$

$$\overline{Y} = \overline{A_2}\,\overline{A_1}\,\overline{A_0}\,\overline{D_0} + \overline{A_2}\,\overline{A_1}\,A_0\,\overline{D_1} + \cdots + A_2 A_1 A_0 \overline{D_7}$$

与 4 选 1 数据选择器类似,8 选 1 数据选择器的输出函数表达式也可以这样看待:

逻辑函数的输出等于以三个地址端做输入变量的三输入逻辑函数的所有 8 个最小项之和的形式,用数据端取值表征某个最小项是否存在,这也就是采用 8 选 1 数据选择器生成任意逻辑函数的理论依据。

3. 数据选择器的应用

1) 数据选择器的扩展应用

可以用多片少数据输入的数据选择器设计多数据输入的数据选择器。

例 5-7 用 74LS153 设计一个 8 选 1 的数据选择器。

解 74LS153 是一个双 4 选 1 数据选择器。有两个公用的地址选择输入端,8 个数据输入端。8 选 1 数据选择器需要三个地址输入端($2^3=8$),因此需要用使能控制端来补充地址输入端的不足。用双 4 选 1 数据选择器芯片 74LS153 设计的 8 选 1 数据选择器的电路如图 5-58 所示。

当 $A_2=0$ 时,上边的 4 选 1 数据选择器工作,根据地址输入端 A_0、A_1 的状态,输出端 Y_1 选择输出 $D_0 \sim D_3$,此时 $Y_2=0$,故 $Y=Y_1$;当 $A_2=1$ 时,下边的 4 选 1 数据选择器工作,根据地址输入端 A_0、A_1 的状态,输出端 Y_2 选择输出 $D_4 \sim D_7$,此时 $Y_1=0$,故 $Y=Y_2$。逻辑函数

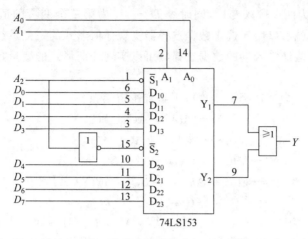

图 5-58 用两个 4 选 1 数据选择器接成 8 选 1 数据选择器的接线

式为

$$Y = [(\overline{A}_1\overline{A}_0)D_0 + (\overline{A}_1A_0)D_1 + (A_1\overline{A}_0)D_2 + (A_1A_0)D_3]\overline{A}_2$$
$$+ [(\overline{A}_1\overline{A}_0)D_4 + (\overline{A}_1A_0)D_5 + (A_1\overline{A}_0)D_6 + (A_1A_0)D_7]A_2$$
$$= (\overline{A}_2\overline{A}_1\overline{A}_0)D_0 + (\overline{A}_2\overline{A}_1A_0)D_1 + (\overline{A}_2A_1\overline{A}_0)D_2 + (\overline{A}_2A_1A_0)D_3$$
$$+ (A_2\overline{A}_1\overline{A}_0)D_4 + (A_2\overline{A}_1A_0)D_5 + (A_2A_1\overline{A}_0)D_6 + (A_2A_1A_0)D_7 \qquad (5\text{-}27)$$

也可以添加使能控制端对所接成的 8 选 1 数据选择器的工作状态进行控制。

添加使能控制端的 8 选 1 数据选择器的电路如图 5-59 所示。

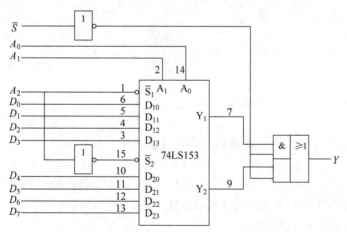

图 5-59 有使能控制端的 8 选 1 数据选择器

由图 5-59 可知：当 $\overline{S}=0$ 时，8 选 1 数据选择器正常工作；当 $\overline{S}=1$ 时，8 选 1 数据选择器的输出被锁定在低电平。

2）用数据选择器设计组合逻辑电路

由表 5-24 可知，具有两位地址输入 A_0、A_1 的 4 选 1 数据选择器，当使能控制端 $\overline{S}=0$ 时，输出与输入之间的逻辑关系式为

$$Y = (\overline{A}_1\,\overline{A}_0)D_0 + (\overline{A}_1A_0)D_1 + (A_1\,\overline{A}_0)D_2 + (A_1A_0)D_3 \qquad (5\text{-}28)$$

　　若将 A_0、A_1 作为两个输入变量,同时令 $D_0 \sim D_3$ 为第三个变量的适当状态(包括原变量、反变量、0 和 1),就可以用 4 选 1 数据选择器实现任何形式的三变量组合逻辑函数。

　　同理,用有 n 位地址输入端的数据选择器可以实现任何形式的变量数不大于 $n+1$ 的组合逻辑函数。

　　例 5-8　用 4 选 1 数据选择器实现以下组合逻辑函数:

$$Y = A\overline{B}\overline{C} + \overline{A}C + BC \tag{5-29}$$

　　解　将式(5-29)化成与式(5-28)相对应的形式:

$$\begin{aligned}
Y &= A\overline{B}\overline{C} + \overline{A}C(B+\overline{B}) + \overline{B}C(A+\overline{A}) \\
&= A\overline{B}\overline{C} + \overline{A}BC + \overline{A}\overline{B}C + A\overline{B}C + \overline{A}\overline{B}C \\
&= \overline{A}B + \overline{A}\overline{B}C + A\overline{B} \\
&= \overline{A}B \cdot 1 + \overline{A}B \cdot \overline{C} + A\overline{B} \cdot 1 + AB \cdot 0
\end{aligned} \tag{5-30}$$

将式(5-30)与式(5-28)比较可知,只要令数据选择器的数据输入端为

$$A_1 = A、A_0 = B、D_0 = 1、D_1 = \overline{C}、D_2 = 1、D_3 = 0$$

则数据选择器的输出就是所要表达的组合逻辑函数。电路的接法如图 5-60 所示。

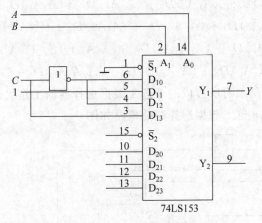

图 5-60　例 5-8 的电路

　　例 5-9　试用双 4 选 1 数据选择器 74LS153 实现组合逻辑函数:

$$Y = AC\overline{D} + \overline{A}\,\overline{B}CD + BC + B\overline{C}\overline{D} \tag{5-31}$$

　　解　式(5-31)所示为四变量组合逻辑函数,应用 8 选 1 数据选择器来实现。因此应选用 74LS153 提供的两个 4 选 1 数据选择器组成 8 选 1 数据选择器,然后再在 8 选 1 数据选择器的基础上实现该组合逻辑函数。

　　用两个 4 选 1 数据选择器搭建 8 选 1 数据选择器的方法见例 5-7。

　　将式(5-31)化成与式(5-27)对应的形式:

$$\begin{aligned}
Y &= A(B+\overline{B})C\overline{D} + \overline{A}\,\overline{B}CD + (A+\overline{A})BC + (A+\overline{A})B\overline{C}\overline{D} \\
&= ABC\overline{D} + A\overline{B}C\overline{D} + \overline{A}\,\overline{B}CD + ABC + \overline{A}BC + AB\overline{C}\overline{D} + \overline{A}B\overline{C}\overline{D} \\
&= \overline{A}\,\overline{B}CD + \overline{A}B\overline{C}\overline{D} + \overline{A}BC + A\overline{B}C\overline{D} + ABC\overline{D} + ABC
\end{aligned} \tag{5-32}$$

将式(5-32)与式(5-27)比较可知,只要令 8 选 1 数据选择器的输入端为

$$A_2 = A$$

$$A_1 = B$$

$$A_0 = C$$

$$D_0 = 0, D_1 = D, D_2 = \overline{D}, D_3 = 1, D_4 = D, D_5 = 0, D_6 = 1, D_7 = 1$$

则 8 选 1 数据选择器输出端的输出就是组合逻辑函数 Y。电路的接线如图 5-61 所示。

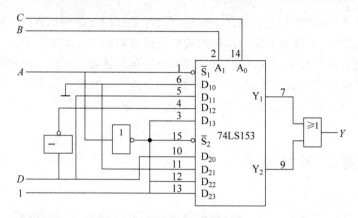

图 5-61 例 5-9 的电路

此扩展思路中,任何时候系统中只会有一片芯片工作,其他芯片禁止。禁止的数据选择器的输出为 0,则两片输出端采用**或**门连接即可。

例 5-10 使用 8 选 1 数据选择器 74LS151,组成 16 选 1 数据选择器电路。

解 这里还是采用"先片选,再片内选"的思路:

(1)当 $A_3 = 0$ 时,Ⅰ选中,Ⅱ禁止。

(2)当 $A_3 = 1$ 时,Ⅱ选中,Ⅰ禁止。

(3)根据 74LS151 的功能表可知,芯片没有选通工作时,输出 $Y = 0$,所以两片 74LS151 的输出端用或门共接即可。

最终得到的电路如图 5-62 所示。

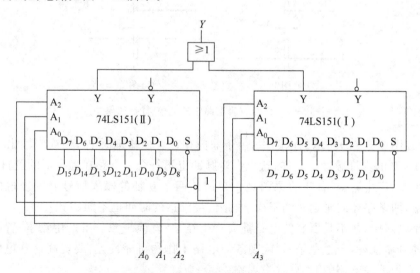

图 5-62 采用 74LS151 组成的 16 选 1 数据选择器

5.6　组合逻辑电路中的竞争-冒险现象

在前面的章节中,对组合逻辑电路的分析和设计是在门电路的输入、输出信号处于稳态的逻辑电平下进行的,而没有考虑门电路的传输延迟对电路工作情况的影响。实际上,当输入信号经过不同的路径传输到同一个门电路时,由于信号所经过的门电路的传输延时不同,或者所经过的门电路的级数不同,导致信号到达会合点门电路的时间不同,从而可能引起该门电路的输出波形出现尖峰脉冲(干扰信号),这一现象称为组合逻辑电路中的竞争-冒险现象。

5.6.1　竞争-冒险现象

首先看两个简单的例子。

在图 5-63(a)中,输入信号 A 分别经过两条途径到达输出级与门电路:一条是直接到达与门;另一条是经过非门后到达与门。所以组合逻辑电路的输出为 $Y = A\overline{A}$。在稳态逻辑电平的情况下,输出 Y 应恒等于 0。但由于非门电路存在着传输延时,信号 $\overline{A}$ 到达与门的时间比 A 滞后 Δt,导致在与门输出 Y 的波形中出现了 $Y = 1$ 的尖峰脉冲,如图 5-63(a)所示。显然,这个尖峰脉冲不符合门电路在稳态下的逻辑功能,因而它是系统内部的一种噪声。

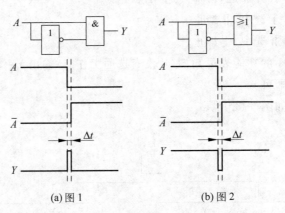

(a) 图 1　　　　　(b) 图 2

图 5-63　组合逻辑电路中的竞争-冒险现象

同理,在图 5-63(b)所示的电路中,由于非门存在着传输延时 Δt,使或门输出 Y 的波形中出现了 $Y = 0$ 的尖峰脉冲。同样,这个尖峰脉冲也不符合门电路在稳态下的逻辑功能。

由此可见,产生竞争-冒险的原因是一个门的两个互补的输入信号分别经过两条不同的路径传输,两条路径的延迟时间不同,两路信号到达的时间也不同。

在数字电路中,并不是所有的电路都会产生竞争-冒险现象。不产生竞争-冒险现象的电路工作的可靠性高,产生竞争-冒险现象的电路工作的可靠性差,要提高这些电路工作的可靠性,就必须消除电路的竞争-冒险现象。

消除竞争-冒险现象的关键是判断电路是否存在着竞争-冒险现象,下面介绍竞争-冒险现象的判断方法。

5.6.2　竞争-冒险现象的判断方法

可采用代数法来判断一个组合电路是否存在竞争-冒险,方法如下:

写出组合逻辑电路的逻辑表达式,当某些逻辑变量取特定值(0 或 1)时,如果表达式能转换为 $Y=A\overline{A}$ 或 $Y=A+\overline{A}$ 的形式,则该组合逻辑电路存在着竞争-冒险。

例 5-11　判断下列逻辑函数是否存在冒险:

(1) $L=A\overline{C}+BC$。

(2) $L=(A+B)(\overline{B}+C)$。

解　(1) $L=A\overline{C}+BC$:若输入变量 $A=B=1$,则有 $L=C+\overline{C}$。因此,该电路存在冒险。

(2) $L=(A+B)(\overline{B}+C)$:如果令 $A=C=0$,则有 $L=B\cdot\overline{B}$,因此,该电路存在冒险。

竞争-冒险对数字电路工作的可靠性有影响,消除竞争-冒险的方法主要有引入封锁脉冲、引入选通脉冲、接滤波电容或修改逻辑设计等。

习题 5

5.1　如图 T5.1 所示,图 T5.1(a)所示为二极管电路,D_1、D_2 为硅二极管,导通压降为 0.7V。图 T5.1(b)所示为 A、B 端所加信号的波形。试画出输出端 Y 对应的波形,并标明相应的电平值。

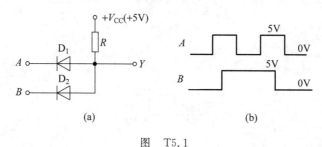

图　T5.1

5.2　三极管电路如图 T5.2 所示,试分析三极管各处于何种工作状态(放大、饱和、截止)? 为什么? 设 $U_{BE}=0.7V$。

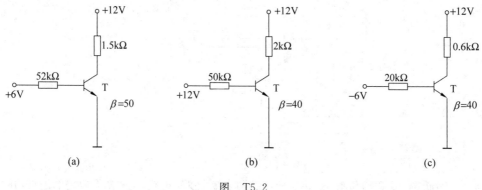

图　T5.2

5.3　反相器电路如图 T5.3 所示。试问：

(1) u_i 为何值时，T 截止($U_B<0.5V$)；

(2) u_i 为何值时，T 饱和($U_{CES}\approx0.1V$)。

5.4　在图 5-8 所示的正逻辑与门电路和图 5-9 所示的正逻辑或门电路中，若改用负逻辑，试列出它们的逻辑真值表，并说明 Y 和 A、B 之间是什么逻辑关系。

5.5　试分析图 T5.5 所示 TTL 电路的逻辑功能，并写出输出逻辑表达式。

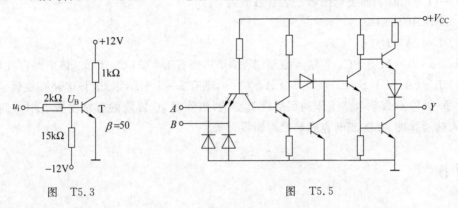

图　T5.3　　　　　　　　　　图　T5.5

5.6　TTL 门电路组成如图 T5.6 所示。已知门电路参数 $I_{iH}/I_{iL}=25\mu A/-1.5mA$，$I_{oH}/I_{oL}=500\mu A/-12mA$。求门电路的扇出系数 N_O。

5.7　门电路如图 T5.7 所示，写出电路输出端 Y 的逻辑表达式。

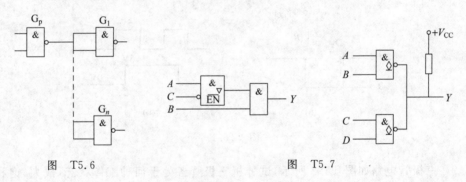

图　T5.6　　　　　　　　　　图　T5.7

5.8　分析图 T5.8 所示电路的逻辑功能，写出输出逻辑函数式，列出真值表，说明电路的逻辑功能。

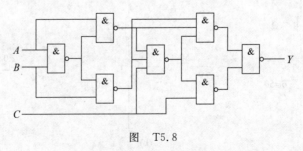

图　T5.8

5.9　分析图 T5.9(a)和图 T5.9(b)所示的两个组合逻辑电路，比较两个电路的逻辑功能。

5.10　用与非门设计一个 4 人表决电路。当输出有三个或三个以上的人同意时，指示

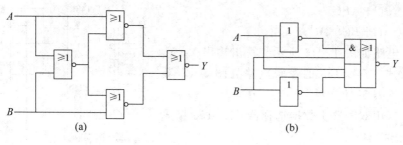

图　T5.9

灯亮,表决通过;否则,指示灯灭,表决不通过。

5.11　某安全监控设备分别对 4 个设备 A_1、A_2、A_3、A_4 的运行状态进行监控。已知设备 A_1 监控的优先级最高,A_2 其次,A_3 再次,A_4 监控的优先级最低。试设计一个符合上述要求的监控报警电路。

5.12　试画出用 4 片 8-3 线优先编码器 74LS148 组成 32-5 线优先编码器的逻辑图,允许附加必要的门电路。74LS148 的逻辑电路如图 5-40 所示。

5.13　8-3 线优先编码器 CT1148 的逻辑功能表如表 T5.13 所示。在下述输入情况下,确定芯片输出端的状态。

(1) $\bar{I}_3=0$,$\bar{I}_5=0$,其余为 1。

(2) $\overline{EI}=0$,$\bar{I}_5=0$,其余为 1。

(3) $\overline{EI}=0$,$\bar{I}_5=0$,$\bar{I}_7=0$,其余为 1。

(4) $\overline{EI}=0$,$\bar{I}_0 \sim \bar{I}_7$ 全为 0。

(5) $\overline{EI}=0$,$\bar{I}_0 \sim \bar{I}_7$ 全为 1。

表 T5.13　CT1148 的逻辑功能表

$\overline{EI}$	$\bar{I}_0$	$\bar{I}_1$	$\bar{I}_2$	$\bar{I}_3$	$\bar{I}_4$	$\bar{I}_5$	$\bar{I}_6$	$\bar{I}_7$	$\bar{A}_2$	$\bar{A}_1$	$\bar{A}_0$	$\overline{EO}$	$\overline{GS}$
1	×	×	×	×	×	×	×	×	1	1	1	1	1
0	1	1	1	1	1	1	1	1	1	1	1	0	1
0	×	×	×	×	×	×	×	0	0	0	0	1	0
0	×	×	×	×	×	×	0	1	0	0	1	1	0
0	×	×	×	×	×	0	1	1	0	1	0	1	0
0	×	×	×	×	0	1	1	1	0	1	1	1	0
0	×	×	×	0	1	1	1	1	1	0	0	1	0
0	×	×	0	1	1	1	1	1	1	0	1	1	0
0	×	0	1	1	1	1	1	1	1	1	0	1	0
0	0	1	1	1	1	1	1	1	1	1	1	1	0

5.14　8-3 线优先编码器 CT1148 芯片接成如图 T5.14 所示的电路。试分析电路的逻辑功能,说明电路实现的是何种形式的编码器,是否仍属优先编码器。

5.15　试利用 4-16 线译码器 74LS138 和适当的门电路实现下列组合逻辑函数。74LS138 的逻辑电路见图 5-45,其逻辑功能表见表 5-19。

(1) $Y=AB+\bar{A}C(\bar{B}+C)$。

(2) $Y=\bar{A}B+\bar{B}C+AC$。

(3) $Y = \bar{B}\bar{C} + ABC$。

(4) $Y = \bar{A}C + BC + A\bar{C}$。

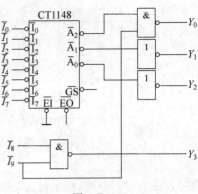

图 T5.14

5.16 电路如图 T5.16 所示。写出输出 Y_1、Y_2 的逻辑函数式。74LS138 的逻辑电路见图 5-45,其逻辑功能表见表 5-19。

5.17 试用双 4 选 1 数据选择器 74LS153 接成 8 选 1 数据选择器。

5.18 试用数据选择器设计一个"逻辑不一致"电路,要求 4 个输入逻辑变量取值不一致时输出为 1,取值一致时输出为 0。

5.19 电路如图 T5.19 所示,写出输出 Z 的逻辑函数式。74LS153 的逻辑电路见图 5-56,其逻辑功能表见表 5-24。

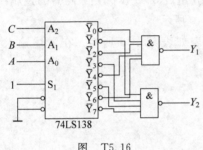

图 T5.16

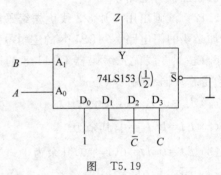

图 T5.19

5.20 电路如图 T5.20 所示。写出输出 Z 的逻辑函数式。CC4512 为 8 选 1 数据选择器,它的逻辑功能如表 T5.20 所示。

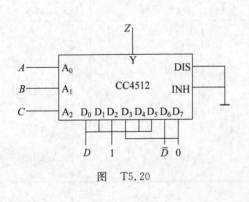

图 T5.20

表 T5.20 CC4512 逻辑功能表

DIS	INH	A_2	A_1	A_0	Y
0	0	0	0	0	D_0
0	0	0	0	1	D_1
0	0	0	1	0	D_2
0	0	0	1	1	D_3
0	0	1	0	0	D_4
0	0	1	0	1	D_5
0	0	1	1	0	D_6
0	0	1	1	1	D_7
0	1	×	×	×	0
1	×	×	×	×	高阻

5.21 试用 8 选 1 数据选择器 CC4512(参见题 5.20)实现下列逻辑函数:

(1) $Y = A\bar{C}D + \bar{A}\bar{B}CD + BC + B\bar{C}\bar{D}$。

(2) $Y = AC + \bar{A}B\bar{C} + \bar{A}\bar{B}C$。

5.22 什么叫竞争-冒险现象?当门电路的两个输入端同时向相反的逻辑状态转换(即一个从 0 变成 1,另一个从 1 变成 0)时,输出端是否一定有干扰脉冲产生?

第6章

触发器和时序逻辑电路

6.1 概述

在数字电子技术中,有两大类型的数字电路:一种是第5章讲过的组合逻辑电路;另一种是本章即将介绍的时序逻辑电路。

通过对第5章的学习可知,在组合逻辑电路中,任何时刻电路的输出仅仅决定于当时的输入,与电路以前的状态没有关系。组成组合逻辑电路的基本单元是门电路。本章要介绍的时序逻辑电路,任何时刻电路的输出信号不仅仅取决于当时的输入,还与电路原来的状态有关,即电路具有"记忆"功能。要实现这种"记忆"功能,必须要有具有"记忆"功能的元件——触发器。触发器是组成时序逻辑电路的基本单元。

为了实现"记忆"一位二值信号的功能,触发器必须具备两个特点:一是具有两个能自行保持的稳定状态(0态和1态),分别表示逻辑0和逻辑1,或二进制数0和1;二是根据不同的输入信号可以置0或置1。

触发器的类型很多,根据电路结构的不同,可以分为基本的RS触发器、同步RS触发器、主从型触发器、边沿型触发器等;根据逻辑功能的不同,又可以将触发器分为RS触发器、JK触发器、D触发器和T触发器等类型。

本章将首先介绍触发器的电路结构、动作特点以及逻辑功能描述方法等,然后详细介绍由触发器组成的时序逻辑电路的分析和设计方法。

6.2 触发器的电路结构和动作特点

根据触发器的电路结构不同,可以将触发器分为基本RS触发器、同步RS触发器、主从型触发器、维持阻塞型触发器和边沿型触发器等类型。不同类型的触发器具有不同的动作特点。触发器的动作特点决定它所组成时序逻辑电路的逻辑功能。分析和设计时序逻辑电路时,必须首先要搞清楚组成该时序逻辑电路的触发器的电路结构和动作特点才能得出正确的结果。

6.2.1 基本RS触发器

基本RS触发器是各种触发器中电路结构最简单的一种,同时它也是其他复杂电路结构触发器的基本组成部分。

1.电路结构与工作原理

图 6-1(a)所示是由与非门组成的基本 RS 触发器的电路,图 6-1(b)所示为基本 RS 触发器的逻辑图形符号。

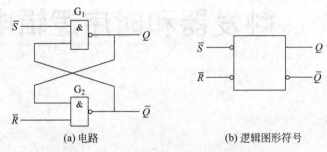

(a) 电路　　　　　　　　　　　　　(b) 逻辑图形符号

图 6-1　用与非门组成的基本 RS 触发器

如图 6-1(a)所示,基本 RS 触发器由两个与非门组成。有两个输入端:$\bar{S}$ 端和 $\bar{R}$ 端。有两个输出端:Q 端和 $\bar{Q}$ 端。正常情况下,Q 端和 $\bar{Q}$ 端互为逻辑相反的状态。由电路图可以看出,基本 RS 触发器与组合逻辑电路相比,基本 RS 触发器的电路结构中增加了反馈电路,从而实现了触发器的输出状态与电路以前的状态相关的特点。下面分析基本 RS 触发器的工作原理。

在学习 RS 触发器的工作原理之前,首先必须明确几个概念。基本触发器的输出状态不仅与输入有关,还与触发器原来的状态有关。在数字电路中,用触发器输出端 Q 的状态来定义触发器的状态。当触发器的输出端 $Q=1$ 时,称触发器的状态为 1;当触发器的输出端 $Q=0$ 时,称触发器的状态为 0。定义 Q^n 为触发器原来的状态(原态),Q^{n+1} 为触发器的新状态(次态)。

根据图 6-1(a)所示电路,可以写出以下逻辑式:

$$\begin{cases} Q^{n+1} = \overline{\bar{S} \cdot \overline{Q^n}} = S + Q^n \\ \overline{Q^{n+1}} = \overline{\bar{R} \cdot Q^n} = R + \overline{Q^n} \end{cases} \tag{6-1}$$

根据式(6-1),可以列出基本 RS 触发器输入和输出逻辑关系的真值表,也叫触发器的特性表,它可直观地描述触发器的动作特点,如表 6-1 所示。

表 6-1　基本 RS 触发器的特性表

$\bar{S}$	$\bar{R}$	Q^n	Q^{n+1}	功 能 说 明
0	0	0	×	不稳定状态
0	0	1	×	
0	1	0	1	置 1(置位)
0	1	1	1	
1	0	0	0	置 0(复位)
1	0	1	0	
1	1	0	0	记忆(储存)
1	1	1	1	

从表 6-1 中可以看出,基本 RS 触发器的逻辑功能如下:

(1) 当 $\overline{S}=0,\overline{R}=1$ 时,不论触发器原来的状态 Q^n 是 0 态还是 1 态,触发器触发后的状态(次态)$Q^{n+1}=1$,即触发器具有置 1(置位)的功能。相应地,输入端 $\overline{S}$ 称为置 1 端。该端为低电平有效,故符号表示为 $\overline{S}$。

(2) 当 $\overline{S}=1,\overline{R}=0$ 时,不论触发器原来的状态 Q^n 是 0 态还是 1 态,触发器触发后的状态(次态)$Q^{n+1}=0$,即触发器具有置 0(置位)的功能。相应地,输入端 $\overline{R}$ 称为置 0 端。该端为低电平有效,故符号表示为 $\overline{R}$。

(3) 当 $\overline{S}=1,\overline{R}=1$ 时,不论触发器原来的状态 Q^n 是 0 态还是 1 态,触发器触发后的状态(次态)$Q^{n+1}=Q^n$,触发器保持原来的状态,即触发器具有记忆(存储)的功能。

(4) 当 $\overline{S}=0,\overline{R}=0$ 时,触发器触发后的状态(次态)不定。

根据式(6-1)可知,当 $\overline{S}=0,\overline{R}=0$ 时,不论 Q^n 为何值,$Q^{n+1}=\overline{Q^{n+1}}=1$,这与 Q^{n+1} 与 $\overline{Q^{n+1}}$ 互为反态相违背,是触发器工作时的非正常状态。由图 6-1(a)可以看出,此时如果输入端 $\overline{S}$ 和 $\overline{R}$ 同时变为 1 态,触发器触发后的状态由 G_1 门和 G_2 门的传输时间决定。如果 G_1 门传输时间短,则触发器触发后的状态为 0 态($Q^{n+1}=0$);如果 G_2 门传输时间短,则触发器触发后的状态为 1 态($Q^{n+1}=1$)。因为 G_1 门和 G_2 门的传输时间难以确定,故此时触发器触发后的状态不定。在触发器的工作过程中,这种状态是不允许出现的。因此,图 6-1(a)所示基本 RS 触发器正常工作的约束条件是 $\overline{R}\cdot\overline{S}=1$,即 $RS=0$。

图 6-1(b)所示为基本 RS 触发器的逻辑图形符号,输入端 $\overline{S}$ 和 $\overline{R}$ 旁的小圆圈表示低电平有效。

基本 RS 触发器除了可用与非门组成外,还可以用或非门组成,如图 6-2(a)所示。图 6-2(b)所示为逻辑图形符号。

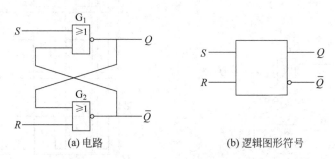

(a) 电路   (b) 逻辑图形符号

图 6-2 用或非门组成的基本 RS 触发器

根据或非门的逻辑关系,可以得出如图 6-2 所示基本 RS 触发器的特性表,如表 6-2 所示。

表 6-2 图 6-2 所示基本 RS 触发器的特性表

S	R	Q^n	Q^{n+1}	功 能 说 明
0	0	0	0	记忆(储存)
0	0	1	1	
0	1	0	0	置 0(复位)
0	1	1	0	

续表

S	R	Q^n	Q^{n+1}	功能说明
1	0	0	1	置1(置位)
1	0	1	1	
1	1	0	$\times$	不定状态
1	1	1	$\times$	

　　同样,S 为置 1 输入端,R 为置 0 输入端,均为高电平有效,因此逻辑图形符号中输入端没有小圆圈,如图 6-2(b)所示。因此,输入端是高电平有效还是低电平有效完全取决于电路结构。

2. 动作特点

　　由图 6-1(a)和图 6-2(a)可见,基本 RS 触发器中,输入信号直接加在输出门 G_1 和 G_2 上,所以在输入信号的全部作用时间里都能直接改变输出端 Q 和 $\bar{Q}$ 的状态,这种触发方式称为电平触发方式。这就是基本 RS 触发器的动作特点。

　　由于这个缘故,也把 $\bar{S}(S)$ 端称为直接置位端,把 $\bar{R}(R)$ 端称为直接复位端。

　　例 6-1　在图 6-3(a)所示的由与非门组成的基本 RS 触发器电路中,已知 $\bar{S}$ 和 $\bar{R}$ 的电压波形如图 6-3(b)所示,试画出触发器输出端 Q 和 $\bar{Q}$ 的电压波形。设触发器的初始状态为 1。

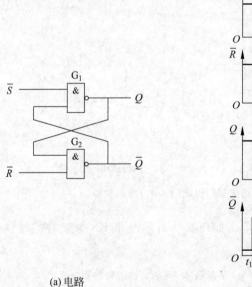
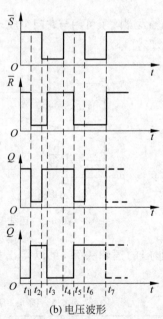

(a) 电路　　　　　　　　　　(b) 电压波形

图 6-3　例 6-1 所示电路和电压波形

　　解　根据已知输入波形画输出波形的方法是:在输入信号的跳变处画出虚线,划分出一个个时间间隔,根据特性表画出每一时间间隔内的输出信号电压波形。

　　从图 6-3(b)所示的波形图中可以看出,在 $t_2 \sim t_3$ 和 $t_6 \sim t_7$ 时间内都出现了 $\bar{R} = \bar{S} = 0$ 的

情况,但由于在 $t_2\sim t_3$ 之后 $\overline{R}$ 首先跳变为高电平,所以触发器的次态可以确定。但由于在 $t_6\sim t_7$ 之后 $\overline{R}$ 和 $\overline{S}$ 同时跳变为高电平,所以此时触发器的次态就不定了。

6.2.2　同步 RS 触发器

通过学习知道,基本 RS 触发器的触发方式是电平触发方式,即只要输入端 R、S 的电平状态发生变化,触发器的状态就跟着发生相应的变化。但是,在实际应用中,触发器的工作状态不仅要由 R、S 端的信号来决定,而且还希望触发器按一定的节拍翻转。为此,给触发器加一个控制信号,使触发器只有在控制信号到达时才按输入信号改变状态。控制触发器动作的信号为脉冲信号,因此也叫时钟脉冲或时钟信号,用 CP(Clock Pulse) 表示。

具有时钟脉冲控制的触发器状态的改变与时钟脉冲同步,所以称为同步触发器。实现时钟控制的最简单的触发器是同步 RS 触发器。

下面以同步 RS 触发器为例,介绍同步触发器的电路结构及动作特点。

1. 电路结构与工作原理

图 6-4(a)所示为同步 RS 触发器的电路结构,图 6-4(b)所示为同步 RS 触发器的逻辑图形符号。

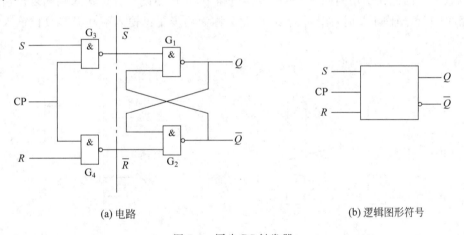

(a) 电路　　　　　　　　　　　　　　　(b) 逻辑图形符号

图 6-4　同步 RS 触发器

从图 6-4(a)中可以看出,同步 RS 触发器的电路由两部分组成：一部分是由与非门 G_1 和 G_2 组成的基本 RS 触发器；另一部分是由与非门 G_3 和 G_4 组成的控制电路。因此,同步 RS 触发器是在基本 RS 触发器的基础上进一步扩展而成的。

根据图 6-4(a),可以写出同步 RS 触发器的输出与输入之间的逻辑表达式为

$$\begin{cases} Q^{n+1} = \overline{\overline{S \cdot CP} \cdot \overline{Q^n}} = S \cdot CP + Q^n \\ \overline{Q^{n+1}} = \overline{\overline{R \cdot CP} \cdot Q^n} = R \cdot CP + \overline{Q^n} \end{cases} \tag{6-2}$$

由式(6-2)可以看出,当 CP=0 时,不论输入端 R、S 的状态如何变化,触发器均保持原态不变；当 CP=1 时,式(6-2)与式(6-1)相同,即此时实际上是一个基本 RS 触发器。

根据式(6-2)可以列出同步 RS 触发器的特性表,如表 6-3 所示。

表 6-3　同步 RS 触发器的特性表

CP	S	R	Q^n	Q^{n+1}	功 能 说 明
0	×	×	0	0	保持原态
0	×	×	1	1	
1	0	0	0	0	保持原态
1	0	0	1	1	
1	0	1	0	0	输入状态与 S 相同
1	0	1	1	0	
1	1	0	0	1	输入状态与 S 相同
1	1	0	1	1	
1	1	1	0	×	状态不定
1	1	1	1	×	

从表 6-3 中可以清楚地看到,同步 RS 触发器的逻辑功能如下:

当 CP=0 时,不论 R、S 的状态如何,同步 RS 触发器均保持原态。

当 CP=1 时,$R=S=0$ 时,触发器保持原态;R、S 状态相反时,触发器状态与 S 状态相同;$R=S=1$ 时,触发器状态不定。因此,使用同步 RS 触发器的约束条件仍然是 $RS=0$。

在使用同步 RS 触发器的过程中,经常需要在时钟信号来临之前将触发器预先设置成指定的状态。因此在实用的同步 RS 触发器电路中,往往还设有置位输入端和复位输入端。因为置位、复位操作不与时钟脉冲同步,因此又称为异步置位输入端和异步复位输入端,如图 6-5 所示。

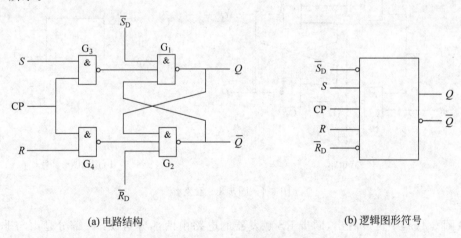

(a) 电路结构　　　　　　　　　　　　　　　(b) 逻辑图形符号

图 6-5　带异步置位、复位端的同步 RS 触发器

由图 6-5 可以看出,异步置位输入端 $\overline{S}_D$ 和异步复位输入端 $\overline{R}_D$ 分别加在输出门 G_1 和 G_2 上,只要在 $\overline{S}_D$ 或 $\overline{R}_D$ 加上低电平,立即将触发器置 1 或置 0,而不受时钟脉冲的控制,即与时钟脉冲异步。触发器正常工作时,$\overline{S}_D$ 和 $\overline{R}_D$ 要处于高电平,只有在触发器需要清 0 或置 1 时才将 $\overline{R}_D$ 或 $\overline{S}_D$ 处于低电平。

2. 动作特点

由图 6-4 和图 6-5 可以看出,在 CP=0 期间,同步 RS 触发器保持原来的状态,不受输

入信号 R 和 S 的影响($\bar{S}_D = \bar{R}_D = 1$)。在 CP=1 期间,$S$ 和 R 的信号全部通过 G_3 和 G_4 门传到基本 RS 触发器的输入端,即在 CP=1 的全部时间里,输入端 R 和 S 的信号都能引起触发器输出端的变化。

在一个时钟脉冲周期中,触发器发生多次翻转的现象叫做空翻。空翻是一种有害的现象,它使得时序电路不能按时钟节拍工作,造成系统的误动作,如图 6-6 所示。

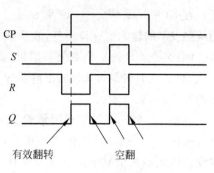

图 6-6 空翻现象

6.2.3 主从触发器

同步 RS 触发器虽然解决了同步触发的问题,但仍存在空翻现象。为了消除空翻,又产生了主从结构的触发器。下面仍以主从 RS 触发器为例介绍主从触发器的电路结构和动作特点。

1. 电路结构和工作原理

图 6-7 所示为主从 RS 触发器的电路结构。从中可以清楚地看到,主从 RS 触发器由两个同步 RS 触发器构成:一个是由 G_1、G_2、G_3、G_4 构成的从触发器;另一个是由 G_5、G_6、G_7、G_8 构成的主触发器。主触发器的时钟脉冲 CP 与从触发器的时钟脉冲 CP′通过一个非门连接,因此主触发器的时钟脉冲与从触发器的时钟脉冲反相。

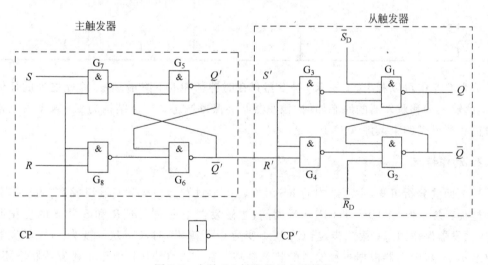

图 6-7 主从 RS 触发器的电路结构

当 CP=1 时,主触发器的状态 Q' 根据输入端 R、S 的状态而变化,而此时 CP′=0,所以无论输入端 R、S 的状态如何变化,从触发器的状态(也是整个触发器的状态)Q 保持不变。

当 CP 从 1 下跳为 0(下降沿时),CP′则从 0 上跳为 1,从触发器的状态将根据输入 S' 和 R' 的状态发生变化。由于从触发器的输入 S'、R' 分别为主触发器的输出 Q' 和 $\bar{Q}'$,因此 S' 和 R' 的状态始终相反,因此从触发器触发后的状态始终与输入端 S' 的状态相同,也就是与主触发器的状态 Q' 相同。

在 CP＝0(即 CP′＝1)期间，由于主触发器保持原态不变，因而从触发器的输入也保持不变，故从触发器的状态也保持不变。

因此，在 CP 的一个变化周期里，触发器的状态只可能变化一次，只是在时钟脉冲 CP 的下降沿来临时，从触发器将主触发器的状态输出。

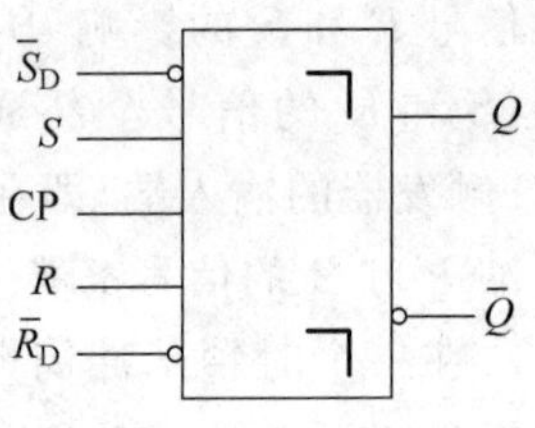

主从 RS 触发器的逻辑图形符号如图 6-8 所示。逻辑图形符号中的"¬"表示"延迟输出"，即 CP 返回 0 以后输出状态才改变。因此触发器状态的变化发生在 CP 的下降沿。

主从 RS 触发器的特性表如表 6-4 所示。

图 6-8　主从 RS 触发器的
逻辑图形符号

表 6-4　主从 RS 触发器的特性表

CP	S	R	Q^n	Q^{n+1}
×	×	×	×	Q^n
⌐	0	0	0	0
⌐	0	0	1	1
⌐	0	1	0	0
⌐	0	1	1	0
⌐	1	0	0	1
⌐	1	0	1	1
⌐	1	1	0	×
⌐	1	1	1	×

从表 6-4 中可以看出，主从 RS 触发器只在时钟脉冲的下降沿触发，除此之外的任何时刻，不论输入端和触发器的原态如何，触发器始终保持原态。主从结构的 RS 触发器正常工作时仍然要遵循约束条件 $RS=0$。

2. 动作特点

从上面的分析可知，主从结构的 RS 触发器由主触发器和从触发器组成，它的动作分为两个过程：第一步，在 CP＝1(CP′＝0)期间，主触发器根据输入端 R 和 S 状态的变化而变化，从触发器保持原态；第二步，当 CP 从 1 变为 0(下降沿)时，CP′从 0 变为 1，主触发器保持原态不变，从触发器根据主触发器的状态翻转。在 CP＝0 期间，由于主触发器状态不变，因而从触发器也保持原态不变。

主从结构的触发器解决了触发器在 CP＝1 期间的空翻现象。但由于主触发器本身是同步 RS 触发器，因此在 CP＝1 期间，主触发器的状态 Q' 仍然会随着 R 和 S 状态的变化而多次改变。这样会导致在 CP 下降沿来临时，触发器状态的变化与特性表不符。

例 6-2　在如图 6-7 所示的主从 RS 触发器电路中，已知 CP、R 和 S 的电压波形如图 6-9 所示，试画出 Q 的电压波形。设触发器工作前已清 0。

解　因为主从结构的触发器的状态只在时钟脉冲下降沿到来时触发，因此沿时钟脉冲的下降沿画出虚线,在虚线处根据 R 和 S 的状态查主从 RS 触发器的特性表6-4,画出触发器翻转后的状态,其余时刻触发器保持原态。

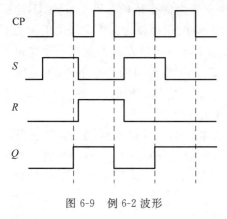

图 6-9　例 6-2 波形

主从 RS 触发器的输出电压波形如图 6-9 所示。

例 6-2 情况比较简单,即在 CP=1 期间,输入信号 R 和 S 的状态不发生改变,在这种情况下,只要根据时钟脉冲下降沿处 R 和 S 的状态确定触发器的状态即可。但如果在 CP=1 期间,输入信号 R 和 S 的状态发生了改变,就必须根据主触发器的状态 Q' 确定从触发器的状态变化,否则会出现错误。例 6-3 就说明了这种情况。

例 6-3　图 6-7 所示的主从 RS 触发器电路中,已知 CP、R 和 S 的电压波形如图 6-10 所示,试画出 Q 的电压波形。设触发器工作前已清 0。

解　在本例中,存在着在 CP=1 期间,输入信号 R 和 S 的状态发生改变的情况,如果利用例 6-2 的方法,画出 Q 的电压波形如图 6-10(a)所示。

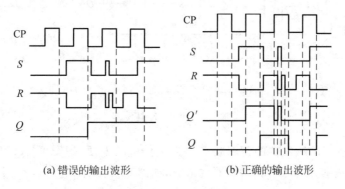

(a) 错误的输出波形　　　　　(b) 正确的输出波形

图 6-10　例 6-3 的电压波形

由图 6-7 可知,在 CP=1 期间,输入信号 R 和 S 的状态发生改变时,主触发器的状态 Q' 随之发生变化,当时钟脉冲的下降沿来临时,从触发器翻转为主触发器的状态。

因此在这种情况下,应该先画出主触发器的状态 Q' 的波形,然后再根据 Q' 画出 Q 的波形,如图 6-10(b)所示。

可以看到,图 6-10(a)和图 6-10(b)中 Q 的波形不同,图 6-10(b)是正确的。

因此,主从结构的触发器在 CP=1 期间输入信号发生变化时,CP 下降沿来临时从触发器的状态不一定能按此刻输入信号的状态来确定,而必须考虑整个 CP=1 期间输入信号的变化情况才能确定触发器的次态。这一特点大大降低了包含主从触发器的时序逻辑电路的抗干扰能力。

最理想的情况是,不论 CP=1 期间输入信号如何变化,CP 下降沿来临时触发器的状态都能按此刻输入信号的状态来确定。这样就产生了另一种电路结构的触发器——边沿触发器。

3. 主从 JK 触发器

前面讲过的各种电路结构的触发器都是以 RS 触发器为例介绍的。可以发现,不论哪种结构的 RS 触发器,在使用时都要遵循 RS=0 的约束条件,这样就为工作带来了极大的不便,同时也降低了时序逻辑电路的抗干扰能力。因此,人们在 RS 触发器的基础上研究出了另一种类型的触发器——JK 触发器。JK 触发器完全取消了使用时的约束条件,不论输入端 J 和 K 的状态如何,都能唯一确定触发器的次态。下面以主从结构的 JK 触发器(简称主从 JK 触发器)为例,详细介绍 JK 触发器的电路结构和工作原理。

图 6-11(a)所示为主从 JK 触发器的电路结构。从电路图中可以看到,主从 JK 触发器是在主从 RS 触发器的基础上将输出 Q 和 $\bar{Q}$ 分别反馈到输入与非门 G_7 和 G_8 的输入上得到的。为了表示该电路与主从 RS 触发器逻辑功能的区别,将 S 和 R 分别用 J 和 K 代替。

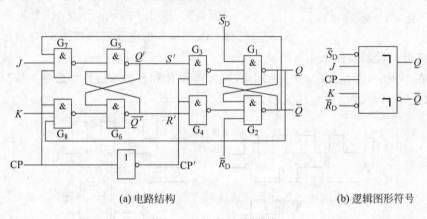

(a) 电路结构　　　　　　　　　　　　　(b) 逻辑图形符号

图 6-11　主从 JK 触发器

下面分析主从 JK 触发器的逻辑功能。为了分析的方便,把图 6-11(a)所示的主从 JK 触发器的电路图变换成主从 RS 触发器的形式,如图 6-12 所示。

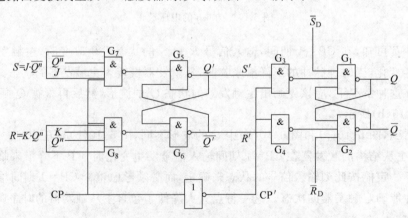

图 6-12　等效成主从 RS 触发器的主从 JK 触发器

与主从 RS 触发器相同,当 CP=0 时,主从 JK 触发器保持原态;当 CP=1 期间,主从 JK 触发器仍然保持原态;只有当时钟脉冲 CP 的下降沿(从 1 跳转为 0)来临时,主从 JK 触发器的状态(Q)才变为与主触发器的状态(Q')一致,如图 6-12 所示。下面分析主从 JK 触发器输入端 J、K 与输出端(Q)之间的对应关系。

(1) $J=K=0$。

若 $CP=1,Q^n=0$,则 $S=J \cdot \overline{Q^n}=0,R=K \cdot Q^n=0$,根据主从 RS 触发器的特性表 6-4 可知,当时钟脉冲 CP 的下降沿来临时,触发器状态不变。

若 $CP=1,Q^n=1$,则 $S=J \cdot \overline{Q^n}=0,R=K \cdot Q^n=0$,根据主从 RS 触发器的特性表 6-4 可知,当时钟脉冲 CP 的下降沿来临时,触发器状态不变。

故 $J=K=0$ 时,当时钟脉冲 CP 的下降沿来临时,主从 JK 触发器状态不变。

(2) $J=0,K=1$。

若 $CP=1,Q^n=0$,则 $S=J \cdot \overline{Q^n}=0,R=K \cdot Q^n=0$,根据主从 RS 触发器的特性表 6-4 可知,当时钟脉冲 CP 的下降沿来临时,触发器状态不变,即 $Q^{n+1}=0$。

若 $CP=1,Q^n=1$,则 $S=J \cdot \overline{Q^n}=0,R=K \cdot Q^n=1$,根据主从 RS 触发器的特性表 6-4 可知,当时钟脉冲 CP 的下降沿来临时,触发器状态变为 0 态,即 $Q^{n+1}=0$。

故 $J=0,K=1$ 时,当时钟脉冲 CP 的下降沿来临时,主从 JK 触发器状态变为 0 态,即 $Q^{n+1}=0$。

(3) $J=1,K=0$。

若 $CP=1,Q^n=0$,则 $S=J \cdot \overline{Q^n}=1,R=K \cdot Q^n=0$,根据主从 RS 触发器的特性表 6-4 可知,当时钟脉冲 CP 的下降沿来临时,触发器状态变为 1 态,即 $Q^{n+1}=1$。

若 $CP=1,Q^n=1$,则 $S=J \cdot \overline{Q^n}=0,R=K \cdot Q^n=0$,根据主从 RS 触发器的特性表 6-4 可知,当时钟脉冲 CP 的下降沿来临时,触发器状态不变,即 $Q^{n+1}=1$。

故 $J=1,K=0$ 时,当时钟脉冲 CP 的下降沿来临时,主从 JK 触发器状态变为 1 态,即 $Q^{n+1}=1$。

(4) $J=K=1$。

若 $CP=1,Q^n=0$,则 $S=J \cdot \overline{Q^n}=1,R=K \cdot Q^n=0$,根据主从 RS 触发器的特性表 6-4 可知,当时钟脉冲 CP 的下降沿来临时,触发器状态变为 1 态,即 $Q^{n+1}=1$。

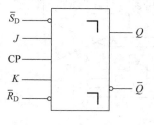

图 6-13 主从 JK 触发器的
逻辑图形符号

若 $CP=1,Q^n=1$,则 $S=J \cdot \overline{Q^n}=0,R=K \cdot Q^n=1$,根据主从 RS 触发器的特性表 6-4 可知,当时钟脉冲 CP 的下降沿来临时,触发器状态变为 0 态,即 $Q^{n+1}=0$。

故 $J=K=1$ 时,当时钟脉冲 CP 的下降沿来临时,主从 JK 触发器状态翻转。原态为 0,翻转后即为 1;原态为 1,翻转后即为 0。

主从 JK 触发器的特性表如表 6-5 所示。其逻辑图形符号如图 6-13 所示。

主从型 JK 触发器的动作特点符合主从型触发器的动作特点。但从表 6-5 中可以看出,JK 触发器解决了对触发器输入状态的限制,不论 JK 触发器的输入端是何种状态,触发器触发之后都有相应稳定的状态与之对应。但它仍然存在主从型触发器的缺点,即 CP 下降沿来临时从触发器的状态不一定能按此刻输入信号的状态来确定,而必须考虑整个

CP=1 期间输入信号的变化情况才能确定触发器的次态。边沿触发器很好地解决了这个问题。

表 6-5　主从 JK 触发器的特性表

CP	J	K	Q^n	Q^{n+1}
$\times$	$\times$	$\times$	$\times$	Q^n
⌐_	0	0	0	0
⌐_	0	0	1	1
⌐_	0	1	0	0
⌐_	0	1	1	0
⌐_	1	0	0	1
⌐_	1	0	1	1
⌐_	1	1	0	1
⌐_	1	1	1	0

6.2.4　边沿触发器

边沿触发器的类型很多,有利用 CMOS 传输门的边沿触发器、维持阻塞型触发器,有利用门电路传输延迟时间的边沿触发器等。不管哪种类型的边沿型触发器,都能实现触发器的次态仅仅取决于 CP 时钟脉冲的下降沿(或上升沿)到达时刻输入信号的状态,而与其他时刻触发器输入信号的状态无关。因此,边沿型触发器大大提高了工作的可靠性,增强了抗干扰能力。下面以利用门电路传输延迟时间的边沿触发器为例,介绍边沿触发器的工作原理。

1. 电路结构和工作原理

图 6-14 所示为利用门电路传输延迟时间的边沿 JK 触发器。

由图 6-14 可知,该电路由两个与或非门 G_1、G_2 和两个与非门 G_3、G_4 组成。其中 G_1、G_2 组成基本的 RS 触发器,G_3、G_4 组成输入控制电路。与非门 G_3、G_4 的传输延迟时间大于基本 RS 触发器的翻转时间。

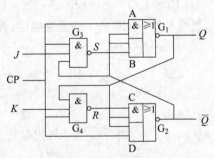

图 6-14　利用传输延迟时间的
边沿型 JK 触发器

当 CP=0 时,G_3、G_4 被锁定在高电平,输入信号 J、K 被封锁,即 $R=S=1$。同时,与门 A、C 被封锁,基本 RS 触发器通过与门 B、D 传输。此时,由于 $R=S=1$,因此基本 RS 触发器状态保持不变。即 CP=0 时,不论输入端 J、K 状态如何,触发器保持原态不变。

当 CP=1 时,G_3、G_4、A、C 门均被打开,此时各门电路的输出为

$$\begin{cases} S = \overline{CP \cdot J \cdot \overline{Q^n}} = \overline{J \cdot \overline{Q^n}} \\ R = \overline{CP \cdot K \cdot Q^n} = \overline{K \cdot Q^n} \\ Q^{n+1} = \overline{CP \cdot \overline{Q^n} + S \cdot \overline{Q^n}} = Q^n \\ \overline{Q^{n+1}} = \overline{CP \cdot Q^n + R \cdot Q^n} = \overline{Q^n} \end{cases} \tag{6-3}$$

可见,当 CP=1 时,不论输入端 J、K 状态如何,触发器保持原态不变。

当 CP 的上升沿到达时(CP 从 0 跳转为 1 的瞬间),门 A、C 首先被打开,由于 G_3、G_4 传输延迟的存在,输入端 J、K 的变化不影响 G_3、G_4 的输出,S、R 仍为 1,此时触发器状态仍然保持原态。当延迟过后,触发器仍然保持原态不变,分析过程同 CP=1 时。因此,当 CP 为上升沿时触发器保持原态不变。

当 CP 的下降沿到达时(CP 从 1 跳转为 0 的瞬间),由于 CP 直接加在 G_1、G_2 门外侧的两个与门 A、C 上,门 A、C 首先被封锁,其外侧的两个与门 B、D 的输入端 S、R 则需要经过一个传输延迟时间才能随 CP=0 而变为 1。因此,在 S、R 没有变为 1 之前仍然保持 CP 下降前的值,即

$$S = \overline{J \cdot \overline{Q^n}} \qquad R = \overline{K \cdot Q^n}$$

设 CP 的下降沿到达前,触发器的状态为 $Q^n=0$,$\overline{Q^n}=1$,输入端 $J=1$,$K=0$,此时 G_3、G_4 的输出为 $S=0$,$R=1$。当 CP 的下降沿到达的瞬间,G_1 门的两个与门 A、B 各有一个输入为 0,故此时 G_1 门的输出 $Q^{n+1}=1$。G_1 门的输出反馈到 G_2 的两个输入上,与门 C 的两个输入均为 1,使 G_2 门的输出 $\overline{Q^{n+1}}=0$。G_2 门的输出 $\overline{Q^{n+1}}$ 又反馈到 G_1 的输入端。由于 G_3 门的传输延迟时间足够长,可以保证在 S 消失低电平之前,$\overline{Q^{n+1}}$ 的低电平已经反馈到了 B 门的输入端,使 G_1 门的输出仍然保持高电平。当 G_3、G_4 门延迟过后,G_3、G_4 被封锁,输入端 J、K 的变化不再影响输出,其输出 $S=R=1$,因此基本 RS 触发器保持原态不变。

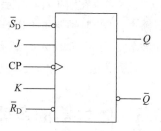

图 6-15　边沿 JK 触发器的逻辑图形符号

当输入端 J、K 取其他状态的值时,其分析方法相同,请读者自行分析。

利用上述分析方法,可以得到图 6-14 所示边沿型 JK 触发器的特性表如表 6-6 所示。其逻辑图形符号如图 6-15 所示。

表 6-6　边沿型 JK 触发器的特性表

CP	J	K	Q^n	Q^{n+1}
×	×	×	×	Q^n
⌐_	0	0	0	0
⌐_	0	0	1	1
⌐_	0	1	0	0
⌐_	0	1	1	0
⌐_	1	0	0	1

续表

CP	J	K	Q^n	Q^{n+1}
⌐_	1	0	1	1
⌐_	1	1	0	1
⌐_	1	1	1	0

根据触发时刻的不同,边沿型触发器又分为上升沿触发和下降沿触发两种类型。如果触发器是在时钟脉冲 CP 的下降沿触发,即为下降沿边沿触发器,逻辑符号中时钟脉冲 CP 靠边框处的圆圈表示下降沿触发,符号"〉"表示边沿触发类型。如果触发器是在时钟脉冲 CP 的上升沿触发,即为上升沿边沿触发器,逻辑符号中时钟脉冲 CP 靠边框处没有圆圈表示上升沿触发。

2. 动作特点

从上面的分析可知,边沿触发器的次态仅仅取决于时钟脉冲 CP 的下降沿(或上升沿)到达时输入端的逻辑状态,而与其他时刻输入端的状态无关。这就是边沿触发器的动作特点。这一特点大大提高了触发器的工作稳定性和抗干扰的能力,在数字电路中得到了广泛的应用。

例 6-4　在图 6-14 所示的下降沿边沿 JK 触发器电路中,已知时钟脉冲 CP 的波形和触发器输入端 J、K 的波形如图 6-16 所示。试画出触发器输出端 Q 的波形。设触发器的初始状态为 0。

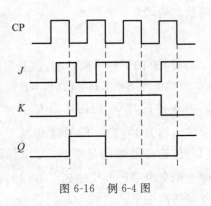

图 6-16　例 6-4 图

6.3　触发器的逻辑功能及其描述方法

前面讲过,触发器的类型很多,根据逻辑功能分为 RS 触发器、JK 触发器、D 触发器、T 触发器等。6.2 节中讲触发器的电路结构和动作特点时,基本上全部用 RS 触发器为例讲解,也涉及了 JK 触发器。从讲解中可以看出,同一种类型的触发器(如 RS 触发器)不管采用何种类型的电路结构,如同步 RS 触发器、主从 RS 触发器、边沿 RS 触发器,触发器的逻辑功能(即输入与输出之间的对应关系)相同,只是触发器的动作特点不同而已。因此可以得到以下结论:相同逻辑功能的触发器可以采用不同形式的电路结构实现,同一类型的电路结构也可以实现不同逻辑功能的触发器。

因此,可以抛开触发器的电路结构形式不管,只讨论触发器的逻辑功能。下面分别讨论不同逻辑功能的触发器及其描述方法。

1. RS 触发器

凡是在时钟信号作用下逻辑功能符合表 6-7 所示特性表所规定的逻辑功能者就叫做

RS 触发器。

由表 6-7 可以写出表示 RS 触发器逻辑功能的逻辑函数表达式为

$$\begin{cases} Q^{n+1} = \bar{S} \cdot \bar{R} \cdot Q^n + S \cdot \bar{R} \\ SR = 0 \quad (约束条件) \end{cases}$$

利用卡诺图化简上式,如图 6-17 所示,得到最简结果为

$$\begin{cases} Q^{n+1} = S + \bar{R} \cdot Q^n \\ SR = 0 \quad (约束条件) \end{cases} \tag{6-4}$$

式(6-4)称为触发器的特性方程。

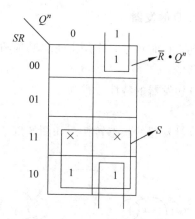

图 6-17 卡诺图化简

表 6-7 RS 触发器特性表

S	R	Q^{n+1}
0	0	Q^n
0	1	0
1	0	1
1	1	不定

根据表 6-7 还可以用图形形象地表示出触发器状态转换的情况,如图 6-18 所示。

图中圆圈表示触发器的状态,箭头表示触发器状态转换的方向,箭头旁边注明的是状态转换的输入条件。这是表示触发器逻辑功能的另一种表示方法,称为状态转换图。状态转换图表示触发器从一个状态变化到另一个状态或保持原状态不变时对输入信号的要求。

因此,描述触发器逻辑功能可以用上述三种方法:特性表、特性方程和状态转换图。这三种表示方法之间可以互相转换。

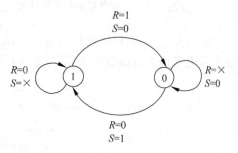

图 6-18 RS 触发器的状态转换图

2. JK 触发器

凡是在时钟信号作用下逻辑功能符合表 6-8 所示特性表所规定的逻辑功能者就叫做 JK 触发器。

同样,可以根据表 6-8 所示写出 JK 触发器的特性方程,经化简后得到

$$Q^{n+1} = J \cdot \overline{Q^n} + \bar{K} \cdot Q^n \tag{6-5}$$

由表 6-8 可以画出 JK 触发器的状态转换图如图 6-19 所示。

表 6-8   JK 触发器特性表

J	K	Q^{n+1}
0	0	Q^n
0	1	0
1	0	1
1	1	翻转

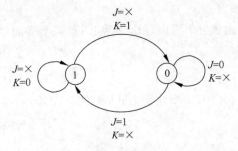

图 6-19   JK 触发器的状态转换图

3. D 触发器

凡是在时钟信号作用下逻辑功能符合表 6-9 所示特性表所规定的逻辑功能者就叫做 D 触发器。

D 触发器的特性方程为

$$Q^{n+1} = D \tag{6-6}$$

D 触发器的状态转换图如图 6-20 所示。

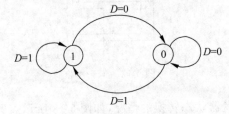

图 6-20   D 触发器的状态转换图

表 6-9   D 触发器的特性表

D	Q^{n+1}
0	0
1	1

从表 6-9 可知,D 触发器只有一个输入端 D,其结构形式也有多种,图 6-21 所示为边沿型 D 触发器的逻辑图形符号,图 6-21(a)所示为上升沿触发,图 6-21(b)所示为下降沿触发。

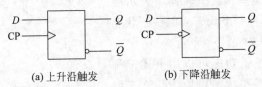

(a) 上升沿触发   (b) 下降沿触发

图 6-21   边沿型 D 触发器的逻辑图形符号

4. T 触发器

凡是在时钟信号作用下逻辑功能符合表 6-10 所示特性表所规定的逻辑功能者就叫做 T 触发器。

从表 6-10 中可以看出,T 触发器的逻辑功能是:当输入端 $T=0$ 时,时钟脉冲到达时触发器保持原态不变;当输入端 $T=1$ 时,每来一个时钟脉冲触发器的状态就翻转一次。

T 触发器的特性方程为

$$Q^{n+1} = \overline{T} \cdot Q^n + T \cdot \overline{Q^n} \tag{6-7}$$

T 触发器的状态转换图如图 6-22 所示。

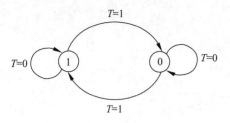

图 6-22　T 触发器的状态转换图

表 6-10　T 触发器的特性表

T	Q^{n+1}
0	Q^n
1	$\overline{Q^n}$

从表 6-10 可知,T 触发器也只有一个输入端 T,其结构形式也有多种,图 6-23 所示为边沿型 T 触发器的逻辑图形符号,图 6-23(a)所示为上升沿触发,图 6-23(b)所示为下降沿触发。

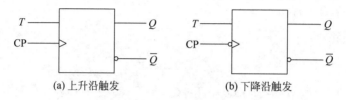

(a) 上升沿触发　　　　　(b) 下降沿触发

图 6-23　边沿型 T 触发器的逻辑图形符号

5. 触发器功能的转换

前面讲了 4 种逻辑功能的触发器：RS、JK、D 和 T 触发器。但最常见的集成触发器是 JK 触发器和 D 触发器,在使用过程中可以将 JK 触发器和 D 触发器转换成其他功能的触发器,JK 触发器和 D 触发器之间也可以相互转换。

1) JK 触发器转换成 D 触发器

比较 JK 触发器和 D 触发器的特性方程。

JK 触发器：$Q^{n+1}=J \cdot \overline{Q^n}+\overline{K} \cdot Q^n$

D 触发器：$Q^{n+1}=D=D \cdot (\overline{Q^n}+Q^n)=D \cdot \overline{Q^n}+D \cdot Q^n$

只要令 JK 触发器的输入端 $J=D,K=\overline{D}$,JK 触发器就转换成了 D 触发器。转换电路图如图 6-24 所示。

2) JK 触发器转换成 T 触发器

比较 JK 触发器和 T 触发器的特性方程。

JK 触发器：$Q^{n+1}=J \cdot \overline{Q^n}+\overline{K} \cdot Q^n$

T 触发器：$Q^{n+1}=T \cdot \overline{Q^n}+\overline{T} \cdot Q^n$

只要令 JK 触发器的输入端 $J=K=T$,JK 触发器就转换成了 T 触发器。转换电路如图 6-25 所示。

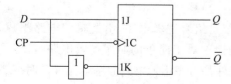

图 6-24　JK 触发器转换为 D 触发器的电路

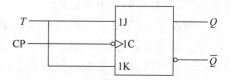

图 6-25　JK 触发器转换为 T 触发器的电路

3）D 触发器转换成 JK 触发器

比较 D 触发器和 JK 触发器的特性方程。

D 触发器：$Q^{n+1}=D$

JK 触发器：$Q^{n+1}=J \cdot \overline{Q^n} + \overline{K} \cdot Q^n$

令

$$D = J \cdot \overline{Q^n} + \overline{K} \cdot Q^n = \overline{\overline{J \cdot \overline{Q^n}} \cdot \overline{\overline{K} \cdot Q^n}} \tag{6-8}$$

上式即为将 D 触发器转换为 JK 触发器的转换条件，根据转换条件画出转换电路，如图 6-26 所示。

4）D 触发器转换成 T 触发器

比较 D 触发器和 T 触发器的特性方程。

D 触发器：$Q^{n+1}=D$

T 触发器：$Q^{n+1}=T \cdot \overline{Q^n} + \overline{T} \cdot Q^n$

令

$$D = T \cdot \overline{Q^n} + \overline{T} \cdot Q^n = \overline{\overline{T \cdot \overline{Q^n}} \cdot \overline{\overline{T} \cdot Q^n}} \tag{6-9}$$

上式即为将 D 触发器转换为 T 触发器的转换条件，根据转换条件画出转换电路，如图 6-27 所示。

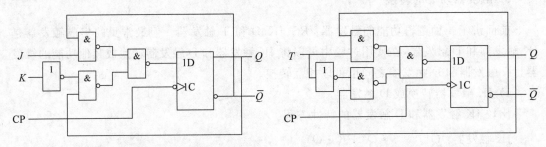

图 6-26　D 触发器转换为 JK 触发器的电路　　　图 6-27　D 触发器转换为 T 触发器的电路

根据同样的方法，可以在任意触发器之间转换，请读者自行分析。

6.4　时序逻辑电路的分析方法

数字电路中有两大重要分支：组合逻辑电路和时序逻辑电路。组合逻辑电路在前面的章节中已经介绍过。从本节开始介绍时序逻辑电路。

时序逻辑电路任一时刻的输出状态不仅取决于当时的输入信号，还与电路原来的状态有关，即时序逻辑电路具有"记忆"的功能。因而时序逻辑电路中必须含有具有记忆能力的存储器件，最常用的是触发器。

一般说来，时序逻辑电路由两部分组成：一部分是组合逻辑电路，由逻辑门电路组成；另一部分是触发器电路，由触发器组成，具有储存功能。对于简单的时序逻辑电路，可以没有组合逻辑电路，但不能没有触发器电路，触发器元件是时序逻辑电路的基本元件。时序逻辑电路的结构框图如图 6-28 所示。

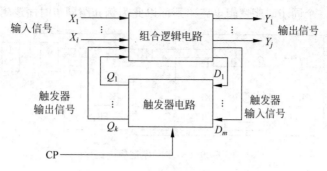

图 6-28 时序逻辑电路的结构框图

图中,$X_1,\cdots,X_i$ 表示输入信号;$Y_1,\cdots,Y_j$ 表示输出信号;$D_1,\cdots,D_m$ 表示触发器电路的输入信号;$Q_1,\cdots,Q_k$ 表示触发器电路的输出信号;CP 表示时钟脉冲。触发器是在时钟信号的控制下动作。这些信号之间的逻辑关系可用下列三个方程组来描述,即

$$\begin{cases} Y_1 = f_1(X_1,\cdots,X_i,Q_1,\cdots,Q_k) \\ Y_2 = f_2(X_1,\cdots,X_i,Q_1,\cdots,Q_k) \\ \vdots \\ Y_j = f_j(X_1,\cdots,X_i,Q_1,\cdots,Q_k) \end{cases} \tag{6-10}$$

$$\begin{cases} Q_1^{n+1} = g_1(D_1,\cdots,D_m,Q_1^n,\cdots,Q_k^n) \\ Q_2^{n+1} = g_2(D_1,\cdots,D_m,Q_1^n,\cdots,Q_k^n) \\ \vdots \\ Q_k^{n+1} = g_k(D_1,\cdots,D_m,Q_1^n,\cdots,Q_k^n) \end{cases} \tag{6-11}$$

$$\begin{cases} Y_1 = h_1(X_1,\cdots,X_i,Q_1,\cdots,Q_k) \\ Y_2 = h_2(X_1,\cdots,X_i,Q_1,\cdots,Q_k) \\ \vdots \\ Y_j = h_j(X_1,\cdots,X_i,Q_1,\cdots,Q_k) \end{cases} \tag{6-12}$$

式(6-10)是各触发器的输入方程,称为时序逻辑电路的驱动方程;式(6-11)是各触发器的输出方程,称为时序逻辑电路的状态方程;式(6-12)称为时序逻辑电路的输出方程。其中,$Q_1^n,\cdots,Q_k^n$ 表示各触发器的原态,$Q_1^{n+1},\cdots,Q_k^{n+1}$ 表示各触发器的次态。

分析时序逻辑电路也就是找出该时序逻辑电路的逻辑功能,即找出时序逻辑电路的状态和输出变量在输入变量和时钟信号作用下的变化规律。上面讲过的时序逻辑电路的驱动方程、状态方程和输出方程就全面地描述了时序逻辑电路的逻辑功能。因此,只要能写出时序逻辑电路的这三组方程,它的逻辑功能也就描述清楚了。但是用三组方程描述电路的逻辑功能非常不直观,不能直接看出电路状态和输出变量与输入变量和时钟信号之间的对应关系。为了直观地描述时序电路的逻辑功能,还有其他的表示方法:状态转换表、状态转换图和时序图。下面就结合时序电路的分析,具体介绍这三种时序电路逻辑功能的描述方法。

由于触发器电路中的触发器元件的动作特点不同,在时序逻辑电路中又分为同步时序逻辑电路和异步时序逻辑电路。在同步时序逻辑电路中,各触发器状态的变化都是在同一时钟脉冲的作用下同时发生的。而在异步时序逻辑电路中,各触发器状态的变化不是同时发生的。

图 6-29 就是一个同步时序逻辑电路。下面以此为例介绍同步时序逻辑电路的分析方法。

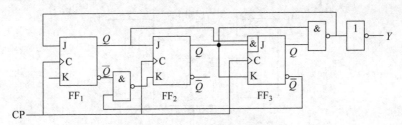

图 6-29   同步时序逻辑电路

1．分析电路结构，写出各触发器的驱动方程

该时序电路包含三个触发器 FF_1、FF_2、FF_3，这三个触发器都是上升沿触发的边沿 JK 触发器，而且它们的时钟脉冲相同，都是 CP 脉冲，即三个触发器的触发时刻都是 CP 脉冲的上升沿，因此该时序电路是同步的。该时序电路没有输入变量，有输出变量 Y。

列写方程时，各触发器的输入变量、输出变量、时钟脉冲分别用相应字母加触发器编号的下角标表示。如 FF_1 触发器的输入、输出变量分别表示为 J_1、K_1、Q_1、$\overline{Q_1}$，其时钟脉冲为 C_1 或 CP_1。其他以此类推。

根据电路图写出各个触发器的驱动方程

$$\begin{cases} J_1 = \overline{Q_2^n \cdot Q_3^n}, & K_1 = 1 \\ J_2 = Q_1^n, & K_2 = \overline{\overline{Q_1^n} \cdot \overline{Q_3^n}} \\ J_3 = Q_1^n \cdot Q_2^n, & K_3 = Q_2^n \end{cases} \tag{6-13}$$

说明：如果触发器的输入端悬空，则相当于接高电平 1，故 $K_1=1$。FF_3 触发器的 J 端有两个输入，它们"与"运算后作为 J 端的输入，故 $J_3 = Q_1 \cdot Q_2$。Q_1^n、Q_2^n、Q_3^n 表示触发器的初态(原态)。

2．将驱动方程代入相应触发器的特性方程，求得各触发器的次态方程，也就是时序逻辑电路的状态方程

将式(6-13)代入 JK 触发器的特性方程 $Q^{n+1} = J \cdot \overline{Q^n} + \overline{K} \cdot Q^n$ 中，得到电路的状态方程

$$\begin{cases} Q_1^{n+1} = J_1 \cdot \overline{Q_1^n} + \overline{K_1} \cdot Q_1^n = \overline{Q_2^n \cdot Q_3^n} \cdot \overline{Q_1^n} \\ Q_2^{n+1} = J_2 \cdot \overline{Q_2^n} + \overline{K_2} \cdot Q_2^n = Q_1^n \cdot \overline{Q_2^n} + \overline{Q_1^n} \cdot \overline{Q_3^n} \cdot Q_2^n \\ Q_3^{n+1} = J_3 \cdot \overline{Q_3^n} + \overline{K_3} \cdot Q_3^n = Q_1^n \cdot Q_2^n \cdot \overline{Q_3^n} + \overline{Q_2^n} \cdot Q_3^n \end{cases} \tag{6-14}$$

3．根据电路图写出输出方程

$$Y = Q_2^n Q_3^n \tag{6-15}$$

4．根据状态方程和输出方程，列出该时序电路的状态表，画出状态图或时序图

为了形象地描述时序逻辑电路的逻辑功能，可以把电路在一系列时钟信号作用下状态转换的全部过程描述出来。描述时序逻辑电路状态转换全部过程的方法有状态转换表、状态转换图和时序图等几种。

1) 状态转换表

列写时序逻辑电路状态转换表的方法：将任何一组输入变量及电路初态的取值代入状态方程和输出方程，可以算出电路的各状态下的输出值；再以电路的次态作为新的初态，和这时的输入变量的取值一起代入状态方程和输出方程，又可以算出新的电路次态和输出值。如此继续下去，把全部的计算结果列成真值表的形式，就得到了时序逻辑电路的状态转换表。

由图 6-29 或式(6-14)可知，该时序逻辑电路没有输入逻辑变量，电路的次态和输出变量只取决于电路的初态。设电路的初态为 $Q_3^n Q_2^n Q_1^n = 000$，代入式(6-14)和式(6-15)，得

$$Q_3^{n+1} = 0, \quad Q_2^{n+1} = 0, \quad Q_1^{n+1} = 1, \quad Y = 0$$

再将结果作为新的初态，即 $Q_3^n Q_2^n Q_1^n = 001$，重新代入式(6-14)和式(6-15)，又得到新的次态和输出值。如此继续下去，当 $Q_3^n Q_2^n Q_1^n = 110$ 时，计算出的次态为 $Q_3^{n+1} Q_2^{n+1} Q_1^{n+1} = 000$，返回到了最初设定的初态，完成了时序逻辑电路的一个循环。如果再继续计算下去，电路的状态和输出将按照前面的变化顺序反复循环。这样得到了图 6-29 所示时序逻辑电路的状态转换表，如表 6-11 所示。

表 6-11　图 6-29 所示电路的状态转换表

CP	Q_3^n	Q_2^n	Q_1^n	Q_3^{n+1}	Q_2^{n+1}	Q_1^{n+1}	Y
1	0	0	0	0	0	1	0
2	0	0	1	0	1	0	0
3	0	1	0	0	1	1	0
4	0	1	1	1	0	0	0
5	1	0	0	1	0	1	0
6	1	0	1	1	1	0	0
7	1	1	0	0	0	0	1
1	1	1	1	1	0	0	1

时序逻辑电路的状态转换表中应该包含电路的所有状态。$Q_3 Q_2 Q_1$ 共有 8 种组合，而上述循环中只包含了其中的 7 种状态组合，状态 $Q_3 Q_2 Q_1 = 111$ 不在循环中。此时应该将状态 $Q_3^n Q_2^n Q_1^n = 111$ 作为初态，代入式(6-14)和式(6-15)，计算时钟脉冲来临后的次态和此时的输出值填入状态转换表中，才得到完整的状态转换表，如表 6-11 所示。

也可将表 6-11 列成表 6-12 所示的形式。这种状态转换表给出了时钟脉冲作用下电路状态的转换顺序，比较直观。

表 6-12　图 6-29 所示电路状态转换表的另一种形式

CP	Q_3	Q_2	Q_1	Y
0	0	0	0	0
1	0	0	1	0
2	0	1	0	0
3	0	1	1	0
4	1	0	0	0
5	1	0	1	0
6	1	1	0	1
7	0	0	0	0
0	1	1	1	1
1	0	0	0	0

2）状态转换图

为了更加形象地显示时序逻辑电路的逻辑功能，还可以将状态转换表的内容以图形的形式表现出来，形成状态转换图。图 6-30 是图 6-29 所示电路的状态转换图。

在状态转换图中，以圆圈表示电路的各个状态，箭头表示状态转换的方向。在箭头旁边注明状态转换前的输入变量取值和输出值。通常将输入变量的取值写在斜线的上方，将输出值写在斜线的下方。在状态转换图旁边要标出图例，以说明电路状态中各触发器的排列顺序和输入变量取值与输出值的排列顺序。如果电路中没有输入变量，则在状态转换图中省略输入变量取值的标注，如图 6-30 所示。

3）时序图

除了用状态转换图形象地表示时序电路的逻辑功能外，还可以用时序图的形式直观地表示电路的逻辑功能。时序图是在时钟脉冲序列作用下，电路状态、输出状态随时间变化的波形图。它与用实验方法观察到的时序逻辑电路的各触发器的输出与时序逻辑电路的输出端的波形图相同。图 6-31 所示为图 6-29 所示电路的时序图。

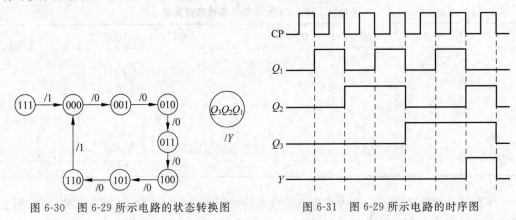

图 6-30　图 6-29 所示电路的状态转换图　　　　图 6-31　图 6-29 所示电路的时序图

5. 逻辑功能分析

由状态图可知，该电路一共有 7 个状态，即 000、001、010、011、100、101、110，在时钟脉冲作用下，按照加 1 规律循环变化，所以该时序逻辑电路对时钟脉冲信号有计数功能。同时，每经过 7 个脉冲输出端 Y 输出一个高电平，所以这是一个七进制计数器，Y 端的输出就是进位脉冲。

例 6-5　试分析图 6-32 所示的时序逻辑电路。

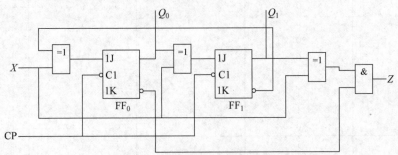

图 6-32　例 6-5 的逻辑电路

解　由于图中的两个触发器都接至同一个时钟脉冲源 CP,所以图 6-32 所示为同步时序逻辑电路,各触发器的时钟方程可以不写。

(1) 写出输出方程

$$Z = (X \oplus Q_1^n)\,\overline{Q_0^n} \tag{6-16}$$

(2) 写出驱动方程

$$J_0 = X \oplus \overline{Q_1^n}, \quad K_0 = 1 \tag{6-17a}$$

$$J_1 = X \oplus \overline{Q_0^n}, \quad K_1 = 1 \tag{6-17b}$$

(3) 写出 JK 触发器的特性方程 $Q^{n+1} = J\overline{Q^n} + \overline{K}Q^n$,然后将各驱动方程代入 JK 触发器的特性方程,得各触发器的次态方程

$$Q_0^{n+1} = J_0\overline{Q_0^n} + \overline{K_0}Q_0^n = (X \oplus \overline{Q_1^n})\,\overline{Q_0^n} \tag{6-18a}$$

$$Q_1^{n+1} = J_1\overline{Q_1^n} + \overline{K_1}Q_1^n = (X \oplus \overline{Q_0^n})\,\overline{Q_1^n} \tag{6-18b}$$

(4) 作状态转换表及状态图。

由于输入控制信号 X 既可取 1 也可取 0,所以分两种情况列状态转换表和画状态图。

① 当 $X=0$ 时,将 $X=0$ 代入输出方程(6-16)和触发器的次态方程(6-18),则输出方程简化为

$$Z = Q_1^n\,\overline{Q_0^n}$$

触发器的次态方程简化为

$$Q_0^{n+1} = \overline{Q_1^n} \cdot \overline{Q_0^n}$$

$$Q_1^{n+1} = \overline{Q_1^n}\,\overline{Q_0^n}$$

设电路的初态为 $Q_1^n Q_0^n = 00$,依次代入上述触发器的次态方程和输出方程中进行计算,得到电路的状态转换表,如表 6-13 所示。

根据表 6-13 所示的状态转换表,可得状态转换图如图 6-33 所示。

表 6-13　$X=0$ 时的状态转换表

Q_1^n	Q_0^n	Q_1^{n+1}	Q_0^{n+1}	Z
0	0	0	1	0
0	1	1	0	0
1	0	0	0	1
1	1	0	0	0

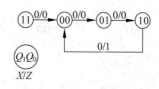

图 6-33　$X=0$ 时的状态转换图

② 当 $X=1$ 时,输出方程简化为

$$Z = \overline{Q_1^n Q_0^n}$$

触发器的次态方程简化为

$$Q_0^{n+1} = Q_1^n\,\overline{Q_0^n}, \quad Q_1^{n+1} = \overline{Q_1^n} \cdot \overline{Q_0^n}$$

计算可得电路的状态转换表如表 6-14 所示,状态转换图如图 6-34 所示。

表 6-14 $X=1$ 时的状态转换表

Q_1^n	Q_0^n	Q_1^{n+1}	Q_0^{n+1}	Z
0	0	1	1	1
1	0	0	1	0
0	1	0	0	0
1	1	0	0	0

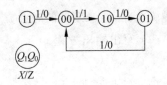

图 6-34 $X=1$ 时的状态转换图

将图 6-33 和图 6-34 合并起来就是电路完整的状态转换图,如图 6-35 所示。

(5) 画时序图,如图 6-36 所示。

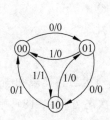

图 6-35 例 6-5 完整的状态转换图

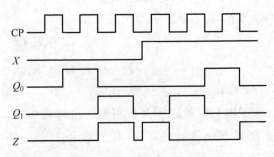

图 6-36 例 6-5 电路的时序波形

(6) 逻辑功能分析。

该电路一共有三个状态,即 00、01、10。当 $X=0$ 时,按照加 1 规律从 00→01→10→00 循环变化,并每当转换为 10 状态(最大数)时,输出 $Z=1$。当 $X=1$ 时,按照减 1 规律从 10→01→00→10 循环变化,并每当转换为 00 状态(最小数)时,输出 $Z=1$。所以该电路是一个可控的三进制计数器。当 $X=0$ 时,作加法计数,Z 是进位信号;当 $X=1$ 时,作减法计数,Z 是借位信号。

6.5 常用的时序逻辑电路

6.5.1 寄存器和移位寄存器

1. 寄存器

1) 4 位寄存器 74LS175

图 6-37 给出了 74LS175 的引脚排列和内部电路连接情况。它的内部由 4 个边沿 D 触发器构成,时钟端并联,这样可以同时寄存 4 位数据,并从 $Q_0 \sim Q_3$ 端输出。同时提供了数据的反相输出端 $Q_0' \sim Q_3'$。74LS175 共有 16 个引脚,时钟从 9 号引脚接入,1 号引脚 R_D' 为异步清 0 信号输入端。

表 6-15 给出了 74LS175 的逻辑功能。当异步清零端 R_D' 为低电平时,不论时钟端和 D 端信号如何,输出 Q_i 都为 0。只有在 R_D' 为高电平时,在时钟信号上升沿寄存器才可以完成数据的寄存。在其他时间,寄存器保持原状态(上升沿时刻的状态)。

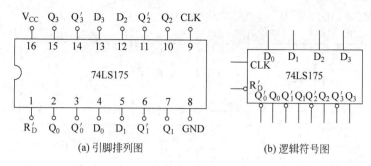

(a) 引脚排列图　　　　　　　(b) 逻辑符号图

图 6-37　74LS175 的引脚排列图及逻辑符号图

表 6-15　74LS175 的逻辑功能表

输 入 信 号			输 出 信 号	
R'_D	CLK	D_i	Q_i	Q'_i
0	×	×	0	1
1	↑	1	1	0
1	↑	0	0	1
1	0 或 1	×	保持	保持

2) 8 位寄存器(74LS374)/锁存器(74LS373)

图 6-38 给出了 74LS374 的引脚排列及内部连接情况,此图来自美国国家半导体公司(National Semiconductor)的产品说明书。它是 8 位集成寄存器,内部集成有 8 个边沿 D 触发器,在时钟信号上升沿进行数据的存储。此外,电路还具有三态输出功能,1 号引脚 OE' 是使能控制端,当 $OE'=1$ 时,寄存器输出高阻状态。

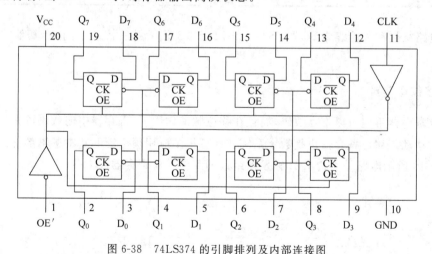

图 6-38　74LS374 的引脚排列及内部连接图

74LS373 是 8 位集成锁存器,如图 6-39 所示。锁存器与寄存器功能类似,只是锁存器内部使用的是电平触发的同步 D 触发器(即 D 锁存器)。当 11 号引脚(CLK 端)处于高电平时,锁存器接受并寄存数据,低电平时保持锁存的数据。另外,它的 1 号引脚 OE' 也是三态控制端。

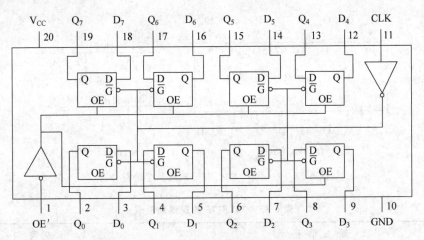

图 6-39　74LS373 的引脚排列及内部连接图

上述两种寄存器/锁存器的功能表分别如表 6-16 和表 6-17 所示。三态控制端为高电平时,各电路输出为高阻状态;为低电平时,电路正常工作。

表 6-16　74LS374 的功能表

输 入 信 号			输出信号
OE'	CLK	D_i	Q_i
1	×	×	高阻
0	↑	1	1
0	↑	0	0
0	0 或 1	×	保持

表 6-17　74LS373 的功能表

输 入 信 号			输出信号
OE'	CLK	D_i	Q_i
1	×	×	高阻
0	1	1	1
0	1	0	0
0	0	×	保持

从电路结构和功能表来看,74LS374 和 74LS373 除了触发特性不同外,其他方面完全相同。

2. 移位寄存器

移位寄存器不但可以寄存数码,而且在移位脉冲作用下,寄存器中的数码可根据需要向左或向右移动。移位寄存器也是数字系统和计算机中应用很广泛的基本逻辑部件。

图 6-40 所示电路是由边沿 D 触发器组成的 4 位移位寄存器。

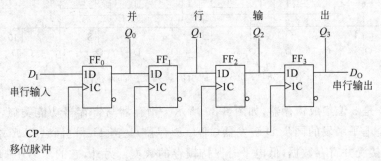

图 6-40　由 D 触发器组成的 4 位移位寄存器

由图 6-40 可知,由第一个 D 触发器 FF_0 的输入端接收输入信号,其余的每个触发器的输入端均与前一个触发器的输出端相连。各触发器的时钟脉冲控制端与同一个时钟脉冲 CP 信号相连,因此各触发器的触发时刻相同,都是 CP 脉冲的上升沿。

下面以 4 位二进制代码 1101 为例,说明图 6-40 所示移位寄存器的寄存过程。

二进制代码 1101 以串行的方式从串行输入端 D_1 依次输入。设各触发器的初始状态为 0,即 $Q_3Q_2Q_1Q_0=0000$。

首先,将第一个二进制数码 1 输入串行输入端 D_1。当移位脉冲 CP 的第一个上升沿到达时,各触发器将各自的输入端状态传送到输出端。由于从 CP 脉冲的上升沿到达开始到各触发器次态的建立需要一段传输延迟时间,因此当 CP 脉冲的上升沿同时作用于各个触发器时,各触发器输入端的状态还没有改变。于是 FF_3 按 Q_2 原来的状态触发,FF_2 按 Q_1 原来的状态触发,FF_1 按 Q_0 原来的状态触发,FF_0 按串行输入端 D_1 的状态触发。因此,当 CP 的第一个上升沿到达后,各触发器的状态变为 $Q_3Q_2Q_1Q_0=0001$。

同理,将第二个二进制数码 1 送入串行输入端 D_1,当 CP 的第二个上升沿到达时,各触发器的状态变为 $Q_3Q_2Q_1Q_0=0011$。以此类推,当第 4 个移位脉冲过后,将这 4 位二进制代码存储到了 4 个触发器的输出端 $Q_3Q_2Q_1Q_0=1101$。

移位寄存器的数据寄存过程如表 6-18 所示。也可以用波形图的形式表示移位寄存器的数据寄存情况,如图 6-41 所示。

表 6-18 移位寄存器的移位寄存过程

CP 脉冲	串行输入 D_1	Q_3	Q_2	Q_1	Q_0
0	×	0	0	0	0
1	1	0	0	0	1
2	1	0	0	1	1
3	0	0	1	1	0
4	1	1	1	0	1

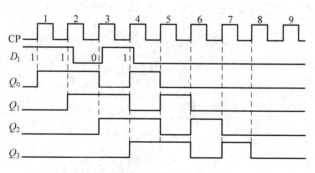

图 6-41 图 6-40 所示电路的波形

从图 6-41 所示的波形图可以看出,经过 4 个 CP 脉冲后,串行输入的 4 位二进制代码全部移入了移位寄存器中,同时可以从 4 个触发器的输出端输出这 4 位二进制代码。如果继续加入 4 个 CP 脉冲,则可以从串行输出端 D_0 依次输出这 4 位二进制代码。因此,图 6-40 所示的移位寄存器电路可以实现串行输入-并行输出和串行输入-串行输出。由于在移位脉冲的作用下,二进制代码在移位寄存器中依次右移,所以又称为右移移位寄存器。当移位寄存器电路实现的是在移位脉冲的作用下,二进制代码在移位寄存器中依次左移,这种寄存器称为左移移位寄存器。

为了便于扩展移位寄存器的功能和增加使用的灵活性,在定型生产的移位寄存器集成电路上有的又附加了左移、右移控制,并行数据输入、保持、异步置 0(复位)等功能。图 6-42 所示为 4 位双向移位寄存器 74LS194 的逻辑电路和图形符号。

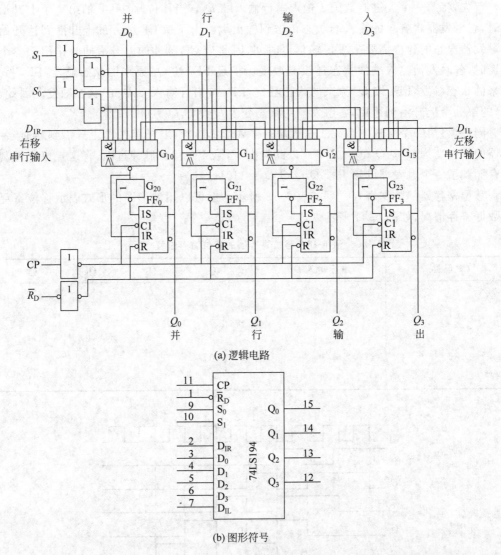

(a) 逻辑电路

(b) 图形符号

图 6-42　4 位双向移位寄存器

由图 6-42(a)所示,双向移位寄存器 74LS194 由 4 个 RS 触发器和输入控制电路组成。D_{IR} 为数据右移串行输入端,D_{IL} 为数据左移串行输入端,$D_0 \sim D_3$ 为数据并行输入端,$Q_0 \sim Q_3$ 为数据并行输出端,同时 Q_3 还可以作为数据串行输出端,CP 为移位脉冲控制端,$\overline{R}_D$ 为清 0 端,移位寄存器正常工作时将该端置 1,S_0、S_1 为双向移位寄存器的工作状态控制端。

74LS194 既可以实现串行输入,也可以并行输入;既可以实现串行输出,也可以并行输出。在串行寄存方式中,既可以实现右移寄存,也可以实现左移寄存,还可以保持数据不变。74LS194 双向移位寄存器的这些工作状态都是由控制端 S_0、S_1 实现的,如表 6-19 所示。表 6-19 所示为 74LS194 的逻辑功能表。

表 6-19　74LS194 的逻辑功能表

$\overline{R}_D$	S_1	S_0	工 作 状 态
0	×	×	置　零
1	0	0	保　持
1	0	1	右　移
1	1	0	左　移
1	1	1	并行输入

当 $S_1 = S_0 = 0$ 时,移位寄存器处于数据保持状态。此时不论输入端和移位脉冲输入端有何变化,移位寄存器各输出端的状态保持不变。

当 $S_1 = 0$,$S_0 = 1$ 时,移位寄存器处于右移寄存状态。随着移位脉冲的到来,右移串行输入端 D_{IR} 的数据依次寄存到寄存器中,并且移位寄存器中的数据依次右移。

当 $S_1 = 1$,$S_0 = 0$ 时,移位寄存器处于左移寄存状态。随着移位脉冲的到来,左移串行输入端 D_{IL} 的数据依次寄存到寄存器中,并且移位寄存器中的数据依次左移。

当 $S_1 = 1$,$S_0 = 1$ 时,移位寄存器处于并行输入寄存状态。此时串行输入端的数据不起任何作用。当移位脉冲 CP 来一个脉冲时,寄存器将并行输入端 $D_0 \sim D_3$ 的数据并行输入到并行输出端 $Q_0 \sim Q_3$。

例 6-6　用两片 4 位双向移位寄存器 74LS194 接成一个 8 位双向移位寄存器。

解　所要设计的 8 位双向移位寄存器需要完成 8 位二进制数据的寄存,因此需要由两片 4 位双向移位寄存器 74LS194 组成。同时,8 位双向移位寄存器应具备 4 位双向移位寄存器所有的逻辑功能,即能实现并行输入、左移寄存、右移寄存、数据保持和异步清 0 等功能。

如图 6-43 所示,通过分析,将两片 4 位双向移位寄存器的输入和输出同时作为 8 位双

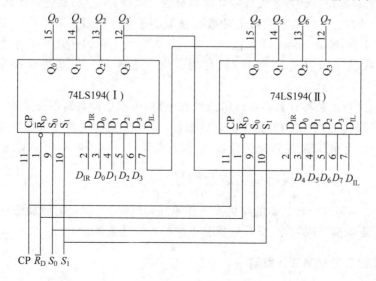

图 6-43　例 6-6 的电路

向移位寄存器的输入和输出。将 74LS194(Ⅰ)的右移串行输入端作为 8 位双向移位寄存器的右移串行输入端,同时将 74LS194(Ⅰ)的串行输出端与右侧 74LS194(Ⅱ)的右移串行输入端相连。同样,将 74LS194(Ⅱ)的左移串行输入端作为 8 位双向移位寄存器的左移串行输入端,同时将 74LS194(Ⅱ)的串行输出端与 74LS194(Ⅰ)的左移串行输入端相连。将两片 4 位双向移位寄存器的移位脉冲输入端、清 0 端和工作状态输入端分别相连。这样就实现了用两片 4 位双向移位寄存器 74LS194 接成一个 8 位双向移位寄存器。

6.5.2　计数器

计数器是数字系统中常用的时序电路之一。它的基本功能是对时钟脉冲进行计数,以此为基础,能用于定时、分频等。在与其他逻辑功能电路组合后,还可以产生脉冲序列、节拍脉冲,并能进行数值运算等复杂功能。

计数器的种类繁多,分类方法也多种多样,主要有以下几种:

(1) 按触发器触发时间。触发器是构成计数器的基本单元,一个计数器至少应包含两个以上的触发器。按照触发器的触发时间可将计数器分为同步方式和异步方式两种。对于同步计数器,其中所有触发器的时钟端并联到一起,因此它们同时触发翻转;对于异步计数器,触发器的时钟端信号来源不同,因此它们的触发不是同时发生的,而是有先后之分。

(2) 按计数值的增减方式。计数器的基本逻辑功能是对输入的时钟脉冲个数进行计数。按计数时的数字增减方式可以分为加法计数器、减法计数和可逆计数器(或称为加/减计数器)。加法计数器对输入脉冲进行数字的递增计数,而减法计数器则进行递减计数,既能递增计数又能递减计数的称为可逆计数器。可逆计数器通常设置有控制方式信号端,以进行加/减工作方式的选择。

(3) 按计数值的编码方式。计数器的用途不同,其采用的编码方式也不尽相同。最常用的是二进制编码方式,其他的如采用 BCD 编码的二-十进制计数器等。

(4) 按计数器容量。计数器按计数容量可分为三大类:(n 位)二进制计数器、十进制计数器和 N 进制计数器。计数器的最大计数容量取决于包含的触发器个数。如果一个计数器包含 n 个触发器,理论上最大计数容量为 2^n,按 2^n 容量工作的计数器统称为((n 位)二进制计数器。例如,最大计数容量为 16 时,称为 4 位二进制计数器,也可简称为十六进制计数器。

实际上,通过修改某种计数器的内部或外部电路,可以让计数器不按照最大计数容量工作。最具代表性的也最常用的就是十进制计数器,其内部也要包含 4 个触发器。除了二进制和十进制之外,其他统称 N 进制计数器,它可在前两种计数器的基础上实现。

6.5.2.1　同步计数器结构组成及原理

本节将介绍 4 种同步计数器的组成及工作原理,分别是 4 位二进制加法计数器、4 位二进制减法计数器、4 位二进制加/减计数器和十进制加法计数器。

1. 同步 4 位二进制加法计数器

同步二进制计数器通常由 T 触发器构成。4 位二进制加法计数器中包含 4 个 T 触发器,每个触发器的状态代表计数值的一位,因此可完成 4 位二进制的加法计数。

加法计数器是对输入的时钟脉冲进行递增计数,根据二进制加法的运算规则,最低位触发器在每个计数脉冲输入之后都要翻转。而对于高位触发器,只有当低位触发器状态全部为 1 时,再输入计数脉冲它才会翻转,否则状态不变。对于 T 触发器,当 T 端为 1 时可完成状态翻转功能。

由此,4 位二进制加法计数器中各触发器的驱动方程(T 表达式)可表示为

$$
\begin{cases}
T_0 = 1 \\
T_i = Q_{i-1} \cdot Q_{i-2} \cdots Q_0 \quad (i = 1, 2, 3)
\end{cases}
\tag{6-19}
$$

对于其他 n 位二进制计数器的 T 表达式也可按照式(6-19)进行扩展。按此规律即可以设计出各 n 位二进制加法计数器。

1) 电路结构

图 6-44 给出了 4 位二进制加法计数器的电路图,其中的 T 触发器是在 JK 触发器基础上构成的(J、K 端相连)。由于是同步时序电路,所以各触发器的时钟端并联到一起,并且在 CLK 下降沿触发。

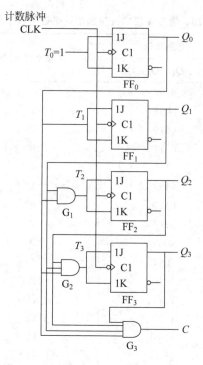

图 6-44　同步 4 位二进制加法计数器

2) 电路原理分析

下面按照时序电路的分析方法对该计数器的工作原理和功能进行分析。

(1) 根据电路图列出相关方程。

① 触发器驱动方程。T 触发器只有一个激励信号端,各触发器驱动方程如下(注意标号区别)。

$$\begin{cases} \text{FF}_0: T_0 = 1 \\ \text{FF}_1: T_1 = Q_0 \\ \text{FF}_2: T_2 = Q_1 Q_0 \\ \text{FF}_3: T_3 = Q_2 Q_1 Q_0 \end{cases}$$

② 计数器电路的状态方程。将上述驱动方程分别代入到 T 触发器的标准特性方程 $(Q^* = TQ' + T'Q)$ 中,整理后得到次态方程,即电路的状态方程。

$$\begin{cases} \text{FF}_0: Q_0^* = Q_0' \\ \text{FF}_1: Q_1^* = Q_0 Q_1' + Q_0' Q_1 \\ \text{FF}_2: Q_2^* = Q_0 Q_1 Q_2' + (Q_0 Q_1)' Q_2 \\ \text{FF}_3: Q_3^* = Q_0 Q_1 Q_2 Q_3' + (Q_0 Q_1 Q_2)' Q_3 \end{cases}$$

③ 输出方程: $C = Q_3 Q_2 Q_1 Q_0$。

(2) 列状态转换表、状态转换图和时序图。

设电路初态为 $Q_3 Q_2 Q_1 Q_0 = 0000$,代入到状态方程和输出方程中,得到的状态转换表如表 6-20 所示,状态转换图如图 6-45 所示。

表 6-20　同步 4 位二进制加法计数器的状态转换表

CLK 顺序	电路状态 $Q_3\ Q_2\ Q_1\ Q_0$	等效十进制数	进位输出 C
0	0000	0	0
1	0001	1	0
2	0010	2	0
3	0011	3	0
4	0100	4	0
5	0101	5	0
6	0110	6	0
7	0111	7	0
8	1000	8	0
9	1001	9	0
10	1010	10	0
11	1011	11	0
12	1100	12	0
13	1101	13	0
14	1110	14	0
15	1111	15	1
16	0000	0	0

(3) 电路功能。

从状态转换表和状态转换图可以看出,4 位二进制加法计数器完成一个工作循环需要输入 16 个脉冲,分别对应 16 个状态。这些状态按照 4 位二进制数值递增的顺序进行变化,即加法计数。当状态为 1111 时,输出信号 C 为高电平,其余状态下输出低电平。

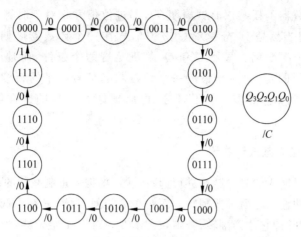

图 6-45　4 位二进制加法计数器的状态转换图

计数器的时序图如图 6-46 所示。从输出的脉冲波形周期可以看出，如果设 CLK 周期为 T_c，则 Q_0、Q_1、Q_2 和 Q_3 输出的波形周期分别为 $2T_c$、$4T_c$、$8T_c$ 和 $16T_c$。从频率角度考虑，如果设 CLK 频率为 f_c，则 Q_0、Q_1、Q_2 和 Q_3 输出的脉冲波形频率分别为 $\frac{1}{2}f_c$、$\frac{1}{4}f_c$、$\frac{1}{8}f_c$ 和 $\frac{1}{16}f_c$。由此看出计数器还具有对输入的时钟信号进行分频的功能，可作为分频器使用。上述 Q_0、Q_1、Q_2 和 Q_3 分别称为对时钟脉冲的 2 分频、4 分频、8 分频和 16 分频，这也是计数器的常用功能之一。

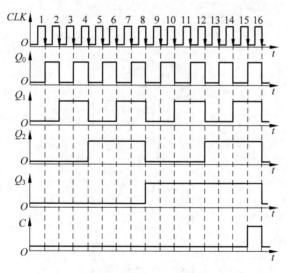

图 6-46　4 位二进制加法计数器的时序图

此外，C 端信号在计数器输入第 15 个时钟后会输出一个正脉冲，并在第 16 个时钟的下降沿结束，持续时间正好为一个时钟周期 T_c。由此，C 端的正脉冲可作为计数器电路的进位输出信号，当多个计数器级联时，C 端负责向高位计数器进位。

是不是 Q_3 也可以做进位信号来使用呢？答案是可以。作为进位信号往往有这样的特点：①周期为计数器的模乘以时钟周期 T_c，即进位信号相对于时钟信号的分频数正好是计数器的模(这里当然是 16 分频)；②进位信号在一个计数器周期内(不算开始和结束时刻)只会发生一次变化。显然 C 和 Q_3 都满足这两个条件，而且进位标志都是下降沿。但 C 和 Q_3 不同的是，对应于最后一个计数状态信号电平的持续时间长度不同。C 只持续一个脉冲周期，Q_3 更多。为了区分，可以把像 C 一样的进位信号称为标准的进位信号。

2. 同步 4 位二进制减法计数器

减法计数器是对输入的时钟脉冲进行递减计数，根据二进制减法的运算规则，最低位触发器在每个计数脉冲输入之后都要翻转。而对于高位触发器，只有当低位触发器状态全部为 0 时，再输入计数脉冲它才会翻转，否则状态不变。对于 T 触发器，当 T 端为 1 时可完成状态翻转功能。

由此，4 位二进制减法计数器中各触发器的驱动方程(T 表达式)可表示为

$$\begin{cases} T_0 = 1 \\ T_i = Q'_{i-1} \cdot Q'_{i-2} \cdots Q'_0 \end{cases} \tag{6-20}$$

对于其他 n 位二进制减法计数器的 T 表达式也可按照式(6-20)进行扩展。按此规律即可以设计出 n 位二进制减法计数器。

图 6-47 给出了 4 位二进制减法计数器的电路图，其中的 T 触发器是在 JK 触发器基础上构成的(J、K 端相连)。由于是同步时序电路，所以各触发器的时钟端并联到一起，并且在 CLK 下降沿触发。

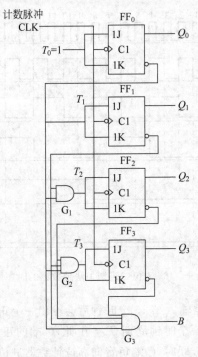

图 6-47　同步 4 位二进制减法计数器图

它的分析方法和步骤同前面介绍的内容一致,这里只列出输出方程:

$$B = Q_3'Q_2'Q_1'Q_0' \tag{6-21}$$

由于是减法计数器,B 可以作为借位信号。当 $Q_3Q_2Q_1Q_0 = 0000$ 时,B 为高电平。

图 6-48 给出了状态转换图。注意,电路上电后的初始状态仍然是 0000(电路上电状态),第 1 个脉冲输入后,递减为 1111(15);随后一直按照二进制递减的规则进行状态转换,第 16 个脉冲后,又递减到初始状态 0000,此时借位信号 B 输出 1。此外,电路能自启动。

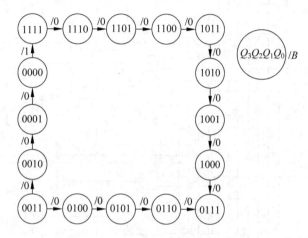

图 6-48 4 位二进制减法计数器的状态转换图

3. 同步 4 位二进制加/减计数器(可逆计数器)

加/减计数器也称为可逆计数器,它既能进行递增计数,也能进行递减计数。图 6-49 给出了 4 位二进制加/减计数器的电路图,它可以看作图 6-44 的加法计数器和图 6-47 的减法计数器电路的合并,并引入了加/减计数控制信号 U'/D。

当电路处于正常计数工作状态时,各触发器的驱动方程可写为

$$\begin{cases} T_0 = 1 \\ T_1 = (U'/D)'Q_0 + (U'/D)Q_0' \\ T_2 = (U'/D)'(Q_1Q_0) + (U'/D)(Q_1'Q_0') \\ T_3 = (U'/D)'(Q_2Q_1Q_0) + (U'/D)(Q_2'Q_1'Q_0') \end{cases} \tag{6-22}$$

可以看出,当 $U'/D = 0$ 时,式(6-22)与式(6-19)相同,计数器将进行加法计数;当 $U'/D = 1$ 时,式(6-22)与式(6-20)相同,计数器将进行减法计数。

该电路结构代表一种集成加/减计数器,型号为 74191。

4. 同步十进制加法计数器

同步十进制加法计数器的一个工作循环包括 10 个状态 0000~1001,因此可在 4 位二进制计数器电路基础上修改得到十进制计数器电路。

图 6-50 给出了十进制加法计数器电路图,由 4 个 T 触发器构成。根据此电路图列出电路的驱动方程为

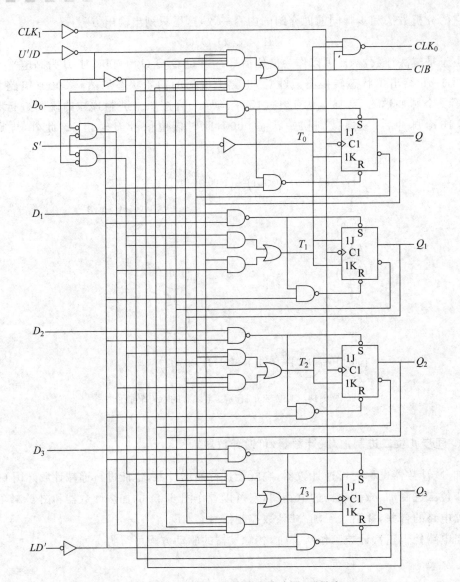

图 6-49　同步 4 位二进制加碱计数器电路图(型号为 74191)

$$\begin{cases} FF_0: & T_0 = 1 \\ FF_1: & T_1 = Q'_3 Q_0 \\ FF_2: & T_2 = Q_1 Q_0 \\ FF_3: & T_3 = Q_2 Q_1 Q_0 + Q_3 Q_0 \end{cases} \tag{6-23}$$

将上述驱动方程分别代入到 T 触发器的特性方程,可得到电路的状态方程为

$$\begin{cases} FF_0: & Q_0^* = Q'_0 \\ FF_1: & Q_1^* = Q_0 Q'_3 Q'_1 + (Q_0 Q'_3)' Q_1 \\ FF_2: & Q_2^* = Q_0 Q_1 Q'_2 + (Q_0 Q_1)' Q_2 \\ FF_3: & Q_3^* = (Q_0 Q_1 Q_2 + Q_0 Q_3) Q'_3 + (Q_0 Q_1 Q_2 + Q_0 Q_3)' Q_3 \end{cases} \tag{6-24}$$

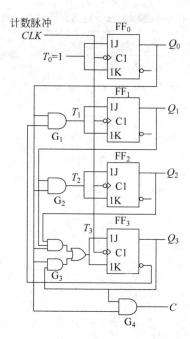

图 6-50 同步十进制加法计数器电路图

电路的进位输出方程为

$$C = Q_3 Q_0 \tag{6-25}$$

设电路的初态为 $Q_3 Q_2 Q_1 Q_0 = 0000$，循环代入状态方程和输出方程中，得到电路的状态转换表和状态转换图，分别如表 6-21 和图 6-51 所示。可以看出，0000~1001 这 10 个状态构成了计数器的有效工作循环，可以分别对应输入的 10 个时钟脉冲，因此可作为十进制加法计数器。当状态运行到 1001 时，C 端输出高电平。

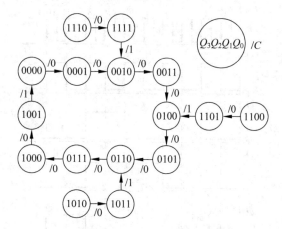

图 6-51 十进制加法计数器电路的状态转换图

此外，该电路能够自启动，从 6 个无效态（1010~1111）中的任何一个出发，最终都能回到有效循环中。

表 6-21 十进制加法计数器电路的状态转换表

计 数 顺 序	电 路 状 态				等效十进制数	输出 C
	Q_3	Q_2	Q_1	Q_0		
0	0	0	0	0	0	0
1	0	0	0	1	1	0
2	0	0	1	0	2	0
3	0	0	1	1	3	0
4	0	1	0	0	4	0
5	0	1	0	1	5	0
6	0	1	1	0	6	0
7	0	1	1	1	7	0
8	1	0	0	0	8	0
9	1	0	0	1	9	1
10	0	0	0	0	0	0
0	1	0	1	0	10	0
1	1	0	1	1	11	1
2	0	1	1	0	6	0
0	1	1	0	0	12	0
1	1	1	0	1	13	1
2	0	1	0	0	4	0
0	1	1	1	0	14	0
1	1	1	1	1	15	1
2	0	0	1	0	2	0

图 6-52 所示为十进制加法计数器电路的时序图,进位信号 C 在计数器输入第 9 个时钟后会输出一个正脉冲,并在第 10 个时钟的下降沿结束,持续时间正好为一个时钟周期 T_c。

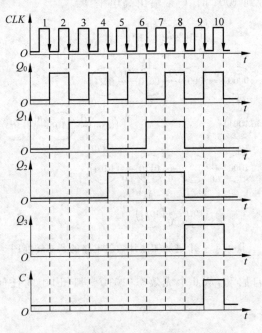

图 6-52 十进制加法计数器电路的时序图

6.5.2.2 异步计数器结构组成及原理

本节将以异步加法计数器为例,介绍异步计数器的电路结构特点和工作原理。

异步加法计数器在进行计数时,采取从低位到高位的串行进位方式工作,各个触发器不是同时翻转的。图 6-53 给出了异步 3 位二进制加法计数器的电路,其中包括三个 JK 触发器,令 $J=K=1$ 接成只具有翻转功能的 T′触发器。由此,最低位触发器 FF_0 在 CLK_0 的下降沿翻转,CLK_0 为要记录的计数输入脉冲,触发器 FF_1 在时钟 CLK_1(即 Q_0)的下降沿翻转,触发器 FF_2 在时钟 CLK_2(即 Q_1)的下降沿翻转。计数值分别从三个触发器的输出端 Q_2、Q_1、Q_0 引出。

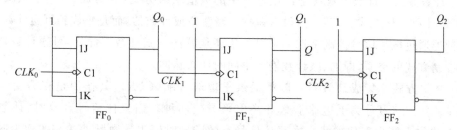

图 6-53 异步 3 位二进制加法计数器电路图

根据 T′触发器的翻转规律可画出该异步加法计数器的时序图,如图 6-54(a)所示。可以看出每 8 个时钟脉冲完成一个状态循环。如果考虑触发器的延迟时间(如图 6-54(b)所示),就会发现触发器状态变化存在延迟时间积累的问题,这限制了异步电路的工作速度。

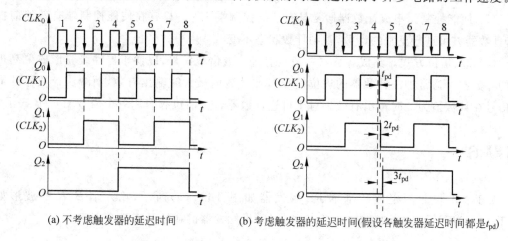

(a) 不考虑触发器的延迟时间   (b) 考虑触发器的延迟时间(假设各触发器延迟时间都是 t_{pd})

图 6-54 异步 3 位二进制加法计数器工作时序图

6.5.2.3 集成计数器

计数器在数字系统中应用非常广泛,因此半导体厂商设计、生产了各种不同功能的通用集成计数器。电子工程师在设计数字系统时,要先查阅厂商提供的器件数据手册,在了解了器件的功能特性、输入/输出关系及应用场合后,再选择合适的器件组建系统。

集成计数器种类繁多,使用时一般要了解以下几点控制功能。

(1) 时钟控制方式。所有触发器受同一时钟控制,称为同步计数方式,反之则为异步计数方式。

(2) 触发方式。计数器中所用触发器均为边沿触发方式,根据脉冲的有效边沿可分为下降沿触发和上升沿触发两种。

(3) 进制(模)。集成计数器的进制数或有效状态循环数也称为"模",是最基本的一个控制功能。常用集成计数器有二进制、八进制、十六进制等,这些从本质上都属于二进制计数器范畴。非二进制计数器有五进制、六进制和十进制等。

(4) 计数方式。计数方式就是计数过程中的数值增减方式,分为加法(递增)、减法(递减)和可逆计数三种方式。实际上,没有单独的减法集成计数器,而是集成到可逆计数器中。可逆计数器通过电平信号控制来选择是以加法还是减法方式计数。此外,可逆计数器还有双脉冲控制方式的类型,即加、减计数输入不同的计数脉冲。

(5) 复位方式。集成计数器一般都提供复位信号端(CLR),其作用是在需要时将计数值清 0。复位信号分为低电平有效和高电平有效两种。当复位信号有效时,计数器被立即清 0 的称为异步复位方式。在复位信号有效的同时还需计数脉冲参与的称为同步复位方式。

(6) 置数方式。计数器默认的初始计数状态为 0,可以通过置数端(LD)提供的功能改变初态。新初态通过器件提供的并行数据输入端加载到计数器中。置数端也分为高、低电平有效及同步、异步方式,具体含义和清零端的相关定义一样。

(7) 使能控制。集成计数器通常具有使能控制端 EN。只有在使能控制端有效的前提下,计数器方可进行正常的计数,否则计数状态不变。

(8) 进、借位方式。集成计数器一般具有进位或借位信号,以便于器件级联形成更高进制的计数器。通常加法计数器的进位信号 C 在计数值最大时输出有效,而减法计数器的借位信号在计数值为 0 时输出有效。对于可逆计数器,进、借位有时用一个信号端 C/B 表示。

习题 6

6.1　由与非门组成的基本 RS 触发器如图 T6.1(a)所示,输入端 $\overline{S}$、$\overline{R}$ 的波形如图 T6.1(b)所示。试画出输出端 Q、$\overline{Q}$ 的波形,设触发器的初始状态为 0 态。

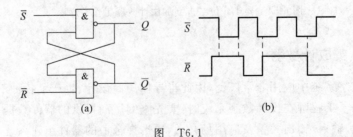

图　T6.1

6.2　由或非门组成的基本 RS 触发器如图 T6.2(a)所示,输入端 S、R 的波形如图 T6.2(b)所示。试画出输出端 Q、$\bar{Q}$ 的波形,设触发器的初始状态为 0 态。

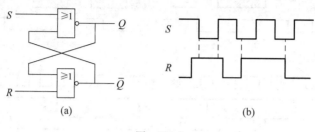

图　T6.2

6.3　同步 RS 触发器的逻辑电路和输入波形如图 T6.3 所示。画出输出端 Q、$\bar{Q}$ 的波形,设触发器的初始状态为 0 态。

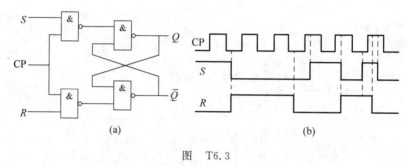

图　T6.3

6.4　如果将同步 RS 触发器的 S 和 $\bar{Q}$、R 和 Q 端相连构成新的触发器,其特性方程是什么? 在时钟脉冲 CP 的作用下,Q 端的状态怎样变化? 你认为存在什么问题?

6.5　主从 RS 触发器如图 6-7 所示,其输入信号波形如图 T6.5 所示。试画出 Q 端的波形,设触发器的初始状态为 0 态。

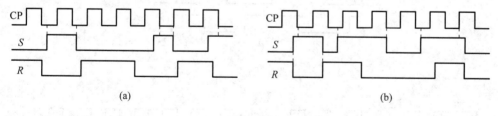

图　T6.5

6.6　主从 JK 触发器的输入波形如图 T6.6 所示,试分别画出输出端 Q 的波形,设触发器的初始状态为 0 态。

6.7　主从 JK 触发器组成如图 T6.7(a)所示的电路。已知电路的输入波形如图 T6.7(b)所示,画出 $Q_1 \sim Q_4$ 端的波形,设触发器的初始状态为 0 态。

6.8　下降沿边沿触发的 JK 触发器的输入波形如图 T6.8 所示,试画出输出端 Q 的波形,设触发器的初始状态为 0 态。

6.9　若题 6.7 中组成的电路均为边沿 JK 触发器,如图 T6.9(a)所示,而输入波形同图 T6.9(b),画出输出 $Q_1 \sim Q_4$ 端的波形,设触发器的初始状态为 0 态。

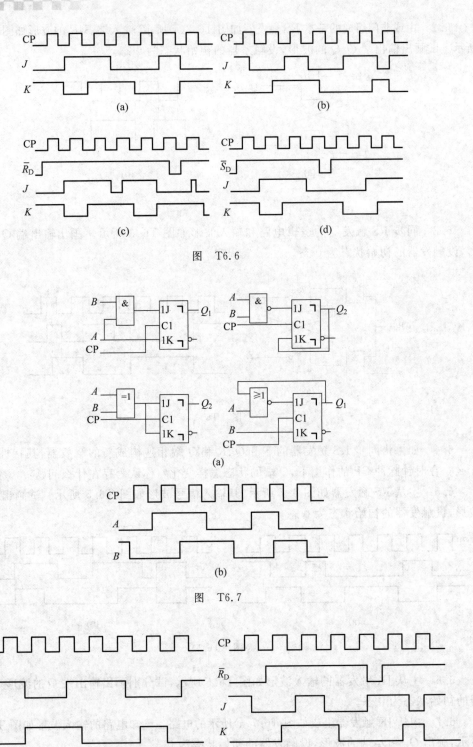

图　T6.6

图　T6.7

图　T6.8

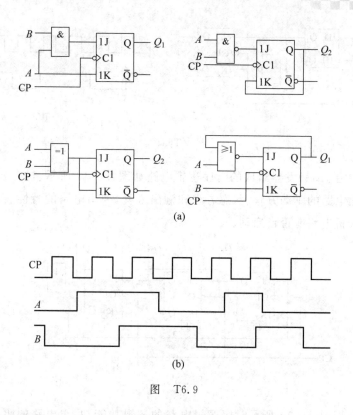

图 T6.9

6.10 时序逻辑电路如图 T6.10(a)所示,输入波形如图 T6.10(b)所示,试画出 Q_1、Q_2 的波形,设各触发器的初始状态为 0 态。

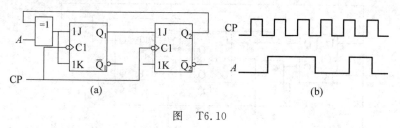

图 T6.10

6.11 时序逻辑电路如图 T6.11(a)所示,试画出在时钟脉冲作用下 Q_1、Q_2 的波形,设各触发器的初始状态为 0 态。

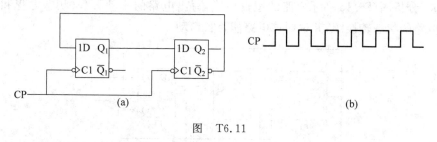

图 T6.11

6.12 由边沿 JK 触发器和边沿 D 触发器组成的时序逻辑电路如图 T6.12(a)所示,输入波形如图 T6.12(b)所示,画出 Q_1、Q_2 的波形,设各触发器的初始状态为 0 态。

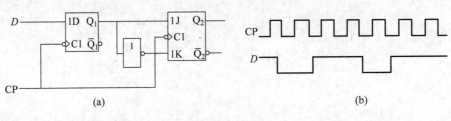

图　T6.12

6.13　由边沿 JK 触发器组成的时序逻辑电路如图 T6.13 所示,试分析该电路的逻辑功能。要求写出电路的驱动方程、状态方程和输出方程,列出电路的特性表,画出状态转换表、时序图,并分析电路能否自启动。

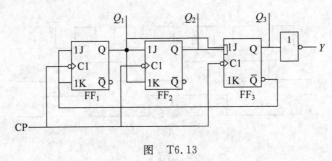

图　T6.13

6.14　试分析图 T6.14 所示时序逻辑电路的逻辑功能,写出电路的驱动方程、状态方程和输出方程,画出电路的状态转换图,并分析电路能否自启动。

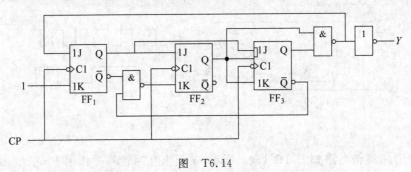

图　T6.14

6.15　分析图 T6.15 所示电路的逻辑功能,写出电路的驱动方程、状态方程和输出方程,画出电路的状态转换图,并说明该电路能否自启动。

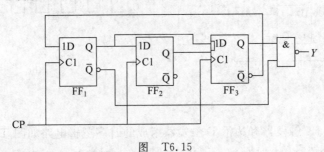

图　T6.15

6.16 图 T6.16 所示是由 JK 触发器和门电路组成的同步计数器电路。

(1) 分析该电路为几进制计数器。

(2) 画出电路的状态转换图和时序图。

(3) 说明电路能否自启动。

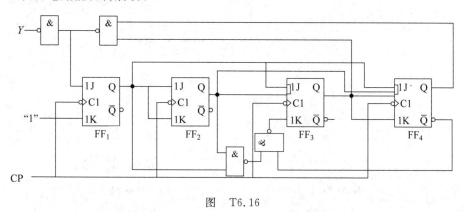

图 T6.16

6.17 试用 4 位同步二进制计数器 74LS161 设计一个同步六进制计数器,标出输入、输出端。可以附加必要的门电路。

6.18 试用同步十进制计数器 74LS160 设计一个同步五进制计数器,标出输入、输出端。可以附加必要的门电路。

6.19 用 74LS161 的复位功能搭建一个十三进制的计数器。

6.20 用 74LS161 的预置数功能搭建一个十三进制的计数器,若电路不要求从 0000 开始计数,如何搭建最简单?

6.21 分析图 T6.21 所示的计数器电路,说明这是多少进制的计数器。

6.22 试分析图 T6.22 所示计数器电路在 $M=1$ 和 $M=0$ 时各为几进制计数器。

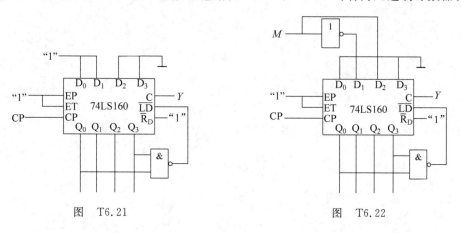

图 T6.21   图 T6.22

6.23 分析图 T6.23 所示的计数器电路,说明这是多少进制的计数器。

6.24 两片 74LS160 芯片接成如图 T6.24 所示的电路。试分析芯片(Ⅰ)和(Ⅱ)的计数长度各为多少? 采用的是哪种接法? 并分别画出它们的状态转换图。若电路作为分频器使用,则芯片(Ⅱ)的 Y 端输出的脉冲和时钟 CP 的分频比为多少?

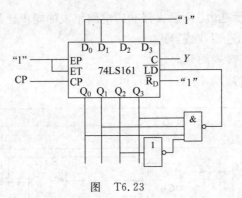

图　T6.23

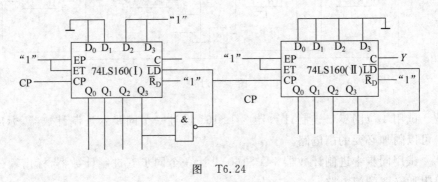

图　T6.24

6.25　用两片同步十进制计数器 74LS160 接成二十进制计数器,标出输入、输出端。可以附加必要的门电路。

第7章 半导体存储器件

半导体存储器是一些数字系统和电子计算机的重要组成部分,它用来存放数据、资料和运算程序等二进制信息。

半导体存储器的种类很多。按存储功能分,有只读存储器(Read Only Memory,ROM)和随机存储器(Random Access Memory,RAM);按构成元件分,有双极型存储器和MOS型存储器。

7.1 只读存储器

只读存储器是存储器中结构最简单的一种,它存储的信息是固定不变的。工作时,只能读出信息,不能随时写入信息,所以称为只读存储器。只读存储器常用于存储数字系统及计算机中不需改写的数据,如数据转换表及计算机操作系统程序等。ROM存储的数据不会因断电而消失,即具有非易失性。

7.1.1 ROM 的分类

ROM一般需由专用装置写入数据。按照数据写入方式特点不同,ROM可分为以下几种:

(1) 固定ROM。也称为掩膜ROM,这种ROM在制造时,厂家利用掩膜技术直接把数据写入存储器中,ROM制成后,其存储的数据也就固定不变了,用户对这类芯片无法进行任何修改。

(2) 一次性可编程ROM(PROM)。PROM在出厂时存储内容全为1(或全为0),用户可根据自己的需要,利用编程器将某些单元改写为0(或1)。PROM一旦进行了编程就不能再修改了。

(3) 光可擦除可编程ROM(EPROM)。EPROM是采用浮栅技术生产的可编程存储器,它的存储单元多采用N沟道叠栅MOS管,信息的存储是通过MOS管浮栅上的电荷分布来决定的,编程过程就是一个电荷注入过程。编程结束后,尽管撤除了电源,但是,由于绝缘层的包围,注入到浮栅上的电荷无法泄漏,因此电荷分布维持不变,EPROM也就成为非易失性存储器件了。

当外部能源(如紫外线光源)加到EPROM上时,EPROM内部的电荷分布才会被破坏,此时聚集在MOS管浮栅上的电荷在紫外线照射下形成光电流被泄漏掉,使电路恢复到初始状态,从而擦除了所有写入的信息。这样,EPROM又可以写入新的信息。

(4) 电可擦除可编程 ROM(E^2PROM)。E^2PROM 也是采用浮栅技术生产的可编程 ROM,但是构成其存储单元的是隧道 MOS 管,隧道 MOS 管也是利用浮栅是否存有电荷来存储二值数据的,不同的是隧道 MOS 管是用电擦除的,并且擦除的速度要快得多(一般为 ms 数量级)。

E^2PROM 的电擦除过程就是改写过程,它既具有 ROM 的非易失性,又具备类似 RAM 的功能,可以随时改写(可重复擦写 1 万次以上)。目前,大多数 E^2PROM 芯片内部都备有升压电路。因此,只需提供单电源供电便可进行读、擦除/写操作,这为数字系统的设计和在线调试提供了极大方便。

(5) 快闪存储器(Flash Memory)。快闪存储器的存储单元也是采用浮栅型 MOS 管,存储器中数据的擦除和写入是分开进行的,数据写入方式与 EPROM 相同,需要输入一个较高的电压,因此要为芯片提供两组电源。一个字的写入时间约为 $200\mu s$,一般一只芯片可以擦除/写入 100 次以上。

7.1.2　ROM 的结构及工作原理

1. ROM 的内部结构

图 7-1 所示是 ROM 的内部结构示意图。它是由地址译码器和存储矩阵两个主要部分组成的。

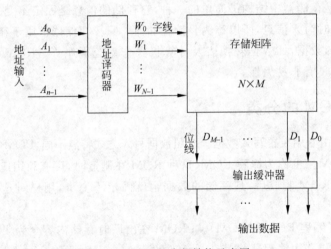

图 7-1　ROM 的内部结构示意图

存储矩阵是存储器的主体,含有大量的存储单元。一个存储单元只能存储一位二进制数码 0 或 1。通常数据和指令是用一定位数的二进制数来表示的,这个二进制数称为字,字的位数称为字长。存储器中以字为单位进行存储,即利用一组存储单元存储一个字。在存储器中,为了存入和取出信息的方便,必须给每组存储单元(字单元)以确定的标号,这个标号称为地址,不同的字单元具有不同的地址。从而在进行写入和读出信息时,便可以按照地址来选择要读、写的字单元。

在图 7-1 中,$W_0 \sim W_{N-1}$ 称为字单元的地址选择线,简称字线;而 $D_0 \sim D_{M-1}$ 称为输出信息的数据线,简称位线。存储矩阵有 N 条字线和 M 条位线,$N \times M$ 表示存储器的存储容量,即存储单元数。存储容量越大,存储的信息量就越多,存储功能也就越强。因此,存储容量是存储器的主要技术指标之一。

地址译码器的作用是根据输入的地址代码从 $W_0 \sim W_{N-1}$ 这若干条字线中选择一条字线,以确定与地址代码对相对应的一组存储单元的位置。选择哪一条字线决定于输入的是哪一个地址代码。任何时刻只能有一条字线被选中。被选中的那条字线所对应的一组存储单元中的数据经位线 $D_0 \sim D_{M-1}$ 输出。

输出端的缓冲器用来提高带负载能力,并将输出的高、低电平变换为标准的逻辑电平。通常由三态门组成输出缓冲器。

2. ROM 的基本工作原理

下面以图 7-2 所示的二极管 ROM 存储器电路说明 ROM 的工作原理。

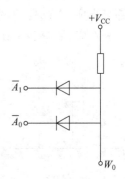

由图 7-2 可知,该二极管 ROM 电路包含两个主要部分:由二极管组成的地址译码器和存储矩阵。

1) 地址译码器

地址译码器是由二极管与门电路构成,包括两个地址代码输入端 A_0、A_1,4 个地址输出端 W_0、W_1、W_2 和 W_3,每个地址输出端和两个地址代码输入端之间是与逻辑运算关系,如图 7-3 所示。

图 7-2 二极 ROM 存储器电路

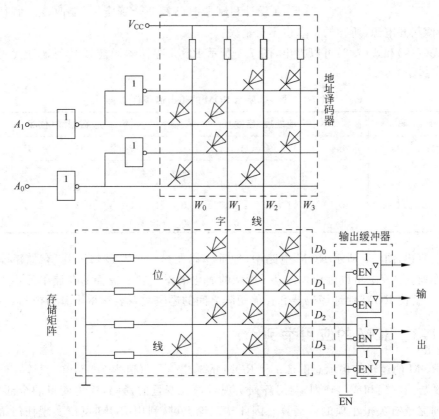

图 7-3 二极管 ROM 电路

由图 7-2 可以得出,地址译码器输出的 4 个地址与两位地址代码之间的逻辑表达式为

$$W_0 = \overline{A_1}\,\overline{A_0} \qquad W_1 = \overline{A_1}A_0$$
$$W_2 = A_1\overline{A_0} \qquad W_3 = A_1A_0 \tag{7-1}$$

由式(7-1)可知,地址译码器具有以下特点:

(1) 当输入地址代码 A_1A_0 分别为 00、01、10、11 时,字线 W_0、W_1、W_2、W_3 分别为 1,即无论 A_1A_0 为何种取值时,4 条字线中只能有一条为高电平。

(2) ROM 地址译码器的地址输出与其地址代码输入的全部最小项对应,即地址译码器的输出地址个数等于地址代码的最小项数目,并且一一对应。如两个地址代码 A_1 和 A_0 的全部最小项为 $\overline{A_1}\,\overline{A_0}$、$\overline{A_1}A_0$、$A_1\overline{A_0}$ 和 A_1A_0,共 4 个。因此地址译码器的输出地址也有 4 个,并一一对应,如图 7-3 所示。

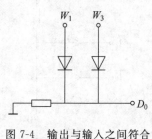

图 7-4　输出与输入之间符合
逻辑关系

2) 存储矩阵

由图 7-3 可知,该电路的存储矩阵是由二极管或门电路构成。字线 $W_0 \sim W_3$ 是输入,位线 $D_0 \sim D_3$ 是输出。输出与输入之间符合或逻辑运算,如图 7-4 所示。

由图 7-3 可以得出以下输出逻辑式:

$$D_0 = W_1 + W_3 \qquad D_1 = W_0 + W_2 + W_3$$
$$D_2 = W_1 + W_2 + W_3 \qquad D_3 = W_0 + W_2 \tag{7-2}$$

由图 7-4 可知,ROM 存储矩阵中存储的数据是根据不同需要,在设计和制造时已经完全确定,不能改变。而且信息存入后,即使断开电源,所存的信息也不会消失。

由式(7-1)和式(7-2)可以得出,图 7-3 所示 ROM 存储器内容及其与地址代码的对应关系列于表 7-1 中。

表 7-1　图 7-3 所示 ROM 的输出信号真值表

地 址 代 码		地址线（字线）				数据线（位线）			
A_1	A_0	W_3	W_2	W_1	W_0	D_3	D_2	D_1	D_0
0	0	0	0	0	1	0	1	0	1
0	1	0	0	1	0	1	0	1	0
1	0	0	1	0	0	0	1	1	1
1	1	1	0	0	0	1	1	1	0

综上所述,图 7-3 所示 ROM 电路中,地址译码器是一个与逻辑阵列,存储矩阵是一个或逻辑阵列。图 7-3 可以画成如图 7-5 所示的简化电路。有二极管的存储单元用一个黑点表示,这样就使 ROM 地址译码器和存储矩阵之间的逻辑关系表达得十分简捷和直观。

7.1.3　ROM 的应用举例

从 ROM 的逻辑结构示意图 7-3 和 ROM 的输出信号真值表 7-1 可知,只读存储器的基本部分是与门阵列和或门阵列,与门阵列实现对输入变量的译码,产生变量的全部最小项,或门阵列完成有关最小项的或运算。因此从理论上讲,利用 ROM 可以实现任何组合逻辑函数。

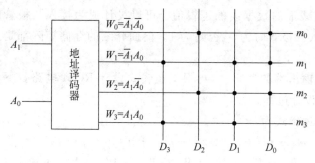

图 7-5 图 7-3 的简化画法

图 7-6 字符显示器

例 7-1 试用 ROM 设计一个 8 段字符显示译码器。字符显示器如图 7-6 所示,字符显示译码器的真值表如表 7-2 所示。

表 7-2 例 7-1 的真值表

	输 入 端				输 出 端								显 示 字 形
	D	C	B	A	a	b	c	d	e	f	g	h	
m_0	0	0	0	0	1	1	1	1	1	1	0	1	
m_1	0	0	0	1	0	1	1	0	0	0	0	1	
m_2	0	0	1	0	1	1	0	1	1	0	1	1	
m_3	0	0	1	1	1	1	1	1	0	0	1	1	
m_4	0	1	0	0	0	1	1	0	0	1	1	1	
m_5	0	1	0	1	1	0	1	1	0	1	1	1	
m_6	0	1	1	0	1	0	1	1	1	1	1	1	
m_7	0	1	1	1	1	1	1	0	0	0	0	1	
m_8	1	0	0	0	1	1	1	1	1	1	1	1	
m_9	1	0	0	1	1	1	1	1	0	1	1	1	
m_{10}	1	0	1	0	1	1	1	1	1	1	0	0	
m_{11}	1	0	1	1	0	0	1	1	1	1	1	0	
m_{12}	1	1	0	0	1	0	0	1	1	1	0	0	
m_{13}	1	1	0	1	0	1	1	1	1	0	1	0	
m_{14}	1	1	1	0	1	0	1	1	1	1	1	0	
m_{15}	1	1	1	1	1	0	0	0	1	1	1	0	

解 由表 7-2 所示的 8 段字符显示译码器的真值表可知,应取输入地址为 4 位、输出数据为 8 位的 ROM 来实现这个显示译码器的组合逻辑电路。该 ROM 的存储容量为 $2^4 \times 8 = 16 \times 8$。用 ROM 的地址输入端 $A_0 \sim A_3$ 作为译码器的输入端 $A \sim D$;用 ROM 的数据输出端 $D_0 \sim D_7$ 作为译码器的输出端 $a \sim h$,如图 7-7 所示。

由前面的学习可知,地址译码器电路是"与"门阵列,数据线 $W_0 \sim W_{15}$ 分别与地址输入端 $A_0 \sim A_3 (A \sim D)$ 的最小项 $m_0 \sim m_{15}$ 一一对应。而存储矩阵电路是"或"门阵列,ROM 的数据输出端(位线) $D_0 \sim D_7$ 是各数据线 $W_0 \sim W_{15}$ 的或运算。根据 ROM 的数据线和位线的交叉点上是否接入二极管确定该位线上的数据线的逻辑值。可以设计成为接入二极管时为1,否则为0;也可以设计成为接入二极管时为0,否则为1。前面介绍的存储矩阵都是按照第一种情况设计。

根据真值表 7-2 可以写出各输出端的逻辑式,再根据逻辑式设计 ROM 电路。下面以输出端 a 为例介绍 ROM 电路的设计过程。

根据真值表写出输出端 a 的逻辑式为

$$a = m_0 + m_2 + m_3 + m_5 + m_6 + m_7 + m_8 + m_9 + m_{10} + m_{12} + m_{14} + m_{15}$$
$$= W_0 + W_2 + W_3 + W_5 + W_6 + W_7 + W_8 + W_9 + W_{10} + W_{12} + W_{14} + W_{15} \quad (7\text{-}3)$$

根据式(7-3),在式(7-3)中出现的各数据线与位线 $a(D_0)$ 的交叉点处接入二极管(按接入二极管为 1 设计),如图 7-7 所示。黑点"·"表示接入二极管。

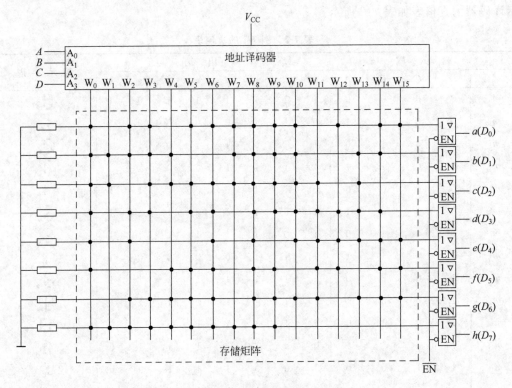

图 7-7　例 7-1 的 ROM 电路(接入二极管为 1)

按照同样的方法,可以设计其他输出端的电路,如图 7-7 所示。

由表 7-2 可见,数据中 1 的数目比 0 的数目多得多,如果按照接入二极管为 1 设计,则需要大量的二极管,如图 7-7 所示。这样既浪费器件,又提高了成本。因此,在这种情况下,通常在存储矩阵中采用接入二极管表示 0 的方案设计,如图 7-8 所示。

例 7-2　试用 ROM 实现下列函数:

$$Y_1 = \overline{A}\overline{B}C + \overline{A}B\overline{C} + A\overline{B}\overline{C} + ABC$$

$$Y_2 = BC + CA$$

$$Y_3 = \overline{A}\overline{B}\overline{C}\overline{D} + \overline{A}\overline{B}CD + \overline{A}BC\overline{D} + A\overline{B}\overline{C}D + AB\overline{C}\overline{D} + ABCD$$

$$Y_4 = ABC + ABD + ACD + BCD$$

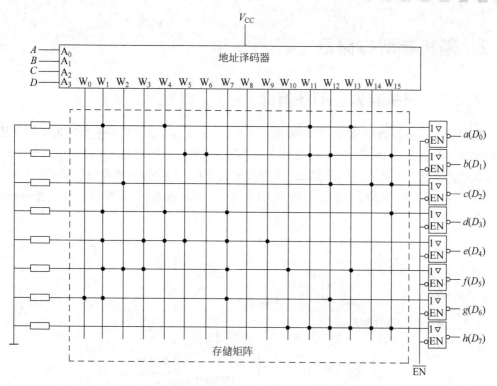

图 7-8　例 7-1 的 ROM 电路(接入二极管为 0)

解　可以看出,4 个函数中共包含了 4 个自变量 A、B、C、D,因此可以用有 4 个地址输入 $A_0 \sim A_3$ 和 4 个数据输出 $D_0 \sim D_3$ 的 ROM 来实现上述 4 个组合逻辑函数。定义 ROM 的地址输入 $A_0 \sim A_3$ 分别与函数中的自变量 A、B、C、D 对应,ROM 的数据输出端 $D_0 \sim D_3$ 分别与 4 个函数的因变量 $Y_1 \sim Y_4$ 对应。

(1) 将各函数写成最小项之和的标准形式。

$$Y_1 = \sum m(2,3,4,5,8,9,14,15) \qquad Y_2 = \sum m(6,7,10,11,14,15)$$

$$Y_3 = \sum m(0,3,6,9,12,15) \qquad\qquad Y_4 = \sum m(7,11,13,14,15)$$

(2) 选用 16×4 位 ROM,画存储矩阵连线图(如图 7-9 所示)。

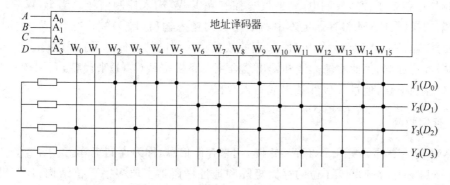

图 7-9　例 7-2 的 ROM 存储矩阵连线

7.2   随机存取存储器

7.2.1   随机存取存储器简介

随机存取存储器简称 RAM,也叫做读写存储器,它可随时从任何一个指定地址的存储单元中取出(读出)数据,也可以随时将数据存入(写入)任何一个指定地址的存储单元中。RAM的最大优点是读写方便,但 RAM 的缺点是数据的易失性,一旦掉电,所存的数据全部丢失。

如图 7-10 所示,RAM 由地址译码器、存储矩阵、控制电路(读写控制和片选控制)等几部分组成。

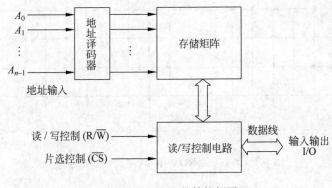

图 7-10   RAM 的结构框图

与 ROM 类似,RAM 的地址译码器也是用来实现地址码 $A_{n-1}A_{n-2}\cdots A_0$ 与地址选择线的对应关系,一个地址码对应着一条地址选择线。当某条地址选择线被选中时,与该线相联系的存储单元就与数据线相通,实现读或写的操作。

与 ROM 类似,RAM 的存储矩阵也是由许多存储单元构成,每个存储单元存储一位二进制数。与 ROM 存储单元不同的是,RAM 存储单元中的数据不是预先固定的,而是取决于外部输入的信息。

由于 RAM 不仅能读数据,还能写数据,这就需要读写控制电路来进行协调。因此RAM 芯片中包含了读写控制电路,由读写控制端 $R/\overline{W}$ 输入控制信号。当 $R/\overline{W}=1$ 时,执行读数据的操作,RAM 将存储矩阵中的数据送到输入输出(I/O)端;当 $R/\overline{W}=0$ 时,执行写数据的操作,RAM 将输入输出(I/O)端的数据写入相应的存储单元。因为在同一时间只能读数据或写数据,因此将输入线和输出线合用一条数据线(I/O)来代替,利用读写控制信号和读写控制电路,通过 I/O 线读出或写入数据。

1. 存储矩阵

RAM 的核心部分是一个寄存器矩阵,用来存储信息,称为存储矩阵。

图 7-11 所示是 1024×1 位的存储矩阵和地址译码器。属多字 1 位结构,1024 个字排列成 32×32 的矩阵,中间的每一个小方块代表一个存储单元。为了存取方便,给它们编上号,32 行编号为 $X_0,X_1,\cdots,X_{31}$,32 列编号为 $Y_0,Y_1,\cdots,Y_{31}$。这样每一个存储单元都有了

一个固定的编号(X_i 行、Y_j 列),称为地址。

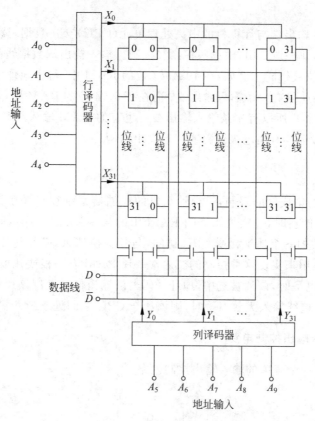

图 7-11 1024×1 位 RAM 的存储矩阵

2. 地址译码器

地址译码器的作用是将寄存器地址所对应的二进制数译成有效的行选信号和列选信号,从而选中该存储单元。

存储器中的地址译码器常用双译码结构。上例中,行地址译码器用 5 输入 32 输出的译码器,地址线(译码器的输入)为 $A_0, A_1, \cdots, A_4$,输出为 $X_0, X_1, \cdots, X_{31}$;列地址译码器也用 5 输入 32 输出的译码器,地址线(译码器的输入)为 $A_5, A_6, \cdots, A_9$,输出为 $Y_0, Y_1, \cdots, Y_{31}$,这样共有 10 条地址线。例如,输入地址码 $A_9 A_8 A_7 A_6 A_5 A_4 A_3 A_2 A_1 A_0 = 0000000001$,则行选线 $X_1 = 1$、列选线 $Y_0 = 1$,选中第 X_1 行第 Y_0 列的那个存储单元,从而对该寄存器进行数据的读出或写入。

3. 读写控制

访问 RAM 时,对被选中的寄存器,究竟是读还是写,通过读写控制线进行控制。如果是读,则被选中单元存储的数据经数据线、输入输出线传送给 CPU;如果是写,则 CPU 将数据经过输入输出线、数据线存入被选中单元。

一般 RAM 的读写控制线高电平为读,低电平为写;也有的 RAM 读写控制线是分开的,一根为读,另一根为写。

4. 输入输出

RAM 通过输入输出端与计算机的中央处理单元(CPU)交换数据,读出时它是输出端,写入时它是输入端,即一线二用,由读写控制线控制。输入输出端数据线的条数与一个地址中所对应的寄存器位数相同。例如,在 1024×1 位的 RAM 中,每个地址中只有一个存储单元(一位寄存器),因此只有一条输入输出线;而在 256×4 位的 RAM 中,每个地址中有 4 个存储单元(4 位寄存器),所以有 4 条输入输出线。也有的 RAM 输入线和输出线是分开的。RAM 的输出端一般都具有集电极开路或三态输出结构。

5. 片选控制

由于受 RAM 的集成度的限制,一台计算机的存储器系统往往是由许多片 RAM 组合而成。CPU 访问存储器时,一次只能访问 RAM 中的某一片(或几片),即存储器中只有一片(或几片)RAM 中的一个地址接受 CPU 访问,与其交换信息,而其他片 RAM 与 CPU 不发生联系,片选就是用来实现这种控制的。通常一片 RAM 有一根或几根片选线,当某一片的片选线接入有效电平时,该片被选中,地址译码器的输出信号控制该片某个地址的寄存器与 CPU 接通;当片选线接入无效电平时,则该片与 CPU 之间处于断开状态。

6. RAM 的输入输出控制电路

图 7-12 给出了一个简单的输入输出控制电路。

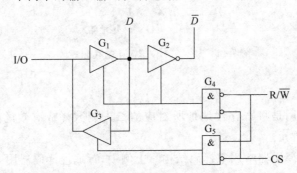

图 7-12　输入输出控制电路

当片选信号 CS=1 时,G_5、G_4 输出为 0,三态门 G_1、G_2、G_3 均处于高阻状态,输入输出(I/O)端与存储器内部完全隔离,存储器禁止读写操作,即不工作。

当 CS=0 时,芯片被选通:

当 R/$\overline{W}$=1 时,G_5 输出高电平,G_3 被打开,于是被选中的单元所存储的数据出现在 I/O 端,存储器执行读操作。

当 R/$\overline{W}$=0 时,G_4 输出高电平,G_1、G_2 被打开,此时加在 I/O 端的数据以互补的形式出现在内部数据线上,并被存入到所选中的存储单元,存储器执行写操作。

7. RAM 的工作时序

为保证存储器准确无误地工作,加到存储器上的地址、数据和控制信号必须遵守几个时间边界条件。

图 7-13 所示为 RAM 读出过程的定时关系。

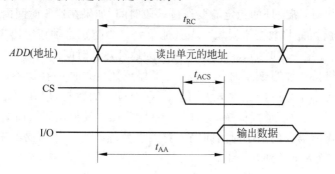

图 7-13　RAM 读操作时序图

读出操作过程如下：

① 将要读出单元的地址加到存储器的地址输入端。

② 加入有效的片选信号 CS。

③ 在 $R/\overline{W}$ 线上加高电平，经过一段延时后，所选择单元的内容出现在 I/O 端。

④ 让片选信号 CS 无效，I/O 端呈高阻态，本次读出过程结束。

由于地址缓冲器、译码器及输入输出电路存在延时，在地址信号加到存储器上之后，必须等待一段时间 t_{AA} 数据才能稳定地传输到数据输出端，这段时间称为地址存取时间。如果在 RAM 的地址输入端已经有稳定地址的条件下，加入片选信号，从片选信号有效到数据稳定输出，这段时间间隔记为 t_{ACS}。显然，在进行存储器读操作时，只有在地址和片选信号加入，且分别等待 t_{AA} 和 t_{ACS} 以后，被读单元的内容才能稳定地出现在数据输出端，这两个条件必须同时满足。图中 t_{RC} 为读周期，它表示该芯片连续进行两次读操作必需的时间间隔。

写操作的定时波形如图 7-14 所示。

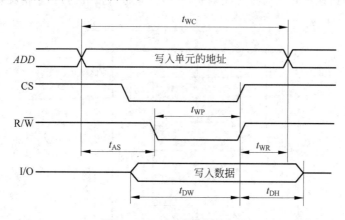

图 7-14　RAM 写操作时序图

写操作过程如下：

① 将要写入单元的地址加到存储器的地址输入端。

② 在片选信号 CS 端加上有效电平，使 RAM 选通。

③ 将待写入的数据加到数据输入端。

④ 在 R/$\overline{\text{W}}$ 线上加入低电平,进入写工作状态。

⑤ 使片选信号无效,数据输入线回到高阻状态。

由于地址改变时,新地址的稳定需要经过一段时间,如果在这段时间内加入写控制信号(即 R/$\overline{\text{W}}$ 变低),就可能将数据错误地写入其他单元。为防止这种情况出现,在写控制信号有效前,地址必须稳定一段时间 t_{AS},这段时间称为地址建立时间。同时在写信号失效后,地址信号至少还要维持一段写恢复时间 t_{WR}。为了保证速度最慢的存储器芯片的写入,写信号有效的时间不得小于写脉冲宽度 t_{WP}。此外,对于写入的数据,应在写信号 t_{DW} 时间内保持稳定,且在写信号失效后继续保持 t_{DH} 时间。在时序图中还给出了写周期 t_{WC},它反映了连续进行两次写操作所需要的最小时间间隔。对大多数静态半导体存储器来说,读周期和写周期是相等的,一般为十几到几十纳秒。

7.2.2　RAM 的存储单元

存储单元是存储器的核心部分。按工作方式不同可分为静态和动态两类;按所用元件类型又可分为双极型和 MOS 型两种,因此存储单元电路形式多种多样。

1. 六管 NMOS 静态存储单元

它由 6 只 NMOS 管($T_1 \sim T_6$)组成。T_1 与 T_2 构成一个反相器,T_3 与 T_4 构成另一个反相器,两个反相器的输入与输出交叉连接,构成基本触发器,作为数据存储单元。

T_1 导通、T_3 截止为 0 状态,T_3 导通、T_1 截止为 1 状态。

T_5、T_6 是门控管,由 X_i 线控制其导通或截止,它们用来控制触发器输出端与位线之间的连接状态。T_7、T_8 也是门控管,其导通与截止受 Y_j 线控制,它们是用来控制位线与数据线之间连接状态的,工作情况与 T_5、T_6 类似。但并不是每个存储单元都需要这两只管子,而是一列存储单元用两只(如图 7-15 所示)。所以,只有当存储单元所在的行、列对应的 X_i、Y_j 线均为 1 时,该单元才与数据线接通,才能对它进行读或写,这种情况称为选中状态。

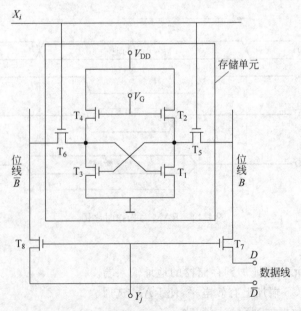

图 7-15　六管 NMOS 静态存储单元

2. 双极型晶体管存储单元

图 7-16 是一个双极型晶体管存储单元电路,它用两只多发射极三极管和两只电阻构成一个触发器,一对发射极接在同一条字线上,另一对发射极分别接在位线 B 和 $\bar{B}$ 上。

在维持状态,字线电位约为 0.3V,低于位线电位(约 1.1V),因此存储单元中导通管的电流由字线流出,而与位线连接的两个发射结处于反偏状态,相当于位线与存储器断开。处于维持状态的存储单元可以是 T_1 导通、T_2 截止(称为 0 状态),也可以是 T_2 导通、T_1 截止(称为 1 状态)。

当单元被选中时,字线电位被提高到 2.2V 左右,位线的电位低于字线,于是导通管的电流转而从位线流出。

如果要读出,只要检测其中一条位线有无电流即可。例如,可以检测位线 $\bar{B}$,若存储单元为 1 状态,则 T_2

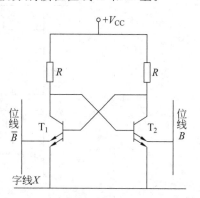

图 7-16 双极型晶体管存储单元

导通,电流由 $\bar{B}$ 线流出,经过读出放大器转换为电压信号,输出为 1;若存储单元为 0 状态,则 T_2 截止,$\bar{B}$ 线中无电流,读出放大器无输入信号,输出为 0。

如果要写入 1,则存储器输入端的 1 信号通过写入电路使 $B=1$、$\bar{B}=0$,将位线 B 切断(无电流),迫使 T_1 截止,T_2 导通,T_2 的电流由位线 $\bar{B}$ 流出。当字线恢复到低电平后,T_2 电流再转向字线,而存储单元状态不变,这样就完成了写 1;若要写 0,则令 $B=0$、$\bar{B}=1$,使位线 $\bar{B}$ 切断,迫使 T_2 截止、T_1 导通。

3. 四管动态 MOS 存储单元

动态 MOS 存储单元存储信息的原理是利用 MOS 管栅极电容具有暂时存储信息的作用。由于漏电流的存在,栅极电容上存储的电荷不可能长久保持不变,因此为了及时补充漏掉的电荷,避免存储信息丢失,需要定时地给栅极电容补充电荷,通常把这种操作称作刷新或再生。

图 7-17 所示是四管动态 MOS 存储单元电路。T_1 和 T_2 交叉连接,信息(电荷)存储在 C_1、C_2 上。C_1、C_2 上的电压控制 T_1、T_2 的导通或截止。当 C_1 充有电荷(电压大于 T_1 的开启电压),C_2 没有电荷(电压小于 T_2 的开启电压)时,T_1 导通、T_2 截止,则称此时存储单元为 0 状态;当 C_2 充有电荷,C_1 没有电荷时,T_2 导通、T_1 截止,则称此时存储单元为 1 状态。T_3 和 T_4 是门控管,控制存储单元与位线的连接。

T_5 和 T_6 组成对位线的预充电电路,并且被一列中所有存储单元共用。在访问存储器开始时,T_5 和 T_6 栅极上加"预充"脉冲,T_5、T_6 导通,位线 B 和 $\bar{B}$ 被接到电源 V_{DD} 而变为高电平。当预充脉冲消失后,T_5、T_6 截止,位线与电源 V_{DD} 断开,但由于位线上分布电容 C_B 和 $C_{\bar{B}}$ 的作用,可使位线上的高电平保持一段时间。

在位线保持为高电平期间,当进行读操作时,X 线变为高电平,T_3 和 T_4 导通,若存储单元原来为 0 态,即 T_1 导通、T_2 截止,G_2 点为低电平,G_1 点为高电平,此时 C_B 通过导通的 T_3 和 T_1 放电,使位线 B 变为低电平,而由于 T_2 截止,虽然此时 T_4 导通,位线 $\bar{B}$ 仍保持为高电平,这样就把存储单元的状态读到位线 B 和 $\bar{B}$ 上。如果此时 Y 线也为高电平,则 B、$\bar{B}$ 的信

V_{DD}
T_5
T_6
预充脉冲
X
T_4
T_3
G_2
G_1
T_2
T_1
位线 $\overline{B}$
位线 B
C_2
C_1
C_B
$C_{\overline{B}}$
$\overline{D}$
D
Y

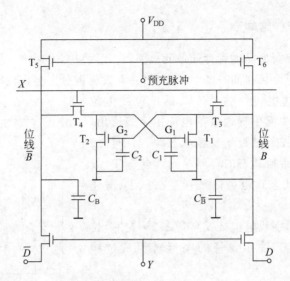

图 7-17　四管动态 MOS 存储单元

号将通过数据线被送至 RAM 的输出端。

位线的预充电电路起什么作用呢？在 T_3、T_4 导通期间，如果位线没有事先进行预充电，那么位线 $\overline{B}$ 的高电平只能靠 C_1 通过 T_4 对 C_B 充电建立，这样 C_1 上将要损失掉一部分电荷。由于位线上连接的元件较多，C_B 甚至比 C_1 还要大，这就有可能在读一次后便破坏了 G_1 的高电平，使存储的信息丢失。采用预充电电路后，由于位线 $\overline{B}$ 的电位比 G_1 的电位还要高一些，所以在读出时，C_1 上的电荷不但不会损失，反而还会通过 T_4 对 C_1 再充电，使 C_1 上的电荷得到补充，即进行一次刷新。

当进行写操作时，RAM 的数据输入端通过数据线、位线控制存储单元改变状态，把信息存入其中。

由于受 RAM 的集成度限制，一片 RAM 芯片所能存储的信息量是有限的，在实际使用中，一个存储器往往是由多片 RAM 组合而成的。访问存储器时，一次只能访问 RAM 中的某一片(或几片)，即存储器中只有一片(或几片)RAM 中的一个地址接受访问，与其交换信息，而其他 RAM 则处于不工作状态，片选就是用来实现这种控制的。当某一片的片选控制端输入有效电平(如 $\overline{CS}=0$)时，该片被选中，该片 RAM 的输入输出端与外部总线接通，交换数据。当片选控制端输入无效电平(如 $\overline{CS}=1$)时，该片不工作，该片 RAM 的输入输出端呈现高阻状态，不能与总线交换数据。

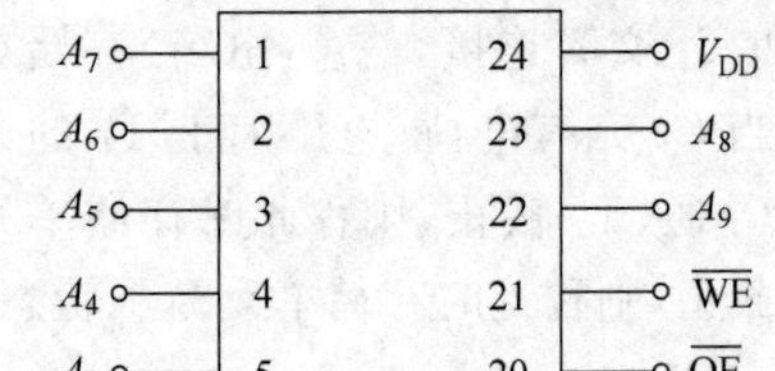

A_7 1
A_6 2
A_5 3
A_4 4
A_3 5
A_2 6
A_1 7
A_0 8
D_0 9
D_1 10
D_2 11
GND 12
6116
24 V_{DD}
23 A_8
22 A_9
21 $\overline{WE}$
20 $\overline{OE}$
19 A_{10}
18 $\overline{CS}$
17 D_7
16 D_6
15 D_5
14 D_4
13 D_3

图 7-18　静态 RAM 6116 引脚排列

图 7-18 所示是 2K×8 位静态 CMOS RAM 6116 的引脚排列。$A_0 \sim A_{10}$ 是地址码输入端，$D_0 \sim D_7$ 是数据输出端，$\overline{CS}$是片选端，$\overline{OE}$是输出使能端，$\overline{WE}$是写入控制端。

表 7-3 所列是静态 RAM 6116 的工作方式与控制

信号之间的关系,读出和写入线是分开的,而且写入优先。

表 7-3 静态 RAM 6116 工作方式与控制信号之间的关系

$\overline{CS}$	$\overline{OE}$	$\overline{WE}$	$A_0 \sim A_{10}$	$D_0 \sim D_{10}$	工 作 状 态
1	×	×	×	高阻态	低功耗维持
0	0	1	稳定	输出	读
0	×	0	稳定	输入	写

7.3 存储器容量的扩展

当一片 ROM 或 RAM 不能满足存储容量或字数、位数的要求时,需要将多片存储器芯片组合起来,形成一个容量更大的存储器。

7.3.1 半导体存储器的主要技术指标

1. 存储容量

① 用字数×位数表示,以位为单位。常用来表示存储芯片的容量,如 1K×4 位,表示该芯片有 1K 个单元(1K=1024),每个存储单元的长度为 4 位。

② 用字节数表示,以字节为单位。如 128B,表示该芯片有 128 个单元,每个存储单元的长度为 8 位。现代计算机存储容量很大,常用 KB、MB、GB 和 TB 为单位表示存储容量的大小。其中,$1KB = 2^{10} B = 1024B$;$1MB = 2^{20} B = 1024KB$;$1GB = 2^{30} B = 1024MB$;$1TB = 2^{40} B = 1024GB$。显然,存储容量越大,所能存储的信息越多,计算机系统的功能便越强。

2. 存取时间

存取时间是指从启动一次存储器操作到完成该操作所经历的时间。例如,读出时间是指从 CPU 向存储器发出有效地址和读命令开始,直到将被选单元的内容读出为止所用的时间。显然,存取时间越短,存取速度越快。

3. 存储周期

连续启动两次独立的存储器操作(如连续两次读操作)所需要的最短间隔时间称为存储周期。它是衡量主存储器工作速度的重要指标。一般情况下,存储周期略大于存取时间。

4. 功耗

功耗反映了存储器耗电的多少,同时也反映了其发热的程度。

5. 可靠性

可靠性一般指存储器对外界电磁场及温度等变化的抗干扰能力。存储器的可靠性用平均故障间隔时间(Mean Time Between Failures,MTBF)来衡量。MTBF 可以理解为两次故障之间的平均时间间隔。MTBF 越长,可靠性越高,存储器正常工作能力越强。

6. 集成度

集成度是指在一块存储芯片内能集成多少个基本存储电路,每个基本存储电路存放一位二进制信息,所以集成度常用位/片来表示。

7. 性能/价格比

性能/价格比(简称性价比)是衡量存储器经济性能好坏的综合指标,它关系到存储器的实用价值。其中性能包括前述的各项指标,而价格是指存储单元本身和外围电路的总价格。

7.3.2　位扩展

如果某一片 ROM 或 RAM 的字数够用而位数不够用时,应采用位扩展的连接方式,将多片 ROM 或 RAM 组合成位数更多的存储器。

图 7-19 所示为用 8 片 1024(1K)×1 位 RAM 构成的 1024×8 位 RAM 系统。

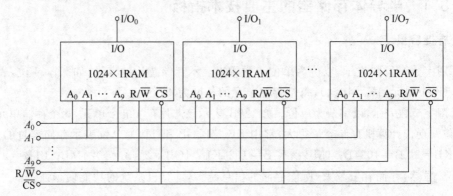

图 7-19　RAM 的位扩展接法

位扩展的连接方式很简单,只需把 8 片的相同地址线、$R/\overline{W}$、$\overline{CS}$ 分别并联起来,每一片的 I/O 端加起来作为扩展后 RAM 的 I/O 端就可以了。扩展后 RAM 的总存储容量为每一片 RAM 存储容量的 8 倍。

ROM 芯片上没有读写控制端 $R/\overline{W}$,在进行位扩展时,除了没有读写控制端 $R/\overline{W}$ 的接线以外,其余各端的连接方法和 RAM 完全相同。

7.3.3　字扩展

如果某一片 ROM 或 RAM 的位数够用而字数不够用时,应采用字扩展的连接方式,将多片 ROM 或 RAM 组合成字数更多的存储器。

图 7-20 所示为用 8 片 1K×8 位 RAM 构成的 8K×8 位 RAM。

因为 8 片 1K×8 位 RAM 共有 1024×8 字,故必须给它们编成 8K(8×1024)个不同的地址与之对应。然而,每一片 1K×8 位 RAM 芯片的地址输入端只有 10 位($A_0 \sim A_9$),给出的地址范围均为 0~1024,无法区分 8 片 RAM 中同样的地址单元。因此,必须增加 3 位地址代码 A_{10}、A_{11}、A_{12},使地址代码增加到 13 位,才能得到 $2^{13} = 8 \times 1024$ 个地址。

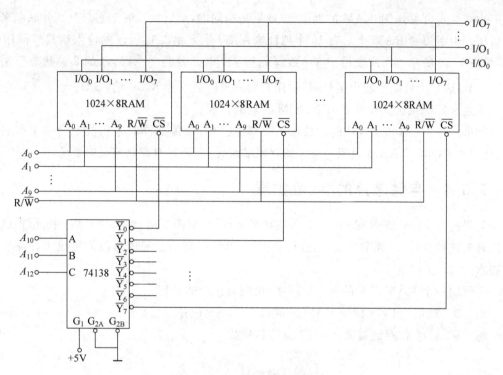

图 7-20 RAM 的字扩展接法

如果取第一片 RAM 的 $A_{12}A_{11}A_{10}=000$,第二片 RAM 的 $A_{12}A_{11}A_{10}=001$……第八片 RAM 的 $A_{12}A_{11}A_{10}=111$,则 8 片 RAM 的地址分配将如表 7-4 所示。

表 7-4 图 7-20 中各片 RAM 的地址分配表

器件编号	$A_{12}\ A_{11}\ A_{10}$	$\overline{Y}_0$	$\overline{Y}_1$	$\overline{Y}_2$	$\overline{Y}_3$	$\overline{Y}_4$	$\overline{Y}_5$	$\overline{Y}_6$	$\overline{Y}_7$	地 址 范 围		
										$A_{12}A_{11}A_{10}$	$A_9A_8A_7A_6A_5A_4A_3A_2A_1A_0$	
											等效十进制数	
RAM(1)	000	0	1	1	1	1	1	1	1	000	0000000000～000 1111111111	
											$0\sim1023$	
RAM(2)	001	1	0	1	1	1	1	1	1	001	0000000000～001 1111111111	
											$1024\sim2\times1024-1$	
RAM(3)	010	1	1	0	1	1	1	1	1	010	0000000000～010 1111111111	
											$2\times1024\sim3\times1024-1$	
RAM(4)	011	1	1	1	0	1	1	1	1	011	0000000000～011 1111111111	
											$3\times1024\sim4\times1024-1$	
RAM(5)	100	1	1	1	1	0	1	1	1	100	0000000000～100 1111111111	
											$4\times1024\sim5\times1024-1$	
RAM(6)	101	1	1	1	1	1	0	1	1	101	0000000000～101 1111111111	
											$5\times1024\sim6\times1024-1$	
RAM(7)	110	1	1	1	1	1	1	0	1	110	0000000000～110 1111111111	
											$6\times1024\sim7\times1024-1$	
RAM(8)	111	1	1	1	1	1	1	1	0	111	0000000000～111 1111111111	
											$7\times1024\sim8\times1024-1$	

由表 7-4 可见,8 片 RAM 的低 10 位地址是相同的,所以接线时把它们分别并联起来就可以了。由于每片 RAM 上只有 10 个地址输入端,所以 A_{10}、A_{11}、A_{12} 的输入端只好借用 $\overline{CS}$ 端,如图 7-20 所示。图中使用了 3-8 线译码器 74138 芯片将 $A_{12}A_{11}A_{10}$ 的 8 种状态分别译成 $\overline{Y_0} \sim \overline{Y_7}$ 这 8 个低电平输出信号,然后用它们分别控制 8 片 RAM 的 $\overline{CS}$ 端。

上述字扩展接法同样也适用于 ROM 容量的扩展。

如果一片 ROM 或 RAM 的位数和字数都不够用,就需要同时采用位扩展和字扩展方法,用多片 ROM 或 RAM 组成一个大的存储器系统,以满足对存储容量的要求。

7.3.4　存储芯片的字、位扩展

如果一片 ROM 或 RAM 的字数和位数都不够用,则需要进行字、位扩展,字、位扩展的方法是先进行位扩展(或字扩展)再进行字扩展(或位扩展),这样就可以满足更大存储容量的要求。

下面用一个 RAM 芯片的例子说明字、位同时扩展的过程。

例 7-3　试用 256×4 位的 RAM 扩展成 1024×8 位存储器。

解　1024×8 位存储器需 256×4 位的芯片数

$$C = \frac{\text{总存储容量}}{\text{一片的存储容量}} = \frac{1024 \times 8}{256 \times 4} = 8$$

两片 256×4 位的 RAM 并联实现位扩展,达到 8 位的要求。根据 $2^n =$ 字数,求得 1024 个字的地址线数 $n=10$,256 字的存储器只有 8 条地址线,多余的两条地址线 A_9A_8 需要接 2 线-4 线译码器输入端,译码器的输出端对应接到 2 片 256×4 位 RAM 的 $\overline{CS}$ 端,连接方式如图 7-21 所示。

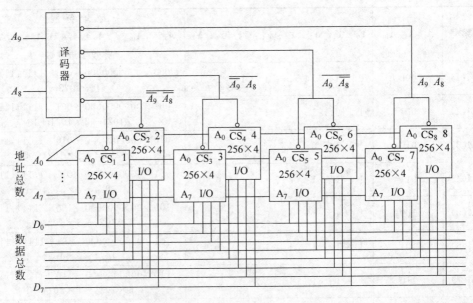

图 7-21　RAM 的字、位同时扩展

习题 7

7.1 半导体存储器有哪些类型？各有什么特点？

7.2 ROM 和 RAM 的主要区别是什么？它们各适用于哪些场合？

7.3 已知下列逻辑函数：

$$Y_1(A,B,C,D) = \overline{A}\overline{B} + \overline{B}\overline{D} + A\overline{C}D + BCD$$

$$Y_2(A,B,C,D) = \overline{A}\overline{D} + BC\overline{D} + A\overline{B}\overline{C}D$$

$$Y_3(A,B,C,D) = \overline{A}B\overline{C} + \overline{A}CD + A\overline{C}D + ABC$$

$$Y_4(A,B,C,D) = A\overline{C} + \overline{A}C + \overline{B} + \overline{D}$$

试用半导体存储器 ROM 实现上述函数，并画出相应的电路。

7.4 已知 ROM 的数据表如表 T7.4 所示，若将地址输入 A_3、A_2、A_1、A_0 作为 4 个输入逻辑变量，将数据输出端 Q_3、Q_2、Q_1、Q_0 作为函数输出，试写出输出与输入之间的逻辑函数式，并化为最简与-或式。

表 T7.4

地 址 输 入				数 据 输 出			
A_3	A_2	A_1	A_0	Q_3	Q_2	Q_1	Q_0
0	0	0	0	0	0	0	1
0	0	0	1	0	0	1	0
0	0	1	0	0	0	1	0
0	0	1	1	0	1	0	0
0	1	0	0	0	0	1	0
0	1	0	1	0	1	0	0
0	1	1	0	0	1	0	0
0	1	1	1	1	0	0	0
1	0	0	0	0	0	1	0
1	0	0	1	0	1	0	0
1	0	1	0	0	1	0	0
1	0	1	1	1	0	0	0
1	1	0	0	0	1	0	0
1	1	0	1	1	0	0	0
1	1	1	0	1	0	0	0
1	1	1	1	0	0	0	1

7.5 图 T7.5 所示是一个 16×4 位的 ROM，A_3、A_2、A_1、A_0 为地址输入，Q_3、Q_2、Q_1、Q_0 为数据输出。若将 Q_3、Q_2、Q_1、Q_0 看作 A_3、A_2、A_1、A_0 的逻辑函数，试写出 Q_3、Q_2、Q_1、Q_0 的逻辑函数式。

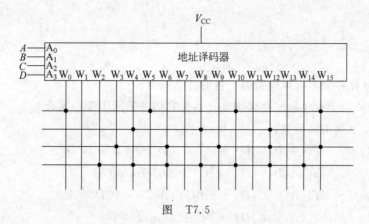

图 T7.5

7.6　用 4 片 1024×4 位的 RAM 组成 4096×4 位的 RAM。

7.7　试用 4 片 1024×4 位的 RAM 和 3-8 线译码器组成 1024×16 位的 RAM。

7.8　试用 16 片 1024×4 位的 RAM 和 3-8 线译码器组成 $8K \times 8$ 位的 RAM。

第8章 可编程逻辑器件

可编程逻辑器件是 20 世纪 70 年代发展起来的一种新型逻辑器件,它可由用户编程实现某种逻辑功能。随着电子技术的飞速发展,可编程逻辑器件的功能不断增强,规模越来越大,使用的人也越来越多。

8.1 可编程逻辑器件概述

1. 可编程逻辑器件的发展与应用

随着半导体技术的不断进步,现代电子产品的复杂度也在日益加大,一个电子系统可能由数万个中、小规模通用集成电路(IC)构成,这就带来了体积大、功耗大、可靠性差的问题。对一般电子系统设计者来说,在早期解决这一问题的有效途径就是采用专用集成电路(Application Specific Integrated Circuits,ASIC)芯片进行设计。把一个具有专用目的,并有一定规模的电路或子系统集成化设计在一个芯片上,这就是 ASIC 的设计任务。也就是说,ASIC 是根据用户的特定要求而设计和制造的。通常 ASIC 按照设计方法的不同可采用全定制(Full-Custom)或半定制(Semi-Custom)ASIC 的设计方法进行检验,若不满足要求,还要重新设计后再进行验证。这样,不但开发费用高,而且设计开发周期长,因此设计出的产品性价比不高,产品没有市场竞争力,自然就降低了产品的生命周期,而对传统的 ASIC 设计方法来讲,这又是不可避免的。

随着设计方法的不断完善,不仅需要简化设计过程,而且越来越需要降低系统体积和成本,提高系统的可靠性,缩短研制周期,于是希望有一种很多厂家都可提供的,具有一定连线的结构和已封装好的全功能的标准电路。由于公用性强、用量大,所以成本较低。这种器件可以由用户根据需要自行完成编程设计工作,并在设计阶段进行硬件仿真(Emulation),使得微电子设计实现了早期集成和软、硬件联合验证。然后用某种编程技术自己"烧制",使内部电路结构实现再连接,也就是说用户既是使用者又是设计者和制造者,这种器件就是可编程逻辑器件(Programmable Logic Device,PLD)。

2. PLD 发展历程

PLD 当初主要用以解决数字系统中各类存储问题,后来逐渐转向各种数字逻辑应用,经历了以下 5 个主要发展阶段:

(1) 早期的可编程逻辑器件,如数字电子技术课程中介绍的可编程只读存储器(PROM)、紫外线可擦除只读存储器(EPROM)和电可擦除只读存储器(E^2PROM)三种。由于结构的限制,它们只能完成简单的数字逻辑功能。

(2) 结构上复杂的可编程芯片,即 PLD。PLD 器件是可编程的,未经编程器件不能实现任何功能,设计者可以通过对 PLD 编程来实现规定的逻辑功能。设计者可以将多个中、小规模器件的功能集成到一个或几个 PLD 中,简化了版图设计,因此 PLD 成为最早实现可编程的 ASIC 器件。其基本结构框图如图 8-1 所示,其主体由一个"与"门和一个"或"门阵列组成,而任意一个组合逻辑都可以用"与-或"表达式来描述,所以 PLD 能以乘积和的形式完成大量的组合逻辑功能。

图 8-1 中输入电路是 PLD 与其信号源之间的接口,如锁存器等。最简单的输入电路是如图 8-2 所示的缓冲求反电路。输出结构部分通常包括极性转换电路和触发器电路,用于改变电路的输出极性和构成时序逻辑电路。

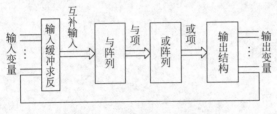

图 8-1　PLD 的基本结构

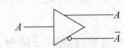

图 8-2　缓冲求反电路

这一阶段的产品主要有可编程阵列逻辑(Programmable Array Logic,PAL)、通用阵列逻辑(Generic Array Logic,GAL)和可编程逻辑阵列(Programmable Logic Array,PLA)。PAL 由一个可编程的"与"阵列和一个固定的"或"阵列构成,或门的输出可以通过触发器有选择地被置为寄存状态。PAL 器件是现场可编程的,它的实现工艺有反熔丝技术、EPROM 技术和 E^2PROM 技术等。PLA 由一个"与"阵列和一个"或"阵列构成,但是这两个阵列的连接关系是可编程的。PLA 器件既有现场可编程的,也有掩膜可编程的。GAL 采用了 E^2PROM 工艺,实现了电可擦除、电可改写,其输出结构是可编程的逻辑宏单元,因而它的设计具有很强的灵活性,至今仍有许多设计者使用,如 GAL16V8、GAL22V10 等。这些早期的 PLD 器件的设计虽然具有很强的灵活性,但其过于简单的结构也使它们只能实现规模较小的电路。

目前,器件的可编程逻辑门数已达上千万,可以内嵌许多种复杂的功能模块,如 CPU 核、DSP 核、PLL(锁相环)等,可以实现单片可编程系统(System on Programmable Chip,SoPC)。现在,除了数字可编程器件外,模拟可编程器件也受到了大家的重视,例如 Lattice 公司提供的 ispPAC 系列产品。

(3) 第三阶段为可擦除的可编程逻辑器件 EPLD 发展与成熟阶段。

20 世纪 80 年代中期,Altera 公司推出了 EPLD(Erasable PLD)器件,EPLD 器件比 GAL 器件有更高的集成度,采用 EPROM 工艺或 E^2PROM 工艺,可用紫外线或电擦除,适用于较大规模的可编程电路,也获得了广泛的应用。

(4) 20 世纪 80 年代中期出现了类似于 PAL 结构的复杂可编程逻辑器件(Complex Programmable Logic Device,CPLD)和与标准门阵列类似的现场可编程门阵列(Field Programmable Gate Array,FPGA),它们都具有体系结构和逻辑单元灵活、集成度高及适用范围广等特点。这两种器件具有 PLD 和通用门阵列的优点,可以实现较大规模的电路,可以替代几十甚至上百块通用 IC 芯片,具有可编程和实现方案容易改动的特点。由于芯片内部硬件连接关系的描述可以存放在 ROM、PROM 或 EPROM 中,因而在可编程芯片及其外围电路保持不变的情况下,换一块 EPROM 芯片就能实现新的功能。因此,当 FPGA/CPLD 芯片及其开发系统一问世,就在数字系统设计领域占据了重要地位,被广泛应用于产品的原型设计和小批量的产品设计之中。

(5) 20 世纪末出现了片上可编程系统(SOPC)器件,SOPC 是现代电子技术和电子系统设计的汇聚点及最新发展方向,它将普通 EDA 技术、计算机系统、嵌入式系统、工业自动化控制系统、DSP 及无线电等融为一体,涵盖了嵌入式系统设计技术的全部内容。SOPC 结合了 SOC、PLD 以及 FPGA 的优点,集成了硬核或软核 CPU、DSP、存储器、外围 I/O 及可编程逻辑,用户可以利用 SOPC 平台自行设计各种高性能的 DSP 处理器或特定功能的 CPU 处理器,从而使电子系统设计进入了一个全新的模式。在应用的灵活性和价格上 SOPC 有极大的优势,SOPC 被称为"半导体产业的未来"。

Xilinx 公司和 Altera 公司的新一代 FPGA 集成了中央处理器(CPU)或数字处理器(DSP)内核,在一片 FPGA 上进行软硬件协同设计,为实现 SOPC 提供了强大的硬件支持。

3. PLD 的编程技术

从 IC 生产厂商来看,PLD 是通用器件,可以批量生产以降低成本;从电路设计者来看,可将设计好的电路"写入"芯片,使之成为专用集成电路。有些 PLD 可以多次"编程",这就特别适合于新产品试制或小批量生产。

PLD 的编程技术有下列几种工艺:

1) 熔丝(fuse)和反熔丝(anti-fuse)编程技术

熔丝编程技术是用熔丝作为开关元件,这些开关元件平时(在未编程时)处于连通状态,加电编程时,在不需要连接处将熔丝熔断,保留在器件内的熔丝模式决定相应器件的逻辑功能,如 PROM 和 PAL 器件。反熔丝编程技术也称为熔通编程技术,这类器件是用逆熔丝作为开关元件。这些开关元件在未编程时处于开路状态,编程时在需要连接处的逆熔丝开关元件两端加上编程电压,逆熔丝将由高阻抗变为低阻抗,实现两点间的连接,编程后器件内的反熔丝模式决定了相应器件的逻辑功能,如 Actel 公司的 FPGA。熔丝和反熔丝编程器件为一次性可编程器件,比较适合定型产品和大批量应用,也常用于需要高性能及保密性要求高的场合。

2) 浮栅型电可写紫外线擦除编程技术(UV EPROM)

目前浮栅管主要采用雪崩注入 MOS 管(FAMOS 管)和叠栅注入 MOS 管(SNOS 管)。浮栅管相当于一个电子开关,如 N 沟道浮栅管,当浮栅中没有注入电子时,浮栅管导通;当浮栅中注入电子后,浮栅管截止。浮栅管的浮栅在原始状态没有电子,如果把源极和衬底接地,且在源-漏极间加电压脉冲(编程脉冲)产生足够强的电场,使电子加速跃入浮栅中,则使浮栅带上负电荷,电压脉冲消除后,浮栅上的电子可以长期保留。当浮栅管受到紫外光照射时,浮栅上的电子将流向衬底,擦除所记忆的信息,而为重新编程做好准备。EPROM 以及大多数的 FPGA 器件采用这种工艺编程。这类器件可多次编程,但需用编程器。

3) 浮栅型电可写、电擦除编程技术(E^2PROM)

此类器件在采用浮栅编程技术的同时采用了 E^2CMOS 工艺。在 CMOS 管的浮栅与漏极间有一薄氧化层区,其厚度为 $10\sim15\mu m$,可产生"隧道效应"。编程(写入)时,漏极接地,栅极加 20V 的脉冲电压,衬底中的电子将通过隧道效应进入浮栅,浮栅管正常工作时处于截止状态,脉冲消除后,浮栅上的电子可以长期保留。若将其控制栅极接地,漏极加 20V 的脉冲电压,浮栅上的电子又将通过隧道效应返回衬底,则使该管正常工作时处于导通状态,达到对该管擦除的目的。编程和擦除都是通过在漏极和控制栅极上加入一定幅度和极性的电脉冲来实现的,可由用户在"现场"用编程器来完成。实际上,编程和擦除是同时进行的,每编程一次就以新的信息代换原有的信息。GAL、ispLSI 属于这类器件。闪速存储器(闪速 EPROM)也是一种电可写、电擦除的浮栅编程器件,其特点是在数毫秒内可写入/擦除全部或一段存储器。部分 FPGA 器件就是使用闪速 EPROM 存储其编程数据,它使器件具有非易失性和可重编程的双重优点,但在编程灵活性上比 SRAM 型的 FPGA 稍差,不能实现动态重构。由上述内容可知,这类器件可多次编程,需用编程器或在系统编程电路。

4) SRAM 编程技术

SRAM 编程技术是在 FPGA 器件中采用的主要编程工艺之一。通常用一个静态的 RAM 单元存储通断信号(0,1),再由存储单元的状态(0,1)去控制通路晶体管或传输门的导通与截止,以实现对电连接关系的编程。采用这种技术的有 Xilinx 公司的 XC2000、XC3000、XC4000、XC5000,Altera 公司的 FLEX8000、FLEX10K 等系列,以及 Atmel 等公司的产品。SRAM 型的 FPGA 是易失性的,断电后其内部编程数据(构造代码)将丢失,需在外部配接 ROM 存放 FPGA 的编程数据。系统加电或在外部信号控制下,FPGA 将外部 ROM 中的编程数据读入片内的静态 RAM 中(即对 FPGA 进行配置),构成特定功能的 ASIC 芯片。按配置过程中 FPGA 与外部 ROM 的连接关系,FPGA 有多种工作模式,如主串模式、主并模式、外设模式和从模式等。此外,SRAM 型的 FPGA 具有在线动态重构特性,即在系统不断电的情况下,可由重组态信号控制,向 FPGA 中装入不同的编程数据,实现不同的电路功能。FPGA 的在线动态重构特性可使电子系统具有极强的灵活性和自适应性,也为许多复杂的信号处理和信息加工的实现提供新的思路和解决办法。这类器件可多次编程,不需要编程器。

4. 基于 EDA 的 CPLD/FPGA 应用

电子设计技术经过了 SSI 和 MCU 阶段,现在又面临一次新突破,即 CPLD/FPGA 在 EDA 基础上的广泛应用。基于 FPGA 技术的发展,CPLD/FPGA 与其他 MCU 相比,其优点越来越明显。CPLD/FPGA 产品采用先进的 JTAG-ISP 和在系统配置编程,这种编程方式可轻易地实现红外线编程、超声编程或无线编程,或通过电话线远程编程,编程方式简便、先进。这些功能在工控、智能仪表、通信和军事上有特殊用途。CPLD/FPGA 设计开发采用功能强大的 EDA 工具,通过符合国际标准的硬件描述语言(如 VHDL 或 Verilog-HDL)进行电子系统设计和产品开发。开发工具的通用性、设计语言的标准化以及设计过程几乎与所用的 CPLD/FPGA 器件的硬件结构没有关系,所以设计成功的逻辑功能软件系统有很好的兼容性和可移植性,开发周期短,易学易用,开发便捷。可以预言,我国的 EDA 技术学习和 CPLD/FPGA 的应用热潮绝不会逊色于过去 10 年的单片机热潮。

5. 可编程逻辑器件的优点

可编程逻辑器件是逻辑器件产品中增长最快的领域,这主要有两个基本原因。可编程逻辑器件不断提高的单片器件逻辑门数量集成了众多功能,否则这些功能只能采用大量分立逻辑和存储器芯片才能实现,这可以改善最终系统的体积、功耗、性能、可靠性和成本。同样重要的是这样的事实,在许多情况下只需要数十秒或几分钟的时间,就可以在工作站或系统组装线上配置和重新配置这些器件。这一能力提供了强大的灵活性,支持迅速对最后一分钟设计修改,以及在设计定型前对各种想法进行原型实验,同时还可满足在消费者需求和竞争压力下不断缩短的上市时间最终期限要求。

可编程逻辑器件提供了一些优于固定逻辑器件的重要优点,包括:

(1) PLD 在设计过程中为客户提供了更大的灵活性。因为对于 PLD 来说,设计只需要简单地改变编程文件就可以了,而且设计改变的结果可立即在工作器件中看到。PLD 不需要漫长的前置时间来制造原型或正式产品。

(2) PLD 不需要客户支付高昂的 NRE 成本和购买昂贵的掩膜组,PLD 供应商在设计其可编程器件时已经支付了这些成本,并且可通过 PLD 产品线延续多年的生命期来分摊这些成本。

(3) PLD 允许客户在需要时仅订购所需要的数量,从而使客户可控制库存。采用固定逻辑器件的客户经常会面临需要废弃的过量库存,而当该产品的需求高涨时,他们又可能为器件供货不足所苦,并且不得不面对生产延迟的现实。

(4) PLD 甚至在设备付运到客户那儿以后还可以重新编程。事实上,由于有了可编程逻辑器件,一些设备制造商现在正在尝试为已经安装在现场的产品增加新功能或者进行升级。要实现这一点,只需要通过因特网将新的编程文件上传到 PLD 就可以在系统中创建出新的硬件逻辑。

(5) 集成度高,可以替代多至几千块通用 IC 芯片。仅仅数年前,最大规模的 FPGA 器件也仅仅有数万系统门,工作在 40MHz。过去的 FPGA 也相对较贵,当时最先进的 FPGA 器件大约要 150 美元。然而,今天具有最先进特性的 FPGA 可提供百万门的逻辑容量,工作在 300MHz,成本低至不到 10 美元,并且还提供了更高水平的集成特性,如处理器和存储器等。PLD 的高集成度极大地减小了电路的面积,降低了功耗,提高了系统的可靠性。

(6) PLD 具有完善先进的开发工具,能提供语言、图形等设计方法,十分灵活;通过仿真工具可以验证设计的正确性;可以反复地擦除、编程,方便设计的修改和升级;可以灵活地定义引脚功能,减轻设计工作量,缩短系统开发时间;保密性好。

(7) PLD 现在有越来越多的智力产权(IP)核心库的支持。用户可利用这些预定义和预测试的软件模块在 PLD 内迅速实现系统功能。IP 核心包括从复杂数字信号处理算法、存储器控制器直到总线接口和成熟的软件微处理器在内的一切。此类 IP 核心为客户节约了大量时间和费用。否则,用户可能需要数月的时间才能实现这些功能,而且还会进一步延迟产品推向市场的时间。

6. 可编程逻辑器件的发展趋势

自 1985 年 Xilinx 公司推出第一片现场可编程逻辑器件(FPGA)至今,FPGA 已经历了三十几年的发展历史。在这三十几年的发展过程中,以 FPGA 为代表的数字系统现场集成技术取得了惊人的发展:现场可编程逻辑器件从最初的 1200 个可利用门发展到 20 世纪 90

年代的 25 万个可利用门,乃至当 21 世纪来临之即,国际上现场可编程逻辑器件的著名厂商 Altera 公司、Xilinx 公司又陆续推出了数百万门的单片 FPGA 芯片,将现场可编程器件的集成度提高到一个新的水平。

纵观现场可编程逻辑器件的发展历史,其之所以具有巨大的市场吸引力,根本在于:FPGA 不仅具有电子系统小型化、低功耗、高可靠性等优势,而且其开发周期短、开发软件投入少、芯片价格不断降低,促使 FPGA 越来越多地取代了 ASIC 的市场,特别是对小批量、多品种的产品需求,使 FPGA 成为首选。

目前,FPGA 的主要发展动向是:随着大规模现场可编程逻辑器件的发展,系统设计进入片上可编程系统(SOPC)的新纪元;芯片朝着高密度、低压、低功耗方向挺进;国际各大公司都在积极扩充其 IP 库,以优化的资源更好地满足用户的需求,扩大市场;特别是引人注目的所谓 FPGA 动态可重构技术的开拓,将推动数字系统设计观念的巨大转变。

以 FPGA 为代表的数字系统现场集成技术发展的一些新动向,归纳起来有以下几点:

1) 深亚微米技术的发展正在推动 SOPC 的发展

越来越多的复杂 IC 需要利用 SOPC 技术来制造,而 SOPC 要利用深亚微米技术才能实现。与以往的芯片设计不同,SOPC 需要对设计 IC 和在产品中实现的方法进行根本的重新评价。新的 SOPC 世界要求一种着重于快速投放市场的,具有可重构性、高效自动化的设计方法。这种方法的主要要素是:

(1) 系统级设计方法。

(2) 高级的多处理器和特长指令字(VLIW)。

(3) 应用级映射和编译。

但是,真正推动 SOPC 设计的将是系统级设计而不是特定的硬件或软件设计方法。系统级设计是把一个应用当作一个并行的通信任务系统的设计,着重点放在设计活动的并行性以及在整个应用中利用高度并发的、平行的特性。在 SOPC 领域中所要求的关键技术是在这些平台上把一个应用的系统级描述转化成一个高效率的实现。

为了实现 SOPC,国际上著名的现场可编程逻辑器件的厂商 Altera 公司、Xilinx 公司都为此在努力,开发出适于系统集成的新器件和开发工具,这又进一步促进了 SOPC 的发展。

2) 芯片朝着高密度、低压、低功耗的方向挺进

采用深亚微米的半导体工艺后,器件在性能提高的同时,价格也在逐步降低。由于便携式应用产品的发展,对现场可编程器件的低压、低功耗的要求日益迫切。因此,无论哪个厂家、哪种类型的产品,都在瞄准这个方向而努力。例如在前面所提到的 Xilinx 公司的 SpantanTM 系列的 FPGA、Altera 公司的 APEX 20KE 器件、ACEX 系列以及 Actel 公司的 SX 系列产品都是向高密度、低压、低功耗发展的典范。不仅如此,更有新型的公司以其特色的技术加入低压、低功耗芯片的竞争。典型的如 Philips Semiconductors 推出的 CoolRunner 960,是一种具有 960 个宏单元的 CPLD,无论在何种应用中都能提供标准的 6ns 传输延迟,工作于 3V 的电压下。该器件低功耗的关键是采用了 Zero Power 互连阵列,它用一个由外部逻辑实现的 CMOS 门代替了其他 CPLD 常用的对电流敏感的运放。这样,当其他相等规模的 CPLD 需要消耗 250mA 的静电流时,CoolRunner 960 的耗电不到 100mA。

3) IP 库的发展及其作用

为了更好地满足设计人员的需要,扩大市场,各大现场可编程逻辑器件的厂商都在不断扩充其知识产权(IP)核心库。这些核心库都是预定义的、经过测试和验证的、优化的,可保

证正确的功能。设计人员可以利用这些现成的 IP 库资源,高效准确地完成复杂片上的系统设计。典型的 IP 核心库有 Xilinx 公司提供的 LogiCORE 和 AllianceCORE。

4) FPGA 动态可重构技术意义深远

随着数字逻辑系统功能复杂化的需求,单片系统的芯片正朝着超大规模、高密度的方向发展。与此同时,人们却发现一个有趣的现象,即一个超大规模的数字时序系统芯片在其工作时,从时间轴上来看,并不是每一瞬间系统的各个部分都在工作,而系统是各个局部模块功能在时间链上的总成。同时人们还发现,基于 SRAM 编程的 FPGA 可以在外部逻辑的控制下,通过存储于存储器中不同的目标系统数据的重新下载来实现芯片逻辑功能的改变。正是基于这个称为静态系统重构的技术,有人设想,能不能利用芯片的这种分时复用特性,用较小规模的 FPGA 芯片来实现更大规模的数字时序系统?在研究过程中,有人尝试了这种设想,发现常规的 SRAM 的 FPGA 只能实现静态系统重构。这是因为该芯片功能的重新配置大约需要数毫秒到数十毫秒量级的时间;而在重新配置数据的过程中,旧的逻辑功能失去,新的逻辑功能尚未建立,电路逻辑在时间轴上断裂,系统功能无法动态连接。要实现高速的动态重构,要求芯片功能的重新配置时间缩短到纳秒量级,这就需要对 FPGA 的结构进行革新。可以预见,一旦实现了 FPGA 的动态重构,将引发数字系统的设计思想的巨大转变。

综上所述,可以看到在 21 世纪,以 FPGA 为代表的数字系统现场集成技术正朝着以下几个方向发展:

(1) 随着便携式设备需求的增长,对现场可编程器件的低压、低功耗的要求日益迫切。

(2) 芯片向大规模系统芯片挺进,力求在大规模应用中取代 ASIC。

(3) 为增强市场竞争力,各大厂商都在积极推广其知识产权(IP)库。

(4) 动态可重构技术的发展将带来系统设计方法的转变。

8.2　可编程阵列逻辑

可编程阵列逻辑(PAL)是 20 世纪 70 年代末由 MMI 公司率先推出的一种可编程逻辑器件。它采用双极型工艺制作,熔丝编程方式。

PAL 器件由可编程的与逻辑阵列、固定的或逻辑阵列和输出电路三部分组成。通过对与逻辑阵列编程可以获得不同形式的组合逻辑函数。另外,在某些型号的 PAL 器件中,输出电路中设置有触发器和从触发器输出到与逻辑阵列的反馈线,利用这种 PAL 器件还可以很方便地构成各种时序逻辑电路。

8.2.1　PAL 的基本电路结构

图 8-3 所示电路是 PAL 器件中最简单的一种电路结构形式。

它仅包含一个可编程的与逻辑阵列和一个固定的或逻辑阵列,没有附加其他的输出电路。由图 8-3 可见,在尚未编程之前,与逻辑阵列的所有交叉点上均有熔丝接通。编程将有用的熔丝保留,将无用的熔丝熔断,即得到所需的电路。在目前常见的 PAL 器件中,输入变量最多的可达 20 个,与逻辑阵列乘积项最多的有 80 个,逻辑阵列输出端最多的有 10 个,每个或门输入端最多的达 16 个。为了扩展电路的功能并增加使用的灵活性,在许多型号的 PAL 器件中还增加了各种形式的输出电路。

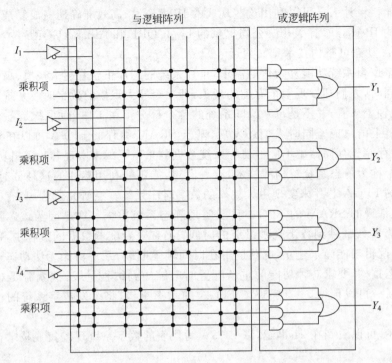

图 8-3 PAL 的基本电路

8.2.2 PAL 的应用举例

例 8-1 用 PAL 器件设计一个数值判别电路。要求判断 4 位二进制数 $DCBA$ 的大小属于 $0\sim5$、$6\sim10$、$11\sim15$ 这 3 个区间的哪一个之内。

解 若以 $Y_0=1$ 表示 $DCBA$ 的数值在 $0\sim5$ 之间；$Y_1=1$ 表示 $DCBA$ 的数值在 $6\sim10$ 之间；以 $Y_2=1$ 表示 $DCBA$ 的数值在 $11\sim15$ 之间，则得到表 8-1 中的函数真值表。

$$\begin{cases} Y_0 = \overline{D}\,\overline{C} + \overline{D}\,\overline{B} \\ Y_1 = \overline{D}CB + D\overline{C}\,\overline{B} + D\overline{C}\,\overline{A} \\ Y_2 = DC + DBA \end{cases} \tag{8-1}$$

表 8-1 例 8-1 函数真值表

十 进 制 数	二 进 制 数				Y_0	Y_1	Y_2
	D	C	B	A			
0	0	0	0	0	1	0	0
1	0	0	0	1	1	0	0
2	0	0	1	0	1	0	0
3	0	0	1	1	1	0	0
4	0	1	0	0	1	0	0
5	0	1	0	1	1	0	0
6	0	1	1	0	0	1	0
7	0	1	1	1	0	1	0
8	1	0	0	0	0	1	0
9	1	0	0	1	0	1	0

续表

十进制数	二进制数				Y_0	Y_1	Y_2
	D	C	B	A			
10	1	0	1	0	0	1	0
11	1	0	1	1	0	0	1
12	1	1	0	0	0	0	1
13	1	1	0	1	0	0	1
14	1	1	1	0	0	0	1
15	1	1	1	1	0	0	1

从真值表写出 Y_0、Y_1、Y_2 的逻辑函数式,经化简后得到一组有 4 个输入变量、三个输出的组合逻辑函数。如果用一片 PAL 器件产生这一组逻辑函数,就必须选用有 4 个以上输入端和三个以上输出端的器件。而且由式(8-1)可以看到,至少还应当有一个输出包含三个以上乘积项。

根据上述理由,选用 PAL14H4 比较合适。PAL14H4 有 14 个输入端,4 个输出端。每个输出包含 4 个乘积项。图 8-4 是按照式(8-1)编程后的逻辑图。

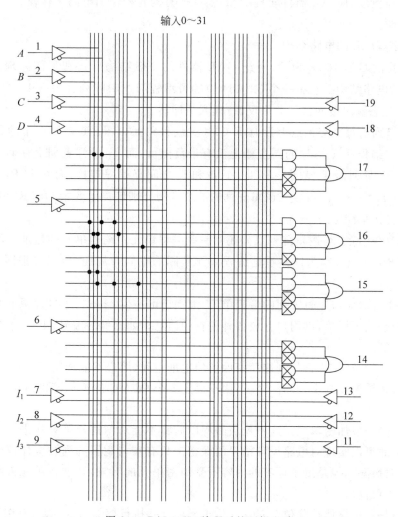

图 8-4　PAL14H4 编程后的逻辑电路

　　由于未编程时这些与门的所有输入端均有熔丝与列线相连,所以它们的输出恒为 0。为简化作图起见,所有输入端交叉点上的".''就不画了,而用与门符号里面的"×"来代替。

8.3　通用阵列逻辑

　　通用阵列逻辑器件的出现为数字电路的研制工作和小批量产品的生产提供了很大的方便。但是,由于它采用的是双极型熔丝工艺,一旦编程以后不能修改,因而不适应研制工作中经常修改电路的需要。采用 CMOS 可擦除编程单元的 PAL 器件克服了不可改写的缺点,然而 PAL 器件输出电路结构的类型繁多,仍给设计和使用带来一些不便。

　　为了克服 PAL 器件存在的缺点,LATTICE 公司于 1985 年首先推出了另一种新型的可编程逻辑器件——通用阵列逻辑 GAL。GAL 采用电可擦除的 CMOS(E^2CMOS)制作,可以用电压信号擦除并可重新编程。GAL 器件的输出端设置了可编程的输出逻辑宏单元(Output Logic Macro Cell,OLMC)。通过编程可将 OLMC 设置成不同的工作状态,这样就可以用同一种型号的 GAL 器件实现 PAL 器件所有的各种输出电路工作模式,从而增强了器件的通用性。

　　下面介绍 GAL 的电路结构。

　　现以常见的 GAL16V8 为例,介绍 GAL 器件的一般结构形式和工作原理。图 8-5 是 GAL16V8 的电路结构。它有一个 32×64 位的可编程与逻辑阵列、8 个 OLMC、10 个输入缓冲器、8 个三态输出缓冲器和 8 个反馈/输入缓冲器。

　　与逻辑阵列的每个交叉点上设有 E^2CMOS 编程单元。图 8-6 是用三个编程单元构成的与门。假定编程后 T_2、T_4 的浮置栅上没有带负电荷,而 T_6 的浮置栅上存储了足够的负电荷,则 T_2、T_4 导通而 T_6 截止。因此,A、B 和 P 之间是编程连接,而 C 和 P 之间没有连接,于是得到 $P = A \cdot B$。组成或逻辑阵列的 8 个或门分别包含于 8 个 OLMC 中,它们和与逻辑阵列的连接是固定的。

　　GAL16V8 中除了与逻辑阵列以外还有一些编程单元。编程单元的地址分配和功能划分情况如图 8-7 所示。因为这并不是编程单元实际的空间布局图,所以又把图 8-7 叫做行地址映射图。

　　第 0～31 行对应与逻辑阵列的编程单元,编程后可产生 0～63 共 64 个乘积项。

　　第 32 行是电子标签,供用户存放各种备查的信息。如器件的编号、电路的名称、编程日期、编程次数等。

　　第 33～59 行及第 62 行是制造厂家保留的地址空间,用户不能利用。

　　第 60 行是结构控制字,共有 82 位,用于设定 8 个 OLMC 的工作模式和 64 个乘积项的禁止。

　　第 61 行是一位加密单元。这一位被编程以后将不能对与逻辑阵列作进一步的编程或读出验证,因此可以实现对电路设计结果的保密。只有在与逻辑阵列被整体擦除时才能将加密单元同时擦除。但是电子标签的内容不受加密单元的影响,在加密单元被编程后电子标签的内容仍可读出。

　　第 63 行是一位整体擦除位。对这一位单元寻址并执行擦除命令,则所有编程单元全被

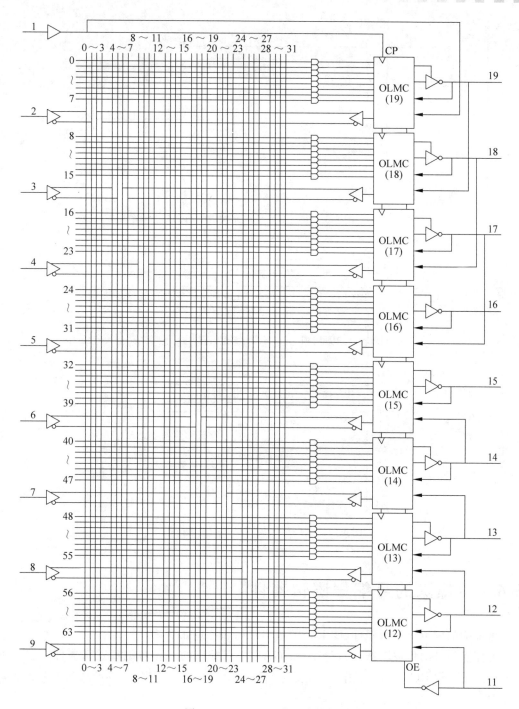

图 8-5 GAL16V8 的电路结构

擦除,器件返回到编程前的初始状态。

对 GAL 的编程是在开发系统的控制下完成的。在编程状态下,编程数据由第 9 脚串行送入 GAL 器件内部的移位寄存器中。移位寄存器有 64 位,装满一次就向编程单元地址中写入一行。编程是逐行进行的。

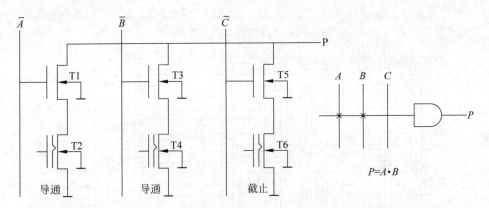

图 8-6　由三个编程单元构成的与门

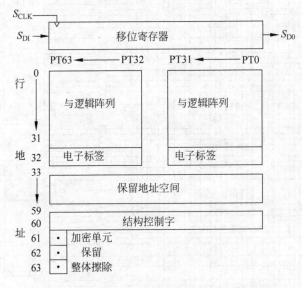

图 8-7　GAL16V8 编程单元的地址分配

8.4　可擦除的可编程逻辑器件

可擦除的可编程逻辑器件(EPLD)的基本结构和特点如下:

可擦除的可编程逻辑器件是继 PAL、GAL 之后推出的一种可编程逻辑器件。它采用 CMOS 和 UVEPROM 工艺制作,集成度比 PAL 和 GAL 器件高得多,其产品多半都属于高密度 PLD。

图 8-8 是 ATMEL 公司生产的 EPLD 产品 AT22V10 的电路结构框图。它的基本结构形式和 PAL、GAL 器件类似,仍由可编程的与逻辑阵列、固定的或逻辑阵列和输出逻辑宏单元(简称 OLMC)组成。AT22V10 有两种不同的封装形式,即双列直插式(DIP)和表面安装式(SMT)。图 8-8 中每个引脚的两个标号中前一个是 DIP 封装形式下的标号,后一个是 SMT 封装形式下的标号。

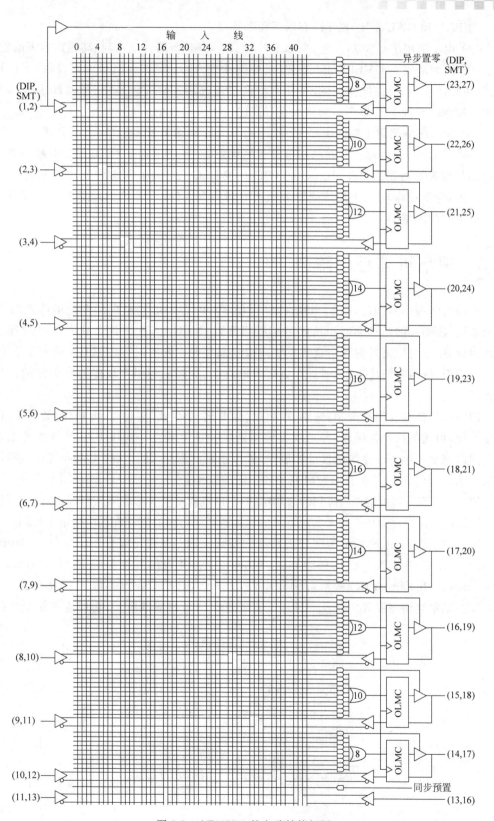

图 8-8 AT22V10 的电路结构框图

与 PAL 和 GAL 相比,EPLD 有以下几个特点:

(1) 由于采用了 CMOS 工艺,所以 EPLD 具有 CMOS 器件低功耗、高噪声容限的优点。

(2) 因为采用了 UVEPROM 工艺,以叠栅注入 MOS 管作为编程单元,所以不仅可靠性高、可以改写,而且集成度高、造价便宜。这也是选用 UVEPROM 工艺制作 EPLD 的一个主要原因。目前 EPLD 产品的集成度最高已达 1 万门以上。

(3) 输出部分采用了类似于 GAL 器件的可编程的输出逻辑宏单元。EPLD 的 OLMC 不仅吸收了 GAL 器件输出电路结构可编程的优点,而且还增加了对 OLMC 中触发器的预置数和异步置零功能。因此,EPLD 的 OLMC 要比 GAL 中的 OLMC 有更大的使用灵活性。此外,为了提高与-或逻辑阵列中乘积项的利用率,有些 EPLD 的或逻辑阵列部分也引入了可编程逻辑结构。

8.5　现场可编程门阵列

现场可编程门阵列(FPGA)出现在 20 世纪 80 年代中期,与前面所介绍的阵列型 PLD 有所不同,FPGA 的结构类似于掩膜可编程门阵列(MPGA),它由许多独立的可编程逻辑模块组成,用户可以通过编程将这些模块连接起来实现不同的设计。FPGA 兼容了 MPGA 和阵列型 PLD 两者的优点,因而具有更高的集成度、更强的逻辑实现能力和更好的设计灵活性。

FPGA 器件具有高密度、高速率、系列化、标准化、小型化、多功能、低功耗、低成本,设计灵活方便,可无限次反复编程,并可现场模拟调试验证等特点。使用 FPGA 器件可在较短的时间内完成一个电子系统的设计和制作,缩短了研制周期,达到快速上市和进一步降低成本的要求。目前 FPGA 在我国也得到了较广泛的应用。

FPGA 具有掩膜可编程门阵列的通用结构,它由逻辑功能块排成阵列组成,并由可编程的互连资源连接这些逻辑功能块来实现不同的设计。不同厂家的 FPGA 的结构也不相同。

下面以 Xilinx 的 FPGA 为例分析其结构特点。FPGA 由可编程逻辑块(Configurable Logic Block,CLB)、输入输出模块(I/O Block,IOB)及可编程互连资源(Programmable Interconnect Resouce,PIR)三种可编程电路和一个 SRAM 结构的配置存储单元组成。FPGA 的基本结构如图 8-9 所示。CLB 是实现逻辑功能的基本单元,它们通常规则地排列

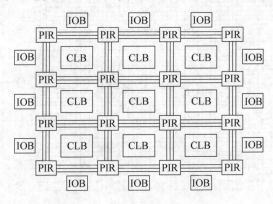

图 8-9　FPGA 的基本结构

成一个阵列,散布于整个芯片中;可编程输入输出模块主要完成芯片上的逻辑与外部引脚的接口,它通常排列在芯片的四周;可编程互连资源包括各种长度的连线线段和一些可编程连接开关,它们将各个 CLB 或 CLB 与 IOB 以及各个 IOB 连接起来,构成特定功能的电路。

基于 SRAM 的 FPGA 器件,在工作前需要从芯片外部加载配置数据,配置数据可以存储在片外的 EPROM 或其他存储器上。用户可以控制加载过程,在现场修改器件的逻辑功能,即所谓现场编程。

1. 可编程逻辑块

可编程逻辑块是 FPGA 的主要组成部分,它主要由逻辑函数发生器、触发器、数据选择器等电路组成。图 8-10 是 XC4000 系列的 CLB 基本结构框图。

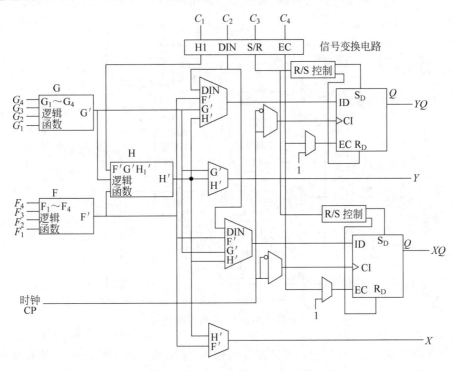

图 8-10 XC4000 系列 CLB 结构

CLB 中包括三个逻辑函数发生器 G、F 和 H,其输出为 G'、F' 和 H'。G 有 4 个输入变量,分别为 $G_1 \sim G_4$;F 有 4 个输入变量,分别为 $F_1 \sim F_4$。这两个逻辑函数发生器是完全独立的,均可实现 4 输入变量的任意组合逻辑函数。逻辑函数发生器 H 有三个输入信号,分别为前两个函数发生器的输出 G'、F' 和信号变换电路的输出 H'。这个函数发生器能实现三输入变量的各种组合函数。这三个函数发生器结合起来可实现多达 9 变量的组合逻辑函数。通过对 CLB 内部的数据选择器编程,逻辑函数发生器 G、F 和 H 的输出可以连接到 CLB 内部触发器,或者直接连到 CLB 的输出端 X 或 Y。CLB 中有两个边沿触发的 D 触发器,它们有公共的时钟和时钟使能输入端。R/S 控制电路可以分别对两个触发器异步置位和复位。每个 D 触发器可以配置成上升沿触发或下降沿触发。D 触发器的输入可以从 G'、

F' 和 H' 或者信号变换电路送来的 DIN 这 4 个信号中选择一个。触发器从 XQ 和 YQ 端输出。

CLB 中的数据选择器(4 选 1、2 选 1 等)分别用来选择触发器激励输入信号、时钟有效边沿、时钟使能信号及输出信号。这些数据选择器的地址控制信号均由编程信息提供,从而实现所需的电路结构。CLB 中的逻辑函数发生器 F 和 G 均为查找表结构,其工作原理类似于 ROM。F 和 G 的输入等效于 ROM 的地址码,通过查找 ROM 中的地址表可以得到相应的组合逻辑函数输出。另一方面,逻辑函数发生器 F 和 G 还可以作为器件内高速 RAM 或小的可读/写存储器使用,它由信号变换电路控制。

2．输入输出模块

输入输出模块主要由输入触发器、输入缓冲器和输出触发/锁存器、输出缓冲器组成,其结构如图 8-11 所示。

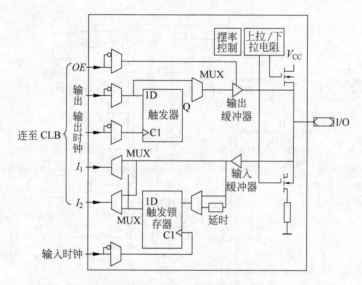

图 8-11　XC4000 系列 IOB 结构

每个 IOB 控制一个引脚,它们可被配置为输入、输出或双向 I/O 功能。当 IOB 控制的引脚被定义为输入时,通过该引脚的输入信号先送入输入缓冲器。缓冲器的输出分成两路,一路可以直接送到 MUX(数据选择器),另一路经延时几纳秒(或者不延时)送到输入通路 D 触发器,再送到数据选择器。通过编程给数据选择器不同的控制信息,确定送至 CLB 阵列的 I_1 和 I_2 是来自输入缓冲器还是 D 触发器。D 触发器可通过编程来确定是边沿触发还是电平触发,还可选择上升沿或者下降沿有效,且配有独立的时钟。

当 IOB 控制的引脚被定义为输出时,CLB 阵列的输出信号 OUT 也可以有两条传输途径,一路是直接经 MUX 送至输出缓冲器,另一路是先存入输出通路 D 触发器,再送至输出缓冲器。输出通路 D 触发器也有独立的时钟,且可任选触发边沿。输出缓冲器既受 CLB 阵列送来的 OE 信号控制,使输出引脚有高阻状态;还受转换速率(摆率)控制电路的控制,使它可以在高速或低速(低噪声)两种方式运行。

　　IOB 输出端配有两只 MOS 管,它们的栅极均可编程,使 MOS 管导通或截止,分别经上拉电阻(或下拉电阻)接通 V_{CC}、地线或者不接通,用以改善输出波形和负载能力。

3. 可编程互连资源

　　可编程互连资源(PIR)由许多金属线段构成,这些金属线段带有可编程开关,通过自动布线实现各种电路的连接,实现 FPGA 内部的 CLB 和 CLB 之间、CLB 和 IOB 之间的连接。XC4000 系列采用分段互连资源结构,按相对长度可分为单长线、双长线和长线三种。单长线连接结构如图 8-12 所示。这些连线是贯穿于 CLB 之间的 8 条垂直和 8 条水平金属线段,在这些金属线段的交叉点处是可编程开关矩阵。CLB 的输入和输出分别接至相邻的单长度线,进而可与开关矩阵相连。通过编程可控制开关矩阵将某个 CLB 与其他 CLB 或 IOB 连在一起。双长线连接结构如图 8-13 所示。它包括夹在 CLB 之间的 4 条垂直和 4 条水平金属线段。双长线金属线段的长度是单长度线金属线段的两倍,要穿过两个 CLB 之后,这些金属线段才与可编程的开关矩阵相连。因此,通用双长线可使两个相隔(非相邻)的 CLB 连接起来。可编程开关矩阵的连线点上有 6 个选通晶体管,进入开关矩阵的信号可与任何方向的单或双长线互连。

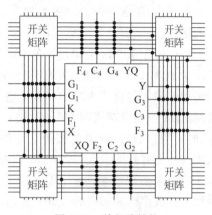

图 8-12　单长线结构

　　单长线和双长线提供了相邻 CLB 之间的快速互连和复杂互连的灵活性,但传输信号每通过一个可编程开关矩阵就增加一次延时。因此,FPGA 内部延时与器件结构和逻辑布线等有关,它的信号传输延时不可确定。长线连接结构如图 8-14 所示。长线连接不经过可编程开关矩阵而直接贯穿整个芯片,由于长线连接信号延时时间短,主要用于高扇出、关键信号的传播。每条长线中间有可编程分离开关,使长线分成两条独立的连线通路,每条连线只有阵列的宽度或高度的一半。CLB 的输入可以由邻近的任一长线驱动,输出可以通过三态缓冲器驱动长线。

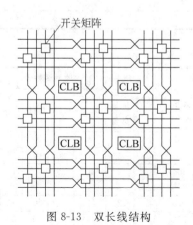

图 8-13　双长线结构

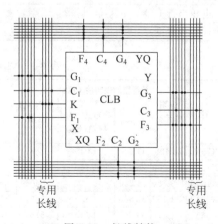

图 8-14　长线结构

4. 最新 FPGA 的基本结构

曾经以为大容量的 FPGA 可以满足设计复杂功能的要求,包括逻辑和速度,但是随着人们对速度和性能的要求不断提高,特别是最近新的协议层出不穷,许多协议的速度已经接近甚至超过 10GHz,如 PCI-E 3.0 等,这就要求在传统 FPGA 的硬件结构上进行一系列变革。一方面,针对传统 FPGA 安全性差的特点,许多 FPGA 嵌入了 Flash,增加了 Flash 编程;另一方面,针对速度的提高和容量的增大,FPGA 开始寻求使用与传统 4 输入的查找表相比更快的 6 输入的查找表构成 FPGA 的基本逻辑单元,通过采用 6 输入的查找表可以在提高逻辑密度的同时提高运行的速度。再者,目前 FPGA 设计已经进入了 28～40nm 工艺设计阶段,去年 Xilinx 公司推出的 Virtex-6 就是基于 40nm 技术设计的,它不仅可以降低整体的功耗,而且能够集成更多的逻辑门,加速目标设计来满足市场需要。

相比较于 Xilinx 公司传统的 FPGA,Virtex-6 同样也有三种不同的子类型:LXT 系列、SXT 系列和 HXT 系列。从表 8-2～表 8-5 中可以知道,Virtex - 6 的逻辑性能都很卓越,它们采用 6 输入的查找表结构和双 5 输入的查找表结构,每一个 6 输入的查找表都有 64 位或者两个 32 位的分布式 RAM。时钟管理模块支持多种时钟管理,包括零延时缓冲、频率同步、时钟相移、输入抖动滤波等。与传统的 FPGA 相比,Virtex-6 的 I/O 引脚更加复杂,它采用高性能并行 SelectIO™技术,所有接口采用 ChipSync™技术来实现源同步,并且嵌入 DCI 功能来实现终端匹配。Virtex-6 继承了第一代和第二代 PCI Express 设计接口,支持少则 1 通道多则 8 通道的设计。它的封装和 I/O 引脚也变得更加丰富,采用 FFA 的一种全新 BGA 封装形式,最大的 I/O 引脚数达到了 1200 个(如表 8-4 和表 8-5 所示)。

表 8-2　Virtex-6 LXT、SXT 和 HXT 之间的比较表

系 统 要 求	LXT	SXT	HXT
高性能逻辑	√	√	√
高密度 ASIC 原型逻辑	√		√
通用处理	√	√	
数字信号处理	√		√
高性能数字性能处理			
低电压串行 I/O	√	√	
串行 I/O 带宽	√√	√√	√√√

表 8-3　Virtex-6 基本信息表

器 件	逻辑单元数	可配置的逻辑块(CLBs)		DSP48E1 数量	块 RAM 数量			MMCM	PCI-E 接口模块数量	以太网 MAC 数量	收发器数量		I/O 组数量	用户 I/O 数量
		Slices	分布式 RAM 数量(Kb)		18Kb	36Kb	最大值(Kb)				GTX	GTH		
XC6VLX75T	74 496	11 640	1 045	288	312	156	5 616	6	1	4	12	0	9	360
XC6VLX130T	128 000	20 000	1 740	480	528	264	9 504	10	2	4	20	0	15	600
XC6VLX195T	199 680	31 200	3 040	640	688	344	12 384	10	2	4	20	0	15	600
XC6VLX204T	241 152	37 680	3 650	768	832	416	14 976	12	2	4	24	0	18	720
XC6VLX365T	364 032	56 880	4 130	576	832	416	14 976	12	2	4	24	0	18	720
XC6VLX550T	549 888	85 920	6 200	864	1 264	632	22 752	18	2	4	36	0	30	1 200
XC6VLX760	758 784	118 560	8 280	864	1 440	720	25 920	18	0	0	0	0	30	1 200

注意：

（1）每个 Virtex-6 FPGA Slice 包含有 4 个 LUT 和 8 个触发器，只有部分 Slice 可以把它们的 LUT 用作分布式 RAM 或者 SRL。

（2）每个 DSP48E1 包含有一个 25×18 的乘法器，一个加法器和一个累加器。

（3）每块 RAM 大小为 36Kb，一块 RAM 可以分解成两个 18Kb 块使用。

（4）每个 CMT 包含有两个混合模式的时钟管理器（MMCM）。

（5）1/O 组没有包含配置组 0 在内。

（6）用户 I/O 数量不包括 GTX 或者 GTH 收发器部分。

表 8-4　Virtex-6 LXT 和 SXT FPGA 器件封装组合和最大的可用 I/O 数量表

封　装	FF484 FFG484		FF784 FFG784		FF1156 FFG1156		FF1759 FFG1759		FF1760 FFG1760	
尺寸/mm	23×23		29×29		35×35		42.5×42.5		42.5×42.5	
器件	GTX 数量	I/O 数量	GTX 数量	I/O 数量	GTX 数量	I/O 数量	GTX 数量	I/O 数量	GTX 数量	I/O 数量
XC6VLX75T	8	240	12	360						
XC6VLX130T	8	240	12	400	20	600				
XC6VLX195T			12	400	20	600				
XC6VLX240T			12	40	20	600	24	720		
XC6VLX365T					20	600	24	720		
XC6VLX550T							36	840	0	1200
XC6VLX760									0	1200
XC6VSX315T					20	600	24	720		
XC6VSX475T					20	600	36	840		

表 8-5　Virtex-6 HXT FPGA 器件封装组合和最大的可用 I/O 数量表

封　装	FF1154 FFG1154			FF1155 FFG1155			FF1923 FFG1923			FF1924 FFG1924		
尺寸/mm	35×35			35×35			45×45			45×45		
器件型号	GTX 数量	GTB 数量	I/O 数量	GTX 数量	GTB 数量	I/O 数量	GTX 数量	GTB 数量	I/O 数量	GTX 数量	GTB 数量	I/O 数量
XC6VHX250T	48	0	32									
XC6VHX255T				24	12	440	24	24	480			
XC6VHX380T	48	0	320	24	12	440	40	24	720	48	24	640
XC6VHX565T							40	24	720	48	24	640

8.6　复杂可编程逻辑器件

随着半导体工艺不断完善，用户对器件集成度的要求不断提高，原来的 PLD 已经不能满足要求，AMD 公司最先生产出带有宏单元的 PAL 器件 PAL22V10。目前 PAL22V10 已成为划分 PLD 的界限。可编程逻辑器件所包含的门数大于 PAL22V10 所包含的门数就被认为是复杂 PLD,这里所谓的"门"是等效门(Equivalent Gate),每个门相当于 4 只晶体管。1985 年,美国 Altera 公司在 EPROM 和 GAL 器件的基础上首先推出了可擦除可编程逻辑器件,也就是可擦除的可编程逻辑器件(Erasable Programmable Logic Device,EPLD),其基本结构与 PAL/GAL 器件相仿,但其集成度要比 GAL 器件高得多。而后 Altera、Atmel、Xilinx 等公司不断推出新的 EPLD 产品,它们的工艺不尽相同,结构不断改进,形成了一系列的产品。一般来说,EPLD 可以包括 GAL、E²PROM、FPGA、ispLSI 或 ispEPLD 等器件。近年来,由于器件的密度越来越大,所以许多公司把原来称为 EPLD 的产品都称为 CPLD。现在一般把所有超过某一集成度(如 1000 万门以上)的 PLD 器件都称为 CPLD。

当前规模在上百万门的 CPLD 芯片系列已广泛应用,并已发展到上千万门。随着工艺水平的提高,在增加器件容量的同时,为提高芯片的利用率和工作频率,CPLD 从内部结构上作了许多改进,出现了多种不同的形式,功能更加齐全,应用不断扩展。CPLD 由可编程逻辑的功能块围绕一个位于中心、延时固定的可编程互连矩阵构成。由固定长度的金属线实现逻辑单元之间的互连,而可编程逻辑单元又是类似 PAL 的与阵列,采用可编程的与阵列和固定的或阵列结构。再加上一个全局共享的可编程与阵列,把多个宏单元连接起来,并增加了 I/O 控制模块的数量和功能。可以把 CPLD 的基本结构看成由可编程逻辑宏单元、可编程 I/O 控制单元和可编程内部连线三部分组成。

1. 可编程逻辑宏单元

可编程逻辑宏单元(Logic Macro Cell,LMC)内部主要包括与阵列、或阵列、可编程触发器和多路选择器等电路,能独立地配置为时序或组合工作方式。与或阵列结构如图 8-15 所示。

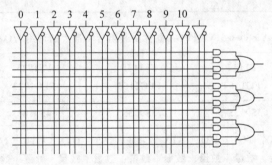

图 8-15 与或阵列结构

EPLD 器件与 GAL 器件相似,其逻辑宏单元同 I/O 做在一起,称为输出逻辑宏单元(OLMC),但其宏单元及与阵列数目比 GAL 大得多。CPLD 器件的宏单元在内部,称为内部逻辑宏单元。CPLD 除了密度高之外,逻辑宏单元结构上还具有以下特点:

1)乘积项共享结构

早期可编程器件的与或阵列中,每个或门的输入乘积项最多为 7 个或 8 个,当要实现多于 8 个乘积项的逻辑函数时必须进行逻辑变换。在 CPLD 的宏单元中,如果输出表达式的与项较多,对应的或门输入端不够用时,可以借助可编程开关将同一单元(或其他单元)中的其他或门与之联合起来使用,或者在每个宏单元中提供未使用的乘积项供其他宏单元使用。图 8-16 所示为 EPM7128E 乘积项扩展和并联扩展项的结构。从图中看出,每个共享扩展项可以被任何宏单元使用和共享,并联扩展项可以从邻近的宏单元中借用,宏单元中不用的乘积项都可以分配给邻近的宏单元。因此,乘积项共享结构提高了资源利用率,可以实现快速、复杂的逻辑函数。

2) 多触发器结构

早期可编程器件的每个输出宏单元只有一个触发器,而 CPLD 的宏单元内通常含两个或两个以上的触发器,其中只有一个触发器与输出端相连,其余触发器的输出不与输出端相连,但可以通过相应的缓冲电路反馈到与阵列,从而与其他触发器一起构成较复杂的时序电路。这些不与输出端相连的内部触发器就称为"隐埋"触发器。这种结构可以不增加引脚数目,而增加其内部资源。

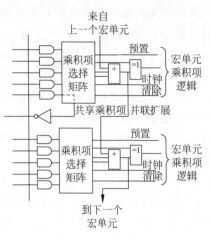

图 8-16 乘积项扩展和并联扩展项结构

3) 异步时钟

早期可编程器件只能实现同步时序电路,在 CPLD 器件中各触发器的时钟可以异步工作,有些器件中触发器的时钟还可以通过数据选择器或时钟网络进行选择。此外,OLMC 内触发器的异步清零和异步置位也可以用乘积项进行控制,因而使用更加灵活。

2. 可编程 I/O 单元

CPLD 的 I/O 单元(Input/Output Cell,IOC)是内部信号到 I/O 引脚的接口部分。根据器件和功能的不同,各种器件的结构也不相同。由于阵列型器件通常只有少数几个专用输入端,大部分端口均为 I/O 端,而且系统的输入信号通常需要锁存。因此 I/O 常作为一个独立单元来处理。图 8-17 所示为与 PAL 兼容的 CPLD 器件的 I/O 单元结构,其内部由三态输出缓冲器、输出极性选择、输出选择等几组数据选择器组成。图 8-18 所示为与 GAL 器件兼容的 I/O 单元结构,其内部由触发器、输出选择器和反馈选择器等组成。各种不同器件的 I/O 单元不一样,这里就不再一一介绍了。

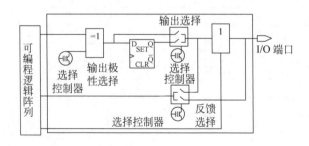

图 8-17 与 PAL 兼容的 I/O 控制模块结构

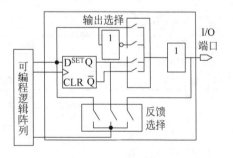

图 8-18 与 GAL 器件兼容的 I/O 控制模块结构

3. 可编程内部连线

可编程内部连线的作用是在各逻辑宏单元之间以及逻辑宏单元和 I/O 单元之间提供互连网络。各逻辑宏单元通过可编程连线阵列接收来自输入端的信号,并将宏单元的信号送到目的地。这种互连机制有很大的灵活性,它允许在不影响引脚分配的情况下改变内部的技术。

4. 最新 CPLD 的基本结构

随着科技的发展,电子线路越来越复杂,PCB 的集成度越来越高,以前采用分立元件就可以实现的一些功能不得不集成到 CPLD 中来。另一方面,科技的发展带来了许多对 CPLD 新的功能需求,传统 CPLD 的发展遇到了瓶颈——现有的 CPLD 硬件结构既不能满足设计的速度要求,也满足不了设计的逻辑要求。这样不得不要求 CPLD 从硬件上进行变革,而最好的参考就是 FPGA,它不仅内嵌的逻辑数量巨大,而且实现的速度比传统 CPLD 提高了几个数量级。进入 21 世纪后,电子技术的发展使得 CPLD 和 FPGA 之间的界限越来越模糊。随着 Lattice、Altera 和 Xilinx 三大公司在这方面的不断发展,相继推出了 XO 系列(Lattice 公司)、MaxⅡ系列(Altera 公司)和 CoolRunnerll 系列(Xilinx 公司)等新产品。与传统的 CPLD 相比,这一代的 CPLD 在工艺技术上普遍采用 130~180nm 的技术,结合了传统 CPLD 非易失和瞬间接通的特性,同时创新性地应用了原本只用于 FPGA 的查找表结构,突破了传统宏单元器件的成本和功耗限制。这些 CPLD 较传统 CPLD 而言,不仅功耗降低了,而且逻辑单元数(也就是等价的宏单元数)也大大地增加了,工作速度也大有提高。从封装的角度来看,最新的 CPLD 结构有着许多种不同的封装形式,包括 TQFP 和 BGA 封装等。最新的 CPLD 还对传统的 I/O 引脚进行了优化,面向通用的低密度逻辑应用。设计人员甚至可以用这些 CPLD 来替代低密度的 FPGA、ASSP 和标准逻辑器件等。

Lattice 公司的 XO 系列芯片是目前在工业设计和产品设计中应用得最为广泛的一款不同于传统 CPLD 的器件。根据等价的宏单元个数,它有 4 种不同的类型(如表 8-6 所示),最小的宏单元数有 256 个,最多的有 2280 个。与传统 CPLD 不同的是,XO 系列芯片还有内嵌的存储器资源、时钟管理单元 PLL 等结构,而这些结构以前专属于 FPGA。

表 8-6　XO 系列 CPLD 基本信息表

器　　件	LCMXO256	LCMXO640	LCMXO1200	LCMXO2280
LUT 数	256	640	1200	2280
分布式 RAM(Kb)	2.0	6.1	6.4	7.7
EBR SRAM(Kb)	0	0	9.2	27.6
EBR SRAM 块(9Kb)数	0	0	1	3
V_{CC}电压/V	1.2/1.8/2.5/3.3	1.2/1.8/2.5/3.3	1.2/1.8/2.5/3.3	1.2/1.8/2.5/3.3
PLL 数	0	0	1	2
最大 I/O 数	78	159	211	271
100 脚 TQFP 封装	78	74	73	73
144 脚 TQFP 封装		113	113	113
100-ball csBGA 封装	78	74		
132-ball csBGA 封装		101	101	101
256-ball asBGA 封装		159	211	211
256-ball ftBGA 封装		159	211	211
324-ball ftBGA 封装				271

因此,最新 CPLD 的硬件结构是介于传统 CPLD 和传统 FPGA 之间,弥补了传统 CPLD 和传统 FPGA 之间的一块空白,通过结合两者之间的优势而实现 CPLD 的功能最大化。图 8-19 清楚地显示出了 XO 系列芯片在 I/O 引脚数和寄存器方面与传统 CPLD/FPGA 之间的异同,图 8-20 所示为传统 CPLD。

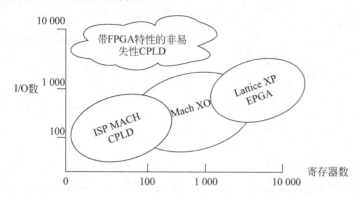

图 8-19 MachXO 系列 CPLD 与传统 CPLD 和 FPGA 的比较

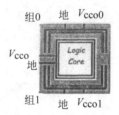

图 8-20 传统 CPLD

XO 系列 CPLD 是传统 CPLD 和 FPGA 的混合体。它采用 LUT 结构和非易失性方案,有多达 2280 个 4 输入的 LUT、2~8Kb 的分布式存储器、多达 271 个用户 I/O、内嵌时钟、采用 TransFR 的进步技术逻辑升级,如图 8-21 所示。

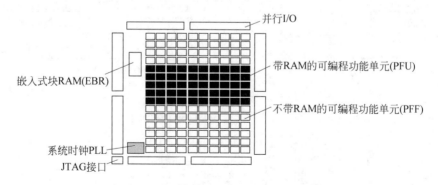

图 8-21 Lattice MachXO 系列结构示意图

低端 XO 系列(256 系列、640 系列)只有内部时钟,不带 PLL 结构,而高端 XO 系列(1200 系列、2280 系列)均带有 PLL 结构。图 8-22 所示为 XO 系列芯片中的 PLL 基本结构,它可以产生任意频率和任意相位的时钟,并且有相关辅助信号通知 PLL 输出时钟是否稳定。有时又把低端 XO 系列归类为 CPLD,而高端 XO 系列归类为 FPGA。

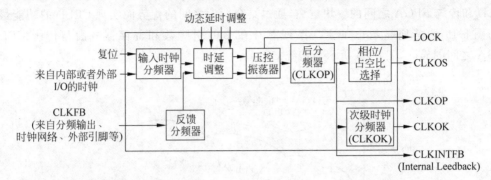

图 8-22　XO 系列芯片内 PLL 示意图

与传统的 CPLD 不同,XO 系列芯片带有丰富的存储器(如图 8-23 所示),通过配置不同的深度和宽度,可以设计成需要的存储器,包括 RAM、ROM、FIFO 等,为时序逻辑设计带来极大的方便。

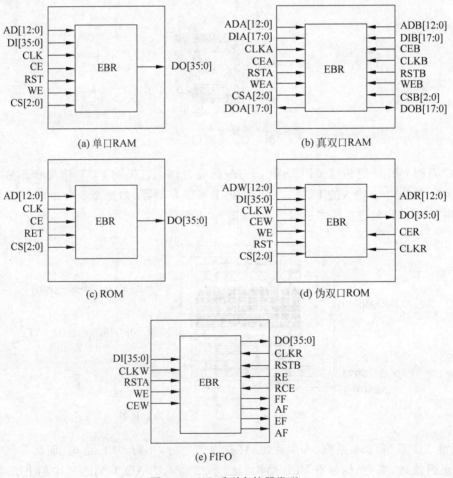

图 8-23　XO 系列存储器类型

顺应低功耗的趋势,XO 系列带有一个休眠的引脚。图 8-24 清楚地描述了休眠引脚与通用的 I/O 引脚之间的关系,一旦这个引脚为低,CPLD 内的所有活动全部停止,所有的 I/O 引脚全部变成高阻态,这样 CPLD 在空闲时的功耗就变得很低。

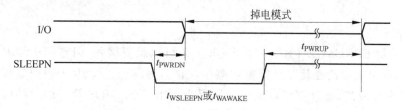

图 8-24　休眠信号的作用和波形示意图

5. CPLD 和 FPGA 的选用

综合 CPLD 和 FPGA 的结构,两者的结构不同,编程工艺也不相同,因而又决定了它们应用范围的差别。使用时可以从以下几个方面进行选择:

1) 逻辑单元

CPLD 中的逻辑单元是大单元,通常其变量数为 20~28 个。因为变量多,所以只能采用 PAL 结构。由于这样的单元功能强大,一般的逻辑在单元内均可实现,因而其互连关系简单,通过集总总线即可实现。电路的延时通常就是单元本身和集总总线的延时(通常在数纳秒至十几纳秒),与 FPGA 同样集成规模的芯片相比内部触发器的数量较少。大单元的 CPLD 较适合逻辑型系统,如控制器等,这种系统逻辑复杂,输入变量多,但对触发器的需求量相对较少。

FPGA 逻辑单元是小单元,其输入变量数通常只有几个,因而采用查表结构(即 PROM 形式),每单元只有一个或两个触发器。这样的工艺结构占用芯片面积小、速度高,每块芯片上能集成的单元数多,但逻辑单元的功能较弱。如要实现一个较复杂的逻辑功能,需要几个这样的单元组合才能完成。电路的延时时间不定,互连关系也较复杂。小单元的 FPGA 较适合数据型系统,这种系统所需的触发器数多,但逻辑相对简单。

2) 内部互连资源与连线结构

FPGA 是由掩膜可编程门阵列和可编程逻辑器件两者特性结合演变而来的。FPGA 单元小、互连关系复杂,所以使用的互连方式较多。FPGA 的分段式互连结构是利用不同长度的几种金属线通过旁路晶体管或反熔丝的连接把各个功能单元连接起来,有单长线、双长线、长线等方式。这些总线分布在各单元之间,可以通过配置将不同位置的单元连接起来。显然一对单元之间的互连路径可以有多种,而其传输延迟也是不相同的。

实现同一功能可能有不同的方案,其延时是不等的。所以 FPGA 在使用时,除了逻辑设计外,还要进行延时设计。通常需经数次设计方可找出最佳方案。对于 ASIC 设计,采用 FPGA 在实现小型化、集成化和高可靠性的同时,还减少了风险,降低了成本,缩短了周期。对于快速周转的样机,这些特性使得 FPGA 成为用户的首选,而且 FPGA 比 CPLD 更适合于实现多级的逻辑功能。与 FPGA 相比,CPLD 的内部连线结构不同且 CPLD 单元大。

CPLD 不采用分段互连方式,它的连续式互连结构是利用具有同样长度的一些金属线实现功能单元之间的互连,即使用的是集总总线,所以其总线上任意一对输入端与输出端之间的延时相等,且是可预测的,产品可以给出引脚到引脚的最大延迟时间。此外,CPLD还具有输入结构,适合实现高级的有限状态机。

CPLD的主要缺点是功耗大,15 000门以上CPLD的功耗要高于FPGA、门阵列和分立器件。

3) 编程工艺

CPLD采用EPROM、E^2PROM和Flash工艺可以反复编程,但它们一经编程,片内逻辑就被固定,如果数据改变就要进行重新擦写。它们都属于直读(ROM)型编程,这类编程工艺不仅可靠性较高,而且都可以加密。但因为使用了FAMOS管等熔丝结构,占用面积较大,因此功耗较大(反熔丝工艺除外),这也是相同集成规模芯片中触发器数较少的原因之一。Xilinx公司的FPGA芯片采用RAM型编程,相同集成规模的芯片中的触发器数目多,功耗低,但掉电后信息不能保存,必须与存储器联用。每次上电时须先对芯片配置,然后方可使用。从另一方面看,RAM型FPGA却可以在工作时更换其内容,实现不同的逻辑,这也是可取的。

4) 规模

逻辑电路在中、小规模范围内,选用CPLD价格较便宜,能直接用于系统。各系列CPLD器件的逻辑规模覆盖面属于中小规模,器件有很宽的可选范围,上市速度快,市场风险小。对于大规模的逻辑电路设计则多采用FPGA。因为从逻辑规模上讲,FPGA覆盖了大、中规模范围。

CPLD与FPGA之间的界限并不分明。有些芯片中采用查表结构的小单元,SRAM编程工艺,每片所含的触发器数很多,可达到很大的集成规模,与典型的FPGA相一致,但在这种器件中却又使用了集总总线的互连方式,速度较高,且延时确定、可预知,因而又具有CPLD的特点,可以将它们归于CPLD一类。其实归于哪一类都无妨,只要分清每种器件的单元、互连及编程工艺这三大基本特征,从而了解其性能和使用方法即可(如表8-7所示)。

表 8-7　CPLD 与 FPGA 的结构性能对照

性 能 指 标	CPLD	FPGA
集成规模	小(万门)	大(百万门)
逻辑单元	大(PLA结构)	小(PROM结构)
互连方式	集总总线	分段总线、专用互连
编程工艺	EPROM、E^2PROM、FLASH	SRAM
编程类型	ROM、信息固定	RAM、可实时重构
单元功能	强	弱
触发器	少	多
速度	高	低
延时时间	确定、可预测	不确定、不可预测
功耗	较高	低
加密性能	可加密	不可加密
应用	逻辑型系统	数据型系统

5) FPGA 和 CPLD 封装形式的选择

FPGA和CPLD器件的封装形式有很多,其中主要有PLCC、PQFP、TQFQ、RQFP、

VQFP、MQFP、PGA、BGA 及 μBGA 等。同一型号的器件可以有多种不同的封装。常用的 PLCC 封装的引脚数有 28、44、52、68~84 等几种规格。由于可以买到现成的 PLCC 插座，插拔方便，一般在产品研制开发阶段或实验中使用。缺点是需添加插座的额外成本、I/O 口线有限及易被人非法解密。

PQFP、RQFP 或 VQFP 属于贴片封装形式，无须插座，引脚间距有零点几个 mm（如 0.3mm、0.5mm、0.65mm），直接或在放大镜下就能焊接，适合于一般规模的产品开发或生产。但当引脚间距小于 0.5mm 时，徒手难以焊接，批量生产需贴装机，采用表面贴装工艺（SMT）和回流焊工艺。多数大规模、多 I/O 的器件都采用这种封装。

PGA 封装的成本比较高，形似 586CPU，一般不直接用作系统器件。如 Altera 的 10K50 有 403 脚的 PGA 封装，可用作硬件仿真。

BGA 封装的引脚属于球状引脚，是较为先进的封装形式，大规模 PLD 器件已普遍采用 BGA 封装，适合于大规模的产品开发或生产。由于这种封装形式采用球状引脚，以特定的阵形有规律地排在芯片的背面上，使得芯片引出尽可能多引脚的同时，不至于使脚间距过小。同时由于引脚排列的规律性，因而适合在同一电路板位置焊上不同大小的含有同一设计程序的 BGA 器件，这是它的主要优势。此外，BGA 封装的引脚结构具有更强的抗干扰和机械抗振性能。对于不同的设计项目，应使用不同的封装。对于逻辑含量不大，而引脚的数量比较大的系统，需要大量的 I/O 口线才能以单片形式将这些外围器件的工作系统协调起来，因此选贴片封装的器件比较好。如可选用 Lattice 的 ispLSI1048E-PQFP 或 Xilinx XC951081-PQFP，它们的引脚数分别是 128 和 160，I/O 口数一般都能满足系统的要求。

8.7 PLD 的编程

随着 PLD 集成度的不断提高，PLD 的编程日益复杂，设计的工作量也越来越大。在这种情况下，PLD 的编程工作必须在开发系统的支持下才能完成。

为此，一些 PLD 的生产厂商和软件公司相继研制成功各种功能完善、高效率的 PLD 开发系统。其中一些系统还具有较强的通用性，可以支持不同厂家及各种型号的 PAL、GAL、EPLD、FPGA 产品的开发。

PLD 开发系统包括软件和硬件两部分。

开发系统软件是指 PLD 专用的编程语言和相应的汇编程序或编译程序。开发系统软件大体上可以分为汇编型、编译型和原理图收集型三种。

早期使用的多为一些汇编型软件。这类软件要求以化简后的与-或逻辑式输入，不具备自动化简功能，而且对不同类型 PLD 的兼容性较差，如由 MMI 公司研制的 PALASM 以及随后出现的 FM(Fast-Map) 等就属于这一类。

进入 20 世纪 80 年代以后，功能更强、效率更高、兼容性更好的编译型开发系统软件很快地得到了推广和应用。其中比较流行的有 Data I/O 公司研制的 ABEL 和 Logical Device 公司的 CUPL。这类软件输入的源程序采用专用的高级编程语言（也称为硬件描述语言 HDL）编写，有自动化简和优化设计功能。除了能自动完成设计以外，还有电路模拟和自动测试等附加功能。

20 世纪 80 年代后期又出现了功能更强大的开发系统软件。这种软件不仅可以用高级编程语言输入，而且可以用电路原理图输入。这对于想把已有的电路（如用中、小规模集成器件组成的一个数字系统）写入 PLD 的人来说，提供了最便捷的设计手段，如 Data I/O 公司的 Synario 就属于这样的软件。90 年代以来，PLD 开发系统软件开始向集成化方向发展。为了给用户提供更加方便的设计手段，一些生产 PLD 产品的主要公司都推出了自己的集成化开发系统软件（软件包）。这些集成化开发系统软件通过一个设计程序管理软件把一些已经广为应用的优秀 PLD 开发软件集成为一个大的软件系统，在设计时技术人员可以灵活地调用这些资源完成设计工作。属于这种集成化的软件系统有 Xilinx 公司的 XACT5.0、Lattice 公司的 ISP Synario System 等。

所有这些 PLD 开发系统软件都可以在 PC 或工作站上运行。虽然它们对计算机内存容量的要求不同，但都没有超过目前 PC 一般的内存容量。开发系统的硬件部分包括计算机和编程器。编程器是对 PLD 进行写入和擦除的专用装置，能提供写入或擦除操作所需要的电源电压和控制信号，并通过串行接口从计算机接收编程数据，最终写进 PLD 中。早期生产的编程器往往只适用于一种或少数几种类型的 PLD 产品，而目前生产的编程器都有较强的通用性。

PLD 的编程工作大体上可按以下步骤进行：

（1）进行逻辑抽象。首先要把需要实现的逻辑功能表示为逻辑函数的形式——逻辑方程、真值表或状态转换表（图）。

（2）选定 PLD 的类型和型号。选择时应考虑到：是否需要擦除改写；是组合逻辑电路还是时序逻辑电路；电路的规模和特点（有多少输入端和输出端，多少个触发器，与-或函数中乘积项的最大数目，是否要求对输出进行三态控制等）；对工作速度、功耗的要求；是否需要加密等。

（3）选定开发系统。选用的开发系统必须能支持选定器件的开发工作。与 PLD 器件相比，开发系统的价格要昂贵得多。因此，应该充分利用现有的开发系统，在系统所能支持的 PLD 种类和型号中选择合理的器件。

（4）按编程语言的规定格式编写源程序。鉴于 PLD 编程语言种类较多，而且发展、变化很快，本书中就不作具体讲解了。这些专用编程语言的语法都比较简单，通过阅读使用手册和练习，很容易掌握。

（5）上机运行。将源程序输入计算机，并运行相应的编译程序或汇编程序，产生 JEDEC 下载文件和其他程序说明文件。JEDEC 文件是一种由电子器件工程联合会制定的记录 PLD 编程数据的标准文件格式，一般的编程器都要求以这种文件格式输入编程数据。

（6）卸载。所谓卸载，就是将 JEDEC 文件由计算机送给编程器，再由编程器将编程数据写入 PLD 中。

（7）测试。将写好数据的 PLD 从编程器上取下，用实验方法测试它的逻辑功能，检查它是否达到了设计要求。

8.8　在系统可编程逻辑器件

在系统可编程特性（In System Programmability，ISP）是指不需要使用编程器，只需要通过计算机接口和编程电缆，直接在用户自己设计的目标系统中或线路板上，为重新构造设计逻辑而对器件进行编程或反复编程的能力。在系统编程器件的基本特征是在器件安装到系统板上后,不需要将器件从线路板上卸下,即可对器件进行直接配置,并可改变器件内的设计逻辑,满足原有的 PCB 布局要求。采用 ISP 技术之后,硬件设计可以变得像软件设计那样灵活而易于修改,硬件的功能也可以实时地加以更新或按预定的程序改变配置。这不仅扩展了器件的用途,缩短了系统的设计和调试周期,而且还省去了对器件单独编程的环节,因而也省去了器件编程设备,简化了目标系统的现场升级和维护工作。因此,ISP 技术有利于提高系统的可靠性,便于系统板的调试和维修。

1. 在系统编程技术原理

系统可编程的概念首先由美国的 Lattice 公司提出,在此以 Lattice 公司的 ispLSI 器件为例说明其编程原理。ispLSI 器件的编程采用 E^2PROM(CMOS 元件组成的 E^2PROM)来存储数据,编程时通过行地址和数据位对 E^2PROM 寻址。编程的寻址和移位操作由地址移位寄存器和数据移位寄存器完成。两种寄存器都按 FIFO(先入先出)的方式工作。数据移位寄存器按低位字节和高位字节分开操作。由于器件是插在目标系统中或线路板上进行编程,因此在系统编程的关键是编程时如何使芯片与外部脱离。器件编程时,需要 5 根信号线用来传递编程信息,它们的功能分别如下:

① $\overline{ispEN}$ 编程使能信号。当 $\overline{ispEN}=1$ 时,器件为正常工作状态;当 $\overline{ispEN}=0$ 时,器件所有的 I/O 端被置成高阻状态,因而切断了芯片与外电路的联系。

② SDO:数据输出线。

③ SLCK:串行时钟线。

④ SDI:向串行移位寄存器提供编程数据和其他命令。

⑤ MODE:编程状态机的控制线。SDI 与 MODE 一起作为编程状态机的控制线,其功能如表 8-8 所示。

表 8-8 SDI 的功能

MODE	SDI	MODE	SDI
低电平	作为移位寄存器的串行输入端	高电平	为编程状态机的控制信号

ISP 状态机共有三个状态:闲置态(IDLE)、移位态(SHIFT)和执行态(EXECUTE)。三种状态转移图如图 8-25 所示。

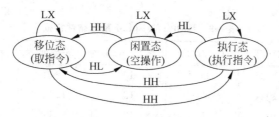

图 8-25 三种状态转移图

ispLSI 器件内部设有控制编程操作的时序逻辑电路,其状态受 MODE 和 SDI 信号的控制。器件进入 ISP 编程模式时,闲置态是第一个被激活的状态。在编程模式、器件空闲或读器件标识时(每一个类型的 ISP 器件都有唯一的 8 位标识码 ID),状态机处在闲置态。当 MODE、SDI 都置为高电平,并且在 ISP 状态机处在时钟沿时,状态转移到命令移位态。移位态主要是把指令装入状态机。在移位态下,当 MODE 处于低电平时,SCLK 将指令移进状态机。一旦指令装进状态机,状态机就必须转移到执行态,以执行指令。将 MODE 和 SDI 均置为高电平,状态机就从移位态转移到执行态。如果需要使状态机从移位态转移到闲置态,则将 MODE 置为高电平,SDI 置为低电平。执行态主要是状态机执行在移位态已装入器件的指令。

2. ispLSI 逻辑器件

Lattice 公司将其独特的 ISP 技术应用到高密度 PLD 中,形成了 ispLSI(in System Programmale Large Scale Integration)在系统可编程大规模集成和 pLSI(可编程大规模集成)逻辑器件系列。ispLSI 在功能和参数方面都与相对应的 pLSI 器件相兼容,只是增加了 5V 在系统可编程与反复可编程能力。ispLSI 和 pLSI 产品既有低密度 PLD 使用方便、性能可靠等特点,又有 FPGA 器件的高密度和灵活性,具有确定可预知的延时、优化的通用逻辑单元、高效的全局布线区、灵活的时钟机制、标准的边界扫描功能、先进的制造工艺等优势,其系统速度可达 154MHz,逻辑集成度可达 1000~14 000 门,是目前较先进的可编程专用集成电路。目前,Lattice 公司的 pLSI 和 ispLSI 系列产品可用于 200MHz 系统速度、55ns 的延时(从时钟输入到数据输出的时间)。它们具有较宽的密度范围(1~45×1024PLI 门)。采用优选的 E^2CMOS PLD 技术,在系统可编程技术实现了可重新组态的硬件功能,并配有完全集成、易于使用的先进软件系统。ISP 技术有可能成为可编程逻辑器件领域新的工业标准。

1) ispLSI 逻辑器件的分类

ispLSI/pLSI 芯片分为 5 个系列。早期的 ispLSI/pLSI 系列是基本型,可实现高速控制器、LAN 和编码器这样的集成功能。新推出的 ispLSI/pLSI1000E 系列是 ispLSI/pLSI1000 系列的增强型。ispLSI/pLSI2000 系列是多 I/O 端口器件,适合定时器、计数器以及高速 RISC/CISC 微处理机的定时关键接口等场合。ispLSI/pLSI3000 系列是几个系列中密度最高的,在单片封装中可集成完整的系统逻辑、DSP 功能及整个编码压缩逻辑,并提供卓越的性能。ispLSI/pLSI6000 系列在基于单元的结构中将专用 FIFO 或 RAM 存储模块与可编程逻辑相结合,在单片中可实现复杂系统设计方案。Lattice 的 ispLSI 系列器件的特征如表 8-9 所示。

表 8-9 Lattice 的 ispLSI 系列器件特征

器 件	PLD/门	f_{max}/MHz	t_{pd}/ns	宏单元	寄存器	I/O
1016	2×1024	110	10	64	96	36
1023	6×1024	90	12	128	192	72
1024	4×1024	90	12	96	144	54
1048/C	8×1024	80/70	15/16	192	288	106/108

续表

器 件	PLD/门	f_{max}/MHz	t_{pd}/ns	宏单元	寄存器	I/O
2032	1×1024	125	5.5	32	32	34
2064	2×1024	125	7.5	64	64	68
2096	4×1024	125	7.5	96	96	102
2128	6×1024	100	10	128	128	136
3192	8×1024	100	10	192	288	192
3256	11×1024	77	15	256	384	128
3320	14×1024	77	15	320	480	160
6192	25×1024	70	15	192	416	159
5256V	12×1024	125	7.5	256	256	192
5384V	18×1024	125	7.5	384	384	288/192
5512V	24×1024	100	10	512	384	384/288
6192FF/SM/DM	25×1024	77	15	192	416	208
8840	45×1024	110	8.5	840	1152	432

2）ispLSI 逻辑器件的结构

ispLSI 器件主要包括下列 5 个主要部分。

（1）通用逻辑块。ispLSI 结构的关键部分是通用逻辑块（Generic Lagic Block，GLB），这种多功能逻辑块的输入输出利用率较高。用于 ispLSI1000 及其 2000 系列的 GLB，有 18个输入，这些输入驱动 20 个乘积项。这些乘积项提供 4 个输出，它们有效地实现宽窄不同的门函数。ispLSI3000 系列使用双重的 GLB（Twin GLB）结构，可提供更宽的逻辑功能，如图 8-26 所示。

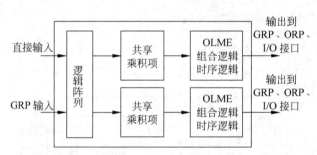

图 8-26　ispLSI 系列的 GLB 结构框图

这种双重的 GLB 能接收 24 个输入，并送到 20 个乘积项的两组阵列，最后驱动两组 4输出函数。ispLSI 的 GLB 结构的灵活性使它允许 GLB 实现所有的 MSI 功能，并具有乘积项共享阵列（PTSA），该 PTSA 允许来自 AND 阵列的 20 个乘积项被任一或全部 4 个 GLB输出共享。在所有 4 个 GLB 输出之间共享乘积项的能力，可消除相同乘积项组，以提供一种实现复杂状态机的高效方法。来自 PTSA 的 4 个输出，每个都送到一个灵活的输出逻辑宏单元（OLMC），OLMC 包含一个带有异或门输入的 D 触发器。OLMC 允许每个配置成组合型或寄存器型。组合模式（组合逻辑）可实现"与或"和"异或"函数，寄存器模式（时序逻辑）可作为 D、T、JK 触发器应用。灵活的时钟分配网络进一步增强了 GLB 的能力。该网络对每一个 GLB 提供可选择的时钟信号（全局同步时钟信号或内部产生的异步乘积项时钟信号）。

（2）全局布线区。ispLSI 结构的中心是全局布线区（Global Routing Pool，GRP），它连接所有的内部逻辑。GRP 具有固定的和可预测的延时，提供完全的互连特性。这种互连方式为复杂设计提供了方便。

（3）输出布线区。输出布线区（Output Routing Pool，ORP）是一种独特的 ispLSI 结构特性，能够实现输出与器件引脚之间的灵活连接，在不改变外部引脚的情况下，为逻辑设计改变提供保证。

（4）加密单元。ispLSI 器件中提供了一个加密单元，以防止阵列的非法复制。该单元被编程后，就禁止读取器件内的功能数据，不能观察原有的配置。只有重新编程才能擦除该单元。

（5）锁定保护。ispLSI 和 pLSI 器件带有片内电荷驱动能力，用来反偏基底，该反向偏置具有足够的大小来防止输入负脉冲引起内部电路堵塞。另外，为了消除晶闸管整流器（SCR）引起锁定而将输出设计成 N 沟道上拉，而不是 P 沟道上拉。

3）器件编程和在系统可编程性

使用 Lattice 公司的器件编程器可对 ispLSI 器件进行编程。器件的整个编程只需几秒钟。器件的擦除是自动的，并且对用户是完全开放和透明的。对于 ispLSI 器件，可实现在系统可编程，即利用 Lattice 公司的编程算法及标准的 5V 系统电源，在电路板上就可对器件进行编程。复杂的逻辑功能可以由多片 ispLSI 器件来实现，并具有优秀的可配置性。

通过专有的在系统编程技术，可简便地实现多块 ispLSI 芯片方案的在系统可编程。在系统可编程性将彻底地改变设计、制造和服务系统的方法。ispLSI 系列最大的优点就是精简的生产过程，取消了通常 PLD 所需的单独编程和标记步骤，从而提高产品的质量，并减少了系统费用。由多片 ispLSI 器件来实现的复杂的逻辑电路可通过 5 个 TTL 电平逻辑接口信号实现所有必要的编程，如图 8-27 所示。

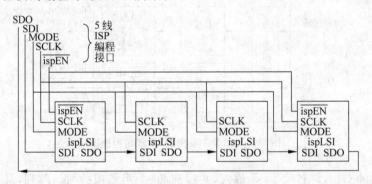

图 8-27　多 ispLSI 器件的编程接口

5 个信号可控制每个器件的片内编程电路，控制片内状态机的状态，同时 ispLSI 器件也可用通用的编程器来编程。

8.9　硬件描述语言

1. 概述

硬件描述语言（Hardware Description Language，HDL）是以高级语言为基础，能够以形式化方式描述电路的结构和行为并用于模拟和综合的高级描述语言。目的是用软件的方法实现硬件电路的设计,实现 RTL 级仿真,验证设计的正确性,而不必像在传统的手工设计过程中那样,必须等到完成样机后才能进行实测和调试。

2. 硬件语言与软件语言的区别

硬件语言与软件语言有着本质的区别。Verilog 和 VHDL 语言作为硬件语言,其本质是在描述硬件。虽然从某种意义上来说,Verilog HDL 借鉴了许多 C 语言的要素,可是它描述出来的结果就是芯片内部实际的电路,所以一段 HDL 代码的优劣就在于它转化成所描述电路性能是否合理和流畅,而非代码是否简洁。

硬件语言与软件语言相比较,最大的区别在于软件语言缺乏以下三个基本概念:

(1) 互连(Connectivity)。互连是硬件系统中的一个基本概念,而软件语言并没有这样的描述。Verilog HDL 中的 wire 变量可以很好地表达这样的功能。

(2) 并发(Concurrency)。软件语言天生就是串行的,只有执行了上一行程序才能进入下一行程序,这样与硬件系统的设计理念相违背。硬件语言基于并行,能够有效地描述硬件系统。

(3) 时序(Timing)。软件语言的运行没有一个严格的时间时序概念,程序运行的快慢取决于处理器本身的性能,而硬件语言可以通过时间度量与周期的关系来描述信号之间的关系。

但是硬件描述语言在抽象程度上比起软件语言相对差一些,语法也不如软件语言灵活,特别是文件的输入输出。为了克服这些缺陷,PLI (Programmable Language Interface,编程语言接口)应运而生,这样就可以在仿真器里面实现 C 语言程序和 Verilog HDL 程序的相互通信,或者是 Verilog HDL 调用 C 语言的函数库,提高了 Verilog HDL 的灵活性和抽象能力。

3. 常用硬件描述语言简介

随着大规模专用集成电路(ASIC)的开发和研制,为了提高开发的效率,增加已有开发成果的可继承性和缩短开发时间,各 ASIC 研制和生产厂家相继开发了用于各自目的的硬件描述语言。硬件描述语言从诞生至今已经有百余种之多,其中最有代表性的是美国国防部开发的 VHDL (Very-High-Speed Integrated Circuit HDL) 和 Verilog 公司开发 Verilog HDL。Altrea 公司的 AHDL 也是其中的一种。所谓硬件描述语言,就是可以描述硬件电路的功能、信号连接关系及定时关系的语言。它比电气原理图更能有效地表示硬件。

1) VHDL 语言简介

VHDL 语言诞生于 1982 年。1987 年年底,VHDL 被 IEEE 和美国国防部确认为标准硬件描述语言。自 IEEE 公布了 VHDL 的标准版本 IEEE 1076—1987(简称 87 版)之后,VHDL 很好地体现了标准化的威力,因而逐步得到推广,各 EDA 公司相继推出了自己的 VHDL 设计环境,或宣布自己的设计工具可以和 VHDL 兼容,逐步取代了原有的非标准的硬件描述语言。1993 年,IEEE 对 VHDL 进行了修订,公布了新版本的 VHDL,即 IEEE 1076—1993 版本(简称 93 版),从更高的抽象层次和系统描述能力上扩展 VHDL 的内容。

VHDL 的语言形式和描述风格在一般的计算机高级语言的基础上加上一些具有硬件特征的语句。VHDL 主要用于描述数字系统的结构、行为、功能和接口。VHDL 的程序结构特点是将一项工程设计,或称设计实体(可以是一个元件、一个电路模块或一个系统)分成外部(或称为可视部分及端口)和内部(或称为不可视部分)。在对一个设计实体定义了外部界面后,一旦其内部开发完成,其他的设计就可以直接调用这个实体。这种将设计实体分成内、外部分的概念是 VHDL 系统设计的基本点。

2) Verilog HDL 语言简介

Verilog HDL 在许多领域的应用也很普遍。它是在 C 语言的基础上发展起来的一种描述语言,由 GDA(Gateway Design Automation)公司开发,最初只设计了一个仿真与验证工具,之后又陆续开发了相关的故障模拟与时序分析工具。1985 年 GDA 公司推出它的第三个商用仿真器 Verilog-XL,获得了巨大的成功,从而使得 Verilog HDL 迅速得到推广和应用。1989 年 Cadence 公司收购了 GDA 公司,使得 Verilog HDL 成为该公司的独家专利。1990 年 Cadence 公司公开发表了 Verilog HDL,并成立 LVI 组织以促进 Verilog HDL 成为 IEEE 标准,即 IEEE 1364-1995。Verilog HDL 的最大特点就是易学易用,如果有 C 语言的编程经验,可以在较短的时间内很快地学会和掌握。Verilog HDL 语言的系统抽象能力稍逊于 VHDL,而对门级开关电路的描述能力则优于 VHDL。

现在,VHDL 和 Verilog HDL 作为 IEEE 的工业标准硬件描述语言,得到众多 EDA 公司的支持,在电子工程领域已成为事实上的通用硬件描述语言。有专家认为,在新的世纪中,VHDL 与 Verilog HDL 语言将承担起大部分的数字系统设计任务。

3) ABEL 和 AHDL 语言

与 VHDL 和 Verilog HDL 相比,ABEL 和 AHDL 的功能相对比较简单,它们适合于 RTL 级和门级电路的描述,主要用于可编程逻辑器件的开发。

ABEL 语言是由美国 Data I/O 公司推出的,该公司也是 ABEL 语言综合器的唯一供应商,有不少 EDA 软件支持 ABEL 语言,如 ispEXPERT、Synario、Foundation 等。

AHDL 语言则只集成在 Altera 公司的可编程逻辑器件开发工具中,只能在 Altera 的开发软件中进行编译和调试。

4) C 语言

在电子系统设计中,硬件设计采用 VHDL 和 Verilog HDL 之类的硬件描述语言,软件设计则采用 C 和 C++等编程语言。这种硬件设计和软件设计使用不同语言的现象给设计带来了不便,延长了产品开发的周期。从 EDA 的发展趋势来看,直接用 C 语言来描述硬件是未来的一个发展方向,这样软件设计人员和硬件设计人员之间就有了"共同语言",从而能够实现软、硬件协同设计,提高设计效率。目前,用 C 语言描述硬件主要有两个分支:System C 和 Spec C。System C 适用于从系统设计到逻辑设计这一阶段;Spec C 则适用于从对技术要求的把握到系统设计这一阶段。

4. VHDL 的优点

1) VHDL 支持层次化设计

可以在 VHDL 的环境下完成从简练的设计原始描述,经过层层细化求精,最终获得可直接付诸生产的电路级或版图参数描述的全过程。

2) VHDL 语言具有多层次描述系统硬件功能的能力

VHDL 语言决定了它成为系统设计领域最佳的硬件描述语言。可以从系统的数学模型直到门级电路。另外,高层次的行为描述可以与低层次的 RTL 描述和结构描述混合使用。VHDL 语言能进行系统级的硬件描述,这是它的最突出优点。强大的行为描述能力可避开具体的器件结构,从逻辑行为上描述到自定义数据类型,给编程人员带来较大的自由和方便。

3) VHDL 具有丰富的仿真语句和库函数

VHDL 在电子系统的设计早期就能查验设计系统的功能性,随时可对设计进行仿真模拟。

4) VHDL 语句具备行为描述能力和程序结构

VHDL 语句的行为描述能力和程序结构决定了它具有支持大规模设计的分解和已有设计的再利用功能,符合市场需求的大规模系统高效、高速的要求,必须有多人或多组共同并行工作才能实现。

5) VHDL 对设计的描述具有相对独立性

其独立性与硬件的结构无关,不必关心最终设计的目标器件是什么。在用 VHDL 语言设计系统硬件时,没有嵌入与工艺有关的信息。当门级或门级以上层次的描述通过仿真检验之后,再用相应的工具将设计映射成不同的工艺(如 MOS、CMOS),在工艺更新时就无须修改源设计程序,只要改变相应的映射工具即可。无论是修改电路还是修改工艺,相互之间不会产生不良影响。

6) 用 VHDL 完成的设计支持 EDA 开发工具

可以利用 EDA 工具进行逻辑综合和优化,并自动地把 VHDL 描述设计转变成门级网表。

7) VHDL 有良好的可移植性

作为一种已被 IEEE 承认的工业标准,VHDL 事实上已成为通用的硬件描述语言,可以在不同的设计环境和系统平台中使用。

8) VHDL 有良好的可读性

它可以被计算机接受,也容易被读者理解。用 VHDL 书写的源文件既是程序又是文档;既是技术人员之间交换信息的文件,又可作为合同签约者之间的文件。

5. VHDL 与高级语言的区别

(1) 某些并行语句可以自动地重复执行,不需要用循环指令来保证。

(2) VHDL 中的许多语句不是按排列顺序执行的,而是可以同时执行的(VHDL 的并行性)。

习题 8

8.1　PLD 的主要优点有哪些?

8.2　PLD 的编程技术主要有哪些?

8.3　简述 PAL 是如何应用的。

8.4　PAL 存在哪些问题? GAL 是如何解决的?

8.5　EPLD 与 PAL 和 GAL 相比,有哪些优点?

8.6　FPGA 分别有哪些部分组成? 各部分分别完成什么功能?

8.7　FPGA 和 CPLD 的区别主要在哪些方面?

8.8　VHDL 语言的优点有哪些?

第9章 信号的发生与变换

在模拟电子电路中需要各种波形的信号,如正弦波、矩形波、三角波和锯齿波等,作为测试信号和控制信号等。这些信号是由波形产生和变换电路来提供的,本章将讲述有关波形发生和信号转换电路的组成原则、工作原理及主要参数。

9.1 正弦波振荡电路

9.1.1 正弦波振荡电路的基本工作原理

一个放大电路,在输入端加上输入信号的情况下,输出端才有输出信号。如果输入端无外加输入信号,输出端仍有一定频率和幅度的信号输出,这种现象称为放大电路的自激振荡。振荡电路就是在没有外加输入信号的情况下,依靠电路自激振荡而产生正弦波输出电压的电路。它广泛用于遥控、通信、自动控制、量测等设备中,也作为模拟电子电路的测试信号。

1. 产生正弦波振荡的条件

图 9-1 所示的正弦波振荡电路是一个未加输入信号的正反馈闭环电路。若输出正弦电压 $\dot{U}_\circ$,经反馈环节产生的反馈电压 $\dot{U}_f$ 恰好等于放大电路所需的输入电压 $\dot{U}_i'$(幅度相等、相位相同),即 $\dot{U}_i' = \dot{U}_f$,则可在闭环电路输出端得到持续、稳定的正弦波,如图 9-1(b)所示。由 $\dot{U}_i' = \dot{U}_f$,可得 $\dfrac{\dot{U}_\circ}{\dot{U}_i'} \dfrac{\dot{U}_f}{\dot{U}_\circ} = 1$,即

$$\dot{A}\dot{F} = 1 \tag{9-1}$$

(a) 无输入信号　　　　　(b) 有输入信号

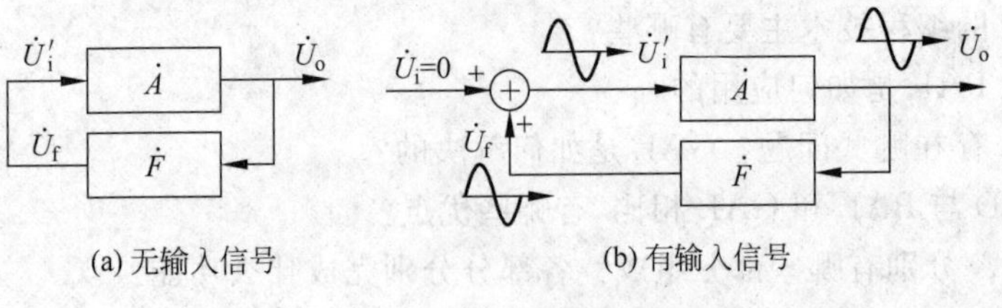

图 9-1　正弦波振荡电路的方框图

式(9-1)就是产生正弦波振荡的振荡条件。式(9-1)为复数式,若设 $\dot{A}=A\angle\varphi_A$, $\dot{F}=F\angle\varphi_F$,正弦波振荡条件可用幅度平衡条件和相位平衡条件来表示。

$$\text{幅度平衡条件} \quad |AF|=1 \tag{9-2}$$

$$\text{相位平衡条件} \quad \varphi_A+\varphi_F=2n\pi, \quad n=0,\pm1,\pm2,\cdots \tag{9-3}$$

2. 正弦波振荡的建立和稳定

一个实际的正弦波振荡电路的初始信号是由电路内部噪声和瞬态过程的扰动引起的。通常这些噪声和扰动的频谱很宽而幅度很小。为了最终能得到一个稳定的正弦波信号,首先必须用一个选频环节把所需频率 f_0 的分量从噪声或扰动信号中挑选出来使其满足相位平衡条件,而使其他频率分量不满足相位平衡条件。其次,为了能使振荡从小到大建立起来,要求满足

$$AF>1 \tag{9-4}$$

式(9-4)称为正弦波振荡的起振条件。

从式(9-4)可以看到,振荡建立起来后,信号由小到大不断增长,不能得到一个稳定的正弦波振荡。实际上,信号的幅度最终要受到放大电路非线性的限制,即当幅度逐渐增大时,$|A|$ 将逐渐减小,最终使 $|AF|=1$ 达到幅度平衡条件,从而使正弦波振荡稳定。

3. 正弦波振荡电路的组成

从上述分析可知,正弦波振荡电路从组成上看必须有以下 4 个基本环节:

(1) 放大电路。保证电路能够有从起振到动态平衡的过程,使电路获得一定幅值的输出量,实现能量的控制。

(2) 选频网络。确定电路的振荡频率,使电路产生单一频率的振荡,即保证电路产生正弦波振荡。

(3) 正反馈网络。引入正反馈,使放大电路的输入信号等于反馈信号。

(4) 稳幅环节。也就是非线性环节,作用是使输出信号幅值稳定。

在不少实用电路中常将选频网络和正反馈网络"合二为一"。而且对于分立元件放大电路,也不再另加稳幅环节,而依靠晶体管特性的非线性起到稳幅作用。

正弦波振荡电路常用选频网络所用元件来命名,分为 RC 正弦波振荡电路、LC 正弦波振荡电路和石英晶体正弦波振荡电路三种类型。RC 正弦波振荡电路的振荡频率较低,一般在 1MHz 以下;LC 正弦波振荡电路的振荡频率多在 1MHz 以上;石英晶体正弦波振荡电路也可等效为 LC 正弦波振荡电路,其特点是振荡频率非常稳定。

4. 判断电路是否可能产生正弦波振荡的方法和步骤

(1) 观察电路是否包含了放大电路、选频网络、正反馈网络和稳幅环节 4 个组成部分。

(2) 判断放大电路是否能够正常工作,即是否有合适的静态工作点且动态信号是否能够输入、输出和放大。

(3) 利用瞬时极性法判断电路是否满足正弦波振荡的相位条件。具体做法是断开反馈,在断开处给放大电路加频率为 f_0 的输入电压 U_i,并给定其瞬时极性,如图 9-2 所示。

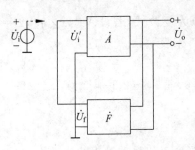

图 9-2　判断相位条件

然后以 U_i 极性为依据判断输出电压 U_o 的极性,从而得到反馈电压 U_f 的极性。若 U_f 与 U_i 极性相同,则说明满足相位条件,电路有可能产生正弦波振荡;否则表明不满足相位条件,电路不可能产生正弦波振荡。

(4)判断电路是否满足正弦波振荡的幅值条件,即是否满足起振条件。具体方法是分别求解电路的 $\dot{A}$ 和 $\dot{F}$,然后判断 $\dot{A}\dot{F}$ 是否大于 1。只有在电路满足相位条件的情况下,判断是否满足幅值条件才有意义。换言之,若电路不满足相位条件,则不可能振荡,也就不需要判断是否满足幅值条件了。

9.1.2　正弦波振荡电路

最具典型性的 RC 桥式正弦波振荡电路中,以 RC 串并联振荡电路最常见,如图 9-3 所示。

将电阻 R 与电容 C 串联、电阻 R 与电容 C 并联所组成的网络称为 RC 串并联选频网络,如图 9-3 所示。通常,RC 串并联选频网络,在正弦波振荡电路中,既为选频网络,又为正反馈网络。

由图 9-3 知

$$\dot{F} = \frac{\dot{U}_f}{\dot{U}_o} = \frac{R // \dfrac{1}{j\omega C}}{R + \dfrac{1}{j\omega C} + R // \dfrac{1}{j\omega C}}$$

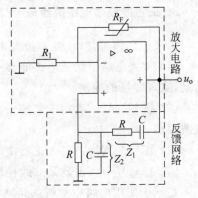

图 9-3　RC 串并联振荡电路

整理得

$$\dot{F} = \frac{1}{3 + j\left(\omega RC - \dfrac{1}{\omega RC}\right)}$$

令 $\omega_0 = \dfrac{1}{RC}$,则 $f_0 = \dfrac{1}{2\pi RC}$,代入上式得

$$\dot{F} = \frac{1}{3 + j\left(\dfrac{f}{f_0} - \dfrac{f_0}{f}\right)}$$

幅频特性为

$$|\dot{F}| = \frac{1}{\sqrt{3^2 + \left(\dfrac{f}{f_0} - \dfrac{f_0}{f}\right)^2}}$$

相频特性为

$$\varphi_F = -\arctan\frac{1}{3}\left(\frac{f}{f_0} - \frac{f_0}{f}\right)$$

当 $f = f_0$,$|F| = \dfrac{1}{3}$,$\varphi_F = 0$。

只有当 $f = f_0 = \dfrac{1}{2\pi RC}$,$\dot{U}_f(\dot{U}_i)$ 与 $\dot{U}_o$ 同相,且 $|F| = \dfrac{1}{3}$。

而图 9-3 中,同相比例运算电路的电压放大倍数为 $|\dot{A}| = \dfrac{\dot{U}_\mathrm{o}}{\dot{U}_\mathrm{i}} = 1 + \dfrac{R_\mathrm{F}}{R_1}$,可见,当 $R_\mathrm{F} = 2R_1$,才有 $|\dot{A}| = 3$,$|\dot{A}\dot{F}| = 1$。

起振时,使 $|\dot{A}\dot{F}| > 1$,即 $|\dot{A}| > 3$ 或 $R_\mathrm{F} > 2R_1$。应当指出,由于 $\dot{U}_\mathrm{o}$ 与 $\dot{U}_\mathrm{f}$ 具有良好的线性关系,所以为了稳定输出电压的幅值,一般应在电路中加入非线性环节。例如,可选用 R_F 为负温度系数的热敏电阻。当 $\dot{U}_\mathrm{o}$ 因某种原因而增大时,流过 R_F 和 R_1 上的电流增大,R_F 上的功耗随之增大,导致温度升高,因而 R_F 的阻值减小,从而使得 $\dot{A}$ 数值减小,$\dot{U}_\mathrm{o}$ 也就随之减小;当 $\dot{U}_\mathrm{o}$ 因某种原因而减小时,各物理量与上述变化相反,从而使输出电压稳定。即随着振荡幅度的增加,$|\dot{A}|$ 将自动减小,直到满足 $|\dot{A}\dot{F}| = 1$,振荡振幅达到稳定。当然,也可选用 R_1 为正温度系数的热敏电阻。

9.1.3　LC 正弦波振荡电路

LC 正弦波振荡电路根据反馈网络的不同,可以分为变压器反馈式振荡电路、电感三点式振荡电路和电容三点式振荡电路。

1. LC 并联电路的选频特性

图 9-4 是最简单的并联电路。R 为电路的等效损耗电阻,其值很小,则 LC 并联电路的等效阻抗为

$$Z = \frac{L/C}{R + \mathrm{j}\left(\omega L - \dfrac{1}{\omega C}\right)}$$

当电路发生并联谐振时,有

$$\omega L = \frac{1}{\omega C}$$

此时谐振角频率为

$$\omega = \omega_0 = \frac{1}{\sqrt{LC}}$$

谐振频率为

$$f = f_0 = \frac{1}{2\pi\sqrt{LC}}$$

电路的阻抗最大为

$$Z_0 = \frac{L}{RC}$$

谐振电路的品质因数为

$$Q = \frac{1}{\omega_0 CR} = \frac{\omega_0 L}{R}$$

则有

$$Z_0 = Q\sqrt{L/C}$$

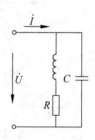

图 9-4　LC 振荡电路

复阻抗 Z 的幅频特性为

$$|Z| = \frac{Z_0}{\sqrt{1 + \left[Q \cdot \dfrac{2(\omega - \omega_0)}{\omega_0}\right]^2}}$$

复阻抗 Z 的相频特性为

$$\varphi_Z = -\arctan\left[Q \cdot \frac{2(\omega - \omega_0)}{\omega_0}\right]$$

当 $\omega = \omega_0$ 时，LC 并联电路阻抗最大，同时阻抗角 $\varphi_Z = 0$，电路呈纯阻性。此外，电路的品质因数 Q 越高，幅频特性曲线和相频特性曲线在 ω_0 附近斜率越大，对其他频率信号的衰减越大，则电路的选频特性越好。

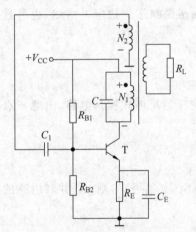

图 9-5　变压器反馈式 LC 振荡电路

2.变压器反馈式 LC 振荡电路

图 9-5 所示为变压器反馈式 LC 振荡电路。变压器一个绕组（原边）与电容并联接在放大电路的输出端，构成 LC 并联电路，而另一个绕组（副边）作为反馈网络。晶体管放大电路采用共射极接法。反馈信号连接到晶体管的基极上。

由于晶体管集电极所连接的变压器绕组端与基极所连接的绕组端互为异名端，因此反馈网络的相位为 $\varphi_F = 180°$。晶体管放大电路接成共射组态，因此 $\varphi_A = 180°$，则 $\varphi_{AF} = 360°$，说明电路引入的是正反馈，电路满足自激振荡的相位条件。

幅值条件 $AF = 1$，可通过合理地设置共射极放大电路的电压放大倍数以及变压器的电压变比来实现。

3.电感三点式振荡电路

变压器反馈式振荡电路要用到一个至少包含两组线圈的变压器，由其中一组线圈提供反馈信号，存在两组线圈耦合不紧密、损耗大的缺点。如果只用一组有中间抽头的线圈，中间抽头将线圈分成两部分，将其中一部分线圈的电压信号作为反馈信号，可构成图 9-6 和图 9-7 所示的电感反馈式振荡电路。从交流通路来看，两电路中电感线圈的首尾和中间三个端分别接三极管的三个电极，因而称为电感三点式振荡电路，又称为哈特莱振荡电路。

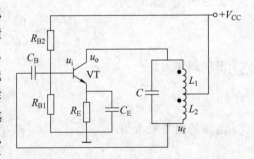

图 9-6　电感反馈式振荡电路 1

以上两个电感反馈式振荡电路大同小异，原理相同。现考察组成正弦波振荡电路的 4 个基本环节及起振与平衡条件。

（1）放大电路。是分压式偏置共射放大电路，其中 C_B、C_C 为耦合电容，C_E 为发射极旁路电容,其容量通常较大,对于较高频率的正弦波振荡信号,三电容可视为短路。显然,这是一个有效的放大电路,只要合理设置静态工作点,就可以保证放大电路正常工作。

（2）选频网络。LC并联电路作为选频网络,当产生并联谐振时,两端阻抗最大,且阻抗角为0,LC并联电路等效为一个阻值最大的纯电阻,放大电路对于LC并联谐振频率的信号具有最大的放大倍数,且满足相位条件,而对于其他频率的信号,放大倍数减小,且不满足相位条件,因而达到了选频的目的。

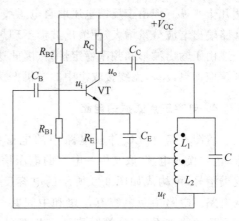

图 9-7 电感反馈式振荡电路 2

（3）正反馈网络。反馈信号是取自下部分线圈 L_2 的电压信号,根据两部分线圈的同名端及共射放大电路集电极与基极电位相位相反,采用前面所学的瞬时极性法判断反馈极性,判断过程如下：$u_i(+) \rightarrow u_o(-) \rightarrow u_f(+) \rightarrow u_i(+)$,可知是正反馈。注意线圈的中间抽头为交流地或交流零电位,当线圈上端瞬时极性为$(-)$时,线圈下端瞬时极性为$(+)$。

（4）稳幅环节。利用三极管的非线性特性可实现稳幅。

（5）相位条件。对于LC并联谐振频率的信号,$\varphi_{AF} = \varphi_A + \varphi_F = 180° + 180° = 360°$,满足相位条件;而对于其他频率的信号,由于LC并联电路阻抗不再表现为纯电阻,因而$\varphi_A \neq 180°$,不满足相位条件。

现推算电感反馈式正弦波振荡电路的具体起振与平衡条件。对于图9-6和图9-7所示电路,当电路发生正弦波振荡时,若LC并联谐振回路的$Q \gg 1$,则LC并联电路等效电阻非常大,索取电流可以忽略不计,因此放大电路放大倍数为

$$\dot{A}_u = \frac{\dot{U}_o}{\dot{U}_i} = -\beta \frac{R'_L}{r_{be}} \tag{9-5}$$

其中R'_L为三极管集电极所接等效负载。

由于LC并联电路产生并联谐振时,电感电流达到最大,且两部分线圈电流相等,因而有

$$|\dot{F}_u| = \left| \frac{\dot{U}_f}{\dot{U}_o} \right| = \frac{j\omega L_2 + j\omega M}{j\omega L_1 + j\omega M} = \frac{L_2 + M}{L_1 + M} \tag{9-6}$$

其中M为两线圈的互感。

由$|\dot{A}_u \dot{F}_u| \geqslant 1$得起振和平衡条件

$$\beta \geqslant \frac{L_1 + M}{L_2 + M} \frac{r_{be}}{R'_L} \tag{9-7}$$

正弦波振荡频率为

$$f_0 \approx \frac{1}{2\pi \sqrt{(L_1 + L_2 + 2M)C}} \tag{9-8}$$

由以上分析可知,电感反馈式振荡电路可以产生正弦波振荡。由于两部分线圈耦合紧密,使损耗小,振幅大。通过调节电容C的容量,可以获得宽范围的振荡频率,最高频率可

达几十兆赫。但由于反馈电压取自电感线圈,而电感线圈对高次谐波阻抗大,因而引起振荡回路输出谐波分量增大,使输出波形不理想。

由于输出波形和频率稳定性差,因此这种振荡电路常用于对波形要求不高的场合,如高频感应加热设备,无线接收机中的本机振荡等。

4. 电容三点式振荡电路

将图 9-7 中 LC 并联电路中的电感换成电容,电容换成电感,取其中一电容的电压信号作为反馈信号,可构成如图 9-8 所示的电容反馈式振荡电路。电路中两电容有首尾和中间共三个端,从交流通路来看,三个端分别接三极管的三个电极,因而称为电容三点式振荡电路,又称为科皮兹振荡电路。

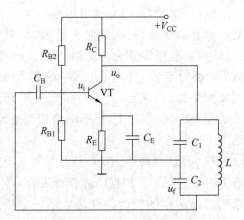

图 9-8 电容反馈式振荡电路

仿照电感三点式振荡电路分析方法可知,电容三点式振荡电路中的放大电路是有效的分压式偏置共射放大电路。LC 并联电路由电容 C_1、C_2 和电感 L 构成,作为选频网络,取下部分电容 C_2 的电压作为反馈电压,通过瞬时极性法可判断出是正反馈,注意两电容的中间端为交流地或交流零电位,当电容上端瞬时极性为(一)时,电容下端瞬时极性为(十)。利用三极管的非线性特性实现稳幅。当 LC 并联电路发生谐振时,电容三点式振荡电路同电感三点式振荡电路一样,满足正弦波振荡的相位条件,因而该电路可以产生正弦波振荡。

现推算电容反馈式正弦波振荡电路的具体起振与平衡条件。对于图 9-8,当电路发生正弦波振荡时,若 LC 并联谐振回路的 $Q \gg 1$,则 LC 并联电路等效电阻非常大,索取电流可以忽略不计,因此放大电路放大倍数为

$$\dot{A}_{\mathrm{u}} = \frac{\dot{U}_{\mathrm{o}}}{\dot{U}_{\mathrm{i}}} = -\beta \frac{R_{\mathrm{L}}'}{r_{\mathrm{be}}} \tag{9-9}$$

其中 R_{L}' 为三极管集电极所接等效负载。

由于 LC 并联电路产生并联谐振时,电容电流达到最大,且两部分电容电流相等,因而有

$$|\dot{F}_{\mathrm{u}}| = \left| \frac{\dot{U}_{\mathrm{f}}}{\dot{U}_{\mathrm{o}}} \right| = \frac{\dfrac{1}{\mathrm{j}\omega C_2}}{\dfrac{1}{\mathrm{j}\omega C_1}} = \frac{C_1}{C_2} \tag{9-10}$$

由 $|\dot{A}_{\mathrm{u}} \dot{F}_{\mathrm{u}}| \geqslant 1$ 得起振和平衡的幅值条件

$$\beta \geqslant \frac{C_2}{C_1} \frac{r_{\mathrm{be}}}{R_{\mathrm{L}}'} \tag{9-11}$$

正弦波振荡频率为

$$f_0 \approx \frac{1}{2\pi \sqrt{L \dfrac{C_1 C_2}{C_1 + C_2}}} \tag{9-12}$$

由于调节电感量不方便,通常是调节 LC 并联电路中电容的容量来改变正弦波振荡频率。当需要高频振荡时,可调小电容 C_1 或 C_2。我们知道,PN 结具有电容效应,相当于三极管的基极 B 与发射极 E、基极 B 与集电极 C 之间接了一个电容。除此之外,电路中还存在杂间电容。这些电容可一并等效为放大电路的输入电容和输出电容,如图 9-9 所示。由于等效的输入、输出电容 C_o、C_i 分别与电容 C_1、C_2 并联,当 C_1、C_2 调小到一定程度时,LC 并联回路的等效电容改变不会再明显,因而振荡频率的提高受到一定限制。并且,PN 结的结电容容易受温度影响,电路中的杂

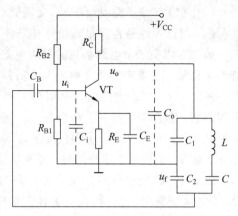

图 9-9 电容反馈式振荡电路的改进

散电容也不确定,导致振荡频率不稳定。为此,在 LC 并联回路的电感支路中增加一小电容 C,且满足 $C \ll C_1$,$C \ll C_2$,这样

$$\frac{1}{C_1} + \frac{1}{C_2} + \frac{1}{C} \approx \frac{1}{C} \tag{9-13}$$

LC 并联回路中的等效电容主要由电容 C 决定,因而可以提高振荡频率及频率稳定性。正弦波振荡频率变为

$$f_0 \approx \frac{1}{2\pi \sqrt{LC}} \tag{9-14}$$

电容三点式振荡电路由于反馈信号取自电容,而电容对高次谐波阻抗小,可以滤除高次谐波,因而输出波形好。该电路的振荡频率可达 100MHz 以上。

例 9-1 图 9-10 所示电路为 LC 正弦波振荡电路,试判断其电路结构是否可能产生振荡,若不能,应怎样修改使之成为可能?

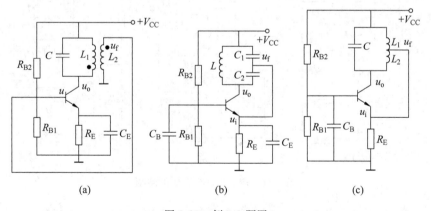

图 9-10 例 9-1 题图

分析 判断 LC 振荡电路能否振荡的一般方法:

(1) 考察每个电路是否包含正弦波振荡电路的 4 个基本环节。

(2) 考察直流通路是否正确,对分立元件电路主要考察能否保证发射结正偏,集电结反偏,使电路工作在放大状态。

(3) 考察交流通路是否正确,交流通路都不能出现开路、短路现象。

(4) 反馈极性是否满足相位平衡条件,主要方法是瞬时极性法。

解 本例中三个电路都包含放大电路,LC 并联回路作为选频网络,利用三极管非线性特性来稳幅。主要考察放大电路是否有效,电路是否为正反馈。

图 9-10(a)所示电路是由共射放大电路构成的变压器反馈式正弦波振荡电路,但存在下列问题:①直流通路有短路现象——基极通过变压器副绕组对地短路,基极直流电位为 0,不能保证发射结正偏;②为负反馈,判断过程如下:$u_i(+) \to u_o(-) \to u_f(-) \to u_i(-)$。应作如下修改:①变压器副绕组与三极管基极间加一耦合电容;②改变原绕组或副绕组同名端。

图 9-10(b)所示电路存在交流通路短路现象——基极与发射极通过两个旁路电容短路,不能保证发射结正偏,必须去掉发射极的旁路电容才能使电容三点式的反馈元件起作用。去掉发射极的旁路电容后,该电路是由共基放大电路构成的电容三点式振荡电路。由于共基放大电路具有频带很宽的优点,由此构成的正弦波振荡电路可以达到很高(100MHz 以上)的振荡频率。LC 并联电路中上部分电容的电压信号作为反馈信号,反馈到三极管发射极,电路为正反馈,判断过程如下:$u_i(+) \to u_o(+) \to u_f(+) \to u_i(+)$。注意:对于共基放大电路,基极是公共端,信号从发射极输入,从集电极输出,集电极与发射极同相位。所以电路应作如下修改:保留基极旁路电容,去掉发射极旁路电容。

图 9-10(c)所示电路是由共基放大电路构成的电感三点式振荡电路。如前所述,该电路同样可以达到很高的振荡频率。LC 并联电路中上部分电感的电压信号作为反馈信号,反馈到三极管发射极,电路为正反馈,判断过程与原理同图 9-10(b)所示电路。本电路在直流通路中 $U_E = V_{CC}$,放大电路工作在截止状态。应作如下修改:在电感中间抽头与三极管发射极间加一耦合电容。

修改后的电路如图 9-11 所示。

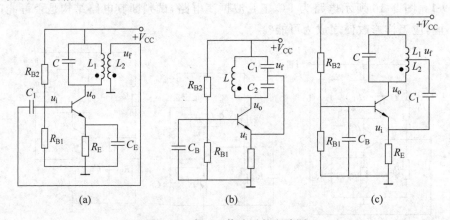

图 9-11 例 7-3 修改后的电路图

例 9-2 试分析图 9-12 所示电路结构是否可能产生正弦波振荡,若有可能,其振荡频率是多少?

解 应考察是否包含正弦波振荡电路的 4 个基本环节及其是否有效。

图 9-12(a)所示电路由同相比例运算电路构成放大电路,放大倍数 $A_u = 1 + \dfrac{R_3}{R_2}$,相角 $\varphi_A =$

$0°$。LC 串联电路作为选频网络,该串联电路同时构成正反馈网络。R_3 选用具有负温度系数的热敏电阻作为稳幅环节。对于 LC 串联谐振频率的信号,电路正反馈最强,LC 串联电路总阻抗最小,且为纯电阻,即等效损耗电阻,若设为 R,则正反馈系数 $F_u = \dfrac{R_1}{R+R_1}$,相角 $\varphi_F = 0°$,满足相位条件 $\varphi_{AF} = \varphi_A + \varphi_F = 0°$,也可以满足幅值条件 $|\dot{A}_u \dot{F}_u| \geqslant 1$,因而该电路有可能产生正弦波振荡。正弦波振荡频率为 LC 串联谐振频率 $f_0 = \dfrac{1}{2\pi\sqrt{LC}}$。

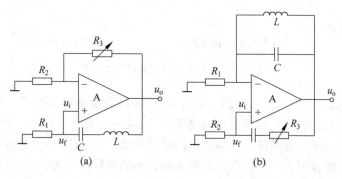

图 9-12　例 9-2 题图

图 9-12(b)所示电路中 LC 并联电路作为选频网络,该并联电路同时构成负反馈网络。对于 LC 并联谐振频率的信号,电路负反馈最小,LC 并联电路总阻抗最大,为谐振阻抗 $Z_0 = \dfrac{L}{RC}$,且 Z_0 为纯电阻,其中 R 为 LC 并联回路等效损耗电阻,因而由同相比例运算电路构成的放大电路放大倍数最大,为 $A_u = 1 + \dfrac{Z_0}{R_1}$,相角 $\varphi_A = 0°$。R_3 选用具有正温度系数的热敏电阻作为稳幅环节。正反馈网络由 R_2、R_3 构成,正反馈的反馈系数 $F_u = \dfrac{R_2}{R_2+R_3}$,相角 $\varphi_F = 0°$,满足相位条件 $\varphi_{AF} = \varphi_A + \varphi_F = 0°$,也可以满足幅值条件 $|\dot{A}_u \dot{F}_u| \geqslant 1$,因而该电路有可能产生正弦波振荡。正弦波振荡频率为 LC 并联谐振频率 $f_0 = \dfrac{1}{2\pi\sqrt{LC}}$。

9.1.4　石英晶体正弦波振荡电路

LC 正弦波振荡电路的振荡频率取决于 LC 并联回路的参数,这些参数容易受各种因素影响,如受三极管的结电容、结电阻等因素的影响,而这些因素往往是不确定且易变的,如三极管发热导致结电容、结电阻发生变化。所以 LC 正弦波振荡电路振荡频率的稳定性不是很高。振荡频率的稳定性还与 LC 并联回路的品质因素 Q 值有关,Q 值越大,LC 并联回路选频特性越好,振荡频率越稳定。而 LC 并联回路的 Q 值也不是很高,一般只可达到数百。石英晶体振荡电路具有很高的品质因素,当需要频率很稳定时,可采用石英晶体振荡电路。

1. 石英晶体的基本特性

石英晶体是二氧化硅(SiO_2)结晶体,具有各向异性。将石英晶体按一定方向切割成很薄的晶片,再将晶片两个对应面抛光和涂敷银层,再装上一对金属极板,引出两个管脚,用金属外壳或玻璃外壳封装,就构成石英晶体谐振器。其结构和符号如图 9-13 所示。

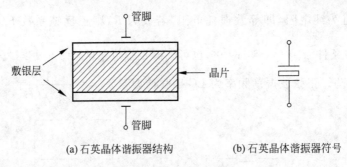

(a)石英晶体谐振器结构   (b)石英晶体谐振器符号

图 9-13   石英晶体谐振器结构和符号

在石英晶体的两个金属极板间加一电场,石英晶体会发生机械变形。若加的电场使石英晶体产生拉伸的机械变形,则当电场方向反向后,又会使石英晶体产生收缩的机械变形。若加的是交变电场,则石英晶体会产生变形的机械振动。反之,若外力使石英晶体发生机械变形,则在两金属极板间会产生电场。若外力使石英晶体拉伸变形产生的是正电场,则外力使石英晶体收缩变形产生的是负电场。若外力使晶体产生变形的机械振动,则在两金属极板间产生交变电场。石英晶体的这种现象称为压电效应。

当然,外施交变电场使石英晶体产生机械振动的振幅是很小的,但当外施交变电场的频率为某一特定值时,石英晶体机械振动的振幅突然增大,石英晶体的这种现象称为压电谐振。因此,石英晶体又称为石英晶体谐振器。发生压电谐振的频率为石英晶体的固有频率,也称为谐振频率。

石英晶体的压电谐振可用图 9-14(b)所示的电路来等效。其中 C_0 是石英晶体静止时,两金属极板间的静态电容,其值取决于两金属极板的面积和石英晶体的几何尺寸;C 等效为石英晶体振动的弹性;L 等效为石英晶体振动的惯性;R 等效为石英晶体振动的摩擦损耗。

通常,C_0 约为几到几十皮法,C 约为 $0.01 \sim 0.1 \rho F$,L 约为几豪亨到几十亨,R 约为 100Ω,理想情况下 $R=0$。

等效电路中 RLC 串联支路的串联谐振频率

$$f_s = \frac{1}{2\pi \sqrt{LC}} \tag{9-15}$$

RLC 串联支路的阻抗 Z_{RLC} 的特性与频率 f 的关系有如下三种情形:

(1) $f = f_s$,RLC 串联支路发生串联谐振,Z_{RLC} 最小,且呈纯电阻特性,$Z_{RLC} = R$。

(2) $f < f_s$,$\frac{1}{2\pi f C} > 2\pi f L$,容抗大于感抗,$Z_{RLC}$ 呈容性。

(3) $f > f_s$,$\frac{1}{2\pi f C} < 2\pi f L$,感抗大于容抗,$Z_{RLC}$ 呈感性。

在第(3)种情形中,RLC 支路呈感性,该支路与 C_0 并联可产生并联谐振,并联谐振频率为

$$f_p = \frac{1}{2\pi \sqrt{L \dfrac{CC_0}{C + C_0}}} = f_s \sqrt{1 + \frac{C}{C_0}} \tag{9-16}$$

因此，石英晶体有两个谐振频率，即串联谐振频率 f_s 和并联谐振频率 f_p。显然，只有当 $f > f_s$ 时才能发生并联谐振，由此可知，$f_p > f_s$。但由于 $C_0 \gg C$，所以 $f_p \approx f_s$。

石英晶体发生并联谐振时，石英晶体两端的阻抗最大，且呈纯电阻特性。当 $f > f_p$ 时，由于 C_0 的容抗变小，RLC 支路的感抗变大，石英晶体等效电路又呈容性。石英晶体等效电路阻抗的频率特性如图 9-14(c)所示。由频率特性曲线可知，只有 $f_s < f < f_p$ 时，石英晶体呈感性。

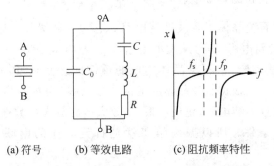

(a) 符号　　　(b) 等效电路　　　(c) 阻抗频率特性

图 9-14 石英晶体谐振器等效电路与频率特性

石英晶体并联谐振电路的品质因素 $Q = \dfrac{1}{R}\sqrt{\dfrac{L}{C'}}$，其中 $C' = \dfrac{CC_0}{C + C_0}$。由于 $C_0 \gg C$，所以 $C' \approx C, Q \approx \dfrac{1}{R}\sqrt{\dfrac{L}{C}}$。由于 C 和 R 的数值都很小，L 的数值很大，所以 Q 值很大，高达 $10^4 \sim 10^6$。正因为 Q 值很大，石英晶体并联谐振电路的选频特性就很好，且其谐振频率几乎仅取决于石英晶体的切割方式、几何形状和几何尺寸，所以其正弦波振荡电路的振荡频率就很稳定。

2. 石英晶体振荡电路

石英晶体振荡电路的基本类型有并联型和串联型两类。并联型是指由石英晶体构成的选频网络通过发生并联谐振来实现选频，而串联型是利用石英晶体发生串联谐振来实现选频。

图 9-15(a)为并联型石英晶体正弦波振荡电路，图 9-15(b)为等效的选频网络，其中 C_0 支路和 RLC 支路构成石英晶体的等效电路。显然这是一个电容三点式振荡电路，振荡电路

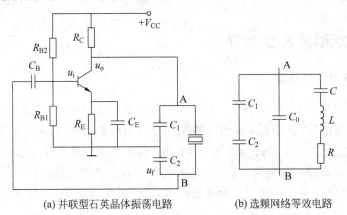

(a) 并联型石英晶体振荡电路　　　(b) 选频网络等效电路

图 9-15 并联型石英晶体振荡电路

的振荡频率 f_0 即选频网络的并联谐振频率。根据选频网络的等效电路可推导出 AB 两端的并联谐振频率为

$$f_0 = \frac{1}{2\pi \sqrt{L\dfrac{C(C_0+C')}{C+C_0+C'}}} = f_s\sqrt{1+\frac{C}{C_0+C'}} \tag{9-17}$$

式中, C' 为 C_1、C_2 串联支路的等效电容, $C' = \dfrac{C_1 C_2}{C_1+C_2}$。由于 $C_0+C' \gg C$, 所以 $f_0 \approx f_s$。

图 9-16 为串联型石英晶体正弦波振荡电路。它包含两级放大电路, 三极管 VT_1 构成共基放大电路, C_B 是旁路电容, 信号从发射极输入, 从集电极输出; 三极管 VT_2 构成射极输出器。根据瞬时极性法判断, 由石英晶体构成的反馈回路是正反馈: $u_i(+) \rightarrow u_{C1}(+) \rightarrow u_o(+) \rightarrow u_f(+) \rightarrow u_i(+)$。根据石英晶体的阻抗特性曲线, 当石英晶体发生串联谐振时, 石英晶体两端阻抗最小, 且为纯电阻, 正反馈最强, 放大电路放大倍数最大, 可以满足正弦波振荡的幅值条件和相位条件。所以振荡频率就是石英晶体的串联谐振频率: $f_0 = f_s = \dfrac{1}{2\pi \sqrt{LC}}$。

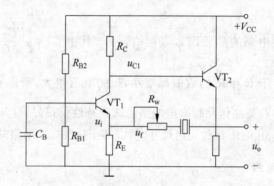

图 9-16　串联型石英晶体振荡电路

9.2　非正弦波发生电路

9.2.1　矩形波发生电路

1. 电路组成及工作原理

因为矩形波电压只有两种状态, 不是高电平就是低电平, 所以电压比较器是它的重要组成部分; 因为产生振荡, 就是要求输出的两种状态自动地相互转换, 所以电路中必须引入反馈; 因为输出状态应按一定的时间间隔交替变化, 即产生周期性变化, 所以电路中要有延时环节来确定每种状态维持的时间。图 9-17 所示为矩形波发生电路, 它由反相输入的滞回比较器和 RC 电路组成。RC 回路既作为延迟环节, 又作为反馈网络, 通过 RC 充、放电实现输出状态的自动转换。

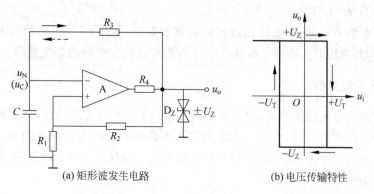

(a) 矩形波发生电路　　　　(b) 电压传输特性

图 9-17　矩形波发生电路及其电压传输特性

图 9-17 中滞回比较器的输出电压 $u_o = \pm U_Z$，阈值电压为

$$\pm U_T = \pm \frac{R_1}{R_1 + R_2} U_Z \tag{9-18}$$

因而电压传输特性如图 9-17(b) 所示。

设某一时刻输出电压 $u_o = +U_Z$，则同相输入端电位 $u_P = +U_T$。u_o 通过 R_3 对电容 C 正向充电，如图 9-17 中实线箭头所示。反相输入端电位 u_N 随时间 t 增长而逐渐升高，当 t 趋近于无穷时，u_N 趋于 $+U_Z$。但是，一旦 $u_N = +U_T$，再稍增大，u_o 就从 $+U_Z$ 跃变为 $-U_Z$，与此同时 u_P 从 $+U_T$ 跃变为 $-U_T$。随后，u_o 又通过 R_3 对电容 C 反向充电，或者说放电，如图 9-17 中虚线箭头所示。反相输入端电位 u_N 随时间 t 增长而逐渐降低，当 t 趋近于无穷时，u_N 趋于 $-U_Z$。但是，一旦 $u_N = -U_T$，再稍减小，u_o 就从 $-U_Z$ 跃变为 $+U_Z$，与此同时 u_P 从 $-U_T$ 跃变为 $+U_T$，电容又开始正向充电。上述过程周而复始，电路产生了自激振荡。

2. 波形分析及主要参数

由于图 9-17(a) 所示电路中电容正向充电与反向充电的时间常数均为 R_3C，而且充电的总幅值也相等，因而在一个周期内 $u_o = +U_Z$ 的时间与 $u_o = -U_Z$ 的时间相等，u_o 为对称的方波，所以也称该电路为方波发生电路。电容上电压 u_C（即集成运放反相输入端电位 u_N）和电路输出电压 u_o 波形如图 9-18 所示。矩形波的宽度 T_K 与周期 T 之比称为占空比，因此 u_o 是占空比为 $1/2$ 的矩形波。

根据电容上电压波形可知，在 $1/2$ 周期内电容充电的起始值为 $-U_T$，终了值为 $+U_T$，时间常数为 R_3C，时间 t 趋于无穷时，u_C 趋于 $+U_Z$，利用一阶 RC 电路的三要素法可列出方程：

$$+U_T = U_Z + (-U_T - U_Z) e^{\frac{T/2}{R_3 C}}$$

将式(9-5)代入上式，即可求出振荡周期为

$$T = 2R_3 C \ln\left(1 + \frac{2R_1}{R_2}\right) \tag{9-19}$$

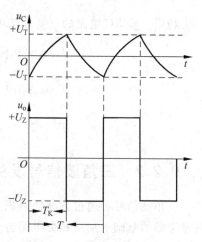

图 9-18　方波发生电路的波形

振荡频率为 $f=1/T$。

通过以上分析可知,调整电压比较器的电路参数 R_1、R_2 及 U_Z 可以改变方波发生电路的振荡幅值,调整电阻 R_1、R_2、R_3 和电容 C 的数值可以改变电路的振荡频率。

3. 占空比可调电路

通过对方波发生电路的分析,可以想象,要改变输出电压的占空比,就必须使电容正向和反向充电的时间常数不同,即两个充电回路的参数不同。利用二极管的单向导电性可以引导电流流经不同的通路,占空比可调的矩形波发生电路如图 9-19(a)所示,电容上电压和输出电压波形如图 9-19(b)所示。

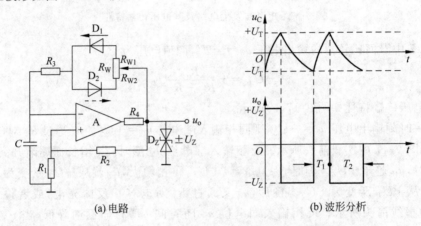

(a) 电路　　　　　　　　　(b) 波形分析

图 9-19　占空比可调的矩形波发生电路

当 $u_o = +U_Z$ 时,u_o 通过及 R_{W1}、D_1 和 R_3 对电容 C 正向充电,若忽略二极管导通时的等效电阻,则时间常数

$$\tau_1 \approx (R_{W1} + R_3)C \tag{9-20}$$

当 $u_o = -U_Z$ 时,u_o 通过及 R_{W2}、D_2 和 R_3 对电容 C 反向充电,若忽略二极管导通时的等效电阻,则时间常数

$$\tau_2 \approx (R_{W2} + R_3)C \tag{9-21}$$

利用一阶 RC 电路的三要素法可列出方程

$$T_1 \approx \tau_1 \ln\left(1 + \frac{2R_1}{R_2}\right)$$

$$T_2 \approx \tau_2 \ln\left(1 + \frac{2R_1}{R_2}\right)$$

$$T = T_1 + T_2 \approx (R_W + 2R_3)C\ln\left(1 + \frac{2R_1}{R_2}\right)$$

9.2.2　三角波信号发生器

三角波信号可通过方波信号积分得到,因此三角波信号发生器可在图 9-6 所示的矩形波发生器的基础上加一积分电路得到,电路如图 9-20 所示。

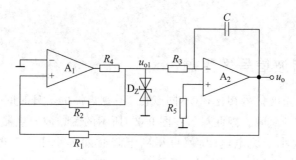

图 9-20 三角波发生电路

设 $t=0$ 时，$u_C=0$，$u_{o1}=+U_Z$，则 $u_o=-u_C=0$。运放 A_1 的同相端对地电压为

$$u_{p1} = \frac{R_1}{R_1+R_2}U_Z + \frac{R_2}{R_1+R_2}u_o \qquad (9\text{-}22)$$

此时，u_{o1} 通过 R_3 向 C 恒流充电，u_C 线性上升，u_o 线性下降，u_{p1} 下降。当 u_{p1} 下降到略小于 0 时，u_{o1} 从 $+U_Z$ 跃变为 $-U_Z$，见图 9-21 中 $t=t_1$ 时刻波形。根据式（9-9）知，此时 u_o 略小于 $-\dfrac{R_1}{R_2}U_Z$。

在 $t=t_1$ 时刻，$u_C=-u_o=\dfrac{R_1}{R_2}U_Z$，$u_{o1}=-U_Z$，运放 A_1 的同相端对地电压为

$$u_{p1} = -\frac{R_1}{R_1+R_2}U_Z + \frac{R_2}{R_1+R_2}u_o \qquad (9\text{-}23)$$

此时，电容 C 恒流放电，u_C 线性下降，u_o 线性上升，u_{p1} 也上升。当 u_{p1} 上升到略大于 0 时，u_{o1} 从

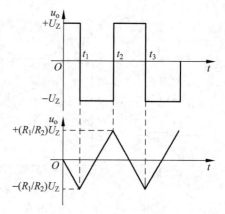

图 9-21 电路的波形分析

$-U_Z$ 跃变为 $+U_Z$，见图 9-21 中 $t=t_1$ 时刻波形。根据式（9-23）知，此时 u_o 略大于 $\dfrac{R_1}{R_2}U_Z$。

如此周而复始，就可在 u_o 端输出幅度为 $\dfrac{R_1}{R_2}U_Z$ 的三角波，同时在 u_{o1} 端得到幅度为 U_Z 的方波。
t_1-t_2 期间，电容 C 放电，放电电流 $i_C=-U_Z/R_3$，电容 C 上的电压变化量 $\Delta u_C=-2U_Z(R_1/R_2)$，得放电时间 T_1 为

$$T_1 = \frac{C\Delta u_C}{i_C} = \frac{C\left(-\dfrac{2R_1}{R_2}U_Z\right)}{-\dfrac{U_Z}{R_3}} = 2R_3C\frac{R_1}{R_2}$$

t_2-t_3 期间，电容 C 充电，同理得充电时间为

$$T_2 = 2R_3C\frac{R_1}{R_2}$$

故电路的振荡周期为

$$T = T_1 + T_2 = 4R_3C\frac{R_1}{R_2}$$

振荡频率为

$$f = \frac{R_2}{4R_3 CR_1}$$

9.2.3　锯齿波信号发生器

　　锯齿波信号与三角波信号相比,其不同点在于:锯齿波的上升时间与下降时间不同,一般下降时间远小于上升时间。因此只需在图 9-20 所示的三角波发生器电路上作些改进,使电容 C 的充电电阻远小于放电电阻,就可得到下降时间远小于上升时间的锯齿波信号。图 9-22 所示为锯齿波信号发生器电路。由图可见,该电路充电电阻为 $R//R_4$,放电电阻为 R。只要 R_4 远小于 R,就可得到图 9-23 所示的电路工作波形。该电路的振荡周期和频率与三角波发生器类似。

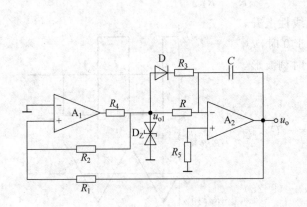

图 9-22　锯齿波发生电路

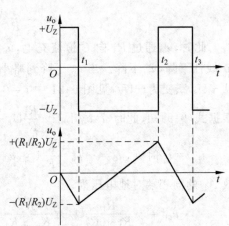

图 9-23　电路的波形分析

9.3　函数发生器

　　函数发生器是一种可以同时产生方波、三角波和正弦波的专用集成电路。当调节外部电路参数时,还可以获得占空比可调的矩形波和锯齿波。因此,函数发生器广泛用于仪器仪表之中。下面以型号为 ICL8038 的函数发生器为例,介绍其电路结构、工作原理、参数特点和使用方法。

1. 电路结构

　　函数发生器 ICL8038 的电路结构如图 9-24 虚线框内所示,由电流源、电压比较器、RS触发器、缓冲电器、三角波变正弦波电路组成。两个电流源的电流分别为 I_{s1} 和 I_{s2},且 $I_{s1} = I$,$I_{s2} = 2I$;两个电压比较器 Ⅰ 和 Ⅱ 的阈值电压分别为 $2/3V_{CC}$ 和 $1/3V_{CC}$,它们的输入电压等于电容两端的电压 u_C,输出电压分别控制 RS 触发器的 S 端和 $\bar{R}$ 端;RS 触发器的状态输出端 Q 和 $\bar{Q}$ 用来控制开关 S,实现对电容 C 的充放电;两个缓冲电路用于隔离波形发生电路和负载,使三角波和矩形波输出端的输出电阻足够低,以增强带负载能力;三角波变正弦波电路用于获得正弦波电压。

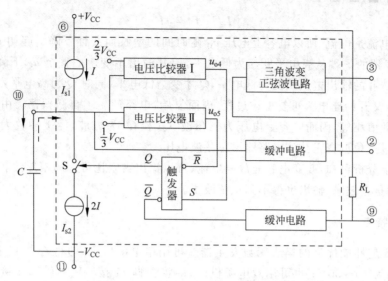

图 9-24 ICL8038 函数发生器原理框图

除了 RS 触发器外,其余部分均可由前面所介绍的电路实现。RS 触发器是数字电路中具有存储功能的一种基本单元电路。Q 和 $\bar{Q}$ 是一对互补的状态输出端,当 Q 为高电平时,$\bar{Q}$ 为低电平;当 Q 为低电平时,$\bar{Q}$ 为高电平。S 和 $\bar{R}$ 是两个输入端,当 S 和 $\bar{R}$ 均为低电平时,Q 为低电平,$\bar{Q}$ 为高电平;反之,当 S 和 $\bar{R}$ 均为高电平时,Q 为高电平,$\bar{Q}$ 为低电平;当 S 为低电平且 $\bar{R}$ 为高电平时,Q 和 $\bar{Q}$ 保持原状态不变,即储存 S 和 $\bar{R}$ 变化前的状态。

两个电压比较器的电压传输特性如图 9-25 所示。

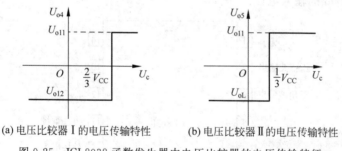

(a) 电压比较器 I 的电压传输特性   (b) 电压比较器 II 的电压传输特性

图 9-25 ICL8038 函数发生器中电压比较器的电压传输特征

2. 工作原理

当给函数发生器 ICL8038 合闸通电时,电容 C 的电压为 0V,根据图 9-25 中的电压传输特性,电压比较器 I 和 II 的输出电压均为低电平,因而 RS 触发器的输出是 Q 为低电平,$\bar{Q}$ 为高电平,使开关 S 断开,电流源 I_{s1} 对电容充电,充电电流为

$$I_{s1} = I \tag{9-24}$$

因充电电流是恒流,所以电容上电压 u_C 随时间的增长而线性上升。当 u_C 上升至 $1/3V_{CC}$ 时,虽然 RS 触发器的 R 端从低电平跃变为高电平,但其输出不变。一直到 u_C 上升到 $2/3V_{CC}$,使电压比较器 I 的输出电压跃变为高电平,Q 才变为高电平(同时 $\bar{Q}$ 变为低电平),导致开关 S 闭合,电容 C 开始放电,放电电流为

$$I_{s2} - I_{s1} = I \tag{9-25}$$

因放电电流是恒流,所以电容上电压 u_C 随时间的增长而线性下降。起初 u_C 的下降虽然使 RS 触发器的 S 端从高电平跃变为低电平,但其输出不变。一直至 u_C 下降至 $1/3V_{CC}$,使电压比较器 II 的输出电压跃变为低电平,Q 才变为低电平(同时 $\bar{Q}$ 为高电平),使得开关 S 断开,电容 C 又开始充电。重复上述过程,周而复始,电路产生了自激振荡。由于充电电流与放电电流数值相等,因而电容上电压为三角波,Q(和 $\bar{Q}$)为方波,经缓冲放大器输出。三角波电压通过三角波变正弦波电路输出正弦波电压。

通过以上分析可知,改变电容充放电电流,可以输出占空比可调的矩形波和锯齿波。但是,当输出不是方波时,输出也得不到正弦波了。

3. 性能特点

ICL8038 是性能优良的集成函数发生器。可用单电源供电,即将管脚 11 接地,管脚 6 接 $+V_{CC}$,V_{CC} 为 10~30V;也可用双电源供电,即将管脚 11 接 $-V_{CC}$,管脚 6 接 $+V_{CC}$,它们的值为 $\pm5V$~$\pm15V$。频率的可调范围为 0.001Hz~300kHz。

输出矩形波的占空比可调范围为 2%~98%,上升时间为 180ns,下降时间为 40ns。输出三角波(斜坡波)的失真度小于 0.05%。输出正弦波的失真度小于 1%。

4. 常用接法

图 9-26 所示为 ICL8038 的管脚图,其中管脚 8 为频率调节(简称调频)电压输入端,电路的振荡频率与调频电压成正比。管脚 7 输出调频偏置电压,数值是管脚 7 与电源 $+V_{CC}$ 之差,它可作为管脚 8 的输入电压。

图 9-26　ICL8038 的管脚图

图 9-27 所示为 ICL8038 最常见的两种基本接法,矩形波输出端为集电极开路形式,需外接电阻 R_L 至 $+V_{CC}$。在图 9-27(a)所示电路中,R_A 和 R_B 可分别独立调整。在图 9-27(b) 所示电路中,通过改变电位器 R_W 滑动端的位置来调整 R_A 和 R_B 的数值。当 $R_A = R_B$ 时,各输出端的波形如图 9-28(a)所示,矩形波的占空比为 50%,因而为方波。当 $R_A \neq R_B$ 时,矩形波不再是方波,管脚 2 也就不再是正弦波了,图 9-28(b)所示为矩形波占空比是 15% 时各输出端的波形图。根据 ICL8038 内部电路和外接电阻可以推导出占空比的表达式为

$$q = \frac{T_1}{T} = \frac{2R_A - R_B}{2R_A}$$

故 $R_B < 2R_A$。

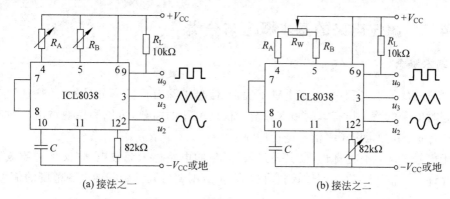

(a) 接法之一　　　　　　　(b) 接法之二

图 9-27　ICL8038 的两种基本接法

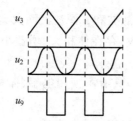

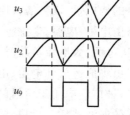

(a) 矩形波占空比为50%时的输出波形　　(b) 矩形波占空比为15%时的输出波形

图 9-28　ICL8038 的输出波形

在图 9-27(b)所示电路中用 $100k\Omega$ 的电位器取代了图 9-27(a)所示电路中的 $82k\Omega$ 电阻，调节电位器可减小正弦波的失真度。如果要进一步减小正弦波的失真度，可采用图 9-29 所示电路中两个 $100k\Omega$ 的电位器和两个 $10k\Omega$ 电阻所组成的电路，调整它们可使正弦波的失真度减小到 0.5%。在 R_A 和 R_B 不变的情况下，调整 R_{w2} 可使电路振荡频率最大值与最小值之比达到 $100:1$。也可在管脚 8 与管脚 6（即调频电压输入端和正电源）之间直接加输入电压调节振荡频率，最高频率与最低频率之差可达 $1000:1$。

$$v_o = -\frac{R_3}{kv_{i3}}\left(\frac{v_{i1}}{R_1} + \frac{v_{i2}}{R_2}\right)$$

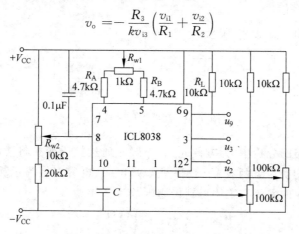

图 9-29　失真度减小和频率可调电路

9.4　滤波电路

9.4.1　滤波电路的基本概念与分类

1．基本概念

在电信号的传输过程中,由于电磁干扰,使信号中除有用频率分量外,还往往混杂无用的甚至是对电子电路工作有害的频率分量。根据电路的需要,可以利用滤波电路对有用频率信号进行提取,对无用频率信号进行滤除。

对于信号频率具有选择性(使其通过或抑制)的电路称为**滤波电路**(又称为**滤波器**),其作用是允许一定范围频率的信号顺利通过,阻止或削弱(即滤除)其他频率范围的信号。

2．分类

根据滤波电路的构成,可以把滤波电路分为无源滤波和有源滤波两大类。

无源滤波电路由电阻、电容、电感等无源器件构成,存在体积大、增益小、带负载能力差等缺点,在直流稳压电源、大电流负载时常被采用。

有源滤波电路由集成运放和电阻、电容器件构成,具有不使用电感、体积小、增益高、带负载能力强等优点,被广泛应用于信号的处理过程。

根据滤波电路的滤波特性,可以把滤波电路分为以下 4 大类:

- **低通滤波器**(**Low Pass Filter**,**LPF**):通过低频信号,阻止高频信号。
- **高通滤波器**(**High Pass Filter**,**HPF**):通过高频信号,阻止低频信号。
- **带通滤波器**(**Band Pass Filter**,**BPF**):通过某一频率范围的信号,阻止频率低于此范围和高于此范围信号。
- **带阻滤波器**(**Band Elimination Filter**,**BEF**):阻止某一频率范围的信号,通过频率低于此范围和高于此范围信号。

在有源滤波器中,集成运放作为放大元件使用,所以工作在线性区。

3．滤波器的幅频响应

滤波器的示意图如图 9-30 所示。

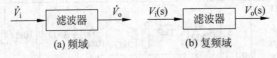

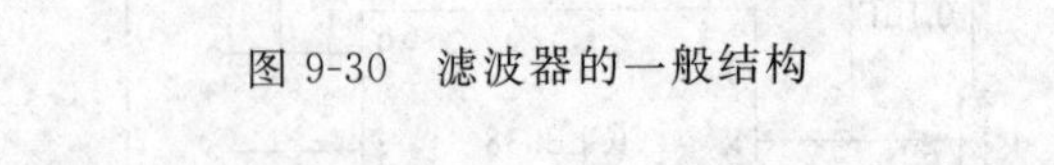

(a) 频域　　　　　　(b) 复频域

图 9-30　滤波器的一般结构

在有源滤波电路的分析中,为方便起见,一般先通过拉氏变换将滤波器变换到复频域,即将输入输出电压变换为象函数 $V_i(s)$ 和 $V_o(s)$,电阻、电容变换为运算形式 R、$1/sC$,通过输出电压与输入电压的象函数之比得到传递函数

$$A_v(s) = \frac{V_o(s)}{V_i(s)}$$

然后令 $s=\mathrm{j}\omega,\omega=2\pi f$,将传递函数转换到频域,得到输出电压与输入电压之比的电压增益

$$\dot{A}_v(f)=\frac{\dot{V}_\mathrm{o}}{\dot{V}_\mathrm{i}}=\mid\dot{A}_v(f)\mid\underline{/\varphi(f)}$$

其中,$\mid\dot{A}_v(f)\mid$(简写为 $\mid\dot{A}_v\mid$)是滤波器的幅频响应。

4 种滤波器的理想幅频响应分别如图 9-31(a)~图 9-31(d)所示,每个特性曲线被分为**通带**和**阻带**两部分,通带的电压放大倍数为 $\mid\dot{A}_{uP}\mid=A_{uP}$,阻带的电压放大倍数为 0。通带和阻带之间的频率为截止频率 f_P。

实际滤波器的幅频响应与理想幅频响应之间存在差异,例如图 9-31(e)所示为 LPF 的实际幅频响应,从图中可以看出,在通带和阻带之间有**过渡带**,过渡带中电压放大倍数的下降速率越大,过渡带越窄,滤波特性越接近图 9-31(a)所示的理想幅频响应。工程实际中,把通带放大倍数下降 0.707 倍时对应的频率称为通带截止频率 f_P,如图 9-31 中所标注。

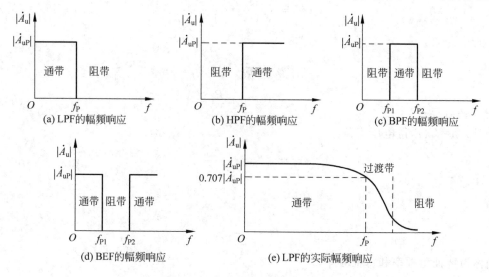

图 9-31　各种滤波器的幅频响应

一般情况下,可以由滤波电路中的电容个数确定其阶数:若滤波电路中含有一个电容元件,幅频响应在过渡带的下降速度为 $-20\mathrm{dB}$/十倍频程,则电路为一阶滤波器;若电路中含有两个电容元件,电压增益在过渡带的下降速率为 $-40\mathrm{dB}$/十倍频程,则电路为二阶滤波器;依此类推。

9.4.2　低通滤波电路

1. 一阶低通滤波电路

将 RC 一阶无源低通滤波器与同相比例运算电路相级联就构成一阶有源低通滤波器,如图 9-32(a)所示,复频域的运算电路如图 9-32(b)所示。

根据深度负反馈时集成运放的"虚短"和"虚断"特点,$V_\mathrm{p}(s)=V_\mathrm{n}(s)$,有

$$A_v(s)=\frac{V_\mathrm{o}(s)}{V_\mathrm{i}(s)}=\frac{V_\mathrm{o}(s)}{V_\mathrm{n}(s)}\frac{V_\mathrm{p}(s)}{V_\mathrm{i}(s)}$$

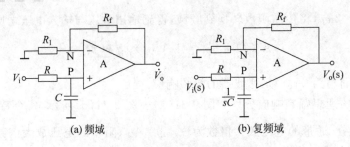

图 9-32　一阶有源低通滤波器

$$= \left(1 + \frac{R_f}{R_1}\right)\frac{1/sC}{R + 1/sC}$$

即

$$A_v(s) = \frac{V_o(s)}{V_i(s)} = \frac{A_{vP}}{1 + s/\omega_0} \tag{9-26}$$

式中

$$\omega_0 = \frac{1}{RC} \tag{9-27}$$

$$A_{vP} = 1 + \frac{R_f}{R_1} \tag{9-28}$$

令 $s = j\omega, \omega = 2\pi f$,得电压增益

$$\dot{A}_v = \frac{\dot{V}_o}{\dot{V}_i} = \frac{A_{vP}}{1 + j\dfrac{f}{f_0}} \tag{9-29}$$

其中

$$f_0 = \frac{1}{2\pi RC} \tag{9-30}$$

分别称为特征角频率和特征频率。

归一化幅频响应为

$$20\lg\left|\frac{\dot{A}_v}{A_{vP}}\right| = -20\lg\sqrt{1 + (f/f_0)^2} \tag{9-31}$$

当 $f = f_0$ 时,式(9-31)为-3dB,故 f_0 为通带截止频率 f_P;当 $f \ll f_P$ 时,式(9-31)为 0dB,$\dot{A}_v = A_{vP}$,A_{vP} 即为通带增益;当 $f \gg f_P$ 时,过渡带电压放大倍数的下降速率为-20dB/十倍频程,如图 9-33 所示。为了使低通滤波器的过渡带变得更窄,可以增加 RC 环节,增加低通滤波器的阶数,加大过渡带衰减斜率。

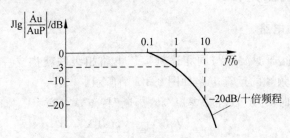

图 9-33　一阶 LPF 的幅频响应

2．二阶低通滤波电路

图 9-34 所示为一种常用的二阶低通滤波电路。图中除了 R_f 引入负反馈外，C_1 接到集成运放的输出端，形成正反馈。当信号频率趋于 0 时，C_1 开路，正反馈很弱；当信号频率趋于无穷大时，C_2 短路，P 点电位趋于 0。因此，只要正反馈引入得当，就可使电路具有良好的滤波特性，又不会因为正反馈过强而引起自激振荡。

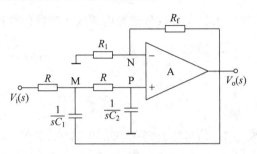

图 9-34　二阶压控电压源低通滤波器

由于集成运放和 R_1、R_f 的同相比例电路构成近似电压源，且此电压源受同相输入端电位的控制，所以被称为**二阶压控低通滤波器**。

通常选取 $C_1 = C_2 = C$。

对 M 点和 P 点列电流方程分别为

$$\begin{cases} \dfrac{V_i(s) - V_m(s)}{R} + \dfrac{V_p(s) - V_m(s)}{R} = \left[(V_m(s) - V_o(s))\right]sC \\ \dfrac{V_m(s) - V_p(s)}{R} = V_p(s)sC \end{cases}$$

又

$$V_p(s) = V_n(s) = \frac{R_1}{R_1 + R_f} V_o(s)$$

联解以上三式，整理得

$$A_v(s) = \frac{V_o(s)}{V_i(s)} = \frac{A_{vP}\omega_0^2}{s^2 + \dfrac{\omega_0}{Q}s + \omega_0^2} \tag{9-32}$$

式中

$$\omega_0 = \frac{1}{RC} \tag{9-33}$$

$$A_{vP} = 1 + \frac{R_f}{R_1} \tag{9-34}$$

$$Q = \frac{1}{3 - A_{vP}} \tag{9-35}$$

令 $s = j\omega$，$\omega = 2\pi f$，得电压增益

$$\dot{A}_v = \frac{\dot{V}_o}{\dot{V}_i} = \frac{A_{vP}}{1 - \left(\dfrac{f}{f_0}\right)^2 + j\dfrac{1}{Q} \cdot \dfrac{f}{f_0}} \tag{9-36}$$

其中

$$f_0 = \frac{1}{2\pi RC} \qquad\qquad (9-37)$$

$f = f_0$ 时,电压放大倍数的数值为

$$|\dot{A}_v|_{f=f_0} = Q A_{vP}$$

即

$$Q = \frac{|\dot{A}_v|_{f=f_0}}{A_{vP}}$$

可见,Q 是 $f = f_0$ 时的电压放大倍数与通带电压放大倍数的数值之比,称为**等效品质因数**。Q 值不同时,$|\dot{A}_v|_{f=f_0}$ 将随之改变。

归一化幅频响应为

$$20\lg\left|\frac{\dot{A}_v}{A_{vP}}\right| = -20\lg\sqrt{[1-(f/f_0)^2]^2 + (f/Qf_0)^2}$$

令式(9-36)分母的模等于 $\sqrt{2}$,可得到通带截止频率 f_P,显然 $f_P \neq f_0$,且与 Q 有关。当 $Q = 0.707$、$f = f_0$ 时,式(9-36)分母的模等于 $\sqrt{2}$,即 $f_P = f_0$。

Q 不同时的归一化幅频响应如图 9-35 所示。当 $f \gg f_0$ 时,过渡带电压放大倍数的下降速率为 $-40\mathrm{dB}/$十倍频程。

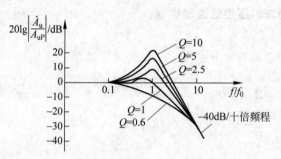

图 9-35 压控电压源二阶 LPF 的幅频响应

应当指出,式(9-35)中,当 $A_{vP} > 3$ 时,Q 为负,分母中复频率的一次项系数为负,电路将不稳定工作;当 $A_{vP} = 3$ 时,$Q \to \infty$,电路将发生自激振荡,所以电路设计中应使 $A_{vP} < 3$。

例 9-3 电路如图 9-34 所示,要求特征频率 $f_0 = 1\mathrm{kHz}$,等效品质因数 $Q = 1$,已知 $C = 0.1\mu\mathrm{F}$,试求该电路中的各电阻阻值。

解 根据式(9-37),有

$$f_0 = \frac{1}{2\pi RC}$$

故

$$R = \frac{1}{2\pi f_0 C} = \frac{1}{2\pi \times 10^3 \times 0.1 \times 10^{-6}}\Omega \approx 1590\Omega = 1.59\mathrm{k\Omega}$$

实际可取电阻标称值 $1.6\mathrm{k\Omega}$。

因为 $Q = \dfrac{1}{3-A_{vP}}$,故

$$A_{vP} = 3 - \frac{1}{Q} = 2$$

由于 $A_{vP}=1+\dfrac{R_f}{R_1}$，所以 $R_f=R_1$。

为使集成运放两输入端电阻静态平衡，应有 $R_f//R_1=2R\approx3.18\text{k}\Omega$，所以 $R_1=R_f\approx$ 6.36kΩ，可取电阻标称值 6.2kΩ。

综上所述，该电路的各电阻可以取：R 为 1.6kΩ，R_1 和 R_f 为 6.2kΩ。

通过 Multisim 搭建如图 9-36 所示的二阶低通滤波器仿真电路。运算放大器采用 NI 公司的 LM324M，其直流工作电压为 ±15V，其余参数设置见图 9-36。

1) 仿真内容

(1) 理论分析电路的通带增益和特征频率。

(2) 用波特仪测量电压放大倍数的幅频响应。

2) 仿真结果

(1) 根据式(9-34)、式(9-35)和式(9-37)，电路的通带增益、Q 和特征频率 f_0 分别为

$$A_{vP}=1+\frac{R_f}{R_1}=1+\frac{5.86}{10}=1.586$$

$$20\lg A_{vP}=20\lg1.586=4$$

$$Q=\frac{1}{3-A_{vP}}=\frac{1}{3-1.586}=0.707$$

$$f_0=\frac{1}{2\pi RC}=\frac{1}{100\times10^3\times0.1\times10^{-6}\times2\pi}\text{Hz}\approx15.92\text{Hz}$$

(2) 波特仪连接如图 9-36 所示。图 9-37 所示的仿真结果表明，通带增益为 4.005dB，与估算值一致。截止频率 f_P（增益下降 3dB 时对应的频率）在 16Hz 附近，即 $Q=0.707$ 时，$f_P=f_0$。

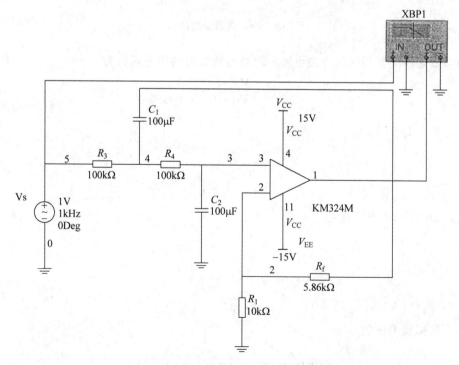

图 9-36 二阶低通滤波器仿真电路图

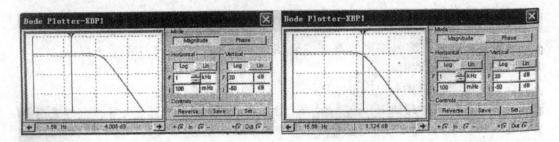

图 9-37　幅频响应仿真结果

9.4.3　高通滤波电路

高通滤波器和低通滤波器具有对偶关系,将图 9-32 和图 9-34 所示电路中的 R、C 元件位置对调,就构成一阶高通滤波器和压控电压源二阶高通滤波器电路,分别如图 9-38(a)和图 9-38(b)所示。

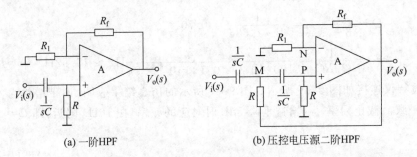

(a) 一阶HPF　　　　　　　　(b) 压控电压源二阶HPF

图 9-38　高通滤波器

用与低通滤波器相同的方法可得一阶高通滤波器的传递函数为

$$A_v(s) = \frac{V_o(s)}{V_i(s)} = \frac{sA_{vP}}{s + \omega_0} \tag{9-38}$$

式中

$$\omega_0 = \frac{1}{RC}$$

$$A_{vP} = 1 + \frac{R_f}{R_1} \tag{9-39}$$

令 $s = j\omega, \omega = 2\pi f$,得电压增益

$$\dot{A}_v = \frac{\dot{V}_o}{\dot{V}_i} = \frac{A_{vP}}{1 - j\dfrac{f_0}{f}} \tag{9-40}$$

其中

$$f_0 = \frac{1}{2\pi RC} \tag{9-41}$$

归一化幅频响应为

$$20\lg\left|\frac{\dot{A}_v}{A_{vP}}\right| = -20\lg\sqrt{1 + (f_0/f)^2} \tag{9-42}$$

当 $f=f_0$ 时，$|\dot{A}_v|=A_{vP}/\sqrt{2}\approx0.707A_{vP}$，故 f_0 为通带截止频率 f_P。其幅频响应如图 9-39(a)所示。

采用同样的分析方法，可得图 9-38(b)所示二阶高通滤波电路的传递函数

$$A_v(s)=\frac{V_o(s)}{V_i(s)}=\frac{A_{vP}s^2}{s^2+\dfrac{\omega_0}{Q}s+\omega_0^2} \tag{9-43}$$

式中

$$\omega_0=\frac{1}{RC} \tag{9-44}$$

$$A_{vP}=1+\frac{R_f}{R_1} \tag{9-45}$$

$$Q=\frac{1}{3-A_{vP}} \tag{9-46}$$

令 $s=j\omega,\omega=2\pi f$，得电压增益

$$\dot{A}_v=\frac{\dot{V}_o}{\dot{V}_i}=\frac{A_{vP}}{1-\left(\dfrac{f_0}{f}\right)^2-j\dfrac{1}{Q}\cdot\dfrac{f_0}{f}}$$

其中

$$f_0=\frac{1}{2\pi RC}$$

归一化幅频响应为

$$20\lg\left|\frac{\dot{A}_v}{A_{vP}}\right|=-20\lg\sqrt{[1-(f_0/f)^2]^2+(f_0/Qf)^2}$$

如图 9-39(b)所示。可见，高通滤波器与低通滤波器的幅频响应为"镜像"关系。

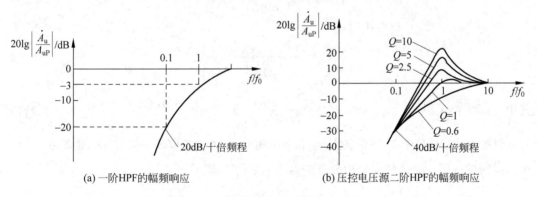

(a) 一阶HPF的幅频响应　　(b) 压控电压源二阶HPF的幅频响应

图 9-39　高通滤波器的对数幅频响应

9.4.4　带通滤波电路

若将低通滤波器和高通滤波器串联，并使低通滤波器的截止频率 f_{P2} 大于高通滤波器的截止频率 f_{P1}，则频率在 $f_{P1}<f<f_{P2}$ 范围内的信号能通过，其余频率的信号不能通过，因而构成了带通滤波器，如图 9-40 所示。

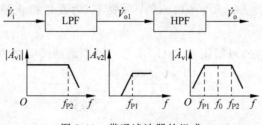

图 9-40　带通滤波器的组成

由于带通滤波器具有选频特征,被广泛应用于信号的提取和通信电路中。

典型的压控电压源带通滤波器如图 9-41(a)所示,R_1 和 C_1 组成了低通滤波器,C_2 和 R_2 组成了高通滤波器,R_3 引入正反馈,实现输出电压(电压源)对电压放大倍数的控制。通常选取 $C_1=C_2=C$,$R_1=R$,$R_2=2R$,根据前述的分析方法可得传递函数为

$$A_v(s) = \frac{A_{vP}\,\dfrac{1}{Q}\,\dfrac{s}{\omega_0}}{\left(\dfrac{s}{\omega_0}\right)^2 + \dfrac{1}{Q}\dfrac{s}{\omega_0} + 1} \tag{9-47}$$

式中 ω_0 为通带的中心角频率

$$\omega_0 = \frac{1}{RC} \tag{9-48}$$

$$Q = \frac{1}{3 - A_{vf}} \tag{9-49}$$

$$A_{vf} = 1 + \frac{R_f}{R} \tag{9-50}$$

$$A_{vP} = \frac{A_{vf}}{3 - A_{vf}} = Q A_{vf} \tag{9-51}$$

令 $s = j\omega$,$\omega = 2\pi f$,得电压增益

$$\dot{A}_v = \frac{A_{vP}}{1 + jQ\left(\dfrac{f}{f_0} - \dfrac{f_0}{f}\right)} \tag{9-52}$$

其中

$$f_0 = \frac{1}{2\pi RC} \tag{9-53}$$

根据截止频率的定义,下限频率 f_{P1} 和上限频率 f_{P2} 处增益应该下降 $-3\mathrm{dB}$,也就是 $|\dot{A}_v| = A_{vP}/\sqrt{2}$ 时的频率。令式(9-52)中分母的虚部系数为 1,即

$$\left| Q\left(\frac{f_P}{f_0} - \frac{f_0}{f_P}\right) \right| = 1$$

解方程,取正根,得截止频率

$$f_{P1} = \frac{f_0}{2}\left(\sqrt{\frac{1}{Q^2} + 4} - \frac{1}{Q}\right) \tag{9-54}$$

$$f_{P2} = \frac{f_0}{2}\left(\sqrt{\frac{1}{Q^2} + 4} + \frac{1}{Q}\right) \tag{9-55}$$

它们之差为通带宽度,即

$$BW = f_{P2} - f_{P1} = f_0/Q \tag{9-56}$$

可见,Q 越大,通带宽度 BW 越窄。不同 Q 值时的幅频响应如图 9-41(b)所示。

将式(9-49)、式(9-53)代入式(9-56),可得

$$BW = (3 - A_{vf})/f_0 = \left(2 - \frac{R_f}{R}\right)f_0 \tag{9-57}$$

可见,通过改变电阻 R_f 或 R 的阻值,可以改变通带宽度。为了避免 $A_{vP} = 3$ 时发生自激振荡,一般取 $R_f < 2R$。

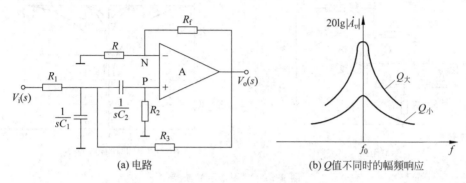

(a) 电路　　　　　　　　(b) Q 值不同时的幅频响应

图 9-41　压控电压源带通滤波器

9.4.5　带阻滤波电路

若将低通滤波器和高通滤波器的输出电压经求和运算电路后输出,且低通滤波器的截止频率 f_{P1} 小于高通滤波器的截止频率 f_{P2},则构成带阻滤波器,如图 9-42 所示。带阻滤波器又称为陷波器,在干扰信号的频率确定的情况下,可通过带阻滤波器阻止其通过,以防干扰。

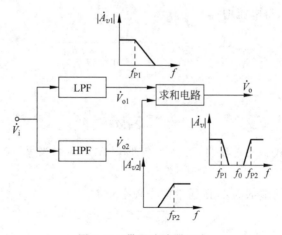

图 9-42　带阻滤波器组成

实用的带阻滤波器用由双 T 网络和一个集成运放实现,如图 9-43(a)所示,其中 R_1、R_2 和 C_1 组成的 T 型网络为低通滤波电路,C_2、C_3 和 R_3 组成的 T 型网络为高通滤波电路。R_3 接集成运放的输出端引入正反馈,以提高通带截止频率处的电压放大倍数,减小阻带宽高,提高选择性。通常选取 $C_2 = C_3 = C$,$C_1 = 2C$,$R_1 = R_2 = R$,$R_3 = R/2$。当信号频率趋于 0 或

无穷大时,都有集成运放的同相输入端电位 $\dot{V}_P = \dot{V}_i$,故通带放大倍数就是比例运算电路的比例系数,即

$$A_{vP} = 1 + \frac{R_f}{R_4} \tag{9-58}$$

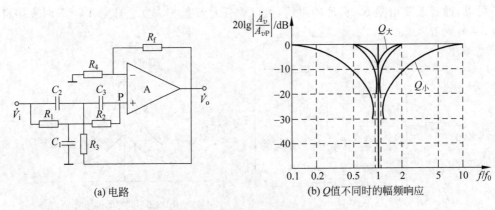

(a) 电路　　　　　　　　　(b) Q值不同时的幅频响应

图 9-43　常用带阻滤波器

与带通滤波器的分析类似,可求得带阻滤波器的传递函数为

$$A_v(s) = \frac{A_{vP}\left[1 + \left(\frac{s}{\omega_0}\right)^2\right]}{\left(\frac{s}{\omega_0}\right)^2 + 2(2 - A_{vP})\frac{s}{\omega_0} + 1} \tag{9-59}$$

中心角频率

$$\omega_0 = \frac{1}{RC} \tag{9-60}$$

令 $s = j\omega, \omega = 2\pi f$,得电压增益

$$\dot{A}_v = \frac{A_{vP}}{1 + j2(2 - A_{vP})\dfrac{ff_0}{f_0^2 - f^2}} \tag{9-61}$$

式中

$$f_0 = \frac{1}{2\pi RC} \tag{9-62}$$

为阻带的中心频率。式(9-61)表明,当 $f = f_0$ 时,$|\dot{A}_v| = 0$;当 $f = 0$ 或 $f \to \infty$,$|\dot{A}_v|$ 趋于 A_{vP},呈现"带阻"特性。

令式(9-61)分母的虚部为1,得通带截止频率

$$f_{P1} = \left[\sqrt{(2 - A_{vP})^2 + 1} - (2 - A_{vP})\right]f_0 \tag{9-63}$$

$$f_{P2} = \left[\sqrt{(2 - A_{vP})^2 + 1} + (2 - A_{vP})\right]f_0 \tag{9-64}$$

设等效品质因数

$$Q = \frac{1}{2(2 - A_{vP})} \tag{9-65}$$

则电压放大倍数

$$\dot{A}_v = \frac{A_{vP}}{1 + j \frac{1}{Q} \frac{f f_0}{f_0^2 - f^2}}$$ (9-66)

带阻滤波器的阻带宽度为

$$BW = f_{P2} - f_{P1} = 2(2 - A_{vP}) f_0 = \frac{f_0}{Q}$$ (9-67)

当 Q 取值不同时,带阻滤波器的幅频响应如图 9-43(b)所示。由图可知,Q 值越大,阻带宽度越窄,陷波特性越好。通过改变 R_f 或 R_4 的值可以改变 Q 的大小。为了防止 $A_v = 2$ 时产生自激振荡,一般取 $R_f < R_4$。

习题 9

9.1 正弦波振荡电路的产生原因和用途。

9.2 正弦波振荡电路的组成部分有哪些?

9.3 正弦波振荡电路可分为哪几种类型?

9.4 矩形波发生电路中,如何实现占空比可调?

9.5 简述三角波和锯齿波是如何得到的。

9.6 滤波器可分为哪几种?

第 10 章

电力电子技术

电力电子技术是以电力为对象的电子技术，是一门利用电力电子器件对电能进行转换与控制的新兴科学。电力电子技术包括以下三大部分。

(1) 电力电子器件。

(2) 电力电子变流技术，包括改变频率、电压、电流及变换相数等。

(3) 控制技术。

10.1 电力电子器件

10.1.1 晶闸管

晶闸管(SCR)也称为可控硅(可控硅整流器)，属于半控型功率半导体器件。晶闸管能承受的电压、电流在功率半导体器件中均为最高，价格便宜、工作可靠，尽管其开关频率较低，但在大功率、低频的电力电子装置中仍占主导地位。

1. 晶闸管的结构

晶闸管是大功率的半导体器件，通常需要安装散热片，故其外形都设计得便于安装和散热。常见的晶闸管外形有螺旋形和平板形，如图 10-1 所示。管芯是晶闸管的本体部分，由半导体材料构成，具有三个与外电路可以连接的电极，即阳极 A、阴极 K 和门极(或称为控制极)G，其在电路图中的符号表示如图 10-1(c)所示。

晶闸管管芯的内部结构如图 10-2 所示，是一个 4 层(P_1—N_1—P_2—N_2)三端(A、K、G)的功率半导体器件。它是在 N 型的硅基片(N_1)的两边扩散 P 型半导体杂质层(P_1、P_2)，形

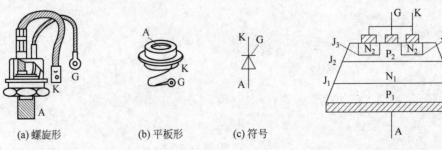

| (a) 螺旋形 | (b) 平板形 | (c) 符号 |

图 10-1　晶闸管外形及电路符号表示　　　　图 10-2　晶闸管管芯结构原理

成了两个 PN 结 J_1、J_2，再在上层内扩散 N 型半导体杂质层 N_2，又形成另一个 PN 结 J_3。然后在相应位置放置钼片作电极，引出阳极 A、阴极 K 及门极 G，形成了一个 4 层三端的大功率电子元件。这个 4 层半导体器件由于有三个 PN 结的存在，决定了它的可控导通特性。

2. 晶闸管的工作原理

晶闸管内部结构上有三个 PN 结。当阳极加上负电压、阴极加上正电压（晶闸管承受反向阳极电压）时，J_1、J_3 结上反向偏置，管子处于反向阻断状态，不导通；当阳极加上正电压、阴极加上负电压（晶闸管承受正向阳极电压）时，J_2 结又处于反向偏置，管子处于正向阻断状态，仍然不导通。那么晶闸管在什么条件下才能从阻断变成导通，又能在什么条件下从导通恢复为阻断呢？

当阳极电源使晶闸管阳极电位高于阴极电位时，晶闸管承受正向阳极电压，反之承受反向阳极电压。当门极控制电源使晶闸管门极电位高于阴极电位时，晶闸管承受正向门极电压，反之承受反向门极电压。

晶闸管为什么会有以上导通和关断的特性，这与晶闸管内部发生的物理过程有关。晶闸管是一个具有 P_1—N_1—P_2—N_2 这 4 层半导体的器件，内部形成有三个 PN 结 J_1、J_2、J_3，晶闸管承受正向阳极电压时，其中 J_1、J_3 承受正向阻断电压，J_2 承受反向阻断电压。这三个 PN 结的功能可以被看作一个 PNP 型三极管 VT_1（P_1—N_1—P_2）和一个 NPN 型三极管 VT_2（N_1—P_2—N_2）构成的复合作用，如图 10-3 所示。

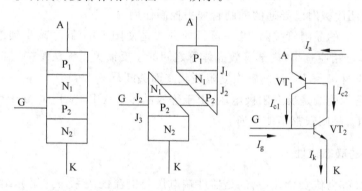

图 10-3 晶闸管的等效复合三极管效应

可以看出，两个晶体管连接的特点是一个晶体管的集电极电流就是另一个晶体管的基极电流，当有足够的门极电流 I_g 流入时，两个相互复合的晶体管电路就会形成强烈的正反馈，导致两个晶体管饱和导通，即晶闸管的导通。

设流入 VT_1 管的发射极电流 I_{e1} 即晶闸管的阳极电流 I_a，它就是 P_1 区内的空穴扩散电流。这样流过 J_1 结的电流应为 $I_{c1} = \alpha_1 I_a$，其中 $\alpha_1 = I_{c1}/I_{e1}$ 为 VT_1 管的共基极电流放大倍数。同样，流入 VT_2 管的发射极电流 I_{e2} 即晶闸管的阴极电流 I_k，它就是 N_2 区内的电子扩散电流。这样流过 J_2 结的电流为 $I_{c2} = \alpha_2 I_k$，其中 $\alpha_2 = I_{c2}/I_{e2}$ 为 VT_2 管的共基极电流放大倍数。流过 J_2 结的电流除 I_{c1}、I_{c2} 外，还有在正向阳极电压下处于反压状态下 J_2 结的反向漏电流 I_{c0}。如果把两个晶体管分别看成两个广义的结点，则晶闸管的阳极电流应为

$$I_a = I_{c1} + I_{c2} + I_{c0} = \alpha_1 I_a + \alpha_2 I_k + I_{c0} \tag{10-1}$$

晶闸管的阴极电流为

$$I_k = I_a + I_g \qquad (10\text{-}2)$$

从以上两式中可求出阳极电流表达式为

$$I = \frac{I_{c0} + \alpha_2 I_g}{1 - (\alpha_1 + \alpha_2)} \qquad (10\text{-}3)$$

两个等效晶体管共基极电流放大倍数 α_1、α_2 随其发射极电流 I_a、I_c 作非线性变化：I_a、I_c 很小时，α_1、α_2 也很小；α_1、α_2 随电流 I_a、I_c 增大而增大。

当晶闸管承受正向阳极电压但门极电压为 0 时，$I_g = 0$。由于漏电流很小，I_a、I_c 也很小，致使 α_1、α_2 很小。由式(10-3)可见，此时 $I_a \approx I_{c0}$ 为正向漏电流，晶闸管处于正向阻断状态，不导通。

当晶闸管承受正向阳极电压而门极电流为 I_g 时，特别是当 I_g 增大到一定程度时，等效晶体管 VT_2 的发射极电流 I_{e2} 也增大，致使电流放大系数 α_2 随之增大，产生足够大的集电极电流 $I_{c2} = \alpha_2 I_{e2}$。由于两等效晶体管的复合接法，I_{c2} 即为 VT_1 的基极电流，从而使 I_{e1} 增大，α_1 也增大，α_1 的增大将导致产生更大的集电极电流 I_{c1} 流过 VT_2 管的基极，这样强烈的正反馈过程将导致两等效晶体管电流放大系数的迅速增加。当 $\alpha_1 + \alpha_2 \approx 1$ 时，式(10-3)表达的阳极电流 I_a 将急剧增大，变得无法从晶闸管内部进行控制，此时的晶闸管阳极电流 I_a 完全由外部电路条件来决定，晶闸管此时已处于正向导通状态。

正向导通以后，由于正反馈的作用，可维持 $1 - (\alpha_1 + \alpha_2) \approx 0$。此时即使 $I_g = 0$ 也不能使晶闸管关断，说明门极对已导通的晶闸管失去控制作用。

为了使已导通的晶闸管关断，唯一可行的办法是使阳极电流 I_a 减小到维持电流以下。因为此时 α_1、α_2 已相应减小，内部等效晶体管之间的正反馈关系无法维持。当 α_1、α_2 减小到 $1 - (\alpha_1 + \alpha_2) \approx 1$ 时，$I_a \approx I_{c0}$，晶闸管恢复阻断状态而关断。

如果晶闸管承受的是反向阳极电压，由于等效晶体管 VT_1、VT_2 均处于反压状态，无论有无门极电流 I_g，晶闸管都不能导通。

3. 晶闸管的静态特性

静态特性又称为伏安特性，指的是器件端电压与电流的关系。这里介绍阳极伏安特性和门极伏安特性。

1) 阳极伏安特性

晶闸管的阳极伏安特性表示晶闸管阳极与阴极之间的电压 U_{ak} 与阳极电流 i_a 之间的关系曲线，如图 10-4 所示。

阳极伏安特性可以划分为两个区域：第 I 象限为正向特性区，第 III 象限为反向特性区。第 I 象限的正向特性又可分为正向阻断状态及正向导通状态。正向阻断状态随着不同的门极电流 I_g 大小呈现不同的分支。在 $I_g = 0$ 的情况下，随着正向阳极电压 U_{ak} 的增加，由于 J_2 结处于反压状态，晶闸管处于断态，在很大范围内只有很小的正向漏电流，特性曲线很靠近并与横轴平行。当 U_{ak} 增大到一个称为正向转折电压的 U_{B0} 时，漏电流增大到一定数值，J_1、J_3 结内电场削弱很多，两等效晶体管的共基极电流放大系数 α_1、α_2 随之增大，使电子扩散电流 $\alpha_2 I_k$ 与空穴扩散电流 $\alpha_1 I_a$ 分别与 J_2 结中的空穴和电子相复合，使得 J_2 结的电势壁垒消失。这样，晶闸管就由阻断突然变成导通，反映在特性曲线上就从阻断状态的高阻区①(高

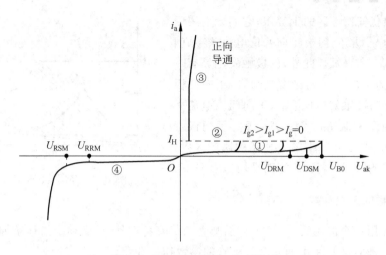

图 10-4　晶闸管的阳极伏安特性
① 正向阻断高阻区；② 负阻区；③ 正向导通低阻区；④ 反向阻断高阻区

电压、小电流)，经过虚线所示的负阻区②(电流增大、电压减小)，到达导通状态的低阻区③(低电压、大电流)。

正向导通状态下的特性与一般二极管的正向特性一样，此时晶闸管流过很大的阳极电流，而管子本身只承受 1V 左右的管压降。特性曲线靠近并几乎平行于纵轴。在正常工作时，晶闸管是不允许采取使阳极电压高过转折电压 U_{B0} 而使之导通的工作方式，而是采用施加正向门极电压，送入触发电流 I_g 使之导通的工作方式，以防损伤元件。当加上门极电压使 $I_g > 0$ 后，晶闸管的正向转折电压就大大降低，元件将在较低的阳极电压下由阻断变为导通。当 I_g 足够大时，晶闸管的正向转折电压很小，相当于整流二极管一样，一加上正向阳极电压管子就可导通。晶闸管的正常导通应采取这种门极触发方式。

晶闸管正向阻断特性与门极电流 I_g 有关，说明门极可以控制晶闸管从正向阻断至正向导通的转化，即控制管子的开通。然而一旦管子导通，晶闸管就工作在与 I_g 无关的正向导通特性上。要关断管子，就只能像关断一般二极管一样，使阳极电流 I_a 减小。当阳极电流减小到 $I_a < I_H$ (维持电流)时，晶闸管才能从正向导通的低阻区③返回到正向阻断的高阻区①。管子关断阳极电流 $I_a \approx 0$ 后并不意味着管子已真正关断，因为管内半导体层中的空穴或电子等载流子仍然存在，没有复合。此时重新施加正向阳极电压，即使没有正向门极电压也可使这些载流子重新运动，形成电流，管子再次导通，这称为未恢复正向阻断能力。为了保证晶闸管可靠而迅速关断，真正恢复正向阻断能力，常在管子阳极电压降为 0 后再施加一段时间的反向电压，以促使载流子经复合而消失。晶闸管在第Ⅲ象限的反向特性与二极管的反向特性类似。

2) 门极伏安特性

晶闸管的门极与阴极间存在着一个 PN 结 J_3，门极伏安特性就是指这个 PN 结上正向门极电压 U_g 与门极电流 I_g 间的关系。由于这个结的伏安特性很分散，无法找到一条典型的代表曲线，只能用一条极限高阻门极特性和一条极限低阻门极特性之间的一片区域来代表所有元件的门极伏安特性，如图 10-5 阴影区域所示。

在晶闸管的正常使用中，门极 PN 结不能承受过大的电压、过大的电流及过大的功率，这些是指门极伏安特性区的上界限,它们分别用门极正向峰值电压 U_{GFM}、门极正向峰值电流 I_{GFM}、门极峰值功率 P_{GM} 来表征。此外,门极触发也具有一定的灵敏度,为了能可靠地触发晶闸管,正向门极电压必须大于门极触发电压 U_{GT},正向门极电流必须大于门极触发电流 I_{GT}。U_{GT}、I_{GT} 规定了门极上的电压、电流值必须位于图 10-5 所示的阴影区内,而平均功率损耗也不应超过规定的平均功率 P_G。

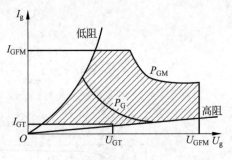

图 10-5　晶闸管门极伏安特性

4. 晶闸管的主要参数

要正确使用一个晶闸管,除了了解晶闸管的伏安特性外,还必须定量地掌握晶闸管的一些主要参数。现对经常使用的几个晶闸管的参数作一介绍。

1) 正向平均电流 I_F

在环境温度不超过 40℃ 和规定的散热条件下,晶闸管全导通时允许连续通过的工频正弦半波电流的平均值称为正向平均电流 I_F,简称正向电流。通常所说晶闸管的电流即指这个电流。

2) 维持电流 I_H

维持电流是指晶闸管维持导通所必需的最小电流,一般为几十到几百毫安。维持电流与结温有关,结温越高,维持电流越小,晶闸管越难关断。

3) 门极触发电压 U_G

在规定的环境温度和阳极与阴极间加一定正向电压的条件下,使晶闸管从阻断状态转为导通状态是所需要的最小门极直流电压,即为门极触发电压 U_G。一般为 1～5V。

4) 正向重复峰值电压 U_{DRM}

在控制极开路的条件下,允许重复作用在晶闸管上的最大正向电压。一般为正向转折电压的 80%。

5) 反向重复峰值电压 U_{RRM}

在控制极开路的条件下,允许重复作用在晶闸管上的最大反向电压。一般为反向转折电压的 80%。

10.1.2　派生晶闸管

在晶闸管的家族中,除了最常用的普通型晶闸管之外,根据不同的实际需要,还衍生出了一系列的派生器件,主要有快速晶闸管(FST)、双向晶闸管(TRIAC)、逆导晶闸管(RCT)和光控晶闸管(LTT)等,下面分别介绍。

1. 快速晶闸管

快速晶闸管包括常规的快速晶闸管和工作在更高频率的高频晶闸管,可分别应用于 400Hz 和 10kHz 以上的斩波或逆变电路中。由于对普通晶闸管的管芯结构和制造工艺进行了改进,快速晶闸管的开关时间以及 du/dt 和 di/dt 的耐量都有了明显改善。从关断时间来看,普通晶闸管一般为数百微秒,快速晶闸管为数十微秒,而高频晶闸管则为 $10\mu s$ 左右。与普通晶闸管相比,高频晶闸管的不足在于其电压和电流定额都不易做高。由于工作频率较高,选择快速晶闸管和高频晶闸管的通态平均电流时不能忽略其开关损耗的发热效应。

2. 双向晶闸管

双向晶闸管可以认为是一对反并联连接的普通晶闸管的集成,其电气图形符号和伏安特性如图 10-6 所示。它有两个主电极 T_1 和 T_2 及一个门极 G。其触发信号有直流、交流和脉冲三种方式,并且工作电压接近于转折电压,不需要过大的安全系数。门极使器件在主电极的正、反两方向均可触发导通,所以双向晶闸管在第Ⅰ和第Ⅲ象限有对称的伏安特性。双向晶闸管与一对反并联晶闸管相比具有结构简单、重量轻、体积小、维修方便等优点,广泛应用于交流调压、调光、控温、稳压、调速等场合。由于双向晶闸管通常用在交流电路中,因此不用平均值而用有效值来表示其额定电流。

3. 逆导晶闸管

逆导晶闸管是将晶闸管反并联一个二极管制作在同一管芯上的功率集成器件。这种器件不具有承受反向电压的能力,一旦承受反向电压即开通。其电气图形符号和伏安特性如图 10-7 所示。与普通晶闸管相比,逆导晶闸管具有正向压降小、关断时间短、高温特性好、额定结温高等优点,可用于不需要阻断反向电压的电路中。逆导晶闸管的额定电流有两个,一个是晶闸管电流,另一个是与之反并联的二极管的电流。

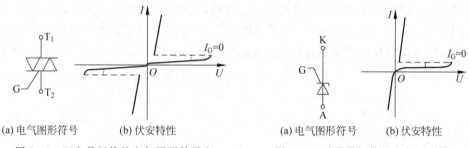

（a）电气图形符号　（b）伏安特性　　　　　　　　（a）电气图形符号　（b）伏安特性

　图 10-6　双向晶闸管的电气图形符号和　　　　　图 10-7　逆导晶闸管的电气图形符号和
　　　　　　伏安特性　　　　　　　　　　　　　　　　　　　　伏安特性

4. 光控晶闸管

光控晶闸管又称为光触发晶闸管,是利用一定波长的光照信号代替电信号对器件进行触发的晶闸管,其电气图形符号和伏安特性如图 10-8 所示。由于采用光触发,保证了主电路与控制电路之间的绝缘,而且可以避免电磁干扰的影响,因此光控晶闸管成为高压直流输电、无功功率补偿等高压变流设备上的理想器件,其应用范围还涉及电力控制、电力拖动及电机等领域。

10.1.3　电力晶体管和电力场效应管

1. 电力晶体管

电力晶体管(Giant Transistor,GTR)按英文直译为巨型晶体管,是一种耐高电压、大电流的双极结型晶体管(Bipolar Junction Transistor,BJT),所以英文有时也称之为 Power

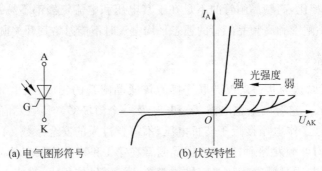

(a) 电气图形符号   (b) 伏安特性

图 10-8　光控晶闸管的图形符号和伏安特性

BJT。在电力电子技术的范围内,GTR 与 BJT 这两个名称是等效的。自 20 世纪 80 年代以来,在中、小功率范围内取代晶闸管的主要是 GTR。但是目前,其地位已大多被绝缘栅双极型晶体管和电力场效应晶体管所取代。

1) 电力晶体管的结构和工作原理

电力晶体管与普通的双极结型晶体管基本原理是一样的,这里不再详述。但是对电力晶体管来说,最主要的特性是耐压高、电流大、开关特性好。电力晶体管通常采用至少由两个晶体管按达林顿接法组成的单元结构,采用集成电路工艺将许多这种单元并联而成。单管的电力晶体管结构与普通的双极结型晶体管是类似的。电力晶体管是由三层半导体(分别引出集电极、基极和发射极)形成的两个 PN 结(集电结和发射结)构成,多采用 NPN 结构。图 10-9(a)和图 10-9(b)分别给出了 NPN 型 GTR 的内部结构断面示意图和电气图形符号。注意,表示半导体类型字母的右上角标"+"表示高掺杂浓度,"−"表示低掺杂浓度。

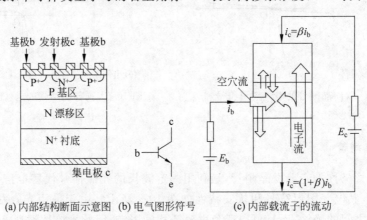

(a) 内部结构断面示意图 (b) 电气图形符号   (c) 内部载流子的流动

图 10-9　GTR 的结构、电气图形符号和内部载流子的流动

在应用中,GTR 一般采用共发射极接法,图 10-9(c)给出了在此接法下 GTR 内部主要载流子流动情况示意图。集电极电流 i_c 与基极电流 i_b 之比为

$$\beta = \frac{i_c}{i_b} \tag{10-4}$$

其中 β 称为 GTR 的电流放大系数,它反映了基极电流对集电极电流的控制能力。当考虑到集电极和发射极间的漏电流 I_{ceo} 时,i_c 和 i_b 的关系为

$$i_c = \beta i_b + I_{ceo} \tag{10-5}$$

2) 电力晶体管的基本特性

(1) 静态特性。图 10-10 给出了 GTR 在共发射极接法时的典型输出特性,明显地分为所熟悉的截止区、放大区和饱和区三个区域。在电力电子电路中,GTR 工作在开关状态,即工作在截止区或饱和区。但在开关过程中,即在截止区和饱和区之间过渡时都要经过放大区。

(2) 动态特性。GTR 是用基极电流来控制集电极电流的。图 10-11 给出了 GTR 开通和关断过程中基极电流和集电极电流波形的关系。

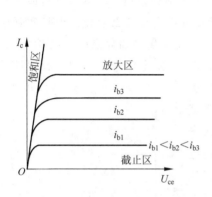

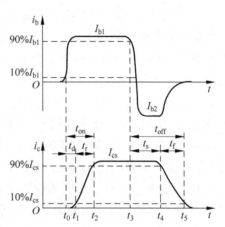

图 10-10 共发射极接法时 GTR 的输出特性　　图 10-11 GTR 的开通和关断过程电流波形

GTR 开通时需要经过延迟时间 t_d 和上升时间 t_r,两者之和为开通时间 t_{on};关断时需要经过储存时间 t_s 和下降时间 t_f,两者之和为关断时间 t_{off}。延迟时间主要是由发射结势垒电容和集电结势垒电容充电产生的。增大基极驱动电流 i_b 的幅值并增大 di_b/dt 可以缩短延迟时间,同时也可以缩短上升时间,从而加快开通过程。储存时间是用来除去饱和导通时储存在基区的载流子的,是关断时间的主要部分。减小导通时的饱和深度以减小储存的载流子,或者增大基极抽取负电流 I_{b2} 的幅值和负偏压,可以缩短储存时间,从而加快关断速度。当然,减小导通时的饱和深度的负面作用是会使集电极和发射极间的饱和导通压降 U_{ces} 增加,从而增大通态损耗,这是一对矛盾。

GTR 的开关时间在几微秒以内,比晶闸管都短很多。

3) 电力晶体管的主要参数

除了前面述及的一些参数,如电流放大倍数 β、直流电流增益 h_{FE}、集电极与发射极间漏电流 I_{ceo}、集电极和发射极间饱和压降 U_{ces}、开通时间 t_{on} 和关断时间 t_{off} 以外,对 GTR 主要关心的参数还包括以下几个:

(1) 最高工作电压。GTR 上所加的电压超过规定值时就会发生击穿。击穿电压不仅和晶体管本身的特性有关,还与外电路的接法有关。有发射极开路时集电极和基极间的反向击穿电压 BU_{cbo};基极开路时集电极和发射极间的击穿电压 BU_{ceo};发射极与基极间用电阻连接或短路连接时集电极和发射极间的击穿电压 BU_{cer} 和 BU_{ces};以及发射结反向偏置时集电极和发射极间的击穿电压 BU_{cex}。这些击穿电压之间的关系为 $BU_{cbo} > BU_{cex} > BU_{ces} > BU_{cer} > BU_{ceo}$。实际使用 GTR 时,为了确保安全,最高工作电压要比 BU_{ceo}

低得多。

(2) 集电极最大允许电流 I_{cM}。通常规定直流电流放大系数 h_{FE} 下降到规定值的 $1/2\sim$ $1/3$ 时,所对应的 I_c 为集电极最大允许电流。实际使用时要留有较大裕量,只能用到 I_{cM} 的一半或稍多一点。

(3) 集电极最大耗散功率 P_{cM}。P_{cM} 是指在最高工作温度下允许的耗散功率。产品说明书中在给出 P_{cM} 时总是同时给出壳温 T_c,间接表示了最高工作温度。

4) 电力晶体管的二次击穿现象与安全工作区

当 GTR 的集电极电压升高至前面所述的击穿电压时,集电极电流迅速增大,这种首先出现的击穿是雪崩击穿,被称为一次击穿。出现一次击穿后,只要 I_c 不超过与最大允许耗散功率相对应的限度,GTR 一般不会损坏,工作特性也不会有什么变化。但是实际应用中常常发现一次击穿发生时如不有效地限制电流,I_c 增大到某个临界点时会突然急剧上升,同时伴随着电压的陡然下降,这种现象称为二次击穿。二次击穿常常立即导致器件的永久损坏,或者工作特性明显衰变,因而对 GTR 危害极大。

将不同基极电流下二次击穿的临界点连接起来就构成了二次击穿临界线,临界线上的点反映了二次击穿功率 P_{SB}。这样,GTR 工作时不仅不能超过最高电压 U_{ceM}、集电极最大电流 I_{cM} 和最大耗散功率 P_{cM},也不能超过二次击穿临界线。这些限制条件就规定了 GTR 的安全工作区(Safe Operating Area,SOA),如图 10-12 的阴影区所示。

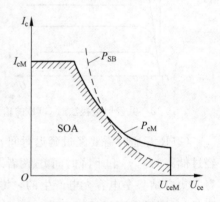

图 10-12　GTR 的安全工作区

2. 电力场效应管

电力场效应管通常主要指绝缘栅型中的 MOS 型 (Metal Oxide Semiconductor FET),简称电力 MOSFET(Power MOSFET),或者简称 MOS。

电力 MOSFET 是用栅极电压来控制漏极电流的,因此它的第一个显著特点是驱动电路简单,需要的驱动功率小。其第二个显著特点是开关速度快,工作频率高。另外,电力 MOSFET 的热稳定性优于电力晶体管。但是电力 MOSFET 电流容量小,耐压低,一般只适用于功率不超过 10kW 的电力电子装置。

1) 电力 MOSFET 的结构和工作原理

MOSFET 按导电沟道可分为 P 沟道和 N 沟道。当栅极电压为 0 时,漏-源极之间就存在导电沟道的称为耗尽型;对于 N(P)沟道器件,栅极电压大于(小于)0 时才存在导电沟道的称为增强型。在电力 MOSFET 中,主要是 N 沟道增强型。按垂直导电结构的差异,电力 MOSFET 又分为利用 V 形槽实现垂直导电的 VVMOSFET(Vertical V-groove MOSFET)和具有垂直导电双扩散 MOS 结构的 VDMOSFET(Vertical Double-diffused MOSFET)。这里主要以 VDMOS 器件为例进行讨论。

图 10-13(a)给出了 N 沟道增强型 VDMOS 中一个单元的截面图。电力 MOSFET 的电气图形符号如图 10-13(b)所示。当漏极接电源正端,源极接电源负端,栅极和源极间电压为 0 时,P 基区与 N 漂移区之间形成的 PN 结 J_1 反偏,漏-源极之间无电流流过。如果在栅极和源极之间加一正电压 U_{GS},由于栅极是绝缘的,所以并不会有栅极电流流过。但栅极的正电压却会将其下面 P 区中的空穴推开,而将 P 区中的少子——电子吸引到栅极下面的 P 区表面。当 U_{GS} 大于某一电压值 U_T 时,栅极下 P 区表面的电子浓度将超过空穴浓度,从而使 P 型半导体反型而成为 N 型半导体,形成反型层,该反型层形成 N 沟道而使 PN 结 J_1 消失,漏极和源极导电。电压 U_T 称为开启电压(或阈值电压),U_{GS} 超过 U_T 越多,导电能力越强,漏极电流 I_D 越大。

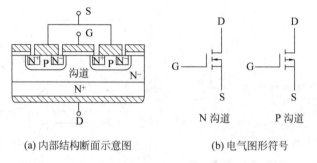

(a) 内部结构断面示意图　　　　(b) 电气图形符号

图 10-13　电力 MOSFET 的结构和电气图形符号

2) 电力 MOSFET 的基本特性

(1) 静态特性。漏极电流 I_D 和栅-源间电压 U_{GS} 的关系反映了输入电压和输出电流的关系,称为 MOSFET 的转移特性,如图 10-14(a)所示。从图中可知,I_D 较大时,I_D 与 U_{GS} 的关系近似线性,曲线的斜率被定义为 MOSFET 的跨导 G_{fs},即

$$G_{fs} = \frac{dI_D}{dU_{GS}} \tag{10-6}$$

MOSFET 是电压控制型器件,其输入阻抗极高,输入电流非常小。

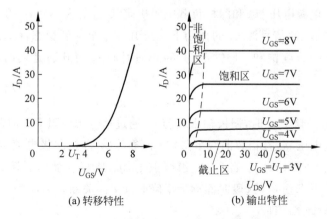

(a) 转移特性　　　　(b) 输出特性

图 10-14　电力 MOSFET 的转移特性和输出特性

图 10-14(b)是 MOSFET 的漏极伏安特性，即输出特性。从图中可以看到截止区、饱和区和非饱和区三个区域。这里的饱和是指漏-源电压增加时漏极电流不再增加，非饱和是指漏-源电压增加时漏极电流相应增加。电力 MOSFET 工作在开关状态，即在截止区和非饱和区之间来回转换。

由于电力 MOSFET 本身结构所致，在其漏极和源极之间形成了一个与之反向并联的寄生二极管，它与 MOSFET 构成了一个不可分割的整体，使得在漏-源极间加反向电压时器件导通。因此，使用电力 MOSFET 时应注意这个寄生二极管的影响。

（2）动态特性。用图 10-15(a)所示电路来测试电力 MOSFET 的开关特性。图中 u_{p} 为矩形脉冲电压信号源[波形见图 10-15(b)]，R_{s} 为信号源内阻，R_{G} 为栅极电阻，R_{L} 为漏极负载电阻，R_{F} 用于检测漏极电流。

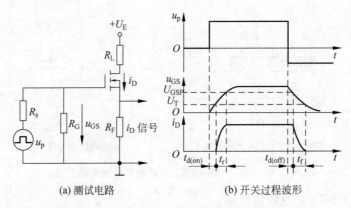

(a) 测试电路　　　　　(b) 开关过程波形

图 10-15　电力 MOSFET 的开关过程

因为 MOSFET 存在输入电容 C_{in}，所以当脉冲电压 u_{p} 的前沿到来时，C_{in} 有充电过程，栅极电压 u_{GS} 呈指数曲线上升，如图 10-15(b)所示。当 u_{GS} 上升到开启电压 U_{T} 时，开始出现漏极电流 i_{D}。从 u_{p} 前沿时刻到 $u_{\mathrm{GS}}=U_{\mathrm{T}}$，并开始出现 i_{D}，这段时间称为开通延迟时间 $t_{\mathrm{d(on)}}$。此后，i_{D} 随 u_{GS} 的上升而上升。u_{GS} 从开启电压上升到 MOSFET 进入非饱和区的栅压 U_{GSP}，这段时间称为上升时间 t_{r}，这时相当于电力晶体管的临界饱和，漏极电流 i_{D} 也达到稳态值。i_{D} 的稳态值由漏极电源电压 U_{E} 和漏极负载电阻决定，U_{GSP} 的大小和 i_{D} 的稳态值有关。U_{GS} 的值达到 U_{GSP} 后，在脉冲信号源 u_{p} 的作用下继续升高直至达到稳态，但 i_{D} 已不再变化，相当于电力晶体管处于深度饱和。MOSFET 的开通时间 t_{on} 为开通延迟时间与上升时间之和，即

$$t_{\mathrm{on}} = t_{\mathrm{d(on)}} + t_{\mathrm{r}} \tag{10-7}$$

当脉冲电压 u_{p} 下降到 0 时，栅极输入电容 C_{in} 通过信号源内阻 R_{s} 和栅极电阻 R_{G}（$R_{\mathrm{G}}\gg R_{\mathrm{s}}$）开始放电，栅极电压 u_{GS} 按指数曲线下降，当下降到 U_{GSP} 时，漏极电流 i_{D} 才开始减小，这段时间称为关断延迟时间 $t_{\mathrm{d(off)}}$。此后，C_{in} 继续放电，u_{GS} 从 U_{GSP} 继续下降，i_{D} 减小，到 $u_{\mathrm{GS}}<U_{\mathrm{T}}$ 时沟道消失，i_{D} 下降到 0。这段时间称为下降时间 t_{f}。关断延迟时间和下降时间之和为 MOSFET 的关断时间 t_{off}，即

$$t_{\mathrm{off}} = t_{\mathrm{d(off)}} + t_{\mathrm{f}} \tag{10-8}$$

从上面的开关过程可以看出，MOSFET 的开关速度和其输入电容的充、放电有很大关系。使用者虽然无法降低 C_{in} 的值，但可以降低栅极驱动电路的内阻 R_s，从而减小栅极回路的充、放电时间常数，加快开关速度。通过以上讨论还可以看出，由于 MOSFET 只靠多子导电，不存在少子储存效应，因而其关断过程是非常迅速的。MOSFET 的开关时间为 $10\sim100\mathrm{ns}$，其工作频率可超过 $100\mathrm{kHz}$，是主要电力电子器件中最高的。

电力 MOSFET 是场控器件，在静态时几乎不需要输入电流。但是，在开关过程中需要对输入电容充、放电，仍需要一定的驱动功率。开关频率越高，所需要的驱动功率越大。

3）电力 MOSFET 的主要参数

除前面已涉及的跨导 G_{fs}、开启电压 U_T 以及开关过程中的各时间参数 $t_{d(on)}$、t_r、$t_{d(off)}$ 和 t_f 之外，电力 MOSFET 还有以下主要参数：

（1）漏极电压 U_{DS}。标称电力 MOSFET 电压定额的参数。

（2）漏极直流电流 I_D 和漏极脉冲电流幅值 I_{DM}。标称电力 MOSFET 电流定额的参数。

（3）栅-源电压 U_{GS}。栅-源之间的绝缘层很薄，$U_{GS} > 20\mathrm{V}$ 将导致绝缘层击穿。

（4）极间电容。MOSFET 的三个电极之间分别存在极间电容 C_{GS}、C_{GD} 和 C_{DS}。一般生产厂家提供的是漏-源极短路时的输入电容 C_{iss}、共源极输出电容 C_{oss} 和反向转移电容 C_{rss}。它们之间的关系是

$$C_{iss} = C_{GS} + C_{GD} \tag{10-9}$$

$$C_{rss} = C_{GD} \tag{10-10}$$

$$C_{oss} = C_{DS} + C_{GD} \tag{10-11}$$

前面提到的输入电容可以近似用 C_{iss} 代替。这些电容都是非线性的。

漏-源间的耐压、漏极最大允许电流和最大耗散功率决定了电力 MOSFET 的安全工作区。一般来说，电力 MOSFET 不存在二次击穿问题，这是它的一大优点。在实际使用中，仍应注意留适当的裕量。

10.1.4 绝缘栅双极型晶体管和 MOS 控制晶闸管

1. 绝缘栅双极型晶体管

电力晶体管是双极型电流驱动器件，由于具有电导调制效应，所以其通流能力很强，但开关速度较低，所需驱动功率大，驱动电路复杂。而电力 MOSFET 是单极型电压驱动器件，开关速度快，输入阻抗高，热稳定性好，所需驱动功率小，而且驱动电路简单。将这两类器件相互取长补短，适当结合而成的复合器件通常称为 Bi-MOS 器件。绝缘栅双极型晶体管（Insulated-Gate Bipolar Transistor，IGBT 或 IGT）综合了电力晶体管和 MOSFET 的优点，因而具有良好的特性。

1）绝缘栅双极型晶体管的结构和工作原理

IGBT 也是三端器件，具有栅极 G、集电极 C 和发射极 E。图 10-16(a)给出了一种由 N 沟道 VDMOSFET 与双极型晶体管组合而成的 IGBT 的基本结构。与图 10-13(a)对照可以看出，IGBT 比 VDMOSFET 多一层 P^+ 注入区，因而形成了一个大面积的 $\mathrm{P}^+\mathrm{N}$ 结 J_1。这样

使得 IGBT 导通时由 P^+ 注入区向 N 基区发射少子,从而对漂移区电导率进行调制,使得 IGBT 具有很强的通流能力。其简化等效电路如图 10-16(b)所示,可以看出这是用双极型晶体管与 MOSFET 组成的达林顿结构,相当于一个由 MOSFET 驱动的厚基区 PNP 晶体管。图中 R_N 为晶体管基区内的调制电阻。因此,IGBT 的驱动原理与电力 MOSFET 基本相同,它是一种场控器件。其开通和关断是由栅极和发射极间的电压 u_{GE} 决定的,当 u_{GE} 为正且大于开启电压 $U_{GE(th)}$ 时,MOSFET 内形成沟道,并为晶体管提供基极电流,进而使 IGBT 导通。由于前面提到的电导调制效应,使得电阻 R_N 减小,这样高耐压的 IGBT 也具有很小的通态压降。当栅极与发射极间施加反向电压或不加信号时,MOSFET 内的沟道消失,晶体管的基极电流被切断,使得 IGBT 关断。

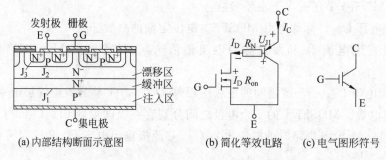

(a) 内部结构断面示意图　　　(b) 简化等效电路　　(c) 电气图形符号

图 10-16　IGBT 的结构、简化等效电路和电气图形符号

以上所述 PNP 晶体管与 N 沟道 MOSFET 组合而成的 IGBT 称为 N 沟道 IGBT,记为 N-IGBT,其电气图形符号如图 10-16(c)所示。相应的还有 P 沟道 IGBT,记为 P-IGBT,将图 10-16(c)中的箭头反向即为 P-IGBT 的电气图形符号。实际中 N 沟道 IGBT 应用较多,因此下面仍以其为例进行介绍。

2) IGBT 的基本特性

(1) 静态特性。图 10-17(a)所示为 IGBT 的转移特性,它描述的是集电极电流 I_C 与栅射电压 U_{GE} 之间的关系,与电力 MOSFET 的转移特性类似。开启电压 $U_{GE(th)}$ 是 IGBT 能实现电导调制而导通的最低栅射电压。$U_{GE(th)}$ 随温度升高而略有下降,温度每升高 1℃,其值下降 5mV 左右。在 +25℃ 时,$U_{GE(th)}$ 的值一般为 2~6V。

图 10-17(b)所示为 IGBT 的输出特性,也称为伏安特性,它描述的是以栅射电压为参考变量时,集电极电流 I_C 与集射极间电压 U_{CE} 之间的关系。此特性与 GTR 的输出特性相似,不同的是参考变量,IGBT 为栅射电压 U_{GE},而 GTR 为基极电流 I_B。IGBT 的输出特性也分为三个区域:正向阻断区、有源区和饱和区。这分别与 GTR 的截止区、放大区和饱和区相对应。此外,当 $u_{CE}<0$ 时,IGBT 为反向阻断工作状态。在电力电子电路中,IGBT 工作在开关状态,因而是在正向阻断区和饱和区之间来回转换。

(2) 动态特性。图 10-18 给出了 IGBT 开关过程的波形。IGBT 的开通过程与电力 MOSFET 的开通过程很相似,这是因为 IGBT 在开通过程中大部分时间是作为 MOSFET 来运行的。如图 10-18 所示,从驱动电压 u_{GE} 的前沿上升至其幅值的 10% 的时刻,到集电极电流 i_C 上升至其幅值的 10% 的时刻止,这段时间为开通延迟时间 $t_{d(on)}$。而 i_C 从 $10\%I_{CM}$ 上升

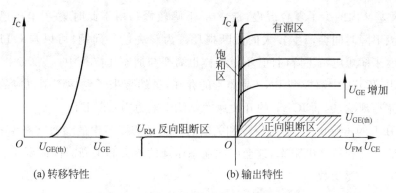

(a) 转移特性　　　　　　　　　(b) 输出特性

图 10-17　IGBT 的转移特性和输出特性

至 $90\%I_{CM}$ 所需时间为电流上升时间 t_{r}。同样,开通时间 t_{on} 为开通延迟时间与电流上升时间之和。开通时,集射电压 u_{CE} 的下降过程分为 t_{fv1} 和 t_{fv2} 两段。前者为 IGBT 中 MOSFET 单独工作的电压下降过程;后者为 MOSFET 和 PNP 晶体管同时工作的电压下降过程。由于 u_{GE} 下降时 IGBT 中 MOSFET 的栅-漏电容增加,而且 IGBT 中的 PNP 晶体管由放大状态转入饱和状态也需要一个过程,因此 t_{fv2} 段电压下降过程变缓。只有在 t_{fv2} 段结束时,IGBT 才完全进入饱和状态。

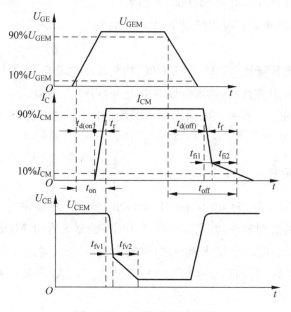

图 10-18　IGBT 的开关过程

　　IGBT 关断时,从驱动电压 u_{GE} 的脉冲后沿下降到其幅值的 90% 的时刻起,到集电极电流下降至 $90\%I_{CM}$ 止,这段时间为关断延迟时间 $t_{d(off)}$;集电极电流从 $90\%I_{CM}$ 下降至 $10\%I_{CM}$ 的这段时间为电流下降时间。二者之和为关断时间 t_{off}。电流下降时间可以分为 t_{fi1} 和 t_{fi2} 两段。其中 t_{fi1} 对应 IGBT 内部 MOSFET 的关断过程,这段时间集电极电流 i_{C} 下降较快;t_{fv2} 对应 IGBT 内部 PNP 晶体管的关断过程,这段时间内 MOSFET 已经关断,IGBT 又无反向电压,所以 N 基区内的少子复合缓慢,造成 i_C 下降较慢。由于此时集-射电压已经建立,因此较长的电流下降时间会产生较大的关断损耗。为解决这一问题,可以与 GTR 一样通过减轻饱和程度来缩短电流下降时间,不过同样也需要与通态压降折中。

可以看出,IGBT 中双极型 PNP 晶体管的存在,虽然带来了电导调制效应的好处,但也引入了少子储存现象,因而 IGBT 的开关速度要低于电力 MOSFET。

此外,IGBT 的击穿电压、通态压降和关断时间也是需要折中的参数。高压器件的 N 基区必须有足够宽度和较高电阻率,这会引起通态压降的增大和关断时间的延长。

3) IGBT 的主要参数

除了前面提到的各参数之外,IGBT 的主要参数还包括以下几个:

(1) 最大集-射极间电压 U_{CES}。这是由器件内部的 PNP 晶体管所能承受的击穿电压所确定的。

(2) 最大集电极电流。包括额定直流电流 I_C 和 1ms 脉宽最大电流 I_{CP}。

(3) 最大集电极功耗 P_{CM}。在正常工作温度下允许的最大耗散功率。

IGBT 的特性和参数特点可以总结如下:

(1) IGBT 开关速度高,开关损耗小。有关资料表明,在电压 1000V 以上时,IGBT 的开关损耗只有 GTR 的 1/10,与电力 MOSFET 相当。

(2) 在相同电压和电流定额的情况下,IGBT 的安全工作区比 GTR 大,而且具有耐脉冲电流冲击的能力。

(3) IGBT 的通态压降比 VDMOSFET 低,特别是在电流较大的区域。

(4) IGBT 的输入阻抗高,其输入特性与电力 MOSFET 类似。

(5) 与电力 MOSFET 和 GTR 相比,IGBT 的耐压和通流能力还可以进一步提高,同时可保持开关频率高的特点。

2. MOS 控制晶闸管

MOS 控制晶闸管(MOS-Controlled Thyristor,MCT)是晶闸管 SCR 和场效晶体管 MOSFET 复合而成的新型器件,其主导元件是 SCR,控制元件是 MOSFET。MCT 具有耐高电压、耐大电流、通态压降低、输入阻抗高、驱动功率小、开关速度快等优点,是一种有发展前途的高压大功率器件。目前已生产出 300A/2000V、1000A/1000V 的器件。

1) MCT 的工作原理

MCT 是在 SCR 结构中集成一对 MOSFET 构成的。通过 MOSFET 来控制 SCR 的导通和关断,使 MCT 导通的 MOSFET 称为 ON-FET;使 MCT 关断的 MOSFET 称为 OFF-FET。MCT 的元胞有两种结构类型,一种为 N-MCT;另一种为 P-MCT。它们的三个电极称为栅极 G、阳极 A 和阴极 K。图 10-19(a)所示为 P-MCT 的结构,图 10-19(b)所示为其等效电路,图 10-19(c)是它的符号(N-MCT 的表示符号箭头反向)。

MCT 需用双栅极控制,栅极信号以阳极而不是以阴极为基准,这些与 SCR 和 GTR 都不相同。当栅极相对于阳极加负脉冲电压时,ON-FET 导通,其漏极电流使 NPN 晶体管导

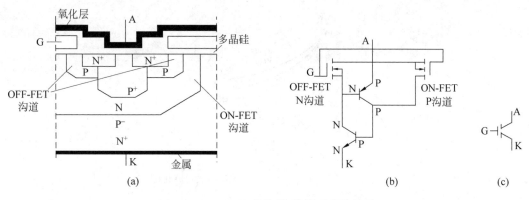

图 10-19 P-MCT 的结构、等效电路和符号

通。NPN 晶体管的导通又使 PNP 晶体管导通且形成正反馈触发过程,最后导致 MCT 导通。导通的 MCT 中晶闸管流过主电流,而触发通道只维持很小的触发电流,这与 SCR 和 GTR 的导通过程类似。当栅极相对于阳极施加正脉冲电压时,OFF-FET 导通,PNP 晶体管基极电流中断,PNP 晶体管中电流的中断破坏了使 MCT 导通的正反馈过程,于是 MCT 被关断。实际应用中,使 P-MCT 触发导通的栅极相对阳极的负脉冲幅度一般为 $-5 \sim -15\mathrm{V}$,使其关断的栅极相对于阳极的正脉冲电压幅度一般为 $+10\mathrm{V}$。

对于 N-MCT 管,要将图 10-19 中各区的半导体材料用相反类型的半导体材料代替,并将上方的阳极变为阴极,而下方的阴极变为阳极。当栅极相对阴极加正脉冲时,MCT 导通,反之则 MCT 关断。实际应用中,一般 $+5\mathrm{V}$ 脉冲可使 N-MCT 导通,$-10\mathrm{V}$ 脉冲可使其关断。

2) MCT 的特性

MCT 作为一种新型的复合器件兼有 MOS 器件和双极型器件的优点。它与 GTR、VDMOS、IGBT 和 GTO 相比具有以下特点:

(1) 阻断电压高(达 3000V),峰值电流大(达 1000A),最大可关断电流密度为 $6000\mathrm{A/cm^2}$。

(2) 通态压降小(为 IGBT 的 1/3)。

(3) 开关速度快、损耗小,工作频率可达 20kHz。

(4) 极高的 $\mathrm{d}u/\mathrm{d}t$ 和 $\mathrm{d}i/\mathrm{d}t$ 耐量($\mathrm{d}u/\mathrm{d}t$ 耐量达 $20\mathrm{kV/\mu s}$,$\mathrm{d}i/\mathrm{d}t$ 耐量达 $2\mathrm{kA/\mu s}$)。

(5) 工作允许温度高(超过 200℃)。

(6) 驱动电路简单。

(7) MCT 无正偏安全工作区,只有反偏安全工作区,如图 10-20 所示。反偏安全工作区反映 MCT 关断时电压和电流的极限容量。从图可知,反偏安全工作区与结温有关。MCT 的另一特点是当工作电压超出反偏安全工作区时器件会失效,但当峰值可控电流超出反偏安全工作区时,MCT 不会像 GTO 那样损坏,只是不能用栅极信号关断而已,这说明 MCT 可用简单的熔断器进行短路保护。

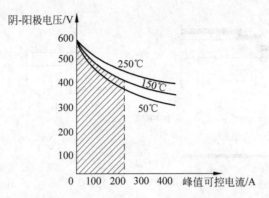

图 10-20　MCT 反偏安全工作区

10.1.5　新型场控器件

1. 智能功率模块

智能功率模块(IPM)又称为智能集成电路,是电力集成电路的一种。在电力电子变流电路中,电力电子器件必须有驱动电路(或触发电路)、控制电路和保护电路的配合,才能按人们的要求实现一定的电力控制功能。以往,电力电子器件和配套控制电路是分离器件构成的电路装置,而今半导体技术达到了可以将电力电子器件及控制电路所需的有源或无源器件集成,例如功率二极管、BJT、IGBT、高低压电容、高阻值多晶硅电阻、低阻值扩散电阻及各元器件之间的连接等。这种功率集成电路特别适应电力电子技术高频化发展方向的需要。由于高度集成化,结构十分紧凑,避免了由于分布参数、保护延迟所带来的一系列技术难题。

IPM 是以 IGBT 为基本功率开关元件,构成一相或三相逆变器的专用功能模块,尤其适合于电动机变频调速装置的需要。图 10-21 所示为 IPM 模块内部结构。

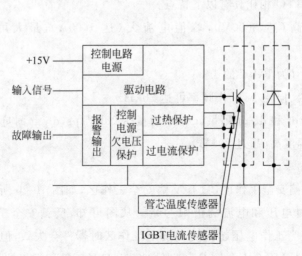

图 10-21　IPM 模块的内部结构

由图 10-21 可见,IPM 模块的特点是集功率变换、驱动及保护电路于一体,其保护功能主要有过流、控制电源欠电压和管芯过热等保护。而在原先 IGBT 模块的使用中,单单这些保护功能就使电路十分复杂,而且其可靠性也差。使用 IPM 模块,仅需提供各桥臂对应 IGBT 的驱动电源和相应的开关控制信号,从而大大方便了应用和系统的设计,并使可靠性大大提高。富士电机公司伴随着功率器件的智能化,于 1989 年成功开发了双极型的智能化功率模块。其后,以进一步降低损耗和提高频率为目标,于 1992 年成功开发了具有低损耗特点 J 系列 IGBT-IPM(J-IPM)。1995 年又开发了具有低成本、低噪声特点的 N 系列 IGBT-IPM(N-IPM),并实现了产品化。最近又开发了具有高性能价格比特点的第三代 R 系列 IGBT-IPM(R-IPM)。经过多年的努力,IPM 已经在中频(<20kHz)中功率范围内取得了应用上的成功。IPM 的应用比较方便,对于其中的每一个 IGBT 器件,只需要一个＋15V 的单电源即可。但由于存在着内部死区时间及过电流、短路保护阈值不可由用户调节的缺陷,往往用于定型逆变器类产品。

2. 集成门极换流晶闸管

当前已有两种常规 GTO 的替代品:高功率的 IGBT 模块、新型 GTO 派生器件,即集成门极换流 IGCT 晶闸管。IGCT 晶闸管是一种新型的大功率器件,与常规 GTO 晶闸管相比,它具有许多优良的特性。例如,不用缓冲电路能实现可靠关断,存储时间短,开通能力强,关断门极电荷少和应用系统总的功率损耗低等。

在上述这些特性中,优良的开通和关断能力是特别重要的方面,因为在实际应用中,GTO 的应用条件主要是受到这些开关特性的限制。众所周知,GTO 的关断能力与其门极驱动电路的性能关系极大,当门极关断电流的上升率(di_G/dt)较高时,GTO 晶闸管则具有较高的关断能力。一个 4.5kV/4kA 的 IGCT 与一个 4.5kV/4kA 的 GTO 的硅片尺寸类似,但它能在高于 6kA 的情况下不用缓冲电路加以关断,它的 di_G/dt 高达 6kA/μs。对于开通特性,门极开通电流上升率(di_G/dt)也非常重要,可以借助于低的门极驱动电路的电感比较容易实现。IGCT 之所以具有上述这些特性,是因为在器件结构上对 GTO 采取了一系列改进措施。

IGCT 结构与常规 GCT 类似,但是它除采用了阳极短路型的逆导 GTO 结构以外,主要是采用了特殊的环状门极,其引出端安排在器件的周边。特别是它的门极、阴极之间形成耗尽层,这时从阳极注入基区的主电流,在关断瞬间全部流入门极,关断增益为 1,从而使器件迅速关断。不言而喻,关断 IGCT 时需要提供与主电流相等的瞬时关断电流,这就要求包括 IGCT 门极、阴极在内的门极驱动回路必须具有十分小的引线电感。实际上,它的门极和阴极之间的电感仅为常规 GTO 的 1/10。

IGCT 的另一个特点是它有一个极低的引线电感与管芯集成在一起的门极驱动器。IGCT 用多层薄板状的衬板与主门极驱动电路相连。门极驱动电路则由衬板及许多并联的功率 MOS 管和放电电容器组成。包括 IGCT 及其门极驱动电路在内的总引线电感量可以减少到 GTO 的 1/100。

目前,4kA、4.5kA 及 5.5kA 的 IGCT 已研制成功。有效硅面积小、低损耗、快速开关这些优点保证了 IGCT 能可靠、高效率地用于 300kVA～10MVA 变流器,而不需要串联或者并联。在串联时,逆变器功率可扩展到 100MVA。虽然高功率的 IGBT 模块具有一些优良的特性,如能实现 di/dt 和 du/dt 的有源控制,易于实现短路电流保护和有源保护等,但因存在着导通高损耗、硅有效面积小、利用率低、损坏后造成开路及无长期可靠运行数据等缺点,限制了高功率 IGBT 模块在高功率低频变流器中的实际应用。因此,在大功率 MCT 未问世以前,IGCT 可望成为高功率、高电压低频变流器的优选功率器件之一。

10.1.6 其他全控型电力电子器件

1. 静电感应晶体管

静电感应晶体管(Static Induction Transistor,SIT)是一种源漏电流受栅极上的外加垂直电场控制的垂直沟道场效应晶体管。将用于信息处理的小功率 SIT 器件的横向导电结构改为垂直导电结构,即制成大功率的 SIT 器件。SIT 是一种多子导电的器件,其工作频率与电力 MOSFET 相当,甚至超过电力 MOSFET,而功率容量也比电力 MOSFET 大,因而适用于高频大功率场合。在雷达通信设备、超声波功率放大、脉冲功率放大和高频感应加热等领域均有应用。

SIT 的不方便之处在于栅极在不加任何信号时是导通的,加负偏压时关断,且通态电阻较大,通态损耗也大,因而未得到广泛应用。

2. 静电感应晶闸管

静电感应晶闸管(Static Induction Thyristor,SITH)是在 SIT 的漏极层上附加一层与漏极层导电类型不同的发射极层而得到的。其工作原理与 SIT 类似,它的门极和阳极电压均能通过电场控制阳极电流。SITH 的突出优点就是通态电阻小、正向压降低、允许电流密度大、耐压高、开关速度快、工作频率高、损耗小、工作温度高等。所以 SITH 在某些应用场合完全能够替代 GTO、GTR,而且 SITH 在高频应用领域占有绝对优势,如高频 PWM 控制的高性能系统、高频交流电动机调速器等。但 SITH 的缺点是制造工艺复杂,在关断时需要较大的门极驱动电流。

3. 集成门极换流晶闸管

集成门极换流晶闸管(Integrated Gate Commutated Thyristors,IGCT)是一种用于特大功率电力电子成套装置的新型电力半导体开关器件(集成门极换流晶闸管＝门极换流晶闸管＋门极单元),最早由瑞士 ABB 公司开发并投入市场。IGCT 使变流装置在功率、可靠性、开关速度、效率、成本、重量和体积等方面都取得了巨大进展,给电力电子成套装置带来了新的飞跃。IGCT 是将 GTO 芯片、反并联二极管和极低电感的门极驱动电路集成在一起,结合了晶体管的稳定关断能力和晶闸管低通态损耗的优点,在导通阶段发挥晶闸管的性能,关断阶段呈现晶体管的特性。IGCT 具有电流大、阻断电压高、开关频率高、可靠性高、结构紧凑、低导通损耗等优点,是一种理想的功率开关器件,而且制造成本低、成品率高,在中压调速传动、高动态轧钢传动、大功率电化学变流器和铁路牵引、高压直流输电、有源电力滤波器、无功补偿装置等领域有很好的应用前景。

IGCT 不需要吸收电路,响应快,特别有利于器件的串联应用工况。与其他器件(GTO、IGBT)相比,综合优势明显。主要用于高压场合,无 3000V 以下的低压器件(而 IGBT 一般在 3000V 以下,3000V 以上很少)。表 10-1 列出了 ABB 公司生产的三种型号的 IGCT 的部分额定电参数。

表 10-1 非对称型 IGCT 的部分额定电参数

型　号	断态重复峰值电压 U_{DRM}/V	中间电压 U_{DC}/V	反向重复峰值电压 U_{RRM}/V	最大不重复关断电流 I_{TGQM}/A	正向通态平均电流 I_{TAVM}/A
5SHY35L4510	4500	2800	17	4000	1100
5SHY35L4511	4500	2800	17	3300	1100
5SHY35L4512	4500	2800	17	4000	1700

4. 电子注入增强栅晶体管

电子注入增强栅晶体管(Injection Enhanced Gate Transistor,IEGT)是耐压超过 3kV 的 IGBT 系列电力电子器件,通过采取增强注入的结构实现了低通态电压,使大容量电力电子器件取得了飞跃性的发展。IEGT 最早由日本东芝公司开发,具有作为 MOS 系列电力电子器件的潜在发展前景,兼有 IGBT 和 GTO 两者的某些优点:低饱和压降、宽安全工作区(吸收回路容量为 GTO 的 1/10 左右)、低栅极驱动功率(比 GTO 低两个数量级)和较高的工作频率。另外,通过模块封装方式还可提供众多派生产品,在大、中容量变流器应用中被寄予厚望。表 10-2 列出了东芝公司的部分产品型号及其部分参数。

表 10-2 目前 IEGT 产品的额定电压、电流

器件型号	U_{CES}/V	I_{CP}/A
MG1200FXF1US53	(max3300)	(max1200)
MG400FXF2Y253	3300	400
MG800FXF1US53	3300	800
MG900GXH1US53	4500	900
ST1200FXF22	3300	1200
ST1200GXH24A	4500	1200
ST1500GHX24	4500	1500
ST2100GXH24A	4500	2100

10.1.7 宽禁带电力电子器件

从晶闸管问世到 IGBT 的普遍应用,电力电子器件经过近四十年的长足发展,其表现基本上都是器件原理和结构上的改进和创新,在材料的使用上始终没有逾越硅的范围。无论是功率 MOS 管还是 IGBT,它们跟晶闸管和整流二极管一样都是用硅材料制造的器件。但是随着硅材料和硅工艺的日趋完善,各种硅器件的性能逐渐趋近其理论极限,而电力电子技术的发展却不断对电力电子器件的性能提出更高的要求,尤其希望能够更高程度地兼顾器件的功率和频率。因此,硅是不是最适合于制造电力电子器件的材料?具备怎样一些特性的半导体材料更适合于制造电力电子器件?这样的问题在 20 世纪的最后 10 年自然而然地提到了器件工程师们的面前。

碳化硅和氮化镓等宽禁带新型半导体材料引起了电力电子器件专家们的注意,因此产生了对宽禁带半导体电力电子器件的研发兴趣。与其他半导体器件相比,电力电子器件以承受高电压、大电流和耐高温为其基本特点,这就要求其制造材料要有更宽的禁带、较高的临界雪崩击穿电场强度和较高的热导率等。研究表明,使用碳化硅制造的电力电子器件可在硅器件无法承受的高温下长时间稳定工作,其最高工作温度可能超过 600℃,远高于硅器件的 115℃。作为一种典型的宽禁带半导体,碳化硅不但禁带宽,还具有击穿电场强度高、载流子饱和漂移速度高、热导率高、热稳定性好等特点。理论分析表明,用 6H-SiC 或 4H-SiC 制造功率 MOS 管,其通态电阻可能分别只有相同等级硅功率 MOS 管的 1/100 和 1/200,而工作频率却可提高 10 倍以上。这就是说,如果用碳化硅制造没有电导调制效应的单极型器件,在阻断电压高达 10kV 的情况下,其通态压降仍然比具有极强电导调制效应的硅双极型器件还低,而单极型器件的工作频率要比双极型器件高得多。

使用宽禁带半导体也更容易实现输变电技术对电力电子器件的耐高压要求,例如制造阻断电压很高的 PIN 二极管和晶闸管等。按理论计算,设计一个单管反向阻断电压高达 25000V 的碳化硅 PIN 二极管,其 N^- 区杂质浓度只需低到 $5 \times 10^{13} cm^{-3}$,厚度只要 0.2mm,少子寿命为 $20\mu s$。如果用硅做一个同样的器件,则其 N^- 区杂质浓度需低达 $10^{12} cm^{-3}$,厚度要 2mm,少子寿命为 $400\mu s$。显然,对硅的要求是不现实的,而对碳化硅的要求则不难实现。因此包含微波电源在内的电力电子技术有可能从碳化硅、氮化镓等宽禁带材料的实用化中得到的好处就不仅是整机性能的改善,也有整机体积的大幅度缩小,以及对工作环境的广泛适应性。

在全面展开碳化硅电力电子器件研发工作大约十年之后,碳化硅肖特基势垒二极管(SBD)首先揭开了在电力电子技术领域由宽禁带半导体器件替代硅器件的序幕,美国 Cree 公司和德国 Infineon 公司(西门子集团)率先推出耐压 600V,电流分别为 12A 和 10A 以下的系列产品,一下子将 SBD 的应用范围从 250V(砷化镓 SBD)提高到 600V。目前,市售碳化硅 SBD 的耐压已提高到 1200V,电流最高可达 20A。这种器件具有反向漏电流极小,几乎没有反向恢复时间等明显优点。同时,其高温特性异常优越,当测试温度从室温一直上升到管壳限定的 175℃时,其反向漏电流几乎没有什么增加。若能采用耐高温的专用管壳,这些器件的实际工作温度可以超过 300℃。目前,许多公司已在其 IGBT 变频或逆变装置中用碳化硅肖特基势垒二极管代替快恢复二极管,取得了提高工作效率、大幅度降低开关损耗的明显效果,其总体效益远远超过这些器件与硅器件之间的价格差异造成的成本增加。

1. 碳化硅器件

随着直径 30mm 左右的碳化硅晶片在 1990 年前后上市,以及紧随其后的高品质 6H-SiC 和 4H-SiC 外延层生长技术的成功应用,各种碳化硅电力电子器件的研究和开发蓬勃展开起来。一开始比较集中于肖特基势垒二极管(SBD)和结型场效应晶体管(JFET)、MOSFET 之类的单极型器件研究,随后对碳化硅双极型器件展开了研究,主要包括碳化硅双极型晶体管(BJT)、碳化硅晶闸管以及碳化硅门极换流自关断晶闸管 GCT 等。尽管碳化硅功率 MOS 管的阻断电压已能做到 10kV,但作为一种缺乏电导调制的单极型器件,进一步提高阻断电压也会面临不可逾越的通态电阻问题。因此高压大电流器件的希望寄托在碳化硅 BJT 上,特别是既能利用电导调制效应降低通态压降,又能利用 MOS 降低开关功耗、提高工作频率的碳化硅 IGBT 上。

2. 氮化镓(GaN)器件

受材料制备与加工技术的限制,目前已成功进入电力电子器件研发领域的宽禁带半导体,除碳化硅外,还有氮化镓和以氮化镓为基的三元系合金(III-N 合金),例如铝镓氮($Al_xGa_{1-x}N$)等。对制造电力电子器件而言,氮化镓的突出优点在于它结合了碳化硅的高击穿电场特性和砷化镓、锗硅合金等材料在制造高频器件方面的特征优势,其材料优选因子普遍比碳化硅高,对进一步改善电力电子器件的工作性能,特别是提高工作频率具有很大的潜力和应用前景。开发氮化镓器件的主要方向是微波功率器件,用 GaN 开发其他电力电子器件的工作也时有报道,耐压 600V 的 GaN 肖特基势垒二极管也已由 Velox 公司首先推入市场。

3. 金刚石器件

对电力电子器件而言,金刚石的材料优选因子是目前所有材料中最高的。尽管其材料制造十分困难,但还是吸引了不少人去开发截止频率极高的金刚石开关器件。对金刚石开关器件的研发报告逐年增多,不过由于其晶格常数较小,C-C 键的结合能又很高,因而能够在其中产生替位原子的掺杂元素不多,其有效掺杂是个很大的难点。因此金刚石器件的开发虽然早在 20 世纪 80 年代初就开始了,但金刚石开关器件的类型还比较单一,主要是 SBD 和 MOSFET。

上述宽禁带半导体电力电子器件初步表现出来的优良特性及其更大的潜在优势使人们对其抱有很大的希望。对宽禁带半导体电力电子器件的研究与开发因此而蓬勃展开,逐渐深入,进展也越来越快。对电力电子技术而言,使用宽禁带半导体并不仅仅在于提高了器件的耐压能力,更重要的还在于能够大幅度地降低器件及其辅助电路的功率消耗,从而更加充分地发挥电力电子技术的节能优势。宽禁带半导体与硅在电力电子技术领域展开竞争的另一优势是能够兼顾器件的功率、频率以及耐高温。不过,实现宽禁带半导体电力电子器件的全面应用和市场化还会有一段艰苦的历程。人们期待着宽禁带半导体电力电子器件在成品率、可靠性和价格等方面的大大改善而进入全面推广应用阶段。不久的将来,性能优越的各种宽禁带半导体电力电子器件会逐渐成为电力电子技术的主流器件,从而极有可能引发电力电子技术的一场新的革命。

10.2 整流电路

整流电路(Rectifier)是电力电子电路中出现最早的一种,它将交流电变为直流电,应用十分广泛,电路形式多种多样,各具特色。

可从各种角度对整流电路进行分类,按组成的器件可分为不可控、半控和全控三种;按电路结构可分为桥式电路和零式电路;按交流输入相数分为单相电路和多相电路;按变压器二次侧电流的方向是单向或双向又分为单拍电路和双拍电路。本章主要讨论最基本、最常用的几种可控整流电路,分析和研究其工作原理、基本数量关系,以及负载性质对整流电路的影响。

10.2.1　单相可控整流电路

单相可控整流电路的交流侧接单相电源,本节讲述几种典型的单相可控整流电路,包括其工作原理、定量计算等,并重点讲述不同负载对电路工作的影响。

1．单相半波可控整流电路

1) 带电阻负载的工作情况图

图 10-22 所示为单相半波可控整流电路的原理及带电阻负载时的工作波形。图 10-22(a)中,变压器 T 起变换电压和隔离的作用,其一次和二次电压瞬时值分别用 u_1 和 u_2 表示,有效值分别用 U_1 和 U_2 表示,其中 U_2 的大小根据需要的直流输出电压 u_d 的平均值 U_d 确定。

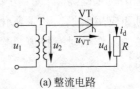

(a) 整流电路

在晶闸管 VT 处于断态时,电路中无电流,负载电阻两端电压为 0,u_2 全部施加于 VT 两端。如在 u_2 正半周 VT 承受正向阳极电压期间的 ωt_1 时刻给 VT 门极加触发脉冲,如图 10-22(b)所示,则 VT 开通。忽略晶闸管通态电压,则直流输出电压瞬时值 u_d 与 u_2 相等。至 $\omega t = \pi$ 即 u_2 降为 0 时,电路中电流也降至 0,VT 关断,之后 u_d、i_d 均为 0。图 10-22(b)还给出了 u_d 和晶闸管两端电压 u_{VT} 的波形。i_d 的波形与 u_d 波形相同。

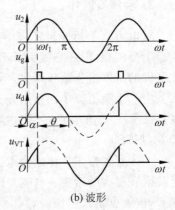

(b) 波形

图 10-22　单相半波可控整流
电路及波形

改变触发时刻,u_d 和 i_d 波形随之改变,直流输出电压 u_d 为极性不变但瞬时值变化的脉动直流,其波形只在 u_2 正半周内出现,故称“半波”整流。加之电路中采用了可控器件晶闸管,且交流输入为单相,故该电路称为单相半波可控整流电路。整流电压 u_d 波形在一个电源周期中只脉动一次,故该电路为单脉波整流电路。

从晶闸管开始承受正向阳极电压起到施加触发脉冲止的电角度称为触发延迟角,用 α 表示,也称为触发角或控制角。晶闸管在一个电源周期中处于通态的电角度称为导通角,用 θ 表示,$\theta = \pi - \alpha$,直流输出电压平均值为

$$U_d = \frac{1}{2\pi}\int_0^{\pi}\sqrt{2}U_2\sin\omega t\,\mathrm{d}(\omega t) = \frac{\sqrt{2}U_2}{2\pi}(1+\cos\alpha) = 0.45U_2\frac{1+\cos\alpha}{2} \qquad (10\text{-}12)$$

$\alpha = 0$ 时,整流输出电压平均值为最大,用 U_{d0} 表示,$U_d = U_{d0} = 0.45U_2$。随着 α 增大,U_d 减小,当 $\alpha = \pi$ 时,$U_d = 0$,该电路中 VT 的 α 移相范围为 $180°$。可见,调节 α 角即可控制 U_d 的大小。这种通过控制触发脉冲的相位来控制直流输出电压大小的方式称为相位控制方式,简称相控方式。

2) 带阻感负载的工作情况

生产实践中,更常见的负载是既有电阻也有电感,当负载中感抗 ωL 与电阻 R 相比不可忽略时即为阻感负载。若 $\omega L \gg R$,则负载主要呈现为电感,称为电感负载,如电机的励磁绕组。

电感对电流变化有抗拒作用。流过电感器件的电流变化时，在其两端产生感应电动势 $L\dfrac{di}{dt}$，它的极性是阻止电流变化的，当电流增加时，它的极性阻止电流增加；当电流减小时，它的极性反过来阻止电流减小。这使得流过电感的电流不能发生突变，这是阻感负载的特点，也是理解整流电路带阻感负载工作情况的关键之一。

图 10-23 所示为带阻感负载的单相半波可控整流电路及其波形。当晶闸管 VT 处于断态时，电路中电流 $i_d=0$，负载上电压为 0，u_2 全部加在 VT 两端。在 ωt_1 时刻，即触发角 α 处，触发 VT 使其开通，u_2 加于负载两端，因电感 L 的存在使 i_d 不能突变，i_d 从 0 开始增加，如图 10-23(b)所示，同时 L 的感应电动势试图阻止 i_d 增加。这时交流电源一方面供给电阻 R 消耗的能量，另一方面供给电感 L 吸收的磁场能量。到 u_2 由正变负的过零点处，i_d 已经处于减小的过程中，但尚未降到 0，因此 VT 仍处于通态。此后，L 中储存的能量逐渐释放，一方面供给电阻消耗的能量，另一方面供给变压器二次绕组吸收的能量，从而维持 i_d 流动。至 ωt_2 时刻，电感能量释放完毕，i_d 降至 0，VT 关断并立即承受反压，如图 10-23(b)中晶闸管 VT 两端电压 u_{VT} 波形。由图 10-23(b)的 u_d 波形还可看出，由于电感的存在延迟了 VT 的关断时刻，使 u_d 波形出现负的部分，与带电阻负载时相比其平均值 U_d 下降。

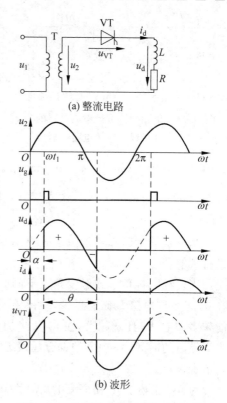

(a) 整流电路

(b) 波形

图 10-23 带阻感负载的单相半波可控整流电路及其波形

由以上分析可以总结出电力电子电路的一个基本特点，进而引出电力电子电路分析的一条基本思路。

电力电子电路中存在非线性的电力电子器件，决定了电力电子电路是非线性电路。如果忽略开通过程和关断过程，电力电子器件通常只工作于通态或断态，非通即断。若将器件理想化，看作理想开关，即通态时认为开关闭合，其阻抗为 0；断态时认为开关断开，其阻抗为无穷大，则电力电子电路就成为分段线性电路。在器件通断状态的每一种组合情况下，电路均为由电阻(R)、电感(L)、电容(C)及电压源(E)组成的线性 $RLCE$ 电路，即器件的每种状态组合对应一种线性电路拓扑，器件通断状态变化时，电路拓扑发生改变。这是电力电子电路的一个基本特点。

这样，在分析电力电子电路时，可通过将器件理想化，将电路简化为分时段线性线路，分段进行分析计算。

以前述单相半波电路为例加以介绍。电路中只有晶闸管 VT 一个电力电子器件，当 VT 处于断态时，相当于电路在 VT 断开，$i_d=0$。当 VT 处于通态时，相当于 VT 短路。两种情况的等效电路如图 10-24 所示。VT 处于通态时，下面的方程成立，即

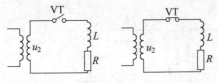

(a) VT处于关断状态   (b) VT处于导通状态

图 10-24 单相半波可控整流电路的
分段线性等效电路

$$L\frac{\mathrm{d}i_d}{\mathrm{d}t} + Ri_d = \sqrt{2}U_2\sin\omega t \qquad (10\text{-}13)$$

在 VT 导通时刻,有 $\omega t = \alpha, i_d = 0$,这是式(10-13)的初始条件。求解式(10-13)并将开始条件代入可得

$$i_d = -\frac{\sqrt{2}U_2}{Z}\sin(\alpha-\phi)\mathrm{e}^{-\frac{R}{\omega L}(\omega t-\alpha)} + \frac{\sqrt{2}U_2}{Z}\sin(\omega t-\varphi) \qquad (10\text{-}14)$$

式中,$Z=\sqrt{R^2+(\omega L)^2}$,$\varphi=\arctan\dfrac{\omega L}{R}$。由此式可得出图 10-23(b)所示的 i_d 波形。

当 $\omega t=\theta+\alpha$ 时,$i_d=0$,代入式(10-14)并整理得

$$\sin(\alpha-\varphi)\mathrm{e}^{-\frac{\theta}{\tan\varphi}} = \sin(\theta+\alpha-\varphi) \qquad (10\text{-}15)$$

当 α、φ 均为已知时可由上式求出 θ。式(10-15)为超越方程,可采用迭代法借助计算机进行求解。

当负载阻抗角 φ 或触发角 α 不同时,晶闸管的导通角也不同。若 φ 为定值,α 角越大,在 u_2 正半周电感 L 储能越少,维持导电的能力就越弱,θ 越小。若 α 为定值,φ 越大,则 L 储能越多,θ 越大,且 φ 越大,在 u_2 负半周 L 维持晶闸管导通的时间就越接近晶闸管在 u_2 正半周导通的时间,u_d 中负的部分越接近正的部分,其平均值 U_d 越接近 0,输出的直流电流平均值也越小。

为解决上述矛盾,在整流电路的负载两端并联一个二极管,称为续流二极管,用 VD_R 表示,如图 10-25(a)所示。图 10-25(b)是该电路的典型工作波形。

与没有续流二极管时的情况相比,在 u_2 正半周时两者工作情况是一样的。当 u_2 过 0 变负时,VD_R 导通,u_d 为 0。此时为负的 u_2 通过 VD_R 向 VT 施加反压使其关断,L 储存的能量保证了电流 i_d 在 L—R—VD_R 回路中流过,此过程通常称为续流。u_d 波形如图 10-25(b)所示,如忽略二极管的通态电压,则在续流期间 u_d 为 0,u_d 中不再出现负的部分,这与电阻负载时基本相同。但与电阻负载时相比,i_d 的波形是不一样的。若 L 足够大,$\omega L \gg R$,即负载为电感负载,在 VT 关断期间,VD_R 可持续导通,使 i_d 连续,且 i_d 波形接近一条水平线,如图 10-25(b)所示。在一周期内,$\omega t=\alpha\sim\pi$ 期间,VT 导通,其导通角为 $\pi-\alpha$,流过 VT,晶闸管电流 i_{VT} 的波形如图 10-25(b)所示,其余时间 i_d 流过 VD_R,续流二极管电流 i_{VD_R} 波形如图 10-25(b)所示,VD_R 导通角为 $\pi+\alpha$。若近似认为 i_d 为一条水平线,恒为 I_d,则流过晶闸管的电流平均值 I_{dVT} 和有效值 I_{VT} 分别为

$$I_{dVT} = \frac{\pi-\alpha}{2\pi}I_d \qquad (10\text{-}16)$$

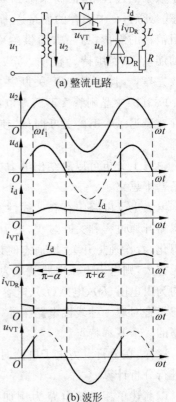

(a) 整流电路

(b) 波形

图 10-25 单相半波带阻感负载有续流
二极管的电路与波形

$$I_{VT} = \sqrt{\frac{1}{2\pi}\int_0^\pi I_d^2 \, \mathrm{d}(\omega t)} = \sqrt{\frac{\pi - \alpha}{2\pi}} I_d \tag{10-17}$$

续流二极管的电流平均值 I_{dVD_R} 和有效值 I_{VD_R} 分别为

$$I_{dVD_R} = \frac{\pi + \alpha}{2\pi} I_d \tag{10-18}$$

$$I_{VD_R} = \sqrt{\frac{1}{2\pi}\int_\pi^{2\pi+\alpha} I_d^2 \, \mathrm{d}(\omega t)} = \sqrt{\frac{\pi + \alpha}{2\pi}} I_d \tag{10-19}$$

晶闸管两端电压波形 u_{VT} 如图 10-25(b)所示,其移相范围为 180°,其承受的最大正反向电压均为 u_2 的峰值即 $\sqrt{2}U_2$。续流二极管承受的电压为 u_d,最大反向电压均为 $\sqrt{2}U_2$,即为 u_2 的峰值。

单相半波可控整流电路的特点是简单,但输出脉动大,变压器二次侧电流中含直流分量,造成变压器铁芯直流磁化。为使变压器铁芯不饱和,需增大铁心截面积,增大了设备的容量。实际上很少应用此电路。分析该电路的主要目的在于利用其简单易学的特点,建立起整流电路的基本概念。

2. 单相桥式全控整流电路

单相整流电路中应用较多的是单相桥式全控整流电路,如图 10-26(a)所示,所接负载为电阻负载,下面首先分析这种情况。

1) 带电阻负载的工作情况

在单相桥式全控整流电路中,晶闸管 VT_1 和 VT_4 组成一对桥臂,VT_2 和 VT_3 组成另一对桥臂。在 u_2 正半周(即 a 点电位高于 b 点电位),若 4 个晶闸管均不导通,负载电流为 0,u_d 也为 0,VT_1、VT_4 串联承受电压 u_2,设 VT_1 和 VT_4 的漏电阻相等,则各承受 u_2 的一半。若在触发角 α 处给 VT_1 和 VT_4 加触发脉冲,VT_1 和 VT_4 即导通,电流从电源 a 端经 VT_1、R、VT_4 流回电源 b 端。当 u_2 为 0 时,流过晶闸管的电流也降到 0,VT_1 和 VT_4 关断。

在 u_2 负半周,仍在触发角 α 处触发 VT_2 和 VT_3(VT_2 和 VT_3 的 $\alpha=0$ 位于 $\omega=\pi$ 处),则 VT_2 和 VT_3 导通,电流从电源 b 端流出,经 VT_3、R、VT_2 流回电源 a 端。到 u_2 过 0 时,电流又降为 0,VT_2 和 VT_3 关断。此后又是 VT_1 和 VT_4 导通,如此循环地工作下去。晶闸管承受的最大正向电压和反向电压分别为 $\frac{\sqrt{2}}{2}U_2$ 和 $\sqrt{2}U_2$。

由于在交流电源的正、负半周都有整流输出电流流过负载,故该电路为全波整流。在 u_2 一个周期内,整流电压波形脉动两次,脉动次数多于半波整流电

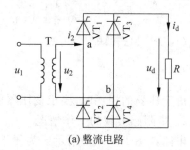

(a) 整流电路

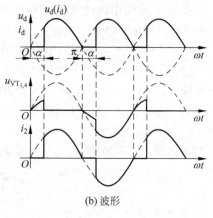

(b) 波形

图 10-26　单相桥式全控整流电路带电阻负载时的电路及波形

路,该电路属于双脉波整流电路。变压器二次绕组中,正、负两个半周电流方向相反且波形对称,平均值为0,即直流分量为0,如图10-26(b)所示,不存在变压器直流磁化问题,变压器绕组的利用率也高。整流电压平均值为

$$U_d = \frac{1}{\pi}\int_0^\pi \sqrt{2}U_2\sin\omega t\,\mathrm{d}(\omega t) = \frac{2\sqrt{2}U_2}{\pi}\cdot\frac{1+\cos\alpha}{2}$$

$$= 0.9U_2\frac{1+\cos\alpha}{2} \tag{10-20}$$

$\alpha=0$ 时,$U_d=U_{d0}=0.9U_2$。$\alpha=180°$时,$U_d=0$。可见,α角的移相范围为180°。

向负载输出的直流电流平均值为

$$I_d = \frac{U_d}{R} = \frac{2\sqrt{2}U_2}{\pi R}\cdot\frac{1+\cos\alpha}{2} = 0.9\frac{U_2}{R}\cdot\frac{1+\cos\alpha}{2} \tag{10-21}$$

晶闸管 VT_1、VT_4 和 VT_2、VT_3 轮流导电,流过晶闸管的电流平均值只有输出直流电流平均值的一半,即

$$I_{dVT} = \frac{1}{2}I_d = 0.45\frac{U_2}{R}\cdot\frac{1+\cos\alpha}{2} \tag{10-22}$$

为选择晶闸管、变压器容量、导线截面积等定额,需考虑发热问题,为此需计算电流有效值。流过晶闸管的电流有效值为

$$I_{VT} = \sqrt{\frac{1}{2\pi}\int_0^\pi \left(\frac{\sqrt{2}U_2}{R}\sin\omega t\right)^2\mathrm{d}(\omega t)} = \frac{U_2}{\sqrt{2}R}\sqrt{\frac{1}{2\pi}\sin 2\alpha + \frac{\pi-\alpha}{\pi}} \tag{10-23}$$

变压器二次电流有效值 I_2 与输出直流电流有效值 I 相等,为

$$I = I_2 = \sqrt{\frac{1}{\pi}\int_0^\pi \left(\frac{\sqrt{2}U_2}{R}\sin\omega t\right)^2\mathrm{d}(\omega t)} = \frac{U_2}{R}\sqrt{\frac{1}{2\pi}\sin 2\alpha + \frac{\pi-\alpha}{\pi}} \tag{10-24}$$

由式(10-23)和式(10-24)可见

$$I_{VT} = \frac{1}{\sqrt{2}}I \tag{10-25}$$

不考虑变压器的损耗时,要求变压器的容量为 $S=U_2I_2$。

2) 带阻感负载的工作情况

电路如图10-27(a)所示。为便于讨论,假设电路已工作于稳态。

在 u_2 正半周期,触发角 α 处给晶闸管 VT_1 和 VT_4 加触发脉冲使其开通,$u_d=u_2$。负载中有电感存在使负载电流不能突变,电感对负载电流起平波作用,假设负载电感很大,负载电流 i_d 连续且波形近似为一水平线,其波形如图10-27(b)所示。u_2 过 0 变负时,由于电感的作用,晶闸管 VT_1 和 VT_4 中仍流过电流 i_d,并不关断。至 $\omega t=\pi+\alpha$ 时刻,给 VT_2 和 VT_3 加触发脉冲,因 VT_2 和 VT_3 本已承受正电压,故两管导通。VT_2 和 VT_3 导通后,u_2 通过 VT_2 和 VT_3 分别向 VT_1 和 VT_4 施加反压使 VT_1 和 VT_4 关断,流过 VT_1 和 VT_4 的电流迅速转移到 VT_2 和 VT_3 上,此过程称为换相,也称为换流。至下一周期重复上述过程,如此循环下去,u_d 波形如图10-27(b)所示,其平均值为

$$U_d = \frac{1}{\pi}\int_\alpha^{\pi+\alpha}\sqrt{2}U_2\sin\omega t\,\mathrm{d}(\omega t)$$

$$= \frac{2\sqrt{2}}{\pi}U_2\cos\alpha$$

$$= 0.9U_2\cos\alpha \tag{10-26}$$

当 $\alpha=0$ 时，$U_{d0}=0.9U_2$。$\alpha=90°$ 时，$U_d=0$。α 角的移相范围为 $90°$。

单相桥式全控整流电路带阻感负载时，晶闸管 VT_1、VT_4 两端的电压波形如图 10-27(b) 所示，晶闸管承受的最大正反向电压均为 $\sqrt{2}U_2$。

晶闸管导通角 θ 与 α 无关，均为 $180°$，其电流波形如图 10-27(b) 所示，平均值和有效值分别为 $I_{dvr}=\frac{1}{2}I_d$ 和 $I_{VT}=\frac{1}{\sqrt{2}}I_d=0.707I_d$。

变压器二次电流 i_2 的波形为正负各 $180°$ 的矩形波，其相位由 α 角决定，有效值 $I_2=I_d$。

3）带反电动势负载时的工作情况

当负载为蓄电池、直流电动机的电枢（忽略其中的电感）等时，负载可看成一个直流电压源，对于整流电路，它们就是反电动势负载。如图 10-28(a) 所示，下面着重分析反电动势-电阻负载时的情况。

当忽略主电路各部分的电感时，只有在 u_2 瞬时值的绝对值大于反电动势即 $|u_2|>E$ 时才有晶闸管承受正电压，有导通的可能。晶闸管导通之后，$u_d=u_2$，$i_d=\dfrac{u_d-E}{R}$，直至 $|u_2|=E$。i_d 即降至 0 使得晶闸管关断，此后 $u_d=E$。与电阻负载时相比，晶闸管提前了电角度 δ 停止导电，u_d 和 i_d 的波形如图 10-28(b) 所示，δ 称为停止导电角，即

$$\delta = \arcsin\frac{E}{\sqrt{2}U_2} \qquad (10-27)$$

在 α 角相同时，整流输出电压比电阻负载时大。

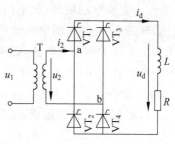

(a) 整流电路

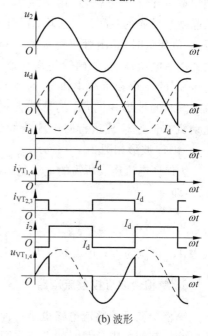

(b) 波形

图 10-27　单相桥式全控整流电流带阻感
　　　　负载时电路及波形

如图 10-28(b) 所示，i_d 波形在一周期内有部分时间为 0 的情况，称为电流断续。与此对应，若 i_d 波形不出现为 0 的情况，称为电流连续。当 $\alpha<\delta$ 时，触发脉冲到来时，晶闸管承受负电压，不可能导通。为了使晶闸管可靠导通，要求触发脉冲有足够的宽度，保证当 $\omega t=\delta$ 时刻晶闸管开始承受正电压时，触发脉冲仍然存在。这样，相当于触发角被推迟为 δ，即 $\alpha=\delta$。

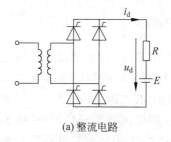

(a) 整流电路

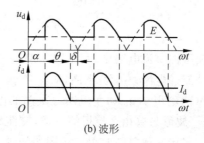

(b) 波形

图 10-28　单相桥式全控整流电路接反电动势-电阻负载时的电路及波形

负载为直流电动机时,如果出现电流断续则电动机的机械特性将很软。从图 10-28(b)可看出,导通角 θ 越小,则电流波形的底部就越窄。电流平均值是与电流波形的面积成比例的,因而为了增大电流平均值,必须增大电流峰值,这要求较多地降低反电动势。因此,当电流断续时,随着 I_d 的增大,转速 n(与反电动势成比例)降落较大,机械特性较软,相当于整流电源的内阻增大。较大的电流峰值在电动机换向时容易产生火花。同时,对于相等的电流平均值,电流波形底部越窄,则其有效值越大,要求电源的容量也大。

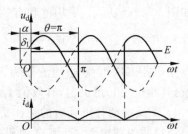

为了克服以上缺点,一般在主电路中直流输出侧串联一个平波电抗器,用来减少电流的脉动和延长晶闸管导通的时间。有了电感,当 u_2 小于 E 时甚至 u_2 值变负时,晶闸管仍可导通。只要电感量足够大就能使电流连续,晶闸管每次导通 $180°$,这时整流电压 u_d 的波形和负载电流 i_d 的波形与电感负载电流连续时的波形相同,u_d 的计算公式也一样。针对电动机在低速轻载运行时电流连续的临界情况,给出 u_d 和 i_d 波形如图 10-29 所示。

图 10-29　单相桥式全控整流电路带反电动势负载串平波电抗器,电流连续时的临界情况

为保证电流连续所需的电感量 L,可由式(10-28)求出,即

$$L = \frac{2\sqrt{2}U_2}{\pi\omega I_{d\,min}} = 2.87 \times 10^{-3}\,\frac{U_2}{I_{d\,min}} \tag{10-28}$$

式中,U_2 单位为 V;$I_{d\,min}$ 单位为 A;ω 是工频角速度;L 为主电路总电感量,其单位为 H。

3. 单相全波可控整流电路

单相全波可控整流电路也是一种实用的单相可控整流电路,又称为单相双半波可控整流电路。其带电阻负载时的电路如图 10-30(a)所示。

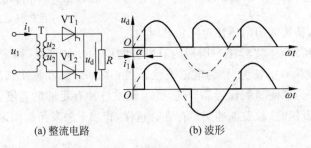

(a) 整流电路　　　　　(b) 波形

图 10-30　单相全波可控整流电路及波形

单相全波可控整流电路中,变压器 T 带中心抽头,在 u_2 正半周,VT_1 工作,变压器二次绕组上半部分流过电流。u_2 负半周,VT_2 工作,变压器二次绕组下半部分流过反方向的电流。图 10-30(b)给出了 u_d 和变压器一次侧的电流 i_1 的波形。由波形可知,单相全波可控整流电路的 u_d 波形与单相全控桥的一样,交流输入端电流波形一样,变压器也不存在直流磁化的问题。当接其他负载时也有相同的结论。因此,单相全波与单相全控桥从直流输出端或从交流输入端看均是基本一致的。两者的区别在于以下几点:

（1）单相全波可控整流电路中变压器的二次绕组带中心抽头,结构较复杂。绕组及铁心对铜、铁等材料的消耗比单相全控桥多,在当今世界上有色金属资源有限的情况下这是不利的。

（2）单相全波可控整流电路中只用两个晶闸管,比单相全控桥式可控整流电路少两个,相应地,晶闸管的门极驱动电路也少两个。但是在单相全波可控整流电路中,晶闸管承受的最大电压为 $2\sqrt{2}U$,是单相全控桥式整流电路的两倍。

（3）单相全波可控整流电路中,导电回路只含一个晶闸管,比单相桥少一个,因而也少了一次管压降。

从上述（2）、（3）考虑,单相全波电路适宜于在低输出电压的场合应用。

4. 单相桥式半控整流电路

在单相桥式全控整流电路中,每一个导电回路中有两个晶闸管,即用两个晶闸管同时导通以控制导电的回路。实际上为了对每个导电回路进行控制,只需一个晶闸管就可以了,另一个晶闸管可以用二极管代替,从而简化整个电路。把图 10-26(a)中的晶闸管 VT_2、VT_4 换成二极管 VD_2、VD_4,即成为图 10-31(a)所示的单相桥式半控整流电路(先不考虑 VD_R)。

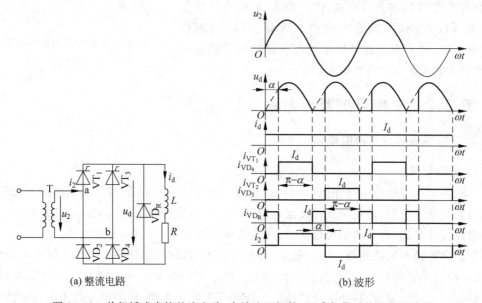

(a) 整流电路　　　　　　　　　(b) 波形

图 10-31　单相桥式半控整流电路,有续流二极管,阻感负载时的电路及波形

半控电路与全控电路在电阻负载时的工作情况相同,这里不需要讨论。以下针对电感负载进行讨论。

与全控桥时相似,假设负载中电感很大,且电路已工作于稳态。在 u_2 正半周,触发角 α 处给晶闸管 VT_1 加触发脉冲,u_2 经 VT_1 和 VT_4 向负载供电。u_2 过 0 变负时,因电感作用使电流连续,VT_1 继续导通。但因 a 点电位低于 b 点电位,使得电流从 VD_4 转移至 VD_2,VD_4 关断,电流不再流经变压器二次绕组,而是由 VT_1 和 VD_2 续流。此阶段忽略器件的通态压降,则 $u_d=0$,不像全控桥电路那样出现 u_d 为负的情况。

在 u_2 负半周触发角 α 时刻触发 VT_3,VT_3 导通,则向 VT_1 加反压使之关断,u_2 经 VT_3 和 VD_2 向负载供电。u_2 过 0 变正时,VD_4 导通,VD_2 关断。VT_3 和 VD_4 续流,u_d 又为 0。

此后重复以上过程。

该电路实用中需加设续流二极管 VD_R，以避免可能发生的失控现象。实际运行中，若无续流二极管，则当 α 突然增大至 $180°$ 或触发脉冲丢失时，由于电感储能不经变压器二次绕组释放，只是消耗在负载电阻上，会发生一个晶闸管持续导通而两个二极管轮流导通的情况，这使 u_d 成为正弦半波，即半周期 u_d 为正弦，另外半周期 u_d 为 0，其平均值保持恒定，相当于单相半波不可控整流电路时的波形，称为失控。例如，当 VT_1 导通时切断触发电路，则当 u_2 变负时，由于电感的作用，负载电流由 VT_1 和 VD_2 续流，当 u_2 又为正时，因 VT_1 是导通的，u_2 又经 VT_1 和 VD_4 向负载供电，出现失控现象。

有续流二极管 VD_R 时，续流过程由 VD_R 完成，在续流阶段晶闸管关断，这就避免了某一个晶闸管持续导通从而导致失控的现象。同时，续流期间导电回路中只有一个管压降，少了一次管压降，有利于降低损耗。

有续流二极管时电路中各部分的波形如图 10-31(b) 所示。

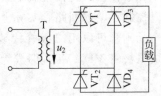

图 10-32   单相桥式半控整流电路的另一种接法

单相桥式半控整流电路的另一种接法如图 10-32 所示，相当于把图 10-26(a) 中的 VT_3 和 VT_4 换为二极管 VD_3 和 VD_4，这样可以省去续流二极管 VD_R，续流由 VD_3 和 VD_4 来实现。这种接法的两个晶闸管阴极电位不同，二者的触发电路需要隔离。

10.2.2   三相可控整流电路

1. 三相半波可控整流电路

1) 电阻负载

三相半波可控整流电路如图 10-33(a) 所示。为得到零线，变压器二次侧必须接成星形，而一次侧接成三角形，避免三次谐波流入电网。三个晶闸管分别接入 a、b、c 三相电源，它们的阴极连接在一起，称为共阴极接法，这种接法触发电路有公共端，连线方便。

假设将电路中的晶闸管换作二极管，并用 VD 表示，该电路就成为三相半波不可控整流电路，下面首先分析其工作情况。此时，三个二极管对应的相电压中哪一个的值最大，则该相所对应的二极管导通，并使另外两相的二极管承受反压关断，输出整流电压即为该相的相电压，波形如图 10-33(b) 所示。在一个周期中，器件工作情况如下：在 $\omega t_1 \sim \omega t_2$ 期间 a 相电压最高，VD_1 导通，$u_d = u_a$；在 $\omega t_2 \sim \omega t_3$ 期间，b 相电压最高，VD_2 导通，$u_d = u_b$；在 $\omega t_3 \sim \omega t_4$ 期间，c 相电压最高，VD_3 导通，$u_d = u_c$。此后，在下一周期相当于 ωt_1 的位置即 ωt_4 时刻，VD_1 又导通，重复前一周期的工作情况。如此，一周期中 VD_1、VD_2、VD_3 轮流导通，每管各导通 $120°$。u_d 波形为三个相电压在正半周期的包络线。

在相电压的交点时，ωt_1、ωt_2、ωt_3 处均出现了二极管换相，即电流由一个二极管向另一个二极管转移，称这些交点为自然换相点。对三相半波可控整流电路而言，自然换相点是各相晶闸管能触发导通的最早时刻，将其作为计算各晶闸管触发角 α 的起点，即 $\alpha = 0°$，要改变触发角只能是在此基础上增大，即沿时间坐标轴向右移。若在自然换相点处触发相应的晶闸管导通，则电路的工作情况与以上分析的二极管整流工作情况一样。回顾 10.2.1 节的单相可控整流电路可知,各种单相可控整流电路的自然换相点是变压器二次电压 u_2 的过零点。

当 $\alpha = 0°$ 时,变压器二次侧 a 相绕组和晶闸管 VT_1 的电流波形如图 10-33(b)所示。另两相电流波形形状相同,相位依次滞后 120°,可见变压器二次绕组电流有直流分量。

图 10-33(b)所示为 VT_1 两端的电压波形,由三段组成:第 1 段, VT_1 导通期间为一管压降,可近似为 $u_{VT1} = 0$;第 2 段,在 VT_1 关断后, VT_2 导通期间, $u_{VT1} = u_a - u_b = u_{ab}$,为一段线电压;第 3 段,在 VT_3 导通期间, $u_{VT1} = u_a - u_c = u_{ac}$ 为另一段线电压。即晶闸管电压由一段管压降和两段线电压组成。由图可见, $\alpha = 0°$ 时,晶闸管承受的两段线电压均为负值,随着 α 增大,晶闸管承受的电压中正的部分逐渐增多。其他两管上的电压波形形状相同,相位依次差 120°。

增大 α 值,将脉冲后移,整流电路的工作情况相应地发生变化。

图 10-34 所示为 $\alpha = 30°$ 时的波形。从输出电压、电流的波形可以看出,这时负载电流处于连续和断续的临界状态,各相仍导电 120°。

如果 $\alpha > 30°$,如 $\alpha = 60°$ 时,整流电压的波形如图
10-35 所示,当导通一相的相电压过 0 变负时,该相晶闸管关断。此时下一相晶闸管虽承受正电压,但它的触发脉冲还未到,不会导通,因此输出电压和电流均为 0,直到触发脉冲出现为止。这种情况下,负载电流断续,各晶闸管导通角为 90°,小于 120°。

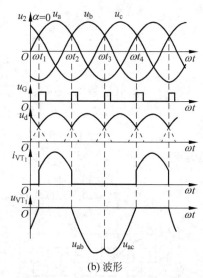

(a) 共阴极接法

(b) 波形

图 10-33 三相半波可控整流电路共阴极接法电阻负载时的电路及 $\alpha = 0°$ 时的波形

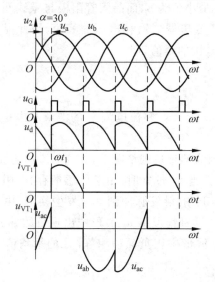

图 10-34 三相半波可控整流电路,电阻负载, $\alpha = 30°$ 时的波形

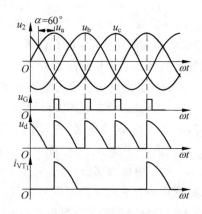

图 10-35 三相半波可控整流电路,电阻负载, $\alpha = 60°$ 时的波形

若 α 角继续增大,整流电压将越来越小,$\alpha = 150°$时,整流输出电压为 0。故电阻负载时 α 角的移相范围为 $150°$。

整流电压平均值的计算分为以下两种情况:

(1) $\alpha \leqslant 30°$时,负载电流连续,有

$$U_d = \frac{1}{\frac{2\pi}{3}} \int_{\frac{\pi}{6}+\alpha}^{\frac{5\pi}{6}+\alpha} \sqrt{2}U_2 \sin\omega t\, d(\omega t)$$

$$= \frac{3\sqrt{6}}{2\pi} U_2 \cos\alpha = 1.17 U_2 \cos\alpha \tag{10-29}$$

当 $\alpha = 0$ 时,U_d 最大,为 $U_d = U_{d0} = 1.17 U_2$。

(2) $\alpha > 30°$时,负载电流断续,晶闸管导通角减小,此时有

$$U_d = \frac{1}{\frac{2\pi}{3}} \int_{\frac{\pi}{6}+\alpha}^{\pi} \sqrt{2}U_2 \sin\omega t\, d(\omega t) = \frac{3\sqrt{2}}{2\pi} U_2 \left[1 + \cos\left(\frac{\pi}{6}+\alpha\right)\right]$$

$$= 0.675 U_2 \left[1 + \cos\left(\frac{\pi}{6}+\alpha\right)\right] \tag{10-30}$$

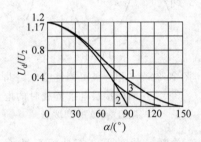

图 10-36 三相半波可控整流电路 U_d/U_2 与 α 的关系

1—电阻负载;2—电感负载;
3—电阻电感负载

U_d/U_2 随 α 变化的规律如图 10-36 中的曲线 1 所示。

负载电流平均值为

$$I_d = \frac{U_d}{R} \tag{10-31}$$

晶闸管承受的最大反向电压,由图 10-34(b)不难看出为变压器二次线电压峰值,即

$$U_{RM} = \sqrt{2} \times \sqrt{3} U_2 = 2.45 U_2 \tag{10-32}$$

由于晶闸管阴极与零线间的电压即为整流输出电压 u_d,其最小值为 0,而晶闸管阳极与零线间的最高电压等于变压器二次相电压的峰值,因此晶闸管阳极与阴极间的最大正向电压等于变压器二次相电压的峰值,即

$$U_{FM} = \sqrt{2} U_2 \tag{10-33}$$

2) 阻感负载

如果负载为阻感负载,且 L 值很大,则如图 10-37 所示,整流电流 i_d 的波形基本是平直的,流过晶闸管的电流接近矩形波。

$\alpha \leqslant 30°$时,整流电压波形与电阻负载时相同,因为两种负载情况下,负载电流均连续。

$\alpha > 30°$,如 $\alpha = 60°$时的波形如图 10-37 所示。当 u_2 过 0 时,由于电感的存在,阻止电流下降,因而 VT_1 继续导通,直到下一相晶闸管 VT_2 的触发脉冲到来才发生换流,由 VT_2 导通向负载供电,同时向 VT_1 施加反压使其关断。这种情况下 u_d 波形中出现负的部分,若 α 增大,u_d 波形中负的部分将增多,至 $\alpha = 90°$时,u_d 波形中正负面积相等,u_d 的平均值为 0。可见,阻感负载时 α 的移相范围为 $90°$。

由于负载电流连续,U_d 可由式(10-29)求出,即

$$U_d = 1.17 U_2 \cos\alpha$$

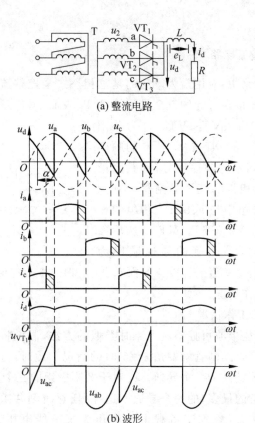

(a) 整流电路

(b) 波形

图 10-37　三相半波可控整流电路,阻感负载时的电路及 $\alpha=60°$ 时的波形

U_d/U_2 与 α 成余弦关系,如图 10-36 中的曲线 2 所示。如果负载中的电感量不是很大,则当 $\alpha>30°$ 后,与电感量足够大的情况相比较,u_d 中负的部分将会减少,整流电压平均值 U_d 略微增加,U_d/U_2 的关系将介于图 10-36 中的曲线 1 和曲线 2 之间,曲线 3 给出了这种情况的一个例子。变压器二次电流即晶闸管电流的有效值为

$$I_2 = I_{\text{VT}} = \frac{1}{\sqrt{3}}I_d = 0.577I_d \tag{10-34}$$

由此可求出晶闸管的额定电流为

$$I_{\text{VT(AV)}} = \frac{I_{\text{VT}}}{1.57}I_d = 0.368I_d \tag{10-35}$$

晶闸管两端电压波形如图 10-37 所示,由于负载电流连续,因此晶闸管最大正、反向电压峰值均为变压器二次线电压峰值,即

$$U_{\text{FM}} = U_{\text{RM}} = 2.45U_2 \tag{10-36}$$

图 10-37 中所给 i_d 波形有一定的脉动,与分析单相整流电路阻感负载时图 10-37 所示的 i_d 波形有所不同。这是电路工作的实际情况,因为负载中电感量不可能也不必非常大,往往只要能保证负载电流连续即可,这样其实际上是有波动的,不是完全平直的水平线。通常为简化分析及定量计算,可以将 i_d 近似为一条水平线,这样的近似对分析和计算的准确性并不产生很大影响。

三相半波可控整流电路的主要缺点在于其变压器二次电流中含有直流分量,为此其应

用较少。

2．三相桥式全控整流电路

目前在各种整流电路中，应用最为广泛的是三相桥式全控整流电路，其原理如图 10-38 所示，习惯将其中阴极连接在一起的三个晶闸管（VT_1、VT_3、VT_5）称为共阴极组；阳极连接在一起的三个晶闸管（VT_4、VT_6、VT_2）称为共阳极组。此外，习惯上希望晶闸管按从 1～6 的顺序导通，为此将晶闸管按图示的顺序编号，即共阴极组中与 a、b、c 三相电源相接的三个晶闸管分别为 VT_1、VT_3、VT_5，共阳极组中与 a、b、c 三相电源相接的三个晶闸管分别为 VT_4、VT_6、VT_2。从后面的分析可知，按此编号，晶闸管的导通顺序为 VT_1—VT_2—VT_3—VT_4—VT_5—VT_6。下面首先分析带电阻负载时的工作情况。

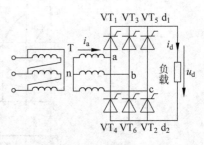

图 10-38　三相桥式全控整流电路原理

1）带电阻负载时的工作情况

可以采用与分析三相半波可控整流电路时类似的方法，假设将电路中的晶闸管换作二极管，这种情况也就相当于晶闸管触发角 $\alpha=0°$ 时的情况。此时，对于共阴极组的三个晶闸管，阳极所接交流电压值最高的一个导通。而对于共阳极组的三个晶闸管，则是阴极所接交流电压值最低（或者说负的最多）的一个导通。这样，任意时刻共阳极组和共阴极组中各有一个晶闸管处于导通状态，施加于负载上的电压为某一线电压。此时电路工作波形如图 10-39 所示。

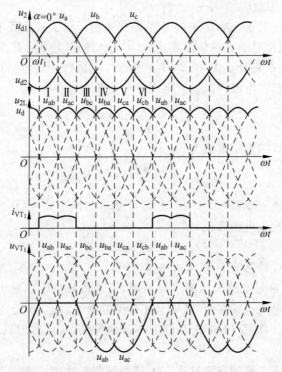

图 10-39　三相桥式全控整流电路带电阻负载 $\alpha=0°$ 时的波形

$\alpha=0°$时,各晶闸管均在自然换相点处换相。由图 10-39 中变压器二次绕组相电压与线电压波形的对应关系看出,各自然换相点既是相电压的交点,同时也是线电压的交点。在分析 u_d 的波形时,既可从相电压波形分析,也可以从线电压波形分析。

从相电压波形看,以变压器二次侧的中点 n 为参考点,共阴极组晶闸管导通时,整流输出电压 u_{d1} 为相电压在正半周的包络线;共阳极组导通时,整流输出电压 u_{d2} 为相电压在负半周的包络线,总的整流输出电压 $u_d=u_{d1}-u_{d2}$ 是两条包络线间的差值,将其对应到线电压波形上,即为线电压在正半周的包络线。

直接从线电压波形看,由于共阴极组中处于通态的晶闸管对应的是最大的相电压,而共阳极组中处于通态的晶闸管对应的是最小的相电压,输出整流电压 u_d 为这两个相电压相减,是线电压中最大的一个,因此输出整流电压 u_d 波形为线电压在正半周期的包络线。

为了说明各晶闸管的工作情况,将波形中的一个周期等分为 6 段,每段为 60°,如图 10-39 所示,每一段中导通的晶闸管及输出整流电压的情况如表 10-3 所示。由该表可见,6 个晶闸管的导通顺序为 VT_1—VT_2—VT_3—VT_4—VT_5—VT_6。

表 10-3 三相桥式全控整流电路电阻负载 $\alpha=0°$ 时晶闸管工作情况

时 段	I	II	III	IV	V	VI
共阴极组中导通的晶闸管	VT_1	VT_1	VT_3	VT_3	VT_5	VT_5
共阳极组中导通的晶闸管	VT_6	VT_2	VT_2	VT_4	VT_4	VT_6
整流输出电压 u_d	$u_a-u_b=u_{ab}$	$u_a-u_c=u_{ac}$	$u_b-u_c=u_{bc}$	$u_b-u_a=u_{ba}$	$u_c-u_a=u_{ca}$	$u_c-u_b=u_{cb}$

从触发角 $\alpha=0°$ 时的情况可以总结出三相桥式全控整流电路的一些特点如下:

(1) 每个时刻均需两个晶闸管同时导通,形成向负载供电的回路,其中一个晶闸管是共阴极组的,另一个是共阳极组的,且不能为同一相的晶闸管。

(2) 对触发脉冲的要求:6 个晶闸管的脉冲按 VT_1—VT_2—VT_3—VT_4—VT_5—VT_6 的顺序,相位依次差 60°;共阴极组 VT_1、VT_3、VT_5 的脉冲依次差 120°,共阳极组 VT_4、VT_6、VT_2 的脉冲也依次差 120°;同一相的上、下两个桥臂,即 VT_1 与 VT_4、VT_3 与 VT_6、VT_5 与 VT_2 脉冲相差 180°。

(3) 整流输出电压 u_d 一周期脉动 6 次,每次脉动的波形都一样,故该电路为 6 脉冲波形整流电路。

(4) 在整流电路合闸启动过程中或电流断续时,为确保电路的正常工作,需保证同时导通的两个晶闸管均有触发脉冲。为此,可采用两种方法:一种方法是使脉冲宽度大于 60°(一般取 80°~100°),称为宽脉冲触发;另一种方法是在触发某个晶闸管的同时给序号最前的一个晶闸管补发脉冲,即用两个窄脉冲代替宽脉冲,两个窄脉冲的前沿相差 60°,脉宽一般为 20°~30°,称为双脉冲触发。双脉冲电路较复杂,但要求的触发电路输出功率小。宽脉冲触发电路虽可少输出一半脉冲,但为了不使脉冲变压器饱和,需将铁心体积做得较大,绕组匝数较多,导致漏感增大,脉冲前沿不够陡,对于晶闸管串联使用不利。虽可用去磁绕组改善这种情况,但又使触发电路复杂化。因此,常用的是双脉冲触发。

(5) $\alpha=0°$时晶闸管承受的电压波形如图 10-39 所示。图中仅给出 VT$_1$ 的电压波形。将此波形与三相半波时图 10-33 中的 VT$_1$ 电压波形比较可见,两者是相同的,晶闸管承受最大正、反向电压的关系也与三相半波时一样。

图 10-39 中还给出了晶闸管 VT$_1$ 流过电流 i_{VT} 的波形,由此波形可以看出,晶闸管一周期中有 120°处于通态,240°处于断态,由于负载为电阻,故晶闸管处于通态时的电流波形与相应时段的 u_d 波形相同。

当触发角 α 改变时,电路的工作情况将发生变化。图 10-40 给出了 $\alpha=30°$ 时的波形。从 ωt_1 角开始把一个周期等分为 6 段,每段为 60°。与 $\alpha=0°$ 时的情况相比,一周期中 u_d 波形仍由 6 段线电压构成,每一段导通晶闸管的编号等仍符合表 10-1 所列的规律。区别在于,晶闸管起始导通时刻推迟了 30°,组成 u_d 的每一段线电压因此推迟 30°,u_d 平均值降低。晶闸管电压波形也相应发生变化,如图 10-40 所示。图中同时给出了变压器二次侧 a 相电流 i_a 的波形,该波形的特点是在 VT$_1$ 处于通态的 120°期间,i_a 为正,i_a 波形的形状与同时段的 u_d 波形相同,但为负值。

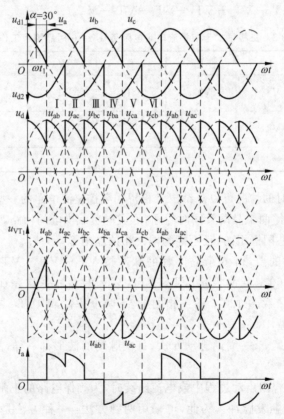

图 10-40　三相桥式全控整流电路带电阻负载 $\alpha=30°$ 时的波形

图 10-41 给出了 $\alpha=60°$ 时的波形,电路工作情况仍可对照表 10-1 所示分析。u_d 波形中每段线电压的波形继续向后移,u_d 平均值继续降低。$\alpha=60°$ 时 u_d 出现了为 0 的点。

由以上分析可见,当 $\alpha \leqslant 60°$ 时,u_d 波形均连续,对于电阻负载,i_d 波形与 u_d 波形的形状是一样的,也连续。

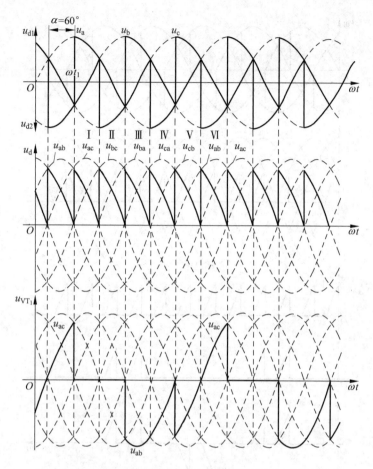

图 10-41 三相桥式全控整流电路带电阻负载 $\alpha=60°$ 时的波形

当 $\alpha>60°$ 时,如 $\alpha=90°$ 时电阻负载情况下的工作波形如图 10-42 所示,此时 u_d 波形每 60° 中有 30° 为 0,这是因为电阻负载时 i_d 波形与 u_d 波形一致,一旦 u_d 降至 0,i_d 也降至 0,流过晶闸管的电流即降至 0,晶闸管关断,输出整流电压 u_d 为 0,因此 u_d 波形不能出现负值。图 10-42 中还给出了晶闸管电流和变压器二次电流的波形。

如果继续增大至 120°,整流输出电压 u_d 波形将全为 0,其平均值也为 0,可见带电阻负载时三相桥式全控整流电路 α 角的移相范围是 120°。

2) 阻感负载时的工作情况

三相桥式全控整流电路大多用于向阻感负载和反电动势阻感负载供电(即用于直流电机传动),下面主要分析阻感负载时的情况,对于带反电动势阻感负载的情况,只需在阻感负载的基础上掌握其特点,即可把握其工作情况。

当 $\alpha\leqslant60°$ 时,u_d 波形连续,电路的工作情况与带电阻负载时十分相似,各晶闸管的通断情况、输出整流电压 u_d 波形、晶闸管承受的电压波形等都一样。区别在于负载不同时,同样的整流输出电压加到负载上,得到的负载电流 i_d 波形不同,电阻负载时 i_d 波形与 u_d 的波形形状一样。而阻感负载时,由于电感的作用,使得负载电流波形变得平直,当电感足够大时,负载电流的波形可近似为一条水平线。图 10-43 和图 10-44 分别给出了三相桥式全控整流

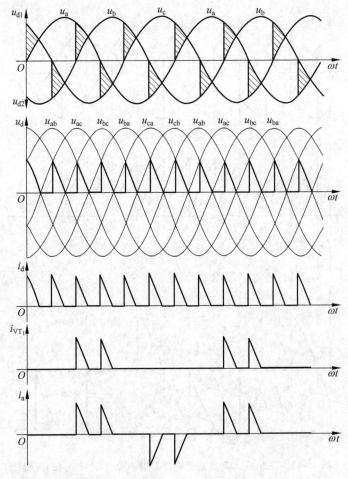

图 10-42　三相桥式全控整流电路带电阻负载 $\alpha=90°$ 时的波形

电路带阻感负载 $\alpha=0°$ 和 $\alpha=30°$ 时的波形。

图 10-43 中除给出 u_d 波形和 i_d 波形外,还给出了晶闸管 VT_1 电流 i_{VT1} 侧的波形,可与图 10-39 所示带电阻负载时的情况进行比较。由波形图可见,在晶闸管 VT_1 导通段,i_{VT1} 波形由负载电流 i_d 波形决定,和 u_d 波形不同。

图 10-44 中除给出 u_d 波形和 i_d 波形外,还给出了变压器二次侧 a 相电流 i_a 的波形,可与图 10-40 所示带电阻负载时的情况进行比较。

当 $\alpha>60°$ 时,阻感负载时的工作情况与电阻负载时不同,电阻负载时 u_d 波形不会出现负的部分,而阻感负载时,由于电感 L 的作用,u_d 波形会出现负的部分。图 10-45 给出了 $\alpha=90°$ 时的波形。若电感 L 值足够大,u_d 中正负面积将基本相等,u_d 平均值近似为 0。这表明,带阻感负载时,三相桥式全控整流电路的 α 角移相范围为 90°。

3) 定量分析

在以上的分析中已经说明,整流输出电压 u_d 的波形在一周期内脉动 6 次,且每次脉动的波形相同,因此在计算其平均值时,只需对一个脉波(即 1/6 周期)进行计算即可。此外,以线电压的过零点为时间坐标的零点,于是可得当整流输出电压连续时(即带阻感负载时,

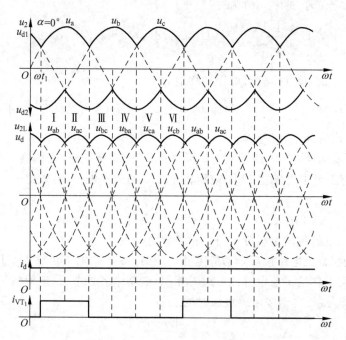

图 10-43　三相桥式全控整流电路带阻感负载 $\alpha=0°$ 时的波形

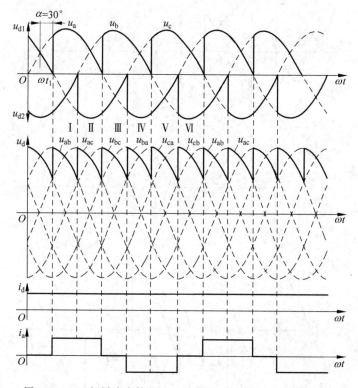

图 10-44　三相桥式全控整流电路带阻感负载 $\alpha=30°$ 时的波形

或带电阻负载 $\alpha\leqslant60°$ 时)的平均值为

$$U_d = \frac{1}{\frac{\pi}{3}}\int_{\frac{\pi}{3}+\alpha}^{\frac{2\pi}{3}+\alpha} \sqrt{6}U_2\sin\omega t\,\mathrm{d}(\omega t) = 2.34U_2\cos\alpha \tag{10-37}$$

带电阻负载且 $\alpha>60°$ 时,整流电压平均值为

$$U_d = \frac{3}{\pi}\int_{\frac{\pi}{3}+\alpha}^{\pi} \sqrt{6}U_2\sin\omega t\,\mathrm{d}(\omega t) = 2.34U_2\left[1+\cos\left(\frac{\pi}{3}+\alpha\right)\right] \tag{10-38}$$

输出电流平均值为 $I_d=U_d/R$。

当整流变压器为图 10-38 所示采用星形连接,带阻感负载时,变压器二次侧电流波形如图 10-44 所示,为正负半周各宽 120°,前沿相差 180° 的矩形波,其有效值为

$$I_2 = \sqrt{\frac{1}{2\pi}\left(I_d^2\times\frac{2}{3}\pi+(-I_d)^2\times\frac{2}{3}\pi\right)} = \sqrt{\frac{2}{3}}I_d = 0.816I_d \tag{10-39}$$

晶闸管电压、电流等的定量分析与三相半波时一致。

三相桥式全控整流电路接反电动势阻感负载时,在负载电感足够大足以使负载电流连续的情况下,电路工作情况与电感性负载时相似,电路中各处电压、电流波形均相同,仅在计算 I_d 时有所不同,接反电动势阻感负载时的 I_d 为

$$I_d = \frac{U_d - E}{R} \tag{10-40}$$

式中 R 和 E 分别为负载中的电阻值和反电动势的值。

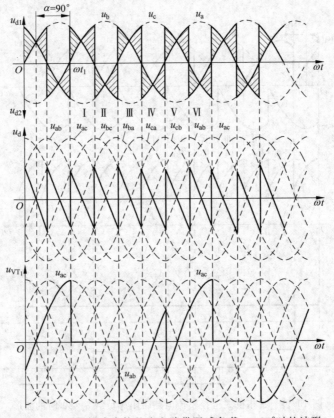

图 10-45　三相桥式全控整流电路带阻感负载 $\alpha=90°$ 时的波形

10.2.3 变压器漏感对整流电路的影响

在前面分析整流电路时都忽略了整流变压器漏感的影响,认为晶闸管的换相是瞬时完成的。由于变压器存在漏感,在换相时,电感对电流的变化起阻碍作用,电流不能突变,使得实际换相过程不能瞬时完成,而是会持续一小段时间。这段时间虽然很短暂,但是对电路的工作状态、输出电压和输出电流等都会产生比较大的影响。

1. 换流期间的电压电流波形

整流变压器漏感可用一个集中的电感 L_B 表示,并将其折算到变压器二次侧。下面以三相半波可控整流电路为例来分析变压器漏感对换相的影响。图 10-46 为考虑变压器漏感时,三相半波可控整流电路换流时的等效电路和换相波形。假设负载电感 L 很大,则负载电流 i_d 为水平直线。该电路在电源电压一个周期内共换流三次。因为三相电路完全对称,每次换流过程完全相似,所以这里只分析从 a 相的 VT_1 换流到 b 相的 VT_2 的过程。在从 a 相换流到 b 相之前,VT_1 导通,换流时触发 VT_2。在从 VT_1 换流至 VT_2 的过程中,因 a、b 两相均有漏感,故 i_a、i_b 均不能突变,VT_1 不能立即关断,VT_2 也不能立即完全导通,VT_1 和 VT_2 同时处于导通状态,相当于将 a、b 两相短路,两相之间的电压瞬时值是 $u_b - u_a$,此电压在两相回路中产生一个假想的短路环流电流 i_k,如图 10-46 中虚线所示(实际上每相晶闸管都是单向导电的,相当于在原有的电流上迭加一个 i_k,i_k 与换相前每只晶闸管初始电流之和是换相过程中流过晶闸管的实际电流)。由于两相都有电感 L_B,所以 b 相电流 $i_b = i_k$ 是从 0逐渐增大的,而 a 相电流 $i_a = I_d - i_k$ 是从负载电流 I_d 逐渐减小的。当 $i_b = i_k$ 增大到等于 I_d 时,$i_a = I_d - i_k = 0$,VT_1 关断,换相过程结束。换相过程持续的时间用电角度 γ 表示,称为换相重叠角。

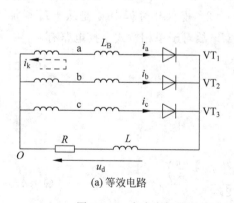

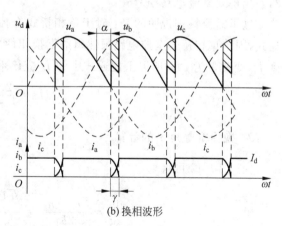

图 10-46 考虑变压器漏感时三相半波可控整流电路带大电感负载时换相波形

换相过程中,负载电压瞬时值可由以下公式推导出来:

$$u_d = u_a + L_B \frac{di_k}{dt} = u_b - L_B \frac{di_k}{dt} \tag{10-41}$$

$$L_B \frac{di_k}{dt} = \frac{u_b - u_a}{2} \tag{10-42}$$

$$u_d = u_a + \frac{u_b - u_a}{2} = \frac{u_a + u_b}{2} = -\frac{u_c}{2} \tag{10-43}$$

2. 换相压降 ΔU_d 的计算

换相过程中,整流输出电压 u_d 为同时导通的两只晶闸管所对应的两个相电压瞬时值之和的一半。与不考虑变压器漏感时相比,每次换相时 u_d 的波形出现一个明显的缺口,少了图 10-46(b)中阴影标示出的面积,导致 u_d 平均值降低。减少的这块面积是由于电路换相引起的,称为换相压降,用 ΔU_d 来表示。换相压降相当于阴影部分面积的平均值,其值等于阴影面积除以一只晶闸管导通的时间。

以三相半波可控整流电路为例,推导出换相压降 ΔU_d 为

$$\Delta U_d = \frac{1}{2\pi/3} \int_{\frac{5\pi}{6}+\alpha}^{\frac{5\pi}{6}+\alpha+\gamma} (u_b - u_d) \mathrm{d}(\omega t) = \frac{3}{2\pi} \int_{\frac{5\pi}{6}+\alpha}^{\frac{5\pi}{6}+\alpha+\gamma} \left[u_b - \left(u_b - L_B \frac{\mathrm{d}i_k}{\mathrm{d}t} \right) \right] \mathrm{d}(\omega t)$$

$$= \frac{3}{2\pi} \int_{\frac{5\pi}{6}+\alpha}^{\frac{5\pi}{6}+\alpha+\gamma} L_B \frac{\mathrm{d}i_k}{\mathrm{d}t} \mathrm{d}(\omega t) = \frac{3}{2\pi} \int_0^{I_d} \omega L_B \mathrm{d}i_k = \frac{3}{2\pi} X_B I_d \tag{10-44}$$

其中
$$X_B = \omega L_B = \frac{U_2}{I_2} \times \frac{U_k \%}{100}$$

相当于漏感为 L_B 的变压器每相折算到二次侧的漏抗,它可根据变压器的铭牌数据求出。

推广到其他整流电路,可得换相压降 ΔU_d 的通用公式。对于 m 相电路,

$$\Delta U_d = \frac{m}{2\pi} X_B I_d \tag{10-45}$$

式中,m 为整流电路的相数或整流输出电压一个周期的波头数,例如三相半波整流电路 $m=3$,三相桥式整流电路 $m=6$。

这里需要特别说明的是:对于单相桥式全控电路,换相压降的计算不能直接应用上述通式,因为单相桥式全控电路虽然每周期换相两次($m=2$),但换相过程中 i_k 是从 $-I_d$ 增加到 I_d,变化量为 $2I_d$,所以上述通式中的 I_d 应该带入 $2I_d$,故对于单相桥式全控电路有

$$\Delta U_d = \frac{2X_B}{\pi} I_d \tag{10-46}$$

3. 换相重叠角 γ 的计算

由式 10-42 可得

$$\frac{\mathrm{d}i_k}{\mathrm{d}t} = \frac{u_b - u_a}{2L_B} = \frac{\sqrt{6} U_2 \sin\left(\omega t - \frac{5\pi}{6}\right)}{2L_B} \tag{10-47}$$

对上式两边积分,可得

$$\cos\alpha - \cos(\alpha + \gamma) = \frac{X_B I_d}{\sqrt{2} U_2 \sin(\pi/m)} \tag{10-48}$$

显然,当 α 一定时,如果 X_B、I_d 增大,则 γ 增大,换流时间加长,因此大电流负载时更要考虑换相重叠角的影响。当 X_B、I_d 一定时,换相重叠角 γ 随着 α 角的增大而减小。将式 10-48 变换后,可直接按下式求得换相重叠角

$$\gamma = \cos^{-1}\left(\cos\alpha - \frac{X_B I_d}{\sqrt{2}U_2\sin(\pi/m)}\right) - \alpha \qquad (10\text{-}49)$$

式中，m 为每个周期的换相次数。单相双半波电路 $m=2$，三相半波电路 $m=3$。

需要特别说明的是：对于单相桥式全控整流电路，通用公式 10-48 不适用。因为单相桥式全控整流电路换流时，电流从 $-I_d$ 变为 $+I_d$，变化量为 $2I_d$，因此

$$\cos\alpha - \cos(\alpha+\gamma) = \frac{2X_B I_d}{\sqrt{2}U_2} \qquad (10\text{-}50)$$

同理，对于三相桥式全控整流电路，相当于相电压为 $\sqrt{3}U_2$、$m=6$ 的六脉波整流电路，因此，在利用通用公式 10-48 计算三相桥式全控整流电路的 γ 角时，应该用 $\sqrt{3}U_2$ 代替原来的 U_2，因此

$$\cos\alpha - \cos(\alpha+\gamma) = \frac{X_B I_d}{\sqrt{2}(\sqrt{3}U_2)\sin(\pi/m)} = \frac{2X_B I_d}{\sqrt{6}U_2} \qquad (10\text{-}51)$$

表 10-4 列出了几种常见的可控整流电路换相压降和换相重叠角的计算公式。

表 10-4　各种整流电路换相压降和换相重叠角的计算

电路形式	单相全波	单相全控桥	三相半波	三相全控桥	m 脉波整流电路
ΔU_d	$\dfrac{X_B}{\pi}I_d$	$\dfrac{2X_B}{\pi}I_d$	$\dfrac{3X_B}{2\pi}I_d$	$\dfrac{3X_B}{\pi}I_d$	$\dfrac{mX_B}{2\pi}I_d$
$\cos\alpha-\cos(\alpha+\gamma)$	$\dfrac{X_B I_d}{\sqrt{2}U_2}$	$\dfrac{2X_B I_d}{\sqrt{2}U_2}$	$\dfrac{2X_B I_d}{\sqrt{6}U_2}$	$\dfrac{2X_B I_d}{\sqrt{6}U_2}$	$\dfrac{X_B I_d}{\sqrt{2}U_2\sin(\pi/m)}$

由表 10-4 可知，γ 与 I_d 和 X_B 的值成正比，这是因为换相重叠角 γ 的产生是由于换相期间变压器漏感储存了电磁能量而引起的，I_d 和 X_B 越大，变压器储存的能量越大，释放的时间越长，γ 越大。当 $\alpha\leqslant 90°$ 时，α 越大，γ 越小，这是因为 α 越大，发生换相的两相之间电压差越大，两相重叠导电时 di_k/dt 越大，能量释放得越快。

变压器漏感 L_B 的存在可以限制短路电流，使得电流变化比较平缓，对限制电流变化率 di/dt 有利。但由于漏感的存在，使得换相期间两相电源相当于短路，若整流装置容量很大，则换相瞬间会使输出电压脉动量增大，电网电压出现缺口，造成电网波形畸变，成为干扰源，影响整流装置本身和电网上其他设备的正常运行；会使 du/dt 加大，威胁设备和装置的运行安全；会使功率因数降低，影响电网的运行效率。

例 10-1　三相桥式不可控整流电路，阻感性负载，$R=5\Omega$，$L=\infty$，$U_2=220\text{V}$，$X_B=0.3\Omega$，求 U_d、I_d、I_{VD}、I_2 和 γ 的值，并画出 u_d、i_{VD1} 和 i_2 的波形。

解　三相桥式不可控整流电路相当于三相桥式可控整流电路，$\alpha=0°$ 时的情况。

$$U_d = 2.34U_2\cos\alpha - \Delta U_d$$
$$\Delta U_d = 3X_B I_d/\pi$$
$$I_d = U_d/R$$

解方程组得

$$U_d = 2.34U_2\cos\alpha/(1+3X_B/\pi R) = 486.9(\text{V})$$
$$I_d = U_d/R = 97.38(\text{A})$$

又因为
$$\cos\alpha - \cos(\alpha + \gamma) = \frac{2X_B I_d}{\sqrt{6} U_2}$$

可求得
$$\cos\gamma = 0.892$$

换相重叠角
$$\gamma = 26.93°$$

二极管电流和变压器二次侧电流的有效值分别为

$$I_{VD} = \sqrt{\frac{1}{3}} I_d = 56.2A$$

$$I_2 = \sqrt{\frac{2}{3}} I_d = 79.51A$$

由下式可求得换相重叠角内的输出电压

$$u_d = u_a - \left(\frac{u_b + u_c}{2}\right) = \frac{u_a - u_b}{2} + \left(\frac{u_a - u_c}{2}\right) = \frac{u_{ab} + u_{ac}}{2} \tag{10-52}$$

进而可以画出 u_d 的波形。u_d、i_{VD1} 和 i_{2a} 的波形如图 10-47 所示。

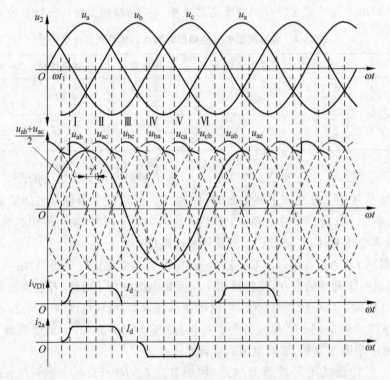

图 10-47　三相桥式不可控整流电路,阻感性负载,考虑变压器漏感时的波形

10.2.4　有源逆变电路

将直流电转换成交流电,这种对应于整流的逆向过程称为"逆变"。

有源逆变指的是将直流电转换成交流电后,将其返送回电网。这里的"源"指的就是电网。例如当电力机车下坡行驶时,电力机车工作于发电制动状态,将位能转变为电能,反送到交流电网中去。

有源逆变常用于直流可逆调速系统、交流绕线转子异步电动机串级调速系统以及高压直流输电系统等。对于同一个晶闸管相控电路,既可以工作在整流状态,在满足一定条件时又可以工作于有源逆变状态,其电路形式未变,只是电路工作条件发生了转变。因此,在讨论晶闸管可控电路的整流及有源逆变工作过程时,常常使用晶闸管"变流电路"这个名称,而不再称晶闸管可控"整流电路"。

1. 逆变的概念

图 10-48 为两个直流电源相连的几种情况。

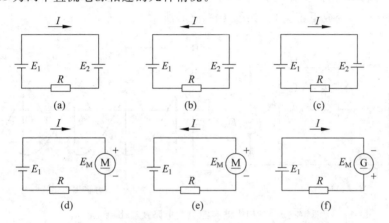

图 10-48　两个直流电源相连时电能的传递情况

图 10-48(a)中,$E_1 > E_2$,电流从 E_1 流向 E_2。

$$I = \frac{E_1 - E_2}{R}$$

E_1 发出功率 $P_1 = E_1 I$,E_2 接收功率 $P_2 = E_2 I$,电阻消耗的功率为 $P_R = (E_1 - E_2) I$。

图 10-48(b)中,$E_2 > E_1$,则电流反向,此时 E_1 接收功率,E_2 发出功率。

可见,当两个电动势同极性并接时,电流总是从电动势高的位置流向电动势低的位置。由于回路电阻很小,即使很小的电压差也能产生很大的电流,在两个电动势间交换很大的功率。

图 10-48(c)中,E_1 和 E_2 顺向串联,则

$$I = \frac{E_1 + E_2}{R}$$

此时 E_1 和 E_2 都输出功率,电阻消耗的功率为 $P_R = (E_1 + E_2) I$。如果 R 仅为回路电阻,由于其电阻值很小,则电流 I 将很大,为两个电源间的短路电流,实际运行中应避免这种情况发生。

图 10-48(d)中,用直流电机 M 的电枢替代电源 E_2,E_M 为直流电机的反电动势,由 E_1 为直流电机提供电枢电源,M 工作在电动状态。若直流电动机工作在制动状态,且 $E_M > E_1$,则电流 I 反向,直流电机作为发电机运行,如图 10-48(e)所示。

在前面介绍的相控整流电路中,直流电源 E_1 是通过晶闸管对交流电源整流得来的,而晶闸管的单向导电性决定了电流 I 的方向不能改变,若想实现直流电机轴上的机械能转变

为电能并向电网回馈,则只能通过改变直流电机的电枢极性,如图 10-48(f)所示。此时若 E_1 的极性不改变,则形成图 10-48(c)的短路状况,故 E_1 的极性也需要对调。当 $E_M > E_1$ 时即可实现电能回馈。

2. 三相半波有源逆变电路

图 10-49(a)为三相半波可控整流电路给直流电机供电的原理图。其中整流电压正方向如图所示,规定直流电机工作于电动状态时的反电动势 E_M 的极性为上正下负。直流电机 M 发电回馈制动时,由于晶闸管的单向导电性,I_d 方向不变,要改变电能的输送方向,只能改变 E_M 的极性,变成下正上负,如图 10-49(a)所示。

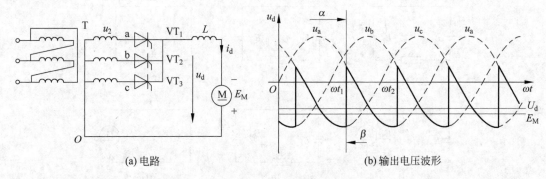

(a) 电路　　　　　　　　　　　　　　(b) 输出电压波形

图 10-49　三相半波有源逆变电路及输出电压波形

为了防止两个电压顺向串联,U_d 的极性也必须反过来,即 U_d 应为负值,且 $|E_M| > |U_d|$,才能将电能从直流侧传送到交流侧,实现逆变。此时电能的传送方向与整流时相反,直流电机 M 输出电功率,电网通过变流器吸收电功率。U_d 的大小可通过改变触发角 α 进行调节,逆变状态时 U_d 为负值,$\pi/2 < \alpha \leq \pi$。

在逆变工作状态下,虽然晶闸管导通时其阳极电位大部分时间处于交流电压的负半波,但由于外接直流电动势 E_M 的存在,使晶闸管仍能承受正向电压而导通。

通常为分析方便,把 $\alpha > \pi/2$ 的触发角用 $\beta = \pi - \alpha$ 表示,称为逆变角。α 与 β 存在如下关系:$\alpha + \beta = \pi$。逆变角 β 和触发角 α 的计量方向相反,触发角 α 是以自然换相点作为计量起始点,由此向右方计量;而逆变角 β 是以 $\alpha = \pi(\beta = 0)$ 作为计量起始点,由此向左方计量。

如图 10-49(b)所示,在 ωt_1 之前 VT$_3$ 导通,$u_d = u_c$,到 ωt_1 时刻(触发角 α),给 VT$_1$ 加触发脉冲,$u_a > u_c$,则 VT$_1$ 导通,VT$_3$ 承受反压关断,$u_d = u_a$。同理,到 ωt_2 时刻,给 VT$_2$ 加触发脉冲,$u_b > u_a$,则 VT$_2$ 导通,VT$_1$ 承受反压关断,$u_d = u_b$。依此类推,即可得到三相半波有源逆变电路的输出电压波形。表 10-5 为三相半波有源逆变电路各区间的工作情况。

表 10-5　三相半波有源逆变电路各区间的工作情况

ωt	$\pi/6 + \alpha \sim 5\pi/6 + \alpha$	$5\pi/6 + \alpha \sim 3\pi/2 + \alpha$	$3\pi/2 + \alpha \sim 13\pi/6 + \alpha$
晶闸管导通情况	VT$_1$ 导通,VT$_2$、VT$_3$ 截止	VT$_2$ 导通,VT$_1$、VT$_3$ 截止	VT$_3$ 导通,VT$_1$、VT$_2$ 截止
u_d	u_a	u_b	u_c
U_d	$1.17 U_2 \cos\alpha = -1.17 U_2 \cos\beta$		
i_d	近似为水平直线,$I_d = (U_d - E_M)/R$,其中 U_d 和 E_M 均为负值		

3. 实现有源逆变的条件

晶闸管变流电路工作在逆变状态必须满足两个条件：

（1）要有一个外加的直流电动势，其极性和晶闸管的导通方向一致，其绝对值$|E_{\mathrm{M}}|$大于变流器输出直流平均电压的幅值$|U_{\mathrm{d}}|$。

（2）晶闸管的触发角$\alpha > \pi/2$，使得U_{d}为负值。

半控桥式整流电路或带续流二极管的整流电路，因其输出整流电压u_{d}不能出现负值（最小值为零），也不允许直流侧出现负极性的电动势，故不能实现有源逆变。因此要实现有源逆变，只能采用全控型变流电路。

4. 三相桥式有源逆变电路

整流电路带反电动势加阻感负载时，整流输出电压与控制角之间存在着余弦函数关系：

$$U_{\mathrm{d}} = U_{\mathrm{do}}\cos\alpha$$

对于同一个晶闸管变流装置来说，逆变和整流的区别仅仅是触发角α不同，在带大电感性负载的情况下，当$0 \leqslant \alpha < \pi/2$时，电路工作在整流状态；而$\pi/2 < \alpha \leqslant \pi$时，电路工作在逆变状态。为实现逆变，需要有一个反向的直流电动势E_{M}，而在上式中因$\alpha > \pi/2$，U_{d}已经自动变为负值，完全满足逆变的条件，因而可沿用整流的办法来处理逆变时有关波形与参数计算等各项问题。三相桥式全控电路工作于有源逆变状态，不同逆变角时的输出电压波形如图10-50所示。

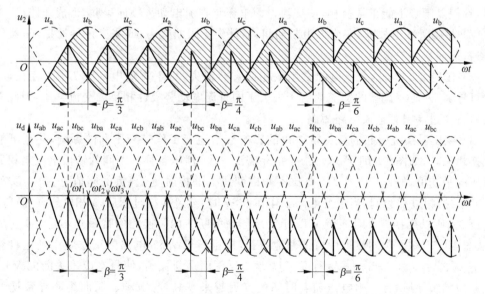

图 10-50 三相桥式全控电路工作于有源逆变状态时的电压波形

关于有源逆变状态时各电量的计算归纳如下：

$$U_{\mathrm{d}} = -2.34U_2\cos\beta = -1.35U_{21}\cos\beta \tag{10-53}$$

输出直流电流的平均值也可用整流的公式，即

$$I_{\mathrm{d}} = \frac{U_{\mathrm{d}} - E_{\mathrm{M}}}{R_{\Sigma}} = \frac{|E_{\mathrm{M}}| - |U_{\mathrm{d}}|}{R_{\Sigma}} \tag{10-54}$$

在逆变状态时,U_d 和 E_M 的极性都与整流状态时相反,均为负值。

每只晶闸管连续导通 $2\pi/3$,故流过晶闸管的电流有效值为(忽略直流电流 i_d 的脉动)

$$I_{VT} = \frac{1}{\sqrt{3}}I_d = 0.577I_d \tag{10-55}$$

从交流电源送到直流侧负载的有功功率为

$$P_d = R_\Sigma I_d^2 + E_M I_d \tag{10-56}$$

当逆变工作时,由于 E_M 为负值,故 P_d 为负值,表示功率由直流电源输送回交流电网。

在三相桥式电路中,每个周期内流经电源的线电流的导通角为 $4\pi/3$,是每只晶闸管导通角 $2\pi/3$ 的两倍,因此变压器二次线电流的有效值为

$$I_2 = \sqrt{2}\,I_{VT} = \sqrt{\frac{2}{3}}\,I_d = 0.816I_d \tag{10-57}$$

5. 有源逆变失败的原因与最小逆变角的限制

逆变运行时,一旦发生换相失败,外接的直流电源就会通过晶闸管电路形成短路,或者使变流器的输出平均电压和直流电动势变成顺向串联,由于逆变电路的内阻很小,就会形成很大的短路电流,这种情况称为逆变失败,或称为逆变颠覆。

1) 逆变失败的原因

造成逆变失败的原因很多,主要有下列几种情况:

(1) 触发电路工作不可靠,不能适时、准确地给各晶闸管分配脉冲,如脉冲丢失、脉冲延迟等,致使晶闸管不能正常换相,使交流电源电压与直流电动势顺向串联,形成短路。

(2) 晶闸管发生故障,在应该阻断期间,器件失去阻断能力,或在应该导通期间,器件不能导通,造成逆变失败。

(3) 在逆变工作时,交流电源发生缺相或突然消失,由于直流电动势 E_M 的存在,晶闸管仍可导通,此时变流器的交流侧由于失去了同直流电动势极性相反的交流电压,因此直流电动势将通过晶闸管造成电路短路。

(4) 变压器漏抗引起的换相重叠角的影响会给逆变工作带来不利的影响,甚至可能会造成换相失败,如图 10-51 所示。由于换相需要一个过程,且换相期间的输出电压是相邻两相电压的平均值,故逆变电压 U_d 要比不考虑变压器漏抗时更低(负的幅值更大)。以 VT_3 与 VT_1 的换相过程为例,当逆变电路工作在 $\beta > \gamma$ 时,经过换相过程后,a 相电压 u_a 仍高于 c 相电压 u_c,所以换相结束时能使 VT_3 承受反压而关断。如果换相的裕量角不足,即当 $\beta < \gamma$ 时,从图 10-51 右下角的波形中可清楚地看到,换相尚未结束,电路的工作状态到达自然换相点 P 点之后,u_c 将高于 u_a,晶闸管 VT_1 承受反压而重新关断,使得本应该关断的 VT_3 不能关断而继续导通,且 c 相电压随着时间的推迟越来越高,与电动势顺向串联导致逆变失败。为了防止逆变失败,不仅逆变角 β 不能等于 0,而且不能太小,必须限制在某一允许的最小角度内。

2) 确定最小逆变角 β_{min} 的依据

逆变时允许采用的最小逆变角 β 应等于

$$\beta_{min} = \delta + \gamma + \theta' \tag{10-58}$$

式中,δ 为晶闸管的关断时间 t_q 折合的电角度;γ 为换相重叠角;θ' 为安全裕量角。

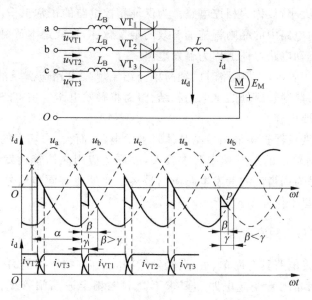

图 10-51　交流侧电抗对逆变换相过程的影响

晶闸管的关断时间 t_q 可达 $200 \sim 300 \mu s$，折算成电角度 δ 大约为 $4° \sim 5°$。至于换相重叠角 γ，它随直流平均电流和换相电抗的增加而增大。为对换相重叠角 γ 的范围有所了解，现举例如下：

某变流装置输出电压为 220V，输出电流为 800A，电源变压器容量为 240kV·A，短路电压比 $U_k\% = 5\%$，其换相重叠角 γ 的值约为 $15° \sim 20°$。设计变流器时，换相重叠角 γ 的值可查阅有关手册，也可根据表 10-4 计算，即

$$\cos\alpha - \cos(\alpha + \gamma) = \frac{X_B I_d}{\sqrt{2} U_2 \sin\frac{\pi}{m}} \tag{10-59}$$

逆变工作时 $\alpha = \pi - \beta$，并假定 $\beta = \gamma$，上式可改写成

$$\cos\gamma = 1 - \frac{X_B I_d}{\sqrt{2} U_2 \sin\frac{\pi}{m}} \tag{10-60}$$

换相重叠角 γ 与 I_d 和 X_B 有关，当电路参数确定后，换相重叠角 γ 也就确定了。

安全裕量角 θ' 是十分需要的。当变流器工作在逆变状态时，由于种种原因，会影响逆变角 β 的大小，如不考虑裕量，有可能破坏 $\beta > \beta_{min}$ 的关系，导致逆变失败。在三相桥式逆变电路中，触发器输出 6 个脉冲，它们的相位角间隔不可能完全相等，有的比期望值偏前，有的偏后，这种脉冲的不对称程度一般可达 5°左右，若不设安全裕量角 θ'，偏后的那些脉冲相当于 β 变小，就可能小于 β_{min}，导致逆变失败。根据一般中小型可逆直流拖动的运行经验，取安全裕量角 $\theta' = 10°$ 比较合适。这样最小逆变角 β_{min} 一般取 $30° \sim 35°$。设计逆变电路时，必须保证 $\beta \geqslant \beta_{min}$，因此常在触发电路中附加一个保护环节，保证触发脉冲不进入小于 β_{min} 的区域内。

10.2.5　晶闸管的相控触发电路与同步问题

本章讲述的晶闸管可控整流电路是通过改变触发角的大小，即控制触发脉冲起始相位

来控制输出电压的大小,故称为相控电路。为保证相控电路的正常工作,应按触发角 α 的大小,在正确的时刻向电路中的晶闸管施加有效的触发脉冲,这就是本节要讲述的相控电路的驱动控制,相应的驱动电路习惯上称为触发电路。

在前面讲述晶闸管的驱动电路时已经简单介绍了触发电路应满足的要求,但所讲述的内容是孤立的,未与晶闸管所处的主电路相结合,而将触发电路与主电路进行正确的连接正是本节要讲述的主要内容。

一般的小功率变流器较多采用单结晶体管触发电路,而大、中功率的变流器对触发电路的精度要求较高,对输出的触发功率要求较大,故广泛应用晶体管触发电路和集成触发电路,其中以同步信号为锯齿波的触发电路应用最多。此外还有同步信号为正弦波的触发电路,但限于篇幅,这里不作介绍。

1. 单结晶体管移相触发电路

单结晶体管触发电路具有简单、可靠、触发脉冲前沿陡、抗干扰能力强,以及温度补偿性能好等优点,在单相晶闸管变流电路和要求不高的三相半波晶闸管变流装置中有很多的应用。

1）单结晶体管

（1）单结晶体管的结构。

单结晶体管的原理结构如图 10-52(a)所示。单结晶体管是一种特殊的半导体器件,它是在一块高电阻率的 N 型硅片上引出两个基极 B_1 和 B_2,B_1 为第一基极,B_2 为第二基极。两个基极之间的电阻就是硅片本身的电阻,一般为 2～12kΩ。在两个基极之间靠近 B_1 的地方用合金法或扩展法掺入 P 型杂质并引出电极,称为发射极 E。单结晶体管有三个电极,只有一个 PN 结,又因为单结晶体管有两个基极,所以又称为双基极二极管。常用的国产单结晶体管型号主要有 BT31、BT33、BT35 等。

单结晶体管的等效电路如图 10-52(b)所示,两个基极之间的电阻 $R_{bb}=R_{b1}+R_{b2}$。在正常工作时,电阻 R_{b1} 是随发射极电流大小变化的,相当于一个可变电阻。PN 结可等效为二极管 VD,正向导通压降通常为 0.7V。单结晶体管的图形符号如图 10-52(c)所示。

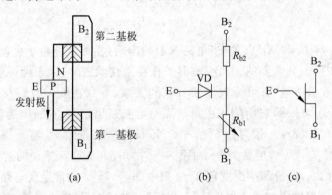

图 10-52　单结晶体管的结构、等效电路和图形符号

（2）单结晶体管的伏安特性及主要参数。

当在单结晶体管的两个基极 B_1 和 B_2 之间加某一固定直流电压 U_{bb} 时,发射极电流 I_e

与发射极正向电压 U_e 之间的关系曲线称为单结晶体管的伏安特性 $I_e = f(U_e)$。实验电路及伏安特性如图 10-53 所示。下面分析它的伏安特性曲线。

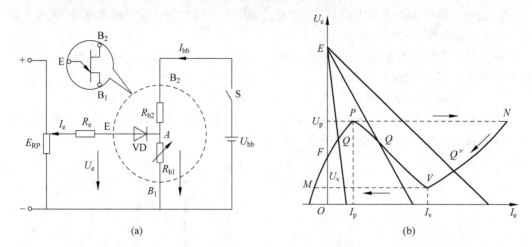

图 10-53 单结晶体管的伏安特性

① 截止区——MP 段。

当开关 S 闭合，电压 U_{bb} 通过单结晶体管等效电路中的 R_{b1} 和 R_{b2} 分压，其内部 A 点电位 U_A 可表示为

$$U_A = \frac{R_{b1}}{R_{b1} + R_{b2}} U_{bb} = \eta U_{bb} \tag{10-61}$$

式中，η 为分压比，是单结晶体管的主要参数，η 一般为 0.3～0.9。

当 U_e 从 0 逐渐增加，但 $U_e < U_A$ 时，单结晶体管 PN 结反向偏置，只有很小的反向漏电流。当 U_e 增加到与 U_A 相等时，$I_e = 0$，即图 10-53(b) 所示特性曲线与纵坐标的交点 F 处。进一步增加 U_e，PN 结开始正偏，出现正向漏电流，直到当发射极电位 U_e 增加到高出 ηU_{bb} 一个 PN 结正向压降 U_D（即 $U_e = U_P = \eta U_{bb} + U_D$）时，等效二极管 VD 导通，此时单结晶体管由截止状态进入到导通状态，该转折点称为峰点 P。P 点所对应的电压称为峰点电压 U_P，所对应的电流称为峰点电流 I_P。

② 负阻区——PV 段。

当 $U_e > U_P$ 时，等效二极管 VD 导通，I_e 增大，这时大量的空穴载流子从发射极注入 A 点到 B_1 的硅片，使 R_{b1} 迅速减小，导致 U_A 下降，因而 U_e 也下降。U_A 的下降使 PN 结承受更大的正偏，引起更多的空穴载流子注入到硅片中，使 R_{b1} 进一步减小，形成更大的发射极电流 I_e，这是一个强烈的正反馈过程。当 I_e 增大到一定程度时，硅片中载流子的浓度趋于饱和，R_{b1} 已减小至最小值，A 点的分压 U_A 最小，因而 U_e 也最小，到达特性曲线上的 V 点，V 点称为谷点。谷点所对应的电压称为谷点电压 U_V，所对应的电流称为谷点电流 I_V。这一区间称为特性曲线的负阻区。

③ 饱和区——VN 段。

I_e 继续增大，即空穴注入量增大，使一部分空穴来不及与基区的电子复合，出现了空穴剩余，使 P 区的空穴继续注入 N 区遇到阻力，相当于 R_{b1} 变大，这时 U_e 将随 I_e 的增加而缓慢增加，单结晶体管又恢复了正阻特性，这个区域叫饱和区。负阻区到饱和区的转折点就是

谷点 V。谷点电压是单结晶体管维持导通的最小发射极电压,$U_e<U_V$ 时,单结晶体管将重新截止。

改变 U_{bb},器件等效电路中的 U_A 和特性曲线中 $U_P=\eta U_{bb}+U_D$ 也随之改变,从而可获得一族单结晶体管伏安特性曲线。

单结晶体管的主要参数有基极间电阻 R_{bb}、分压比 η、峰点电压 U_P、峰点电流 I_P、谷点电压 U_V、谷点电流 I_V 及耗散功率等。

2)单结晶体管触发电路

利用单结晶体管的负阻特性和电容的充放电,可以组成单结晶体管张弛振荡电路。单结晶体管张弛振荡电路和相应的波形图如图 10-54 所示。

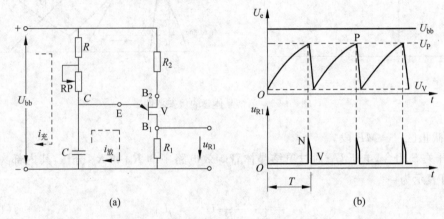

图 10-54　单结晶体管张弛振荡电路及波形图

设电容器初始没有电压,电路接通以后,单结晶体管是截止的,电源经电阻 R、电位器 RP 对电容 C 进行充电,电容电压从 0 起按指数规律上升;当电容两端电压达到单结晶体管的峰点电压 U_P 时,单结晶体管导通,电容开始放电,由于放电回路的电阻很小,因此放电很快,放电电流在电阻 R_1 上产生一个尖脉冲。电容电压因电容放电而迅速降低,当电容电压降到谷点电压 U_V 以下时,单结晶体管截止,接着电源又重新对电容进行充电。如此周而复始,在电容 C 两端会产生一个个锯齿波,在电阻 R_1 两端将产生一个个尖脉冲波,如图 10-54(a)所示。

单结晶体管张弛振荡电路输出的尖脉冲可以用来触发晶闸管,但不能直接用做触发电路,要想使晶闸管在电路中按给定的控制角触发导通,输出预定的电压和电流,还必须解决触发脉冲与主电路的同步问题。

图 10-55(a)所示为单结晶体管同步触发电路,它是由同步电路和脉冲移相与形成电路两部分组成的。

(1)同步电路。

触发信号和电源电压在频率和相位上的相互协调关系叫同步。例如,在单相半波可控整流电路中,触发脉冲应出现在电源电压正半周范围内,而且每个周期的 α 角均相同,确保电路输出波形不变,输出电压稳定。

同步电路由同步变压器 TS、整流二极管 VD、电阻 R_3 及稳压管 V_1 组成。同步变压器一次侧与晶闸管整流电路接在同一电源上。交流电压经同步变压器降压、单相半波整流,再

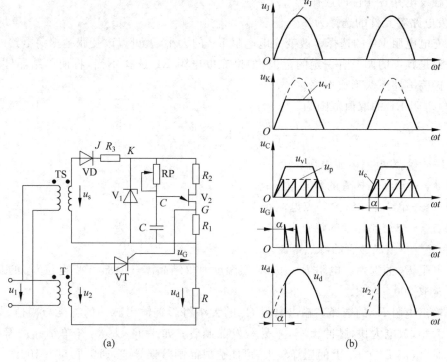

图 10-55 单结晶体管同步触发电路

经过稳压管稳压削波,形成一个梯形波电压,作为单结晶体管触发电路的供电电压。每个梯形波正好对应电源电压的半个周期,梯形波电压的 0 点与晶闸管阳极电压过零点一致,从而实现触发电路与整流主电路的同步。

(2) 脉冲移相与形成电路。

① 电路组成。

脉冲移相与形成电路实际上就是上述的单结晶体管张弛振荡电路。脉冲移相电路由电位器 RP 和电容 C 组成。脉冲形成电路由单结晶体管 V_2、温度补偿电阻 R_2 和输出电阻 R_1 组成。

改变张弛振荡电路中电位器 RP 的阻值就可以改变对电容 C 的充电时间常数,例如 RP$\uparrow \rightarrow \tau_C \uparrow \rightarrow$ 出现第一个脉冲的时间后移 $\rightarrow \alpha \uparrow \rightarrow U_d \downarrow$。

② 波形分析。

电路中电容 C 两端电压 u_C 的波形在 U_P 与 U_V 之间振荡变化,形成一系列的锯齿波。电容 C 每半个周期在电源电压过零点处开始充电。当电容 C 两端电压 u_C 上升到单结晶体管峰点电压 U_P 时,单结晶体管导通,电容 C 通过单结晶体管迅速向输出电阻 R_1 放电,在 R_1 两端得到很窄的尖脉冲。电容 C 的容量和充电电位器 RP 的阻值大小决定了电容 C 两端的电压从 0 上升到单结晶体管峰点电压 U_P 的时间,即触发电路向晶闸管主电路输出触发尖脉冲的时刻。改变电位器 RP 的阻值,即可改变首次出现尖脉冲的时刻,即改变晶闸管的触发时刻。需要注意的是,单结晶体管触发电路无法实现在电源电压过零点,即 $\alpha = 0°$ 时送出触发脉冲。

③ 触发电路各元件的选择。

触发电路各元件的选择为：

- 充电电阻 RP 的选择。改变充电电阻 RP 的大小,就可以改变张弛振荡电路的频率,但是频率的调节有一定的范围,如果充电电阻 RP 选择不当,将使单结晶体管自激振荡电路无法形成振荡。

充电电阻 RP 的取值范围为

$$\frac{U-U_V}{I_V} < RP < \frac{U-U_P}{I_P} \tag{10-62}$$

式中：U——触发电路电源电压；

U_V——单结晶体管的谷点电压；

I_V——单结晶体管的谷点电流；

U_P——单结晶体管的峰点电压；

I_P——单结晶体管的峰点电流。

- 电阻 R_2 的选择。电阻 R_2 用来补偿温度对单结晶体管内部 A 点电位 U_J 的影响,通常取 200～600Ω。
- 输出电阻 R_1 的选择。输出电阻 R_1 的大小将影响输出脉冲的宽度与幅值,如果 R_1 太小,放电太快,脉冲太窄,不易触发晶闸管；如果 R_1 太大,在单结晶闸管未导通时,电流 I_e 在 R_1 上的压降较大,可能造成晶闸管误导通,通常取 50～100Ω。
- 电容 C 的选择。电容 C 的大小将影响脉冲的宽窄,通常取 0.1～1μF。

从上面分析可见,单结晶体管触发电路只能产生窄脉冲。对于电感较大的负载,由于晶闸管在触发导通时阳极电流上升较慢,在阳极电流还未达到晶闸管的擎住电流时,触发脉冲已经消失,使晶闸管在触发导通后又重新关断。所以单结晶体管触发电路通常不宜用来触发电感性负载整流电路,一般只用于触发带电阻性负载的小功率晶闸管整流电路。

2. 同步信号为锯齿波的触发电路

同步信号为锯齿波的触发电路由于采用锯齿波同步电压,所以不受电网电压波动的影响,电路的抗干扰能力强,在 200A 以下的晶闸管变流电路中得到了广泛应用。锯齿波触发电路主要由脉冲形成与放大、锯齿波形成和脉冲移相、同步环节、双窄脉冲形成、强触发等环节组成,如图 10-56 所示。

1) 脉冲形成与放大环节

脉冲形成环节由 V_4、V_5 构成；放大环节由 V_7、V_8 组成。控制电压 u_{C0} 与另两个电压信号合成后加在 V_4 的基极上,脉冲变压器 TP 的一次绕组接在 V_8 的集电极电路中,由 TP 的二次绕组输出触发脉冲。

当 $u_{b4}=0$ 时,V_4 截止,集电极电压为 +15V。+15V 电源经 R_{11} 向 V_5、经 R_{10} 向 V_6 提供足够大的基极电流,使 V_5、V_6 饱和导通,则 V_5 集电极电压接近于 -15V,V_5 基极电压也接近于 -15V。V_7、V_8 处于截止状态,无脉冲输出。另外,+15V 电源→R_9→V_5 的发射极→-15V 对电容 C_3 充电,电容 C_3 充满电后,其两端电压接近 30V,极性为左正右负。

当 $u_{b4}≈0.7V$ 时,V_4 饱和导通。A 点电位从 15V 突降到 1V,由于电容 C_3 两端电压不能突变,所以 V_5 基极电位也突降到 -30V,使 V_5 发射极反偏置,V_5 立即截止。它的集电极

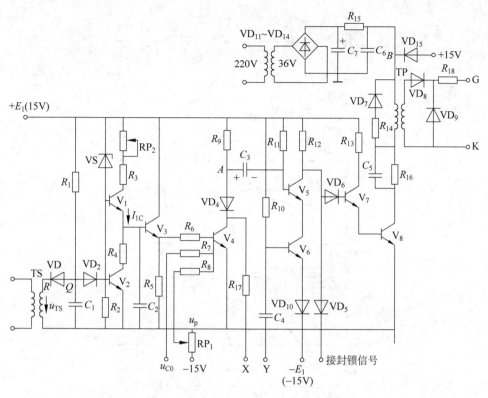

图 10-56　同步信号为锯齿波的触发电路

电压由 -15V 迅速上升到钳位电压 $+2.1\text{V}$(VD_6、V_7、V_8 三个 PN 结正向导通压降之和),使得 V_7、V_8 饱和导通,输出触发脉冲。同时电容 C_3 经由 $+15\text{V} \rightarrow R_{11} \rightarrow C_3 \rightarrow \text{VD}_4 \rightarrow \text{V}_4$ 放电并反向充电,使 V_5 基极电位逐渐上升。直到 $u_{b5} > -15\text{V}$ 时,V_5 又重新饱和导通。这时 V_5 集电极电压又立即降到接近 -15V,使 V_7、V_8 截止,输出脉冲终止。可见,脉冲前沿由 V_4 的导通时刻确定,V_5(或 V_6)截止的持续时间即为脉冲宽度,所以脉冲宽度与充放电时间常数 R_{11} 和 C_3 的乘积有关。

2)锯齿波形成和脉冲移相环节

图 10-56 中,锯齿波电压的形成采用了恒流源电路方案,由 V_1、V_2、V_3 和 C_2 等元件组成,其中 V_1、VS、RP_2 和 R_3 为一恒流源电路。

(1)当 V_2 截止时,恒流源电流 I_{1C} 对电容 C_2 充电,所以 C_2 两端的电压 u_{C2} 为

$$u_{C2} = \frac{1}{C_2} \int I_{1C} \, \mathrm{d}t = \frac{1}{C_2} I_{1C} t$$

u_{C2} 按线性规律增长,也就是 u_{b3} 线性增长。调节电位器 RP,可改变 C_2 的恒定充电电流 I_{1C},即可改变 u_{C2} 的斜率。

(2)当 V_2 饱和导通时,因 R_4 很小,所以 C_2 经 R_4、V_2 迅速放电,使得 u_{b3} 的电位迅速降到 0V 附近。当 V_2 周期性地导通和关断时,u_{b3} 便形成一个锯齿波,同样 u_{e3} 也是一个锯齿波,调节 RP_2 即可调节锯齿波斜率,如图 10-57 所示。V_3 是一个射极跟随器,它的作用是减小控制回路电流对锯齿波电压 u_{b3} 的影响。

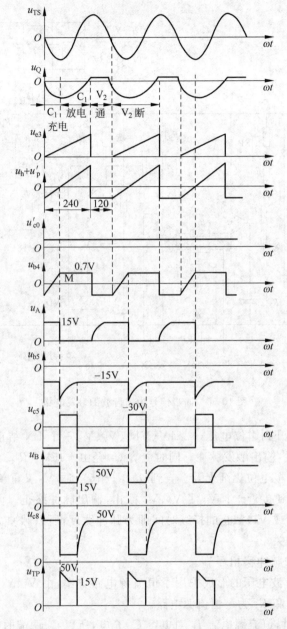

图 10-57 同步信号为锯齿波的触发电路的工作波形

（3）V_4 的基极电位由锯齿波电压 u_{e3}、控制电压 u_{C0} 和直流偏置电压 u_p 三者叠加决定，它们分别通过电阻 R_6、R_7 和 R_8 与 V_4 的基极连接。根据叠加原理，设 u_h 为锯齿波电压 u_{e3} 单独作用于 V_4 基极时的电压，其值为

$$u_h = \frac{R_7//R_8}{R_6 + (R_7//R_8)}u_{e3}$$

所以 u_h 仍为锯齿波，但斜率比 u_{e3} 低。

同理，直流偏置电压 u_p 单独作用于 V_4 基极时的电压 u_p' 为

$$u'_p = \frac{R_6//R_7}{R_8 + (R_6//R_7)}u_p$$

所以 u'_p 仍为一条与 u_p 平行的直线,但绝对值比 u_p 小。

控制电压 u_{C0} 单独作用在 V_4 基极时的电压 u'_{C0} 为

$$u'_{C0} = \frac{R_6//R_8}{R_7 + (R_6//R_8)}u_{C0}$$

所以 u'_{C0} 仍为一条与 u_{C0} 平行的直线,但绝对值比 u_{C0} 小。

当 $u_{C0} = 0$,u_p 为负值时,V_4 的基极电压波形由 $u_h + u'_p$ 确定。当 u'_{C0} 为正值时,V_4 的基极电压波形由 $u_h + u'_p + u'_{C0}$ 确定。当 V_4 的基极电压等于 0.7V 后,V_4 饱和导通,之后 u_{b4} 一直被钳位在 0.7V。所以实际波形如图 10-57 所示。图中 M 点是 V_4 由截止到导通的转折点,也就是脉冲的前沿。由前面的分析可知,V_4 基极电压等于 0.7V 到达 M 点时,触发电路就输出脉冲。

当直流偏置电压 u_p 为某固定负值时,改变控制电压 u_{C0} 便可以改变 M 点的坐标,即改变了触发脉冲产生时刻,从而实现脉冲移相。可见,加直流偏置电压 u_p 只是为了确定控制电压 $u_{C0} = 0$ 时触发脉冲的初始相位。以三相全控桥式电路为例,当负载为阻感性负载且电流连续时,脉冲初始相位应该定在 $\alpha = 90°$。如果是可逆系统,需要在整流和逆变状态下工作,要求脉冲的移相范围理论上为 180°(由于考虑 α_{min} 和 β_{min},实际一般为 120°),由于锯齿波波形两端的非线性,因而要求锯齿波的宽度大于 180°,一般要达到 240°。此时,首先令 $u_{C0} = 0$,调节直流偏置电压 u_p 的大小,使产生脉冲的 M 点移至锯齿波 240° 的中央(120°处),即对应于 $\alpha = 90°$ 的位置。然后通过改变控制电压 u_{C0} 的大小进行脉冲移相,如果 u_{C0} 为正值,V_4 合成基极电压增加,M 点就向前移,控制角 $\alpha < 90°$,晶闸管电路处于整流工作状态;如果 u_{C0} 为负值,V_4 的合成基极电压降低,M 点就向后移,控制角 $\alpha > 90°$,晶闸管电路处于逆变工作状态。

3)同步环节

对于同步信号为锯齿波的触发电路,与主电路同步是指要求锯齿波的频率与主电路电源的频率相同且相位关系确定。从图 10-56 可知,锯齿波是由开关管 V_2 控制的,V_2 由导通变截止期间产生锯齿波,V_2 截止状态维持的时间就是锯齿波的宽度,V_2 的开关频率就是锯齿波的频率。图 10-56 中同步环节由同步变压器 TS、VD_1、VD_2、C_1、R_1 和作为同步开关用的 V_2 组成。同步变压器和整流变压器接在同一电源上,用同步变压器的二次侧电压来控制 V_2 的通断,这就保证了触发脉冲与主电路电源同步。

同步变压器 TS 的二次侧电压 u_{TS} 经二极管 VD_1 加在 V_2 的基极上。在 u_{TS} 电压波形负半周的下降段,二极管 VD_1 导通,电容 C_1 迅速反向充电,充电时间常数 $\tau_{充}$ 很小。因 V_2 的发射极接地为 0 电位,R 点为负电位,Q 点电位与 R 点相近,故在这一阶段 V_2 基极为反向偏置,V_2 截止。在负半周的上升段,$|u_{TS}| < |u_{c1}|$,二极管 VD_1 反偏截止,电容 C_1 通过 +15V 电源和 R_1 放电。C_1 的充放电波形如图 10-57 中的 u_Q 波形,因其放电时间常数 $\tau_{放} = C_1 \times R_1$ 远大于其充电时间常数 $\tau_{充}$,因而 u_Q 电压的上升速度比 u_{TS} 电压慢,u_{TS} 电压上升到 0 时,u_Q 电压仍然小于 0。当 Q 点电位过 0 并上升到 $u_Q = +1.4V$ 时,V_2 才能导通,Q 点电位被钳位在 +1.4V。直到同步变压器 TS 的二次侧电压 u_{TS} 的下一个负半周到来,VD_1 重新导通,C_1 迅速放电后又反向充电,V_2 重新截止。V_2 截止的时间就是锯齿波的上升阶段,锯齿波的宽度与充电时间常数 $\tau_{放} = C_1 \times R_1$ 成正比。在正弦同步电压 u_{TS} 的一个周期内,V_2 由截止到

导通的状态对应着锯齿波 u_{C2} 的上升和下降,与主电路的电源频率和相位完全同步。

4)双窒脉冲形成环节

图 10-56 所示的触发电路在一个电源周期内可输出两个间隔 60°的脉冲,称为内双脉冲。如果在触发器外部通过脉冲变压器的连接得到双脉冲,则称为外双脉冲。

图 10-56 中 V_5 和 V_6 构成"或"门。当 V_5 和 V_6 都导通时,V_7 和 V_8 都截止,没有脉冲输出。只要 V_5 或 V_6 有一个截止,都会使 V_7 和 V_8 导通,输出触发脉冲。所以只要用适当的信号控制 V_5 或 V_6 的截止(前后间隔 60°相位),就可以产生符合要求的双脉冲。其中第一个脉冲由本相触发电路的控制电压 u_{C0} 在控制角 α 时刻使 V_4 由截止变导通,导致 V_5 截止,V_7 和 V_8 导通,输出触发脉冲。间隔 60°后的第二个脉冲则是由滞后本相 60°相位的另一个触发电路产生。在它生成第一个脉冲的时刻,从该触发电路的 X 端引出一个负脉冲,并通过本相触发电路的 Y 端经耦合电容 C_4 引至 V_6 的基极,使 V_6 截止,使本相触发电路输出滞后 60°的第二个触发脉冲。其中 VD_4 和 R_{17} 的作用主要是防止双脉冲信号相互干扰。

在三相桥式全控整流电路中,要求晶闸管的触发导通顺序为 $VT_1 \rightarrow VT_2 \rightarrow VT_3 \rightarrow VT_4 \rightarrow VT_5 \rightarrow VT_6$,彼此间隔 60°。三相桥式全控整流电路需要 6 个完全相同的触发电路 CF,每个触发电路都必须能够提供双脉冲触发信号。通常将第一个触发脉冲称为主脉冲,将间隔 60°的第二个触发脉冲称为辅脉冲。由如图 10-56 所示的触发电路原理图可知,X 端和 Y 端是沟通间隔 60°的前后两个触发电路 CF_i 和 CF_{i+1} 的信号端子,X 端是辅脉冲输出端,Y 端是辅脉冲输入端。则三相桥式全控整流电路的双脉冲触发信号可按图 10-58 接线得到,6 个触发器的连接顺序是 1Y—2X、2Y—3X、3Y—4X、4Y—5X、5Y—6X、6Y—1X。

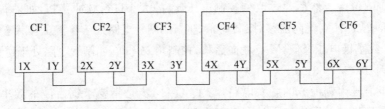

图 10-58　触发器的连接顺序

5)脉冲封锁

二极管 VD_5 的阴极接 0 电位或负电位时将使 V_7 和 V_8 截止,从而封锁脉冲输出。VD_5 用来防止接地端与 $-15V$ 电源之间经 V_5、V_6 和 VD_{10} 形成短路。

6)强触发环节

如图 10-56 所示,强触发环节中的 36V 交流电压经整流、滤波后得到 50V 直流电压,经 R_{15} 对 C_6 充电。V_8 没有导通时,B 点电位为 50V,二极管 VD_{15} 反偏。当 V_8 导通时,C_6 经脉冲变压器 TP 一次侧线圈和 R_{16}、V_8 迅速放电,形成强触发脉冲尖峰。由于 R_{16} 阻值很小,电容 C_6 迅速放电,B 点电位迅速下降,当 B 点电位下降到 14.3V 时,VD_{15} 导通,B 点电位被 15V 电源钳位在 14.3V,形成脉冲平台。R_{16} 和 C_5 组成加速电路,用来提高触发脉冲前沿陡度。R_{14} 和 VD_7 构成脉冲变压器一次侧的续流通路。强触发可以缩短晶闸管的开通时间,有利于改善串、并联电路中各个晶闸管元件的均压和均流,提高触发可靠性。

3. 集成触发电路

集成触发器的使用使触发电路更加小型化,结构更加标准统一,大大简化了触发电路的

生产、调试及维修。目前国内生产的集成触发器有 KJ 系列和 KC 系列,国外生产的有 TCA
系列。下面简要介绍由 KC 系列的 KC04 移相触发器和 KC41C 六路双脉冲形成器所组成
的三相桥式全控集成触发器。

1) KC04 移相触发器

KC04 移相触发器的主要技术指标如下:电源电压±15V DC;允许波动±5%;电源正
电流≤15mA;负电流≤8mA;移相范围≥170°;脉
冲宽度 400μs～2ms;脉冲幅值≥13V;最大输出能
力 100mA;正负半周脉冲不均衡≤3°;环境温度为
-10℃～70℃。

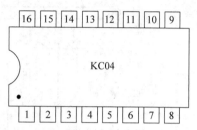

图 10-59 KC04 移相触发器的管脚分布

KC04 移相触发器的内部线路与分立元件组成
的锯齿波触发电路相似,也是由锯齿波形成、移相控
制、脉冲形成及整形放大、脉冲输出等基本环节组成。
KC04 移相触发器的管脚分布如图 10-59 所示,各管
脚的波形如图 10-60 所示。

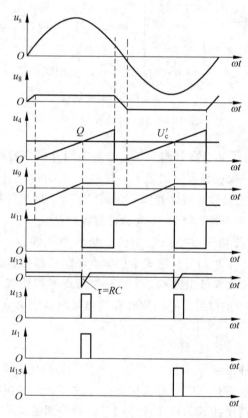

图 10-60 KC04 移相触发器各管脚的波形

对于使用者来说,主要关心的是芯片的外部管脚的功能,下面结合如图 10-61 所示的电
路原理图加以说明。管脚 1 和管脚 15 输出双路脉冲,两路脉冲相位互差 180°,它可以作为
三相桥式全控主电路同一相上、下两个桥臂晶闸管的触发脉冲。可以与 KC41C 双脉冲形成

器、KC42 脉冲列形成器一起构成 6 路双窄脉冲触发器。管脚 16 接＋15V 电源,管脚 7 接地,管脚 5 经电阻接－15V 电源。

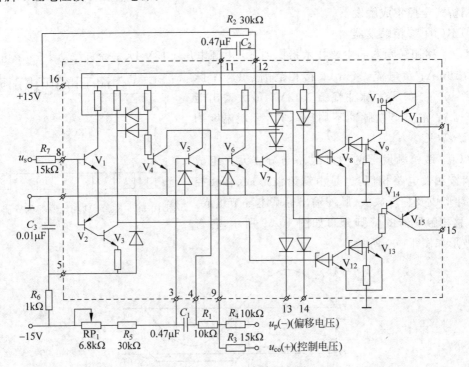

图 10-61　KC04 电路原理图

由管脚 8 输入同步电压 u_s。在管脚 3 与管脚 4 之间外接电容形成锯齿波,可通过调节管脚 3 外接的电位器 RP_1 改变锯齿波的斜率。管脚 9 为锯齿波、直流偏置电压－u_p 和移相控制直流电压 u_{C0} 的综合比较输入端。管脚 11 与管脚 12 之间可外接电阻、电容调节脉冲宽度。管脚 13 可提供脉冲列调制。管脚 14 为脉冲封锁控制。

KC04 移相触发器主要用于单相或三相桥式全控整流装置。KC 系列中还有 KC01、KC09 等。KC01 主要用于单相和三相桥式半控整流电路的移相触发,可获得 60°的宽脉冲。KC09 是 KC04 的改进型,两者可以互换,适用于单相及三相桥式全控整流电路的移相触发,可输出两路相位差 180°的脉冲。它们都具有输出带负载能力强、移相性能好,以及抗干扰能力强的特点。

2) KC41C 六路双窄脉冲形成器

KC41C 是 6 路双脉冲形成集成电路,其外形和内部原理电路如图 10-62 所示。

KC41C 的输入信号通常是 KC04 的输出。把三块 KC04 移相触发器的管脚 1 和管脚 15 产生的 6 个主脉冲分别接到 KC41C 的管脚 1～6,经内部的集成二极管完成"或"功能,形成双脉冲,再由内部的 6 个集成三极管放大,从管脚 10～15 输出,还可以在外部设置 $V_1～V_6$ 晶体管进行功率放大,可得到 800mA 的触发脉冲电流,供触发大容量的晶闸管用。KC41C 不仅具有双脉冲形成功能,而且还具有电子开关控制封锁功能,当管脚 7 接地或处于低电位时,内部的集成开关管 V_7 截止,可以正常输出脉冲;当管脚 7 接高电位或悬空时,V_7 饱和导通,各路无脉冲输出。

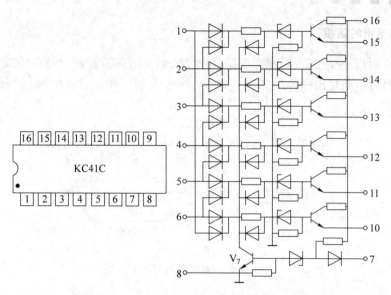

图 10-62　KC41C 的外形和内部原理电路

　　由三块 KC04 移相触发器和一块 6 路双脉冲形成集成电路 KC41C 组成的触发电路,可以为三相桥式全控整流电路提供 6 路双窄触发脉冲,如图 10-63 所示。

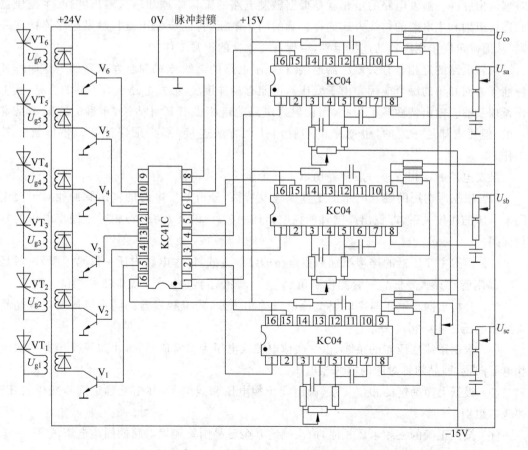

图 10-63　KC04 与 KC41C 组成的三相桥式全控整流电路双窄脉冲触发电路

4. 触发电路的定相

变流器一般由主变压器、同步变压器、主电路、触发电路及控制电路等组成,如图 10-64 所示。要求触发电路输出脉冲的触发角 $\alpha < 90°$ 时变流器工作在整流状态;$\alpha > 90°$ 时变流器工作在逆变状态。

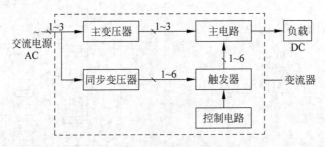

图 10-64　触发电路的定相

在常用的锯齿波移相触发电路中,送出初始脉冲的时刻是由输入各个触发电路中不同相位的同步电压确定的。必须根据各个被触发晶闸管的阳极电压相位,为其触发电路正确连接特定相位的同步电压,才能使各个触发电路分别在其对应的晶闸管需要加触发脉冲的时刻输出脉冲。触发电路的定相就是根据触发电路的工作原理和输入输出特性、主变压器的连接组别和主电路的结线方式选择正确的同步电压,将同步变压器与触发电路连接在一起,从而确定同步变压器的连接组别,以保证变流器的正常工作。

触发电路的定相是有关变压器连接组别、主电路的结线方式和触发电路的工作原理及特性等方面知识的综合应用。由于变压器可能有多种接法,触发电路也有不同的类型,其工作原理及输入输出特性各不相同,因此触发电路的定相也有其灵活性,正确的答案不是唯一的,但要求却是一致的,也就是说不管用什么方法连接,都必须保证变流器能够正常工作。

触发电路的定相方法一般要经历以下几个步骤:

(1) 根据所选用的触发电路的工作原理及特性,分析触发电路的输出脉冲相对于交流同步电压的相位关系,即找出晶闸管的控制角($\alpha = \alpha_{min} = 0°$ 至 $\alpha = \alpha_{max}$)相对于同步电压的相位区间。

(2) 根据主变压器的连接组别和主电路的结线方式,以主电路中任一只晶闸管(一般是 VT_1 晶闸管)为例,分析晶闸管的控制角 α_{min} 至 α_{max} 相对于主电路交流电压的相位区间。

(3) 分析出同步电压与主电路交流电压的相位差,确定触发器的同步电压与对应晶闸管阳极电压之间的相位关系。

(4) 根据整流变压器的接线,以一次侧电源线电压为参考向量,画出整流变压器二次侧相电压向量,即晶闸管对应的电源相电压。

(5) 根据上面确定的相位关系,画出同步相电压和线电压,并由此确定同步变压器 TS 的联结组别。

(6) 按照正确的三相电压相序,依次确定其余各晶闸管触发电路的同步电压。

在三相晶闸管整流装置中,选择触发电路的同步信号是一个非常重要的问题。现以三相桥式全控整流电路为例,说明触发电路定相的方法。图 10-65 给出了主电路电压与同步电压的关系示意图。

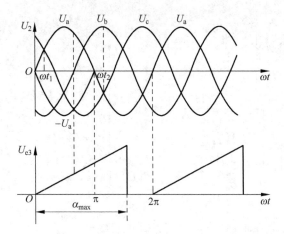

图 10-65 三相桥式全控整流电路中同步电压与主电路电压关系示意图

对于晶闸管 VT_1,其阳极与交流侧电压 u_a 相接,可简单表示为 VT_1 所接主电路电压为 $+u_a$,VT_1 的触发脉冲从 $0°\sim180°$ 对应的范围为 $\omega t_1\sim\omega t_2$。

采用同步信号为锯齿波的触发电路时,同步信号负半周的起点对应于锯齿波的起点,通常要求锯齿波的上升段宽度为 $240°$,上升段起始的 $30°$ 和末端的 $30°$ 线性度不好,舍去不用,只使用中间的 $180°$。

三相桥式全控整流电路大量用于直流电动机调速系统,且通常要求可实现再生制动,$U_d=0$ 时的触发角 $\alpha=90°$。当 $\alpha<90°$ 时为整流工作,$\alpha>90°$ 时为逆变工作。将 $\alpha=90°$ 确定为锯齿波上升段的中点,从此点向前、向后各有 $90°$ 的移相范围。于是同步电压的 $300°$ 与触发角 $\alpha=90°$ 对应,也就是同步电压的 $210°$ 与触发角 $\alpha=0°$ 对应,而 $\alpha=°$ 又对应于 u_a 电压的 $30°$ 位置,因此同步电压的 $180°$ 与 u_a 电压的 $0°$ 对应,说明 VT_1 的同步电压应滞后于 u_a 电压 $180°$。对于其他 5 只晶闸管也存在同样的关系,即同步电压滞后于主电路电压 $180°$。

以上分析了同步电压与主电路电压的关系,一旦确定了整流变压器和同步变压器的接法,即可选定每一只晶闸管的同步电压信号。

图 10-66 给出了变压器接法的一种情况及相应的矢量图。其中主电路整流变压器为 D,yll 联结;同步变压器 TS 的结线应为 D,y5-11 联结,其中共阴极组为 D,y5 联结,共阳极组为 D,y11 联结。相应的矢量图如图 10-66(b)所示。同步电压的选取结果如表 10-6 所示。

表 10-6 三相桥式全控电路晶闸管同步电压

晶闸管	VT_1	VT_2	VT_3	VT_4	VT_5	VT_6
主电路电压	$+U_a$	$-U_c$	$+U_b$	$-U_a$	$+U_c$	$-U_b$
同步电压	$-U_{sa}$	$+U_{sc}$	$-U_{sb}$	$+U_{sa}$	$-U_{sc}$	$+U_{sb}$

为防止电网电压波形畸变对触发电路产生干扰,可对同步电压进行 R-C 滤波,当 R-C 滤波器滞后角为 $60°$ 时,同步变压器 TS 的结线应为 D,y3-9 联结,相应的矢量图如图 10-66(c)所示。同步电压的选取结果如表 10-7 所示。

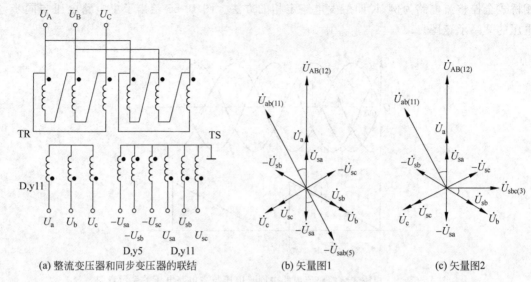

(a) 整流变压器和同步变压器的联结 (b) 矢量图1 (c) 矢量图2

图 10-66 同步变压器和整流变压器的接法及矢量图

表 10-7 三相桥式全控电路晶闸管同步电压(R-C 滤波器滞后 $60°$)

晶闸管	VT_1	VT_2	VT_3	VT_4	VT_5	VT_6
主电路电压	$+U_a$	$-U_c$	$+U_b$	$-U_a$	$+U_c$	$-U_b$
同步电压	$-U_{sb}$	$+U_{sa}$	$-U_{sc}$	$+U_{sb}$	$-U_{sa}$	$+U_{sc}$

10.2.6 整流电路的谐波和功率因数

随着电力电子技术的飞速发展,各种电力电子装置在电力系统、工业、交通、民用等众多领域中的应用日益广泛。许多电力电子装置要消耗无功功率,会对公用电网带来不利影响,由此带来的无功功率(Reactive Power)和谐波(Harmonics)问题也日益严重,并引起了越来越广泛的关注。

无功功率的增加会使总电流增大,线路压降增大,视在功率增加,从而使线路损耗和设备容量增加。冲击性无功负载还会使电网电压发生剧烈波动。

电力电子装置还会产生谐波,对公用电网产生如下危害:

(1)谐波使电网中的元件产生附加的谐波损耗,降低发电、输电及用电设备的效率,大量的三次谐波流过中性线会使线路过热甚至发生火灾。

(2)谐波影响各种电气设备的正常工作,使电机发生机械振动、噪声和过热,使变压器局部严重过热,使电容器、电缆等设备过热、绝缘老化、寿命缩短以至损坏。

(3)谐波会引起电网中局部的并联谐振和串联谐振,从而使谐波放大,会使上述的两种危害程度大大增加,甚至引起严重事故。

(4)谐波会导致继电保护和自动装置的误动作,并使电气测量仪表计量不准确。

(5)谐波会对邻近的通信系统产生干扰,轻者产生噪声、降低通信质量,重者导致信息丢失,使通信系统无法正常工作。

由于公用电网中的谐波电压和谐波电流对用电设备和电网本身都会造成很大的危害,

世界上许多国家都发布了限制电网谐波的国家标准,或由权威机构制定限制谐波的规定。制定这些标准和规定的基本原则是限制谐波源注入电网的谐波电流,把电网谐波电压控制在允许范围内,使接在电网中的电气设备能免受谐波干扰而正常工作。世界各国所制定的谐波标准大都比较接近。我国由技术监督局于 1993 年发布了国家标准(GB/T 14549—1993)《电能质量 公用电网谐波》,并从 1994 年 3 月 1 日起开始实施。

1. 谐波和无功功率分析基础

1) 谐波

在供用电系统中,通常总是希望交流电压和交流电流呈正弦波形。正弦波电压可表示为

$$u(t) = \sqrt{2}U\sin(\omega t + \varphi) \tag{10-63}$$

式中: U——电压有效值;

φ——初始相位角;

ω——角频率, $\omega = 2\pi f = 2\pi/T$;

f——电源频率;

T——周期。

当正弦波电压施加在线性无源元件电阻、电感和电容上时,其电流和电压分别为比例、积分和微分关系,仍为同频率的正弦波。但当正弦波电压施加在非线性电路上时,电流就变为非正弦波。非正弦电流在电网阻抗上产生压降,会使电压波形也变为非正弦波。当然,非正弦电压施加在线性电路上时,电流也是非正弦波。对于周期为 $T = 2\pi/\omega$ 的非正弦电压 $u(\omega t)$,一般满足狄里赫利条件,可分解为如下形式的傅里叶级数

$$u(\omega t) = a_0 + \sum_{n=1}^{\infty}(a_n\cos n\omega t + b_n\sin n\omega t) \tag{10-64}$$

$$a_0 = \frac{1}{2\pi}\int_0^{2\pi}u(\omega t)\mathrm{d}(\omega t)$$

$$a_n = \frac{1}{\pi}\int_0^{2\pi}u(\omega t)\cos n\omega t\,\mathrm{d}(\omega t)$$

$$b_n = \frac{1}{\pi}\int_0^{2\pi}u(\omega t)\sin n\omega t\,\mathrm{d}(\omega t)$$

$$(n = 1, 2, 3, \cdots)$$

或

$$u(\omega t) = a_0 + \sum_{n=1}^{\infty}c_n\sin(n\omega t + \varphi_n) \tag{10-65}$$

式中, c_n、 φ_n 和 a_n、 b_n 的关系为

$$c_n = \sqrt{a_n^2 + b_n^2}$$

$$\varphi_n = \arctan\left(\frac{a_n}{b_n}\right)$$

$$a_n = c_n\sin\varphi_n$$

$$b_n = c_n\cos\varphi_n$$

在式(10-64)或式(10-65)的傅里叶级数中,频率与工频相同的分量称为基波(Fundamental),频率为基波频率整数倍(大于 1)的分量称为谐波,谐波次数为谐波频率和基波频率的整数比。以上公式及定义均以非正弦电压为例。对于非正弦电流,只需把式中的 $u(\omega t)$ 换成 $i(\omega t)$ 即可。

第 n 次谐波电流含有率以 RHI_n(Harmonic Ratio for I_n)(%)表示

$$HRI_n = \frac{I_n}{I_1} \times 100 \tag{10-66}$$

式中:I_n——第 n 次谐波电流有效值;

$\quad I_1$——基波电流有效值。

电流谐波总畸变率 THD_i(Total Harmonic distortion)(%)定义为

$$THD_i = \frac{I_h}{I_1} \times 100 \tag{10-67}$$

式中 I_h 为总谐波电流有效值。

2) 功率因数

在正弦电路中,电路的有功功率就是其平均功率

$$P = \frac{1}{2\pi}\int_0^{2\pi} ui\,\mathrm{d}(\omega t) = UI\cos\varphi \tag{10-68}$$

式中:U——电压的有效值;

$\quad I$——电流的有效值;

$\quad \varphi$——电流滞后于电压的相位差。

视在功率为电压、电流有效值的乘积,即

$$S = UI \tag{10-69}$$

无功功率定义为

$$Q = UI\sin\varphi \tag{10-70}$$

功率因数 λ 定义为有功功率 P 和视在功率 S 的比值,即

$$\lambda = \frac{P}{S} \tag{10-71}$$

此时无功功率 Q 与有功功率 P、视在功率 S 之间有如下关系:

$$S^2 = P^2 + Q^2 \tag{10-72}$$

在正弦电路中,功率因数是由电压和电流的相位差 φ 决定的,其值为

$$\lambda = \cos\varphi \tag{10-73}$$

在非正弦电路中,有功功率、视在功率、功率因数的定义均和正弦电路相同,功率因数仍由式(10-71)定义。公用电网中,通常电压的波形畸变很小,而电流波形的畸变可能很大。因此,不考虑电压畸变,只研究电压波形为正弦波、电流波形为非正弦波的情况有很大的实际意义。

设正弦波电压有效值为 U,畸变电流有效值为 I,基波电流有效值为 I_1,基波电压与基波电流的相位差为 φ_1。这时有功功率为

$$P = UI_1\cos\varphi_1 \tag{10-74}$$

功率因数为

$$\lambda = \frac{P}{S} = \frac{UI_1\cos\varphi_1}{UI} = \frac{I_1}{I}\cos\varphi_1 = v\cos\varphi_1 \tag{10-75}$$

式中：v——基波电流有效值与总电流有效值之比，称为基波因数，$v = I_1/I$；

$\cos\varphi_1$——位移因数或基波功率因数。功率因数由基波电流相移和电流波形畸变这两个因素共同决定。

含有谐波的非正弦电路的无功功率情况比较复杂，至今尚没有被广泛接受的科学而权威的定义。一种简单的定义是仿照式(10-72)给出的

$$Q = \sqrt{S^2 - P^2} \tag{10-76}$$

这样定义的无功功率 Q 反映了能量的流动和交换，但该定义对无功功率的描述还很粗糙。

也可仿照式(10-70)定义无功功率，为了与式(10-76)相区别，采用符号 Q_f 表示，忽略电压中的谐波时，基波电流产生的无功功率为

$$Q_f = U/I_1\sin\varphi_1 \tag{10-77}$$

在非正弦情况下，$S^2 \neq P^2 + Q_f^2$，因此引入畸变功率 D，使得

$$S^2 = P^2 + Q_f^2 + D^2 \tag{10-78}$$

比较式(10-72)和式(10-78)，可得

$$Q^2 = Q_f^2 + D^2 \tag{10-79}$$

忽略电压谐波时

$$D = \sqrt{S^2 - P^2 - Q_f^2} = U\sqrt{\sum_{n=2}^{\infty} I_n^2} \tag{10-80}$$

Q_f 是由基波电流所产生的无功功率；D 是由谐波电流产生的无功功率。

2. 带阻感性负载时可控整流电路交流侧谐波和功率因数分析

1) 单相桥式全控整流电路交流侧谐波和功率因素

忽略换相过程和电流脉动时，由带阻感性负载的单相桥式整流电路可知，直流电感 L 为足够大时，变压器二次电流波形近似为理想方波，将电流波形分解为傅里叶级数，可得

$$i_2 = \frac{4}{\pi}I_d\left(\sin\omega t + \frac{1}{3}\sin3\omega t + \frac{1}{5}\sin5\omega t + \cdots\right)$$

$$= \frac{4}{\pi}I_d\sum_{n=1,3,5,\cdots}\frac{1}{n}\sin n\omega t = \sum_{n=1,3,5,\cdots}\sqrt{2}I_n\sin n\omega t \tag{10-81}$$

其中基波和各次谐波电流有效值为

$$I_n = \frac{2\sqrt{2}I_d}{n\pi} \quad n = 1,3,5,\cdots \tag{10-82}$$

可见，电流中仅含奇次谐波，各次谐波有效值与谐波次数成反比，且与基波有效值的比值为谐波次数的倒数。

由式(10-82)得基波电流有效值为

$$I_1 = \frac{2\sqrt{2}I_d}{\pi} \tag{10-83}$$

负载电流有效值 $I = I_d$，由式(10-83)可得基波因数为

$$v = \frac{I_1}{I} = \frac{2\sqrt{2}}{\pi} \approx 0.9 \tag{10-84}$$

显然,电流基波与电压的相位差就等于控制角 α,故位移因数为

$$\cos\varphi_1 = \cos\alpha \tag{10-85}$$

所以,功率因数为

$$\lambda = v\cos\varphi_1 = \frac{I_1}{I}\cos\varphi_1 = \frac{2\sqrt{2}}{\pi}\cos\alpha \approx 0.9\cos\alpha \tag{10-86}$$

2) 三相桥式全控整流电路交流侧谐波和功率因数

三相桥式全控整流电路带阻感性负载,直流侧电感 L 足够大,忽略换相过程和电流脉动,变压器二次侧电流为正、负半周各 $120°$ 的方波,三相电流波形相同,且依次相差 $120°$,其有效值与直流电流的关系为

$$I = \sqrt{\frac{2}{3}}I_d = 0.816I_d \tag{10-87}$$

同样可将电流波形分解为傅里叶级数。以 a 相电流为例,将电流负、正两半波的中点作为时间零点,则有

$$
\begin{aligned}
i_a &= \frac{2\sqrt{3}}{\pi}I_d\left[\sin\omega t - \frac{1}{5}\sin5\omega t - \frac{1}{7}\sin7\omega t + \frac{1}{11}\sin11\omega t + \frac{1}{13}\sin13\omega t - \cdots\right] \\
&= \frac{2\sqrt{3}}{\pi}I_d\sin\omega t + \frac{2\sqrt{3}}{\pi}I_d\sum_{\substack{n=6k\pm1 \\ k=1,2,3,\cdots}}(-1)^k\frac{1}{n}\sin n\omega t \\
&= \sqrt{2}I_1\sin\omega t + \sum_{\substack{n=6k\pm1 \\ k=1,2,3,\cdots}}(-1)^k\sqrt{2}I_n\sin n\omega t
\end{aligned} \tag{10-88}
$$

由式(10-88)可得电流基波有效值 I_1 和各次谐波有效值 I_n 分别为

$$
\begin{cases}
I_1 = \dfrac{\sqrt{6}}{\pi}I_d \\
I_n = \dfrac{\sqrt{6}}{n\pi}I_d, \quad n = 6k \pm 1, k = 1,2,3,\cdots
\end{cases} \tag{10-89}
$$

由此可得以下结论:电流中仅含 $6k\pm1$(k 为正整数)次谐波,各次谐波有效值与谐波次数成反比,且与基波有效值的比值为谐波次数的倒数。

由式(10-87)和式(10-89)可得基波因数为

$$v = \frac{I_1}{I} = \frac{3}{\pi} \approx 0.955 \tag{10-90}$$

基波电流与基波电压的相位差为 α,故位移因数为

$$\cos\varphi_1 = \cos\alpha \tag{10-91}$$

功率因数为

$$\lambda = v\cos\varphi_1 = \frac{I_1}{I}\cos\varphi_1 = \frac{3}{\pi}\cos\alpha \approx 0.955\cos\alpha \tag{10-92}$$

10.2.7　大功率可控整流电路

本节介绍两种适用于大功率负载的可控整流电路形式,带平衡电抗器的双反星形整流电路和多重化整流电路。与前面介绍的三相桥式全控整流电路相比较,带平衡电抗器的双反星形可控整流电路的特点是适用于要求低电压、大电流的场合;多重化整流电路的特点

是在采用相同器件时可达到更大的功率,更重要的是它可减少交流侧输入电流的谐波或提高功率因数,从而减小对供电电网的干扰。

1. 带平衡电抗器的双反星形可控整流电路

在电解、电镀等工业应用中,经常需要低电压大电流(如几十伏、几千至几万安)的可调直流电源。如果采用三相桥式整流电路,整流器件的数量很多,还有两个管压降损耗,降低了效率。在这种情况下,可采用带平衡电抗器的双反星形可控整流电路,简称为双反星形电路,如图 10-67 所示。

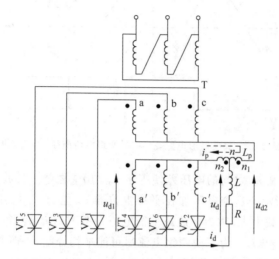

图 10-67　带平衡电抗器的双反星形可控整流电路

整流变压器的二次侧每相有两个匝数相同、极性相反的绕组,分别接成两组三相半波整流电路,即 a、b、c 为一组,a′、b′、c′ 为另一组。a 与 a′ 绕在同一相铁心上,如图 10-67 中"·"表示同名端。同样,b 与 b′,c 与 c′ 绕在同一相铁心上,它们的电压矢量由两个互差 180° 的三相电压矢量合成,故得名双反星形电路。变压器二次侧两绕组的极性相反,可消除铁心的直流磁化。设置电感量为 L_p 的平衡电抗器是为了保证两组三相半波整流电路能同时导电,每组承担一半负载。因此,与三相桥式可控整流电路相比,在采用相同晶闸管的条件下,双反星形电路的输出电流可增大一倍。

当两组三相半波整流电路的控制角 $\alpha = 0°$ 时,两组整流电压、电流的波形如图 10-68 所示。

在图 10-68 中,两组的相电压互差 180°,因而相电流也互差 180°。其幅值相等,都是 $I_d/2$。以 a 相为例,相电流 i_a 与 i_a' 出现的时刻虽然不同,但它们的平均值都是 $I_d/6$,因为平均电流相等而绕组的极性相反,所以直流安匝互相抵消,因此本电路是利用绕组的极性相反来消除直流磁势的。

在这种并联电路中,在两个星形的中点接有带中心抽头的平衡电抗器,这是因为两个直流电源并联运行时,只有当两个电源的电压平均值和瞬时值均相等时才能使负载电流平均分配。在双反星形电路中,虽然两组整流电压的平均值 U_{d1} 和 U_{d2} 相等,但是它们的脉动波相差 60°,它们的瞬时值不同,如图 10-69(a)所示。现在把 6 只晶闸管的阴极连接在一起,因

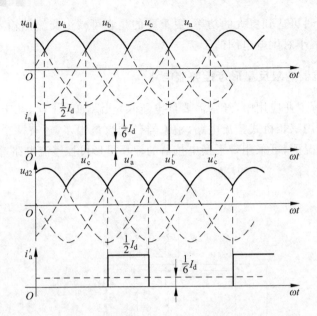

图 10-68 双反星形电路,$\alpha = 0°$时两组整流电压、电流波形

而两个星形的中点 n_1 和 n_2 之间的电压差便等于 u_{d1} 与 u_{d2} 之差。其波形是三倍频的近似三角波,如图 10-69(b)所示。这个电压加在平衡电抗器 L_p 上,产生电流 i_p,它通过两组星形自成回路,而不流到负载中去,称为环流或平衡电流。考虑到 i_p 后,每组三相半波整流电路承担的电流分别为 $I_d/2 \pm i_p$。为了使两组电流尽可能平均分配,一般要使平衡电抗器 L_p 取值足够大,以便将环流限制在其负载额定电流的 1‰～2‰ 以内。

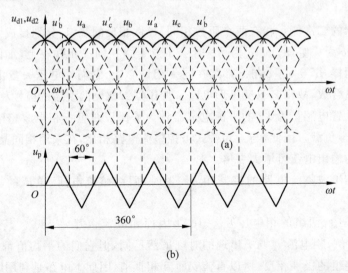

图 10-69 平衡电抗器作用下输出电压和平衡电抗器上电压的波形

在图 10-67 的双反星形电路中,如不接平衡电抗器,即成为六相半波整流电路,在任一瞬间只能有一只晶闸管导电,其余 5 只晶闸管均承受反压而阻断,每只晶闸管的最大导通角为 60°,每只晶闸管的平均电流为 $I_d/6$。

当 $\alpha = 0°$ 时,六相半波整流电路的 $U_d = 1.35 U_2$,比三相半波整流电路的 $U_d = 1.17 U_2$ 略

大些,其波形如图 10-69(a)的包络线所示。由于六相半波整流电路中晶闸管的导电时间短,变压器利用率低,故极少采用。可见,双反星形电路与六相半波电路的区别就在于有无平衡电抗器,对平衡电抗器作用的理解是掌握双反星形电路原理的关键。

下面来分析由于平衡电抗器的作用,使得两组三相半波整流电路同时导电的原理。

在图 10-69(a)中取任一瞬间如 ωt_1,这时 u_b' 及 u_a 均为正值,然而 $u_b'>u_a$,如果两组三相半波整流电路中点 n_1 和 n_2 直接相连,则必然只有 b' 相的晶闸管能导电。接入平衡电抗器 L_p 后,n_1、n_2 间的电位差加在平衡电抗器 L_p 两端,它补偿了 u_b' 和 u_a 的电动势差,使得 u_b' 和 u_a 相的晶闸管能同时导电,如图 10-70 所示。由于在 ωt_1 时 u_b' 比 u_a 电压高,b' 相的 VT_6 导通,i_{VT6} 电流在流经平衡电抗器 L_p 时,L_p 上要感应出一个电动势 u_p,它的方向是要阻止 i_{VT6} 电流增大(见图 10-70 标出的极性),其中 $u_p/2$ 削弱 u_b' 电压,$u_p/2$ 增强 u_a

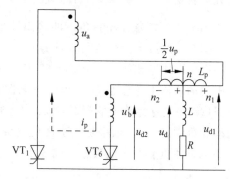

图 10-70　平衡电抗器作用下两只晶闸管同时导电的情况

电压,虽然 $u_b'>u_a$,导致 $u_{d1}<u_{d2}$,但由于平衡电抗器 L_p 的均压作用,使得晶闸管 VT_6 和 VT_1 都承受正向电压而同时导通。平衡电抗器 L_p 两端电压和整流输出电压的数学表达式如下

$$u_p = u_{d2} - u_{d1} \tag{10-93}$$

$$u_d = u_{d2} - \frac{1}{2}u_p = u_{d1} + \frac{1}{2}u_p = \frac{1}{2}(u_{d1} + u_{d2}) \tag{10-94}$$

随着时间推迟至 u_b' 和 u_a 的交点时,由于 $u_b'=u_a$,VT_6 和 VT_1 继续导电,此时 $u_p=0$。之后 $u_b'<u_a$,则流经 b' 相的电流要减小,但 L_p 有阻止此电流减小的作用,u_p 的极性反号,则与图 10-70 所示的极性相反,L_p 仍起平衡均压的作用,使 VT_6 继续导电,直到 $u_c'>u_b'$,电流才从 VT_6 换至 VT_2。此时变成了 VT_1 和 VT_2 同时导电。

由于平衡电抗器 L_p 的均压作用,双反星形电路每隔 60°就有一只晶闸管换相。两组三相半波整流电路中,a、b、c 一组和 a′、b′、c′ 一组都各自按其导电规律换相,每相轮流导通 120°。

以平衡电抗器 L_p 的中点 n 作为整流电压输出的负端,其输出的整流电压瞬时值为两组三相半波整流电压瞬时值的平均值,见式(10-94),波形见图 10-69(a)。

将图 10-69 中 u_{d1} 和 u_{d2} 的波形用傅氏级数展开,可得当 $\alpha=0°$ 时的 u_{d1}、u_{d2},即

$$u_{d1} = \frac{3\sqrt{6}U_2}{2\pi}\left[1 + \frac{1}{4}\cos3\omega t - \frac{2}{35}\cos6\omega t + \frac{1}{40}\cos9\omega t - \cdots\right] \tag{10-95}$$

$$u_{d2} = \frac{3\sqrt{6}U_2}{2\pi}\left[1 + \frac{1}{4}\cos3(\omega t - 60°) - \frac{2}{35}\cos6(\omega t - 60°) + \frac{1}{40}\cos9(\omega t - 60°) - \cdots\right]$$

$$= \frac{3\sqrt{6}U_2}{2\pi}\left[1 - \frac{1}{4}\cos3\omega t - \frac{2}{35}\cos6\omega t - \frac{1}{40}\cos9\omega t - \cdots\right] \tag{10-96}$$

由式(3-134)和式(3-135)可得

$$u_p = \frac{3\sqrt{6}U_2}{\pi}\left[-\frac{1}{2}\cos3\omega t - \frac{1}{20}\cos9\omega t - \cdots\right] \tag{10-97}$$

$$u_d = \frac{3\sqrt{6}U_2}{2\pi}\left[1 - \frac{2}{35}\cos6\omega t - \cdots\right] \tag{10-98}$$

负载电压 u_d 中的谐波分量比直流分量要小得多,而且最低次谐波为六次谐波。其直流分量就是该式中的常数项,即直流平均电压 $U_{d0} = \frac{3\sqrt{6}}{2\pi}U_2 = 1.17U_2$。

当需要分析各种控制角下的输出波形时,可根据式(10-94)先作出两组三相半波电路的 u_{d1} 和 u_{d2} 的波形,然后再作出 $(u_{d1}+u_{d2})/2$ 的波形。

图 10-71 给出了 $\alpha=30°$、$\alpha=60°$ 和 $\alpha=90°$ 时输出电压的波形。从图中可以看出,双反星形电路的输出电压波形与三相半波电路比较,脉动程度减小了,脉动频率加大一倍,$f=300Hz$。在电感性负载情况下,当 $\alpha=90°$ 时,输出电压波形正负面积相等,$U_d=0$,因而要求的移相范围是 90°。如果是电阻性负载,$\alpha=90°$ 时,U_d 波形没有负半波;$\alpha=120°$ 时,$U_d=0$,因而电阻性负载要求的移相范围为 120°。

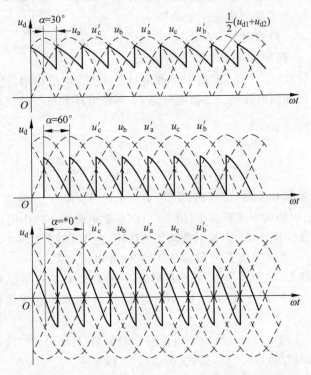

图 10-71   当 $\alpha=30°$、$\alpha=60°$ 和 $\alpha=90°$ 时,双反星形电路的输出电压波形

双反星形电路是两组三相半波电路的并联,所以整流电压平均值与三相半波整流电路的整流电压平均值相等,在不同控制角 α 时,$U_d = 1.17U_2\cos\alpha$。

在以上分析的基础上,将双反星形电路与三相桥式电路进行比较可得出以下结论:

(1) 三相桥式电路是两组三相半波电路串联,而双反星形电路是两组三相半波电路并联,且后者需用平衡电抗器。

(2) 当变压器二次电压有效值 U_2 相等时,双反星形电路的整流电压平均值 U_d 是三相桥式电路的 $1/2$,而整流电流平均值 I_d 是三相桥式电路的两倍。

(3) 两种电路晶闸管的导通及触发脉冲的分配关系是一样的,整流电压 u_d 和整流电流

i_d 的波形形状一样。

2. 多重化整流电路

随着整流装置功率的进一步加大,它所产生的谐波、无功功率等对电网的干扰也随之加大。为减轻干扰,可采用多重化整流电路,即按一定的规律将两个或更多个相同结构的整流电路(如三相桥式电路)进行组合而得。将整流电路进行移相多重联结,可以减少交流侧输入电流的谐波,而对晶闸管串联多重整流电路采用顺序控制的方法可提高功率因数。

1) 移相多重联结

整流电路的多重联结有并联多重联结和串联多重联结。图 10-72 给出了将两个三相桥式全控整流电路并联联结而成的 12 脉波整流电路原理图。该电路中使用了平衡电抗器来平衡两组整流器的电流,其原理与双反星形电路中采用平衡电抗器是一样的。对于交流输入电流来说,采用并联多重联结和串联多重联结的效果是相同的,下面着重讲述串联多重联结的情况。采用多重联结不仅可以减少交流输入电流的谐波,同时也可减小直流输出电压中的谐波幅值,并提高纹波频率,因而可减小平波电抗器。为了简化分析,下面均不考虑变压器漏抗引起的换相重叠角,并假设整流变压器各绕组的线电压之比为 1:1。

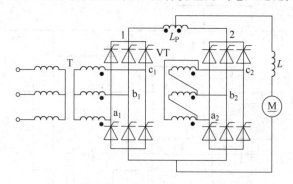

图 10-72　并联多重联结的 12 脉波整流电路

图 10-73 所示为移相 30°构成串联 2 重联结电路的原理图。利用变压器二次绕组接法的不同,使两组三相交流电源间相位错开 30°,从而使输出整流电压 u_d 在每个交流电源周期中脉动 12 次,故该电路为 12 脉波整流电路。整流变压器二次绕组分别采用星形和三角形接法,构成相位相差 30°,二次线电压大小相等的两组电压,接到相互串联的两组整流桥。因绕组接法不同,变压器一次绕组和两组二次绕组的匝数比为 $1:1:\sqrt{3}$。图 10-74 所示为该电路输入电流波形,其中图 10-74(c) 的 i'_{ab2} 在图 10-73 中未标出,它是第 Ⅱ 组桥电流 i_{ab2} 折算到变压器一次侧 A 相绕组中的电流。图 10-74(d) 的总输入电流 i_A 为图 10-74(a) 的 i_{a1} 和图 10-74(c) 的 i'_{ab2} 之和。

对图 10-74(d) 电流 i_A 进行傅里叶分析,可得:

一次电流有效值

$$I = \sqrt{\frac{4}{2\pi}\left[\int_0^{\frac{\pi}{6}}\left(\frac{1}{\sqrt{3}}I_1\right)^2 \mathrm{d}(\omega t) + \int_{\frac{\pi}{6}}^{\frac{\pi}{3}}\left(1+\frac{1}{\sqrt{3}I_2}\right)^2 \mathrm{d}(\omega t) + \int_{\frac{\pi}{3}}^{\frac{\pi}{2}}\left(1+\frac{2}{\sqrt{3}}I_d\right)^2 \mathrm{d}(\omega t)\right]}$$

$$= \frac{2I_d}{\sqrt{2\pi}}\sqrt{\frac{1}{3}\omega t\,\Big|_0^{\frac{\pi}{6}} + \frac{(1+\sqrt{3})^2}{3}\omega t\,\Big|_{\frac{\pi}{6}}^{\frac{\pi}{3}} + \frac{(1+2\sqrt{3})^2}{3}\omega t\,\Big|_{\frac{\pi}{3}}^{\frac{\pi}{2}}}$$

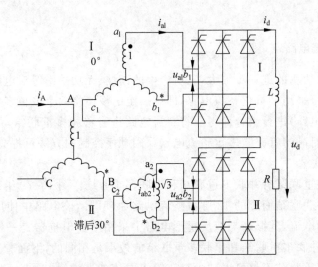

图 10-73   移相 30°串联 2 重联结电路

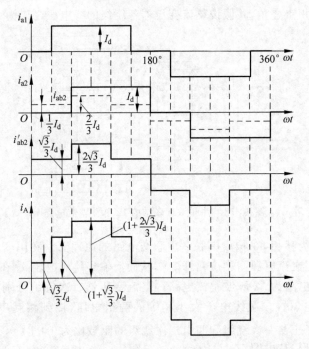

图 10-74   移相 30°串联 2 重联结电路的电流波形

$$= \frac{\sqrt{12 + 6\sqrt{3}}}{3} I_d = 1.577 I_d \tag{10-99}$$

基波电流有效值

$$I_1 = \frac{1}{\sqrt{2}} I_{m1} = \frac{1}{\sqrt{2}} \times \frac{4\sqrt{3}}{\pi} I_d = \frac{4\sqrt{3}}{\sqrt{2}\pi} I_d = 1.559 I_d \tag{10-100}$$

基波幅值

$$I_{m1} = \frac{4\sqrt{3}}{\pi} I_d = 2.2 I_d \tag{10-101}$$

n 次谐波幅值

$$I_{mn} = \frac{1}{n} \times \frac{4\sqrt{3}}{\pi} I_d \quad n = 12k \pm 1, k = 1, 2, 3, \cdots \tag{10-102}$$

即输入电流的谐波次数为 $12k \pm 1$，其幅值与次数成反比，n 越大，谐波幅值越小。

该电路的其他特性如下：

直流输出电压 $\qquad\qquad U_d = \dfrac{6\sqrt{6}U_2}{\pi}\cos\alpha$

位移因数 $\qquad\qquad\qquad \cos\varphi_1 = \cos\alpha$

基波因数 $\qquad\qquad\qquad v = \dfrac{I_1}{I} = 0.9886$

功率因数 $\qquad\quad \lambda = v\cos\varphi_1 = 0.9886\cos\alpha$

根据同样的道理，利用变压器二次绕组接法的不同，互相错开 $20°$，可将三组桥构成串联 3 重联结。此时对于整流变压器来说，采用星形、三角形组合无法移相 $20°$，需采用曲折接法。串联 3 重联结电路的整流电压 u_d 在每个电源周期内脉动 18 次，故此电路为 18 脉波整流电路。其交流侧输入电流中所含谐波更少，其次数为 $18k \pm 1$ 次($k = 1, 2, 3, \cdots$)，整流电压 u_d 的脉动也更小。

输入位移因数和功率因数分别为

$$\cos\varphi_1 = \cos\alpha$$
$$\lambda = 0.9949\cos\alpha$$

若将整流变压器的二次绕组移相 $15°$，即可构成串联 4 重联结电路，此电路为 24 脉波整流电路。其交流侧输入电流谐波次数为 $24k \pm 1$ 次($k = 1, 2, 3, \cdots$)。

输入位移因数和功率因数分别为

$$\cos\varphi_1 = \cos\alpha$$
$$\lambda = 0.9971\cos\alpha$$

从以上论述可以看出，采用多重联结的方法并不能提高位移因数，但可以使输入电流谐波大幅度减小，从而也可以在一定程度上提高功率因数。

2) 多重联结电路的顺序控制

前面介绍的多重联结电路中，各整流桥交流二次输入电压错开一定相位，但工作时各桥的控制角 α 是相同的，这样可以使输入电流谐波含量大为降低。这里介绍的顺序控制则是另一种思路。这种控制方法只对串联多重联结的各整流桥中一个桥的 α 角进行控制，其余各桥的工作状态则根据需要输出的整流电压而定，或者不工作而使该桥输出直流电压为 0，或者 $\alpha = 0$ 而使该桥输出电压最大。根据所需总的直流输出电压从低到高的变化，按顺序依次对各桥进行控制，因而被称为顺序控制。采用这种方法虽然并不能降低输入电流中的谐波，但是各组桥中只有一组在进行相位控制，其余各组或不工作，或位移因数为 1，因此总的功率因数得以提高。我国电气机车的整流器大多为这种工作方式。

图 10-75 给出了用于电气机车的 3 重晶闸管整流桥顺序控制的一个例子，通过这个例子来说明多重联结电路顺序控制的原理。图 10-75(a)为其原理电路图，由于电气化铁道向

电气机车供电是单相的,故图中各桥均为单相桥。图 10-75(b)和图 10-75(c)分别为整流输出电压和交流输入电流的波形。当需要输出的直流电压低于 1/3 最高电压时,只对第Ⅰ组桥的 α 角进行控制,连续触发 VT_{23}、VT_{24}、VT_{33}、VT_{34},使其导通,这样第Ⅱ、Ⅲ组桥的直流输出电压就为 0。当需要输出的直流电压达到 1/3 最高电压时,第Ⅰ组桥的 α 角为 0。需要输出电压为 1/3～2/3 最高电压时,第Ⅰ组桥的 α 角固定为 0,第Ⅲ组桥的 VT_{33} 和 VT_{34} 维持导通,使其输出电压为 0,仅对第Ⅱ组桥的 α 角进行控制。需要输出电压为 2/3 最高电压以上时,第Ⅰ、Ⅱ组桥的 α 角固定为 0,仅对第Ⅲ组桥的 α 角进行控制。

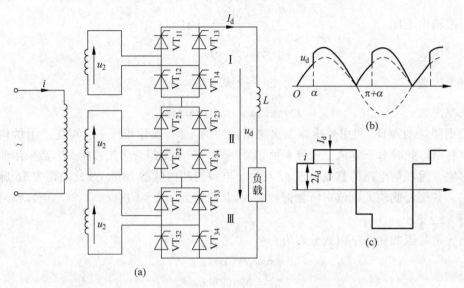

图 10-75　单相串联 3 重联结电路及顺序控制时的波形

在对上述电路中一个单元桥的 α 角进行控制时,为使直流输出电压波形不含负的部分,可采取如下控制方法:以第Ⅰ组桥为例,当电压相位为 α 时,触发 VT_{11}、VT_{14} 使其导通并流过直流电流 I_d。在电压相位为 π 时,触发 VT_{13},则 VT_{11} 关断,I_d 通过 VT_{13}、VT_{14} 续流,第Ⅰ组桥的输出电压为 0 而不出现负的部分。电压相位为 $\pi+\alpha$ 时,触发 VT_{12},则 VT_{14} 关断,由 VT_{12}、VT_{13} 导通而输出直流电压。电压相位为 2π 时,触发 VT_{11},则 VT_{13} 关断,由 VT_{11} 和 VT_{12} 续流,该桥的输出电压为 0,直至电压相位为 $2\pi+\alpha$ 时,下一周期开始,重复上述过程。

图 10-75(b)和图 10-75(c)的波形是直流输出电压大于 2/3 最高电压时的总直流输出电压 u_d 和总交流输入电流 i_d 的波形。这时第Ⅰ、Ⅱ两组桥的 α 角均固定在 0,第Ⅲ组桥控制角为 α。从电流的波形可以看出,虽然波形并未改善,仍与单相全控桥时一样含有奇次谐波,但其基波分量比电压的滞后少,因而位移因数高,从而提高了总的功率因数。

10.3　直流斩波电路

直流斩波技术被广泛地应用于无轨电车、地铁列车、蓄电池供电的机动车辆的无级变速以及电动汽车的控制,从而使上述控制获得加速平稳、快速响应的性能,并同时收到节约电能的效果。通常用直流斩波器代替变阻器调速可节约 20%～30% 的电能。直流斩波不仅能起调压的作用,同时还能起到有效抑制网侧谐波电流的作用。

直流斩波电路是将直流电能转换成另一固定电压或可调电压的直流电能的直流/直流(DC/DC)变换电路,本章主要讲述由全控型器件组成的斩波电路的工作原理和控制方式,并对一些典型的斩波电路进行分析。本章总的要求:了解 DC/DC 变换的主要形式;深刻理解斩波电路的工作原理和控制方式;掌握降压斩波电路、升压斩波电路和复合斩波电路等典型电路。本章的重点是斩波电路控制方式及斩波电路拓扑结构。

10.3.1　斩波电路的基本工作原理与控制方式

最基本的斩波电路如图 10-76(a)所示,斩波器负载为电阻 R,在图中将电力电子器件看作是理想开关 S。当 S 闭合时,直流电压加在 R 上,持续时间为 t_{on}。当 S 断开时,负载上的电压为 0,并持续 t_{off} 时间,那么 $T = t_{on} + t_{off}$ 为斩波器的工作周期,斩波器的输出波形如图 10-76(b)所示。若定义斩波器的导通比 $k = \dfrac{t_{on}}{T}$,则由波形图上可得输出电压平均值为

$$U_0 = \frac{1}{T}\int_0^{t_{on}} u_0 \, \mathrm{d}t = \frac{t_{on}}{T} U_d = k U_d \tag{10-103}$$

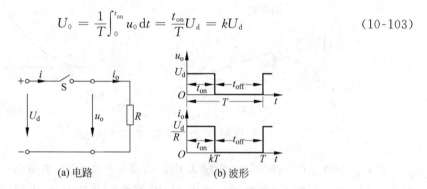

(a) 电路　　　　　　　　(b) 波形

图 10-76　基本的降压斩波电路及波形

其输出电压有效值为

$$U = \left(\frac{1}{T}\int_0^{kT} u_0^2 \, \mathrm{d}t \right)^{\frac{1}{2}} = \sqrt{k}\, U_d \tag{10-104}$$

若认为斩波器是无损的,则输入功率 P_i 应与输出功率相等,即

$$P_i = \frac{1}{T}\int_0^{kT} u_0 i \, \mathrm{d}t = \frac{1}{T}\int_0^{kT} \frac{u_0^2}{R} \, \mathrm{d}t = k \frac{U_d^2}{R} \tag{10-105}$$

从直流电源侧看的等效电阻 R_i 为

$$R_i = \frac{U_d}{I_0} = \frac{U_d}{\dfrac{k U_d}{R}} = \frac{R}{k} \tag{10-106}$$

从式(10-105)可知,当导通比 k 从 0 变到 1 时,输出电压平均值从 0 变到 U_d,其等效电阻也随着 k 而变化。

导通比 k 的改变可以通过调节开关导通时间 t_{on} 或开关导通周期 T 来实现,进而对输出电压平均值进行调制。据此通常将斩波器的工作方式分为三种:

(1) 保持开关导通周期 T 不变,调节开关导通时间 t_{on},称为脉冲宽度调制(Pulse Width Modulation,PWM)或脉冲调宽型。

（2）保持开关导通时间 t_{on} 不变，调节开关导通周期 T，称为频率调制或调频型。

（3）t_{on} 和 T 都可调，使工作频率改变，称为混合型。

其中第（1）种方式应用最多。

当斩波器带感性负载时应采用图 10-77 所示电路。图 10-76 和图 10-77 均是降压斩波器。但也可以按图 10-78(a) 所示的接线方式构成基本的升压斩波电路。

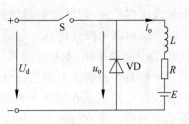

图 10-77 带感性负载时斩波电路

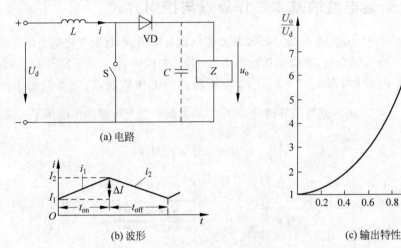

(a) 电路

(b) 波形

(c) 输出特性

图 10-78 基本的升压斩波电路

在开关 S 接通的 t_{on} 时间内，电感 L 中的电流 i 直线上升，能量储存于电感中。在 S 断开的 t_{off} 时间里，电感中的能量通过二极管 VD 转换到负载中去，电感中的电流下降。所以在一个工作周期内通过电感中的电流波形如图 10-78(b) 所示。

在 t_{on} 时间里，开关 S 接通，有

$$u_{L} = U_{d} = L\frac{\mathrm{d}i}{\mathrm{d}t}$$

对上式积分，得电感上的峰-峰脉动电流为

$$\Delta I = \frac{U_{d}}{L}t_{on} \tag{10-107}$$

在 t_{off} 时间间隔里，开关 S 关断，且输出电压保持恒定的 U_{0}，于是有

$$(U_{0} - U_{d})t_{off} = L\Delta I$$

考虑式（10-107），得

$$U_{0} = \frac{U_{d}}{1 - k} \tag{10-108}$$

因此由式（10-108）可知，随着 k 的增加，输出电压将超出电源电压 U_{d}。当 $k=0$ 时，输出电压为 U_{d}；当 $k \rightarrow 1$ 时，输出电压将变得非常大，如图 10-78(c) 的输出特性所示。

利用升压斩波电路可以实现两个直流电源之间的能量交换，如图 10-79(a) 所示。该电路工作于两种模式，如图 10-79(b) 所示。

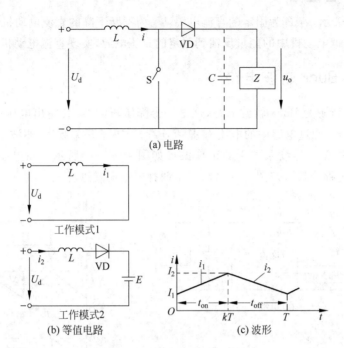

图 10-79　能量传输原理说明

1. 工作模式 1（S 接通）

$$U_d = L \frac{di_1}{dt}$$

所以

$$i_1(t) = \frac{U_d}{L}t + I_1 \qquad (10\text{-}109)$$

其中，I_1 为工作模式 1 时的初始电流。在这期间，电感中电流必须上升，故必要条件为

$$\frac{di}{dt} > 0 \quad \text{或} \quad U_d > 0 \qquad (10\text{-}110)$$

2. 工作模式 2（S 断开）

$$U_d = L \frac{di_2}{dt} + E$$

所以

$$i_2(t) = \frac{U_d - E}{L}t + I_2 \qquad (10\text{-}111)$$

其中，I_2 为工作模式 2 时的初始电流。在这期间，电感中的电流必须下降，故其必要条件为

$$\frac{di_2}{dt} < 0 \quad \text{或} \quad U_d < E \qquad (10\text{-}112)$$

若式（10-112）不被满足，则电流将继续上升，直到破坏为止。考虑式（10-110）和式（10-112）的条件，则有

$$0 < U_d < E \qquad (10\text{-}113)$$

式(10-113)表示,若 E 为固定的直流电源,U_d 为不断下降的直流电动机的电压,则通过适当的控制就能把电动机中的能量反馈到固定的直流电源,实现直流电动机的再生制动。

10.3.2　Buck 斩波电路

图 10-80(a)所示为 Buck 斩波电路,这是一个降压斩波器,其输出电压平均值 U_0 总是小于输入电压 U_d。通过电感中的电流 i_L 是否连续,取决于开关频率、滤波电感 L 和电容 C 的数值,在电感电流 i_L 连续条件下的工作波形如图 10-80(c)所示。在电感电流连续条件下,其稳态工作过程分析可按图 10-80(b)所示两种电路模式进行。

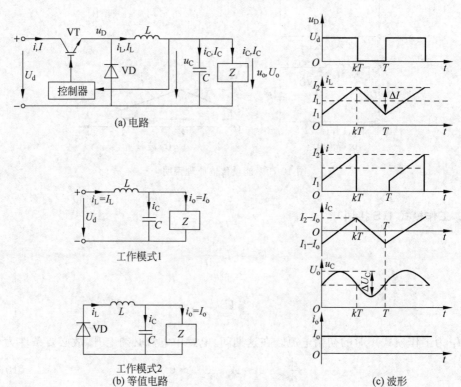

图 10-80　Buck 电路及波形

1. 工作模式 1($0 \leqslant t \leqslant t_{on} = kT$)

$t=0$ 时刻,VT 管受到激励导通,VD 管中电流迅速地转换到 VT 管,这时电感上的电压为

$$u_L = L \frac{\mathrm{d} i_L}{\mathrm{d} t} \tag{10-114}$$

若假定在这期间的 U_0 不变,电感电流按直线规律从 I_1 上升到 I_2,则有

$$U_d - U_0 = L \frac{I_2 - I_1}{t_{on}} = L \frac{\Delta I}{t_{on}} \tag{10-115}$$

$$t_{on} = \frac{(\Delta I) L}{U_d - U_0} \tag{10-116}$$

2. 工作模式 2($t_{on} \leqslant t \leqslant T$)

在 $t = t_{on}$ 时刻将 VT 管关断，VT 管中电流 i 迅速地转换到 VD 中去。这时若仍假定在此期间电感中电流 i_L 按直线规律从 I_2 下降到 I_1，则有

$$U_0 = L \frac{\Delta I}{t_{off}} \tag{10-117}$$

或

$$t_{off} = \frac{(\Delta I) L}{U_0} \tag{10-118}$$

其中，ΔI 为电感的峰-峰脉动电流。考虑到式(10-115)和式(10-117)，则有

$$\Delta I = \frac{(U_d - U_0) t_{on}}{L} = \frac{U_0 t_{off}}{L}$$

将 $t_{on} = kT$，$t_{off} = (1-k)T$ 代入上式得

$$U_0 = k U_d \tag{10-119}$$

式(10-119)表明 Buck 电路的输出电压平均值与 k 成正比，k 从 0 变到 1，输出电压从 0 变到 U_d，且输出电压最大值不超过 U_d。

若假定 Buck 电路为无损的，则有

$$U_d I = U_0 I_0 = k U_d I_0$$

即

$$I = k I_0 \tag{10-120}$$

10.3.3　Boost 斩波电路

图 10-81(a)所示为 Boost 斩波电路。它是一种升压斩波电路，其输出电压平均值将超过电源电压 U_d，其电路的工作波形如图 10-81(c)所示。

在电感电流连续的条件下，电路工作过程按照图 10-81(b)所示的两种电路模式进行。

1. 工作模式 1($0 \leqslant t \leqslant t_{on} = kT$)

在 $t = 0$ 时刻，VT 导通，电感中的电流按直线规律上升，则有

$$U_d = L \frac{I_2 - I_1}{t_{on}} = L \frac{\Delta I}{t_{on}} \tag{10-121}$$

或

$$t_{on} = \frac{(\Delta I) L}{U_d} \tag{10-122}$$

2. 工作模式 2($t_{on} \leqslant t \leqslant T$)

在 $t = t_{on}$ 时刻，VT 管断开。若假定在这期间的电感电流仍按直线规律从 I_2 降到 I_1，则有

$$U_0 - U_d = L \frac{\Delta I}{t_{off}} \tag{10-123}$$

或

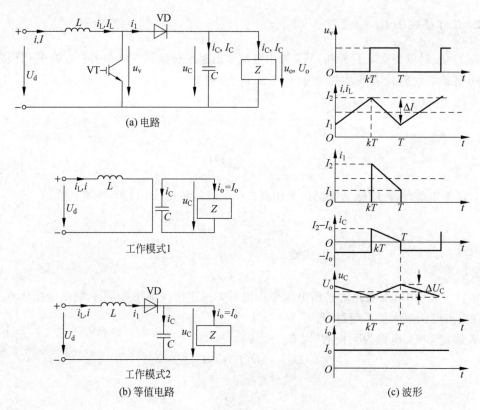

(a) 电路

工作模式1

工作模式2

(b) 等值电路

(c) 波形

图 10-81 Boost 电路及其波形

$$t_{off} = \frac{(\Delta I)L}{U_0 - U_d} \tag{10-124}$$

考虑到式(10-121)和式(10-123),则有

$$\Delta I = \frac{U_d t_{on}}{L} = \frac{(U_0 - U_d)t_{off}}{L} \tag{10-125}$$

将 $t_{on} = kT, t_{off} = (1-k)T$ 代入上式得

$$U_0 = \frac{U_d}{1-k} \tag{10-126}$$

式(10-126)表明,Boost DC/DC 变换器是一个升压斩波电路。当 k 从 0 趋近于 1 时,U_0 从 U_d 变到任意大。

同前面的分析一样,可求得

$$I = \frac{I_0}{1-k} \tag{10-127}$$

10.3.4 Buck-Boost 斩波电路和 Cuk 斩波电路

1. Buck-Boost 斩波电路

图 10-82(a)所示为 Buck-Boost 斩波电路,这是降压-升压混合电路。其输出电压可以小于输入电压,也可以大于它,而输出电压极性与输入电压的极性相反。其工作波形如

图 10-82(c)所示。

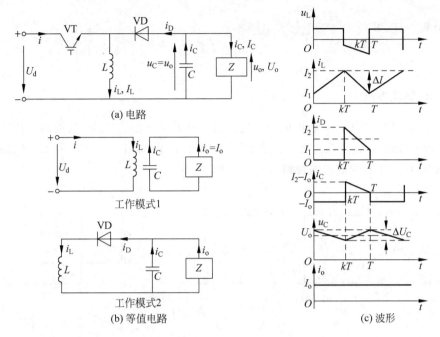

图 10-82　Buck-Boost 电路及其波形

在电感电流 i_L 连续条件下,Buck-Boost 电路工作过程按照图 10-82(b)所示的两种模式进行。

1) 工作模式 1$(0{\leqslant}t{\leqslant}t_{\text{on}}{=}kT)$

在 $t=0$ 时刻,VT 管导通,VD 管反偏置关断,输入电流 i 通过电感 L,并在这个期间按直线规律从 I_1 上升到 I_2,则有

$$U_{\text{d}} = L\frac{I_2 - I_1}{t_{\text{on}}} = L\frac{\Delta I}{t_{\text{on}}} \tag{10-128}$$

或

$$t_{\text{on}} = \frac{(\Delta I)L}{U_{\text{d}}} \tag{10-129}$$

2) 工作模式 2$(t_{\text{on}}{\leqslant}t{\leqslant}T)$

在 $t=t_{\text{on}}$时刻,关断 VT 管,电感中的电流通过负载和电容 C 流动,负载电压极性与输入的相反。在这个期间,若认为电感电流仍按直线规律从 I_2 降到 I_1,则有

$$U_0 = -L\frac{\Delta I}{t_{\text{off}}} \tag{10-130}$$

或

$$t_{\text{off}} = -\frac{(\Delta I)L}{U_0} \tag{10-131}$$

考虑到式(10-128)和式(10-130),电感的峰-峰脉动电流为

$$\Delta I = \frac{U_{\text{d}}t_{\text{on}}}{L} = \frac{-U_0 t_{\text{off}}}{L}$$

将 $t_{\text{on}}{=}kT$,$t_{\text{off}}{=}(1{-}k)T$ 代入上式,则输出电压平均值为

$$U_o = + \frac{U_d k}{1-k} \tag{10-132}$$

同前面分析一样,可得

$$I = \frac{I_0 k}{1-k} \tag{10-133}$$

2. Cuk 斩波电路

图 10-83(a)所示为 Cuk 斩波电路。这也是一种升降压混合电路,其输出电压极性与输入电压的极性相反。在负载电流连续条件下,其工作波形如图 10-83(c)所示。电路的稳态工作可按图 10-83(b)所示的两种模式进行分析。

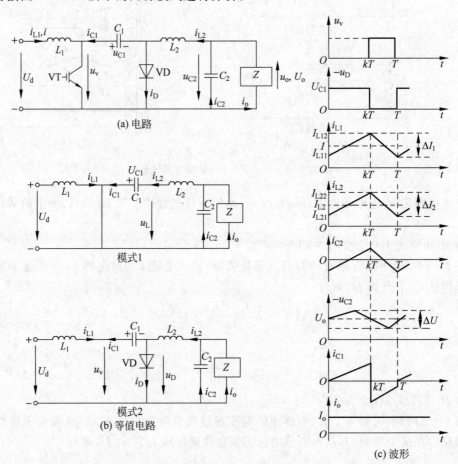

图 10-83　Cuk 电路及其波形

1) 工作模式 1($0 \leqslant t \leqslant t_{\text{on}} = kT$)

在 $t=0$ 时刻,VT 管导通,电感 L_1 中的电流 i_{L1} 线性增长(从 I_{L11} 到 I_{L12}),即有

$$U_d = L_1 \frac{I_{L12} - I_{L11}}{t_{\text{on}}} = L_1 \frac{\Delta I_1}{t_{\text{on}}} \tag{10-134}$$

或

$$t_{on} = \frac{(\Delta I_1)L_1}{U_d} \tag{10-135}$$

在这期间,电容 C_1 上的电压使 VD 管反偏置,而通过负载和电感 L_2 传输能量,负载获得反极性电压。在该电路中,VT 管和二极管 VD 的工作是同步的,即 VT 管导通,VD 截止;VT 管截止,VD 则导通。

2)工作模式 $2(t_{on} \leqslant t \leqslant T)$

在 $t = t_{on}$ 时刻,VT 管关断,VD 导通,电容 C_1 被充电,L_1 中的电流 i_{L1} 下降。若假定其下降规律符合直线变化(从 I_{L11} 到 I_{L12}),则有

$$U_d - U_{C1} = L_1 \frac{\Delta I_1}{t_{off}} \tag{10-136}$$

或

$$t_{off} = \frac{(\Delta I_1)L_1}{U_d - U_{C1}} \tag{10-137}$$

其中 U_{C1} 为电容 C_1 上的平均电压值。考虑式(10-134)和式(10-136),则有

$$\Delta I_1 = \frac{U_d t_{on}}{L_1} = \frac{(U_d - U_{C1})t_{off}}{L_1}$$

将 $t_{on} = kT$,$t_{off} = (1-k)T$ 代入上式,则电容 C_1 上的电压平均值为

$$U_{C1} = U_d \left(1 - \frac{t_{on}}{t_{off}}\right) = \frac{U_d(1-2k)}{1-k} \tag{10-138}$$

现考虑电感 L_2 中电流变化的情况,仍假定电感 L_2 中的电流变化也是按线性规律进行的且连续,则在$[0,kT]$期间有

$$U_{C1} - U_0 = L_2 \frac{I_{L22} - I_{L21}}{t_{on}} = L_2 \frac{\Delta I_2}{t_{on}} \tag{10-139}$$

或

$$t_{on} = \frac{(\Delta I_2)L_2}{U_{C1} - U_0} \tag{10-140}$$

在$[kT,T]$期间有

$$U_0 = -L_2 \frac{\Delta I_2}{t_{off}} \tag{10-141}$$

$$t_{off} = -\frac{(\Delta I_2)L_2}{U_0} \tag{10-142}$$

由式(10-139)和式(10-141)可得

$$\Delta I_2 = \frac{(U_{C1} - U_0)t_{on}}{L_2} = -\frac{U_0 t_{off}}{L_2} \tag{10-143}$$

将 $t_{on} = kT$,$t_{off} = (1-k)T$ 代入上式,得

$$U_{C1} = -\frac{U_0(1-2k)}{k} \tag{10-144}$$

令式(10-138)等于式(10-144),得

$$U_0 = -\frac{kU_d}{1-k} \tag{10-145}$$

式(10-145)的结果与 Buck-Boost 电路是一样的。按前述相同的方法,可求得

$$I = \frac{kI_0}{1-k} \qquad (10\text{-}146)$$

Cuk 电路是借助电容来传输能量的,而 Buck-Boost 电路是借助电感来传输能量的。当 VT 管导通时,两个电感的电流都要通过它,因此通过 VT 管的峰值电流比较大。因为 Cuk 电路是通过 C_1 传输能量,所以电容 C_1 中的脉动电流也比较大。

10.3.5　复合斩波电路

在直流电动机的斩波控制中,常常需要使电动机正转和反转,即电动运行和再生制动。上述降压斩波器是在第 I 象限工作,而升压斩波器则在第 II 象限工作。在从电动状态到再生制动状态切换时,可以通过改变电路连接方式来实现,但在要求快速响应的情况下,就需要用门极信号平稳地从电动过渡到再生,使电压和电流都是可逆的。复合斩波器是将基本的降压和升压斩波器组合起来,组成在两象限工作的电流可逆斩波器,或能够在 IV 象限工作的桥式可逆斩波器。

1. 电流可逆斩波电路

图 10-84(a)给出了电流可逆斩波电路的原理。在该电路中,VT_1 和 VD_1 构成降压斩波电路,由电源向直流电动机供电,电动机为电动运行,工作于第 I 象限;VT_2 和 VD_2 构成升压斩波电路,把直流电动机的动能转变为电能反馈到电源,使电动机作再生制动运行,工作于第 II 象限。需要注意的是,若 VT_1 和 VT_2 同时导通,将导致电源短路,进而会损坏电路中的开关器件或电源,因此必须防止出现这种情况。

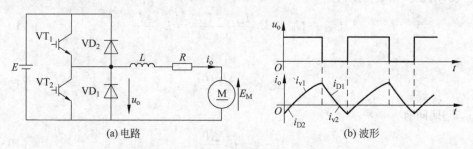

图 10-84　电流可逆斩波电路及其波形

当电路只作降压斩波器运行时,VT_2 和 VD_2 总处于断态;只作升压斩波器运行时,VT_1 和 VD_1 总处于断态。两种工作情况与前面讨论过的完全一样。此外,该电路还有第三种工作方式,即在一个周期内交替地作为降压斩波电路和升压斩波电路工作。在这种工作方式下,当降压斩波电路或升压斩波电路的电流断续为 0 时,使另一个斩波电路工作,让电流反方向流过,这样电动机电枢回路总有电流流过。例如,当降压斩波电路的 VT_1 关断后,由于积蓄的能量少,经一段时间电抗器 L 的储能即释放完毕,电枢电流为 0。这时使 VT_2 导通,由于电动机反电动势 E_M 的作用使电枢电流反向流过,电抗器 L 积蓄能量。待 VT_2 关断后,由于 L 积蓄的能量和 E_M 共同作用使 VD_2 导通,向电源反送能量。当反向电流变为 0,即 L 积蓄的能量释放完毕时,再次使 VT_1 导通,又有正向电流流通,如此循环,两个斩波电路交替工作。图 10-84(b)给出的就是这种工作方式下的输出电压、电流波形,图中在

负载电流 i_o 的波形上还标出了流过各器件的电流。

2. 桥式可逆斩波电路

电流可逆斩波电路虽可使电动机的电枢电流可逆,实现电动机的两象限运行,但其所能提供的电压极性是单向的。当需要电动机进行正、反转以及可电动又可制动的场合,就必须将两个电流可逆斩波电路组合起来,分别向电动机提供正向和反向电压,这就组成为如图 10-85 所示的桥式可逆斩波电路。

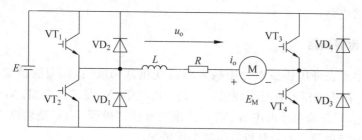

图 10-85 桥式可逆斩波电路

当使 VT_4 保持通态时,该斩波电路等效为图 10-84(a)所示的电流可逆斩波电路,向电动机提供正电压,可使电动机工作于第 I 、II 象限,即正转电动和正转再生制动状态。此时需防止 VT_3 导通造成电源短路。

当使 VT_2 保持为通态时,VT_3、VD_3 和 VT_4、VD_4 等效为又一组电流可逆斩波电路,向电动机提供负电压,可使电动机工作于第 III、IV 象限。其中 VT_3 和 VD_3 构成降压斩波电路,向电动机供电使其工作于第 III 象限即反转电动状态,而 VT_4 和 VD_4 构成升压斩波电路,可使电动机工作于第 IV 象限,即反转再生制动状态,此时也同样不能让 VT_1 导通,以防电源短路。

10.3.6 带隔离变压器的 DC/DC 变换电路

前面几节介绍的 DC/DC 变换电路都是不隔离的直接变换电路,根据使用要求,许多场合需要带隔离变压器的 DC/DC 变换电路,其结构如图 10-86 所示。由于电路中增加了交流环节,也称为直—交—直变换电路。

图 10-86 带隔离变压器的 DC/DC 变换电路结构

需要采用这种隔离型结构的电路来实现 DC/DC 变换的原因如下:

(1)输出端和输入端需要隔离。

(2)某些应用中的多路输出之间需要彼此隔离。

(3)输出电压与输入电压的比值远小于 1 或者远大于 1。

(4)交流环节采用较高的工作频率,可以减小变压器和滤波电感、电容的体积和重量。为了减小环境噪声,交流环节的工作频率应高于 20kHz 这一人耳的听觉极限,一般工作在几百千赫兹到几千千赫兹。

由于电路的工作频率较高，因此逆变电路采用全控型器件，而整流电路通常采用快恢复二极管或通态压降比较低的肖特基二极管。在低电压输出电路中，还采用低导通电阻的MOSFET构成同步整流电路，以进一步降低损耗。

隔离型 DC/DC 变换电路分为单端（Single End）和双端（Double End）电路两大类。其中，单端电路的变压器中流过的电流是脉动直流电，而双端电路的变压器中流过的电流为正负对称的交流电。单端电路有单端正激变换器和单端反激变换器；双端电路有半桥电路、全桥电路和推挽电路。

1. 单端正激变换器

单端变换器是在降压斩波电路中插入隔离变压器构成的，典型的单端正激变换器如图 10-87 所示。图中变压器有三个绕组，N_1 是一次绕组，N_2 是二次绕组，N_3 是复位绕组，L 是输出滤波电感，C 是输出滤波电容，VD_1 是输出整流二极管，VD_2 是续流二极管，VD_3 是复位绕组的串联二极管。下面分析电路的工作情况。

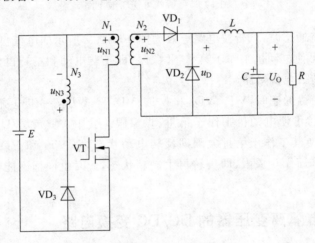

图 10-87　单端正激变换器电路

电路中开关管 VT 按 PWM 控制方式工作。当 VT 开通时，直流电源电压 E 加到变压器一次绕组 N_1 上，N_1 中电流 i_{N1} 线性上升（因一次侧电压恒定），变压器铁心磁通 Φ 增加，在二次绕组 N_2 中感应出上正下负的电动势，使二极管 VD_1 导通，VD_2 截止，电感 L 储能，流经其电流逐渐增大，变压器向负载提供能量。这期间复位绕组 N_3 感应出负电压（下正上负），VD_3 截止。当 VT 关断时，变压器一次绕组 N_1 极性变为下正上负，二次绕组 N_2 极性也随之发生变化（变为下正上负），二极管 VD_1 关断，电感 L 的电流因不能突变而经 VD_2 续流，电感 L 放能，流经其电流逐渐减小。VT 关断期间，变压器中储存的能量经绕组 N_3（极性变为上正下负）和复位二极管 VD_3 回馈到电源。下面结合图 10-88 分析各阶段的波形。

在 $t=0$ 时刻，给 VT 施加控制信号 u_{be}，则 VT 导通。电源电压 E 作用到变压器绕组 N_1 上，即 $u_{N1}=E$，变压器一次电流线性增加，铁心磁化，铁心磁通 Φ 也随电流 i_{N1} 线性增加，电感 L 中的电流 i_L 等于变压器二次电流 i_{N2}（与 i_{N1} 成正比）也线性增加，直到 t_1 时刻 VT 关断为止。所以，在 $0\sim t_1$ 区间，磁通 Φ、电流 i_{N1}、电流 i_L 都是线性上升，而复位绕组电流 i_{N3}

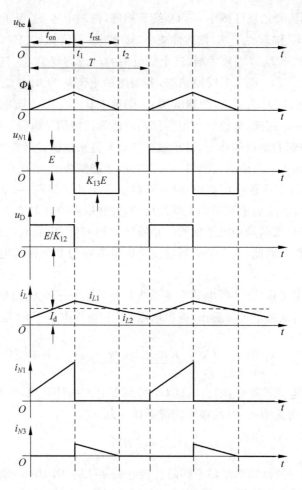

图 10-88　单端正激变换器电流连续时的波形

等于 0，二极管 VD_2 两端电压 u_D 则等于二次电压 u_{N2}。

$$u_{N2} = \frac{N_2}{N_1} E = \frac{E}{K_{12}} \tag{10-147}$$

式中，$K_{12} = N_1/N_2$ 是变压器一次绕组和二次绕组的匝数比。

在 t_1 时刻，去掉 VT 的控制信号 u_{be}，VT 立刻关断。流过一次绕组和二次绕组的电流变为 0。此时变压器通过复位绕组感生出上正下负的电压，使二极管 VD_3 导通，复位绕组 N_3 经二极管 VD_3 把变压器的能量回馈到电源 E。复位绕组 N_3 上的电压为

$$u_{N3} = -E \tag{10-148}$$

这样，一次绕组和二次绕组上的电压分别为

$$u_{N1} = -K_{13}E \tag{10-149}$$

$$u_{N2} = -K_{23}E \tag{10-150}$$

开关管 VT 承受的电压则为

$$u_T = E + u_{N1} = E + (N_1/N_3)E \tag{10-151}$$

式中，$K_{13} = N_1/N_3$ 是变压器一次绕组和复位绕组的匝数比；$K_{23} = N_2/N_3$ 是变压器二次绕组和复位绕组的匝数比。此时 VD_1 在电压 u_{N2} 的作用下处于截止状态，滤波电感电流 i_L 经

续流二极管 VD_2 续流开始线性减小。VD_2 续流期间,两端电压 u_D 等于 0。

在 $t_1 \sim t_2$ 区间,i_{N1} 和 i_{N2} 为 0,i_{N3} 则线性减小,u_{N1} 和 u_{N2} 的值如式(10-149)和式(10-150)所示。到 t_2 时刻,i_{N3} 减小为 0,VD_3 关断,三个绕组中的电流均变为 0。这期间使变压器的剩磁变为 0(即消磁)。从 t_2 到一个周期结束,各绕组的电流均为 0,各绕组上的电压也为 0,VT 仍处于关断状态,VD_2 仍续流,两端电压 u_D 仍等于 0。从下一个周期开始,电路重复上述过程。正是在 $t_1 \sim t_2$ 区间,复位绕组把变压器的能量回馈到了电源,才使得变压器不存在剩磁,所以复位绕组起着消磁的作用,对单端正激变换器来说这是必需的。

由于励磁电流在 VT 关断后需经过一段时间后才能降为 0,因此在周期性控制中,如果在励磁电流未降为 0(变压器存在剩磁)时就开始下一个开关周期,则励磁电流就会在上一个周期结束时所对应的励磁电流基础上继续增加,并在以后的开关周期内依次累计,变得越来越大,最终导致变压器的励磁电感饱和。励磁电感饱和后,励磁电流会迅速增加,最终损坏电路中的开关器件。因此,在 VT 关断后使励磁电流降为 0 是保证电路正常工作的必要条件。

当电路处于稳定工作状态时,电感 L 两端电压平均值等于 0,输出电压 U_0 与 VD_2 两端电压 u_D 平均值相等,从波形可以看出,输出电压 U_0 和输入电压 E 的关系为

$$\frac{U_0}{E} = \frac{\dfrac{E}{K_{12}} \dfrac{t_{on}}{T}}{E} = \frac{N_2}{N_1} \frac{t_{on}}{T} \tag{10-152}$$

如果输出电感电流不连续,输出电压 U_0 将高于上式的计算值,并随负载减小而增大。在负载为 0(电阻 R 为无穷大)时的极限情况下,U_0 为

$$U_0 = \frac{N_2}{N_1} E \tag{10-153}$$

如果需要正激变换器输出多路不同的直流电压,可以在图 10-87 所示电路中的变压器二次侧增加几个不同匝数的绕组,调整与一次侧的匝数比可以使输出电压高于 E 或低于 E,这是隔离型斩波电路的优点。

除了采用复位绕组外,正激变换器还可以采用其他磁复位电路,如一次侧并联 RCD 网络、加入谐振电路等。上述电路中的开关管 VT 承受的正向电压较高,为降低其承受的电压,可以采用双管钳位式正激变换器。

2. 双管正激变换器

双管正激变换电路如图 10-89 所示。全控型器件 VT_1 和 VT_2 同时通断,当 VT_1 和 VT_2 同时导通时,变压器绕组 N_1 产生上正下负的电压,二极管 VD_1 和 VD_2 反向偏置截止,变压器二次绕组 N_2 中产生感应电动势,形成上正下负的电压,使得 VD_3 导通,VD_4 关断,能量从一次侧传递到二次侧,供给 L、R、C。在此期间,变压器的励磁电流线性增加。当 VT_1 和 VT_2 同时关断时,在变压器励磁电流的作用下,变压器绕组 N_1 产生上负下正的电压,二极管 VD_1 和 VD_2 导通,变压器励磁电流经二极管 VD_1 和 VD_2 续流开始逐渐减小,同时二次侧产生感应电动势,形成上负下正的电压,使得 VD_3 关断,电感电流经 VD_4 续流,由电感供给负载能量。当励磁电流减小为 0 时,二极管 VD_1 和 VD_2 截止。

与单端正激变换器相比,双管正激变换器有如下特点:

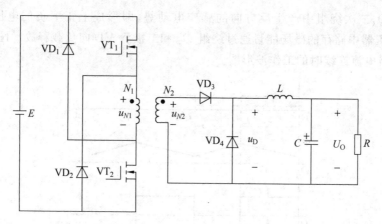

图 10-89　双管正激变换电路

（1）增加了一个主开关管 VT_2，去掉了复位绕组。

（2）两个开关管同时通断，工作原理与单端正激变换器相似。

（3）开关管关断时，变压器一、二次绕组极性均为下正上负，励磁电流通过 N_1、VD_1 和 VD_2 流回电源，并逐渐下降到 0，使磁心复位。

（4）由于 VD_1 和 VD_2 的钳位作用，VT_1、VT_2 关断时承受的最大电压均为 E，比单端正激变换器开关管承受的电压降低了很多。

3. 单端反激变换器

典型的单端反激变换器如图 10-90 所示。回顾前面的升降压斩波电路可以发现，反激变换器是在该电路的基础上派生而来，即用变压器代替了电感。图中变压器的一次绕组 N_1 与二次绕组 N_2 的同名端相反，故二极管 VD 的接法相反，C 是输出滤波电容。与正激电路不同，反激电路中没有了磁通复位绕组和输出电感，变压器起储能元件的作用，相当于一对互相耦合的电感。下面分析其工作原理。

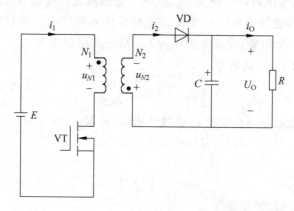

图 10-90　单端反激变换器电路

采用 PWM 控制方式。当全控型器件 VT 开通时，变压器一次绕组 N_1 有电流流通，并有上正下负的电压，变压器二次绕组 N_2 的同名端耦合出同样极性（下正上负）的电压，二极管 VD 截止，流过绕组 N_1 的电流 i_1 线性增大，电感储存能量。当全控型器件 VT 关断时，

电流 i_1 变为 0,二次绕组中产生反方向的感应电动势,即形成上正下负的电压,使二极管 VD 导通,变压器中储存的磁场能量通过绕组 N_2 和二极管 VD 向负载释放。图 10-91 是单端反激变换器电流连续时的工作波形图。

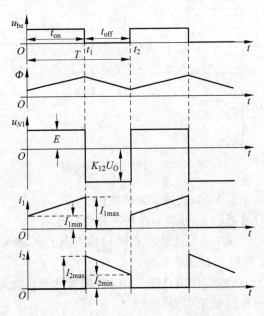

图 10-91   单端反激变换器电流连续时的波形

假设电路已处于稳定工作状态。在 $t=0$ 时刻,给全控型器件 VT 施加控制信号 u_{be},VT 导通。电源电压 E 作用到变压器绕组 N_1 上,即 $u_{N1}=E$,变压器铁心磁化,铁心磁通 Φ 开始增加,变压器二次绕组 N_2 上的感应电压为

$$u_{N2} = -\frac{N_2}{N_1}E = -\frac{E}{K_{12}} \qquad (10\text{-}154)$$

式中,$K_{12}=N_1/N_2$ 是变压器一次绕组和二次绕组的匝数比。在该电压的作用下,整流二极管 VD 截止,负载 R 由滤波电容器 C 供电。此时变压器的二次绕组相当于开路,只有一次绕组在工作,相当于一个电感,设其电感量为 L_1,则一次绕组电流 i_1 从 I_{1min} 开始线性增加,在 t_1 时刻达到最大值 I_{1max},其值为

$$I_{1max} = I_{1min} + \frac{E}{L_1}t_{on} \qquad (10\text{-}155)$$

在 $0\sim t_1$ 期间,磁通随一次电流 i_1 也线性增加,根据

$$U = N \times (d\Phi/dt)$$

有

$$d\Phi = (1/N)U dt$$

故有 VT 导通期间磁通增量为

$$\Delta\Phi_1 = (1/N_1)Et_{on} \qquad (10\text{-}156)$$

在 t_1 时刻,去掉 VT 的控制信号 u_{be},VT 立刻关断。一次绕组变为开路,二次绕组的感应电动势反向,使 VD 导通,储存在变压器中的磁场能量经 VD 释放,一方面为负载 R 供电,另一方面给电容 C 充电。此时变压器只有二次绕组工作,相当于一个电感,设其电感量为

L_2，二次绕组上的电压为 $u_{N2}=U_0$，二次绕组电流 i_2 从 I_{2max} 线性下降，在 t_2 时刻达到最小值 I_{2min}，且

$$I_{2min} = I_{2max} - \frac{U_0}{L_2}t_{off} \tag{10-157}$$

在 $t_1 \sim t_2$ 期间，磁通随着二次电流 i_2 线性减小，其减小量为

$$\Delta\Phi_2 = (1/N_2)U_0 t_{off} \tag{10-158}$$

由于稳态时变压器铁心的磁通在导通和关断时总的变化量为 0，因此可以得到

$$\frac{U_0}{E} = \frac{N_2}{N_1}\frac{t_{on}}{t_{off}} \tag{10-159}$$

到 t_2 时刻，再一次控制 VT 导通，则电路重复上述过程。

如果电路工作在电流断续模式时，即 VT 再一次开通前，绕组 N_2 的电流已经降为 0，这时各个量的波形如图 10-92 所示。电流断续时，二次绕组电流减小到 0 的时间缩短为 $(t_2 - t_1)$，小于 VT 的关断时间 t_{off}，电路的输出电压 U_0 将高于式（10-159）的计算值。随着负载的减小，U_0 增大，在负载开路的极限情况下，$U_0 \to \infty$，将损坏电路中的器件，因此反激电路不应工作于负载开路的状态。

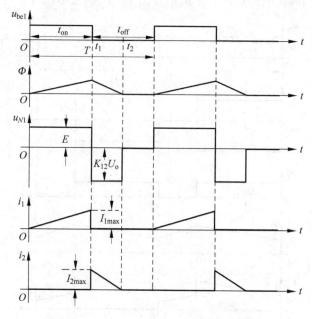

图 10-92　单端反激变换器电流断续时的波形

4．半桥变换器

半桥式变换器是在单端正激变换电路的基础上在变压器二次增加了反向续流通道，使变压器在正负半波都能向负载传送能量。为此，在变压器一次侧用两个开关器件分别进行控制，使变压器一次绕组流过两个方向的电流，因而去掉了复位绕组，属于双端变换电路。电路如图 10-93 所示，仍然采用 PWM 控制方式。

图 10-93 中，变压器一次侧的两个端子分别与电容器 C_1、C_2 和全控型器件 VT_1、VT_2 的中性点相连；变压器二次绕组带有中心抽头，构成全波整流电路。变压器二次绕组 N_2 和

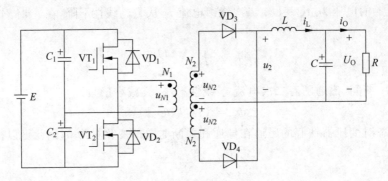

图 10-93 隔离型半桥变换电路

一次绕组 N_1 的匝数比为 $K = N_2/N_1$。设两个电容器的容量相同,则电容器中点的电压为 $E/2$。VT_1、VT_2 交替导通,在变压器一次侧形成幅值为 $E/2$ 的交变电压,改变 VT_1、VT_2 的导通占空比就可以改变二次侧电压 u_{N2} 的值,也就改变了输出电压 U_0。为了避免上下两个开关同时导通而造成短路,每个开关各自的占空比不能超过 50%,且要留有足够的裕量,这样就出现了两者同时关断的情况。下面结合图 10-94 的波形图分析电路的工作原理。

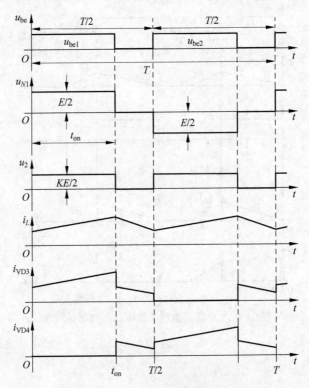

图 10-94 半桥式变换器波形图

在 $t = 0$ 时刻,VT_1 开通,VT_2 关断,变压器一次绕组 N_1 两端的电压 $u_{N1} = E/2$,变压器二次绕组 N_2 的感应电压为 $u_{N2} = KE/2$,二极管 VD_3 承受正向电压导通,VD_4 承受反向电压截止。因此,电感 L 两端的电压为

$$u_L = KE/2 - U_0 \tag{10-160}$$

由于 $u_{N1} > 0$，所以电感电流增大，其增量为

$$\Delta i_{L(+)} = \int_0^{t_{on}} \frac{KE/2 - U_0}{L} dt = \frac{KE/2 - U_0}{L} t_{on} \qquad (10\text{-}161)$$

在 $t = t_{on}$ 时刻，VT_1 关断，VT_2 未开通，变压器一次电流变为 0，二次侧两个整流二极管在电感的作用下（电感释放能量）同时导通，将变压器二次绕组的电压钳在 0 位，即 $u_2 = 0$，变压器一次绕组电压也为 0，即 $u_{N1} = 0$。这样，电感两端电压为 $-U_0$，其中电流线性减小，减小量为

$$\Delta i_{L(-)} = \int_{t_{on}}^{T/2} \frac{U_0}{L} dt = \frac{U_0}{L}\left(\frac{T}{2} - t_{on}\right) \qquad (10\text{-}162)$$

由于当电路处于稳态时，电感 L 的电流在半个周期内的增量为 0，因此由式(10-161)、式(10-162)可得变换器的输出与输入电压比为

$$\frac{U_0}{E} = K\frac{t_{on}}{T} \qquad (10\text{-}163)$$

当电路处于后半个周期时，VT_2 开通，此时 VT_1 仍关断，电路的工作原理与前面相同，这里不再赘述。

上述过程并没有考虑变压器漏感。如果考虑漏感，电路的工作情况会略有不同。下面来分析这种情况，分析时把变压器绕组理解为理想绕组和电感(漏感)的串联。

在 $t = t_{on}$ 时刻，VT_1 关断，由于存在漏感，一次绕组的电流立即转移到二极管 VD_2 上(此时电流的流通路径为 $N_1 \rightarrow C_2 \rightarrow VD_2 \rightarrow N_1$)，此时 $u_{N1} = -E/2$，该电压使得输出二极管 VD_4 导通，VD_3 正处于续流导通状态(也是因为漏感的存在)，由于两个二极管同时导通，将变压器二次绕组电压钳在 0 位，变压器一次绕组电压也为 0。因此，$u_{N1} = -E/2$ 全部作用在漏感上，使得流过一次绕组的电流线性下降，当该电流下降到 0 时，二极管 VD_2 关断，u_{N1} 变为 0。在此期间，电压出现的反向方波是电流减小到 0 所必需的，将其称为复位电压。同样，在电路的后半周期，当 VT_2 关断时也会出现反向的复位电压。

在 $t = T/2$ 时刻，VT_2 开通，VT_1 关断，$u_{N1} = -E/2$，此时一次绕组电流从 0 开始反向上升。由于漏感限制了它的上升率，一次绕组电流小于二次绕组电流折算到一次绕组的电流 $-Ki_L$，因此一次绕组不足以提供负载电流，此时两个整流二极管继续同时导通，将变压器二次绕组电压钳在 0 位，$u_2 = 0$，变压器一次绕组电压也为 0。则 $u_{N1} = -E/2$ 全部作用在漏感上，使得流过变压器一次绕组的电流线性增加，当达到 $-Ki_L$ 时，整流二极管 VD_3 关断，滤波电感电流全部流经 VD_4，此时 $u_2 = KE/2$。因此，由于漏感限制了一次绕组电流的上升率，使得一段时间内虽然 $u_{N1} = -E/2$，但 u_2 仍为 0。也就是说，二次绕组丢失了该时间段的电压方波。为了减小复位电压的持续时间，应该尽量减小漏感。

5. 全桥变换器

全桥变换器是在半桥变换器的基础上发展而来。相对于半桥变换器，在隔离变压器一次侧增加了两个开关器件，4 个器件分为两组，VT_1、VT_4 为一组，VT_2、VT_3 为一组，两组电路交替工作，导通时间均为 t_{on}。变压器二次绕组的接法及波形与半桥式变换器相同，电路如图 10-95 所示。

全桥变换器与半桥变换器的分析方法相同，区别仅在于前者的器件是成对导通，加在变压器一次绕组的电压为输入电压 E，因此全桥变换器的输出电压为半桥变换器的 2 倍，即

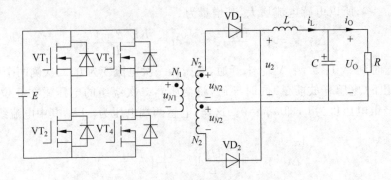

图 10-95　隔离型全桥变换器电路

$$\frac{U_0}{E} = 2K\frac{t_{on}}{T} \tag{10-164}$$

全桥变换器主要应用于工业用电源、焊接电源、电解电源等大功率变换电路中,驱动电路复杂,成本较高,其功率范围在几百瓦到几百千瓦。半桥变换器则用于几百瓦到几千瓦的各种工业用电源、计算机电源等,成本相对较低。正激变换器用于几百瓦到几千瓦的中小功率电源,特点是电路简单、成本低、可靠性高、驱动电路简单,但变压器单相励磁,体积大,利用率低。反激变换器具有正激变换器同样的特点,只是功率范围更小,一般用于几瓦到几十瓦的小功率电子设备、计算机设备的电源等。

10.3.7　DC/DC 变换在电力系统和电源技术中的应用

1. 太阳能光伏发电

太阳能是地球其他各主要能源的最初来源,是一种重要的可再生能源。太阳能的利用方式有热利用(如热水器)、光化学利用和光伏利用等。其中太阳能发电包括热动力(水流和气流)发电和目前普遍采用的光伏(Photovoltagic,PV)发电。PV 发电由太阳能电池实现,太阳能电池单元是光电转换的最小单元,其所能产生的电压较低(Si 电池约为 0.5V/25mA),一般需要将电池单元进行串、并联连接组成太阳能电池组件,众多太阳能电池组件再进行串并联后形成太阳能电池阵列才能实际应用。太阳能发电系统只有在白天有阳光时才能发电,因此系统需要用储能单元将日间发出的电能储存起来以便使发电系统连续供电。太阳能电池阵列发出的电能是直流电,用电设备一般需要交流供电,所以系统中需要有逆变电路将直流电变换为交流电供交流负载使用。典型的太阳能光伏发电系统结构如图 10-96所示。系统由 PV 阵列、DC/DC 变换器、DC/AC 变换器、控制器、蓄电池等组成。DC/DC变换器在 PV 与电网或负载之间建立一个缓冲直流环节,根据网压需求提升或降低 PV 电压,维持直流电压稳定。DC/AC 变换器产生合适的交流电能注入电网。

PV 发电系统可以分为独立和并网发电系统。独立系统不与大电网并网,只在较小范围内给负载供电。并网型 PV 系统与电网连接,利用大电网使供电的稳定性和电能品质得到保证,并且可以取消能量储存环节。

2. 开关电源

所谓开关电源就是指通过控制电力电子开关的通断比对电能的形式进行变换和控制的

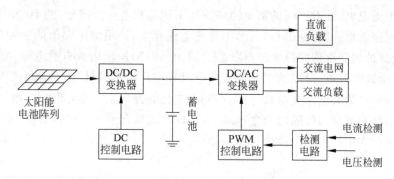

图 10-96　典型太阳能光伏发电系统结构图

变流装置。通常所说的开关电源是专指上述变流装置中的直流电源。开关电源的控制有其专门的集成电路。

开关电源产生之前，主要使用线性稳压电源。由于开关电源具有效率高、稳压范围宽、体积和质量小等特点，目前除了对直流输出电压的纹波要求极高的场合外，开关电源正全面取代线性稳压电源。例如电视机、计算机、各种仪器仪表等小功率场合，开关电源已完全取代了传统的线性电源。通信电源、电镀装置及电焊机等中等容量的电源，开关电源也在逐步取代相控电源。开关电源已经成为直流电源的主要形式，在电子、电气、通信、航空航天、能源、军事及家电等领域是一种应用极其广泛的电力电子装置。

开关电源的组成如图 10-97 所示。交流输入电压经整流滤波电路滤波后，将得到的直流电压供给 DC/DC 变换器，DC/DC 变换器是开关电源的核心，其主电路就是本章介绍的不隔离和带隔离的直流变换器。

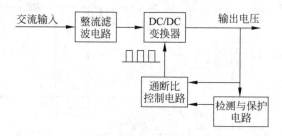

图 10-97　开关电源的组成

10.3.8　蓄电池充电电源

蓄电池广泛应用于电动车辆、通信电源系统、UPS、计算机、手机、各种车辆电源、新能源发电系统和家用电器等场合。各种蓄电池(包括镍镉蓄电池、铅酸蓄电池、镍氢电池、锂离子电池等)容量相差悬殊，其充电电源将工频交流电变换为直流电给蓄电池充电。充电电源输出额定电压在几伏到几百伏之间，输出电流在几十毫安到几百安培的范围内。充电电源的结构包括二极管整流电路、晶闸管相控整流电路和开关型变流电路等。前两者均采用工频变压器降压，经整流滤波后输出到负载。开关型变流器电源采用全控型器件(IGBT 或 MOSFET)组成高频开关型变流器，具有体积小、质量轻、控制性能好等优点。

由于各种蓄电池的特性各异，其充电方式也不同。总体上说，蓄电池充电方式可以分为恒压充电和恒流充电,针对不同的蓄电池应采用不同的充电电流波形,图 10-98 给出了几种常用的充电电流波形。图 10-98(a)所示为脉冲电流充电,是用恒定幅值的脉冲电流对蓄电池充电,在两脉冲的间歇期间检测充电状态。图 10-98(b)所示为含有放电脉冲的充电电流脉冲,能使电池瞬时放电,可以减少电池充放电过程中产生的气体,有效减小蓄电池的记忆效应。图 10-98(c)为大电流充电脉冲,用不同占空比的大电流脉冲对电池充电,平均充电电流取决于总的脉冲宽度与间隔时间之比,该方法既可减少蓄电池的记忆效应,又可减少电池极板在充放电过程中产生的结晶体。

(a) 脉冲电流充电　　　　(b) 含放电脉冲的充电电流　　　　(c) 大电流充电脉冲

图 10-98　常用充电电流波形

　　绝大多数的 AC/DC 和 DC/DC 变流电路可以作为蓄电池的充电电路。图 10-99 所示为开关电源式脉冲快速充电电源,图 10-100 是其快速充电控制波形图。图中充电电源是由 DC/DC 变换器、充放电控制器组成。DC/DC 变换器为系统提供可调的直流电压,可以由任何种类的 DC/DC 变换电路构成,充电开关管 VT_1 实现脉冲电压对电池的充电,在充电停止期间,放电管 VT_2 完成短时深度放电。

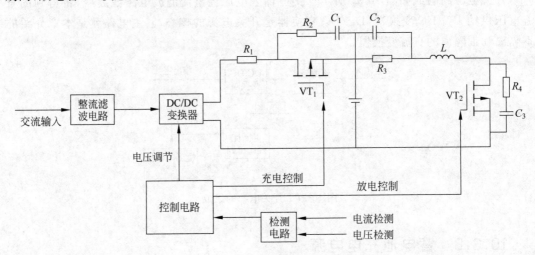

图 10-99　开关电源式脉冲快速充电电源

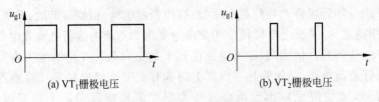

(a) VT_1 栅极电压　　　　　　　　(b) VT_2 栅极电压

图 10-100　脉冲快速充电控制波形图

电焊机是一种利用电能产生热量加热金属而实现焊接的设备,按其焊接热源原理的不同有电弧焊机和电阻焊机两种基本类型。电弧焊机是通过电弧产生热量熔化金属结合处而实现焊接,电阻焊机则是将强大的电流通过被焊接金属结合处,利用接触电阻产生热量将金属熔化并进行挤压而实现焊接,这两类焊机应用最广。此外,还有电子束、超声波、激光等特种电源焊接设备。焊接电源是电焊机的最主要组成部分。电弧焊机中主要是弧焊电源,包括直流弧焊电源、脉冲弧焊电源、交流弧焊电源和逆变弧焊电源 4 类。其中开关电源型弧焊电源是将高频 AC/DC、DC/DC 变换电路应用于直流电源中,其突出特点是高效节能、体积小、质量小,并具有良好的弧焊工艺特性。常用的开关电源型弧焊电源主电路结构如图 10-101 所示。单相或三相交流电经二极管不可控整流电路整流得到较高电压的直流电,通过 DC/DC 变换电路进行降压,得到所需要的安全电压。DC/DC 变换电路可以是前面介绍的正激变流器、推挽变流器、半桥变流器、全桥变流器。

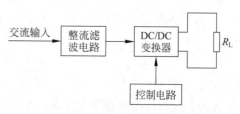

图 10-101　常用开关电源型弧焊
电源主电路结构

10.4　交流调速

10.4.1　交流变频调速和控制方式

1. 异步电动机的调速

在负载不变时,异步电动机转速为

$$n = n_0(1-s) = \frac{60f_1}{p}(1-s)$$

可见,异步电动机的调速方法有改变 f_1、p、s 三种。对于笼型异步电动机来说,要想实现无级调速,只有改变 f_1,即变频调速方法。

迄今为止,变频调速所达到的指标已能和直流电动机的调速性能相媲美。其主要优点如下:

(1) 调速范围广。通用变频器的最低工作频率为 0.5Hz,如额定频率 $f_N = 50$Hz,则在额定转速以下,调速范围可达到 $D \approx 50/0.5 = 100$。D 实际是同步转速的调节范围,与实际转速的调节范围略有出入。档次较高的变频器的最低工作频率可达 0.1Hz,则额定转速以下的调速范围可达到 $D \approx 50/0.1 = 500$。

(2) 调速平滑性好。在频率给定信号为模拟量时,其输出频率的分辨率大多为 0.05Hz,以四极电动机($p=2$)为例,每两挡的转速差为

$$\varepsilon_n \approx \frac{60 \times 0.05}{2} \text{r/min} = 1.5\text{r/min}$$

如频率给定信号为数字量时,输出频率的分辨率可达 0.002Hz,则每两挡间的转速差为

$$\varepsilon_n \approx \frac{60 \times 0.002}{2} \text{r/min} = 0.06\text{r/min}$$

（3）在工作特性方面，不管是静态特性，还是动态特性，都能做到和直流调速系统不相上下的程度。

（4）经济性方面，变频调速装置的价格明显高于直流调速装置。但在故障率方面，由于直流电动机本身存在弱点，即它有一个故障率较高的换向器和电刷，故变频调速系统具有较大优势，这也是为什么变频调速技术发展十分迅速的根本原因。

2. 变频调速的基本控制方式

三相异步电动机正常运行时，定子阻抗压降很小，可以认为 $U_1 \approx E_1$，则每相电动势的有效值是

$$U_1 \approx E_1 = 4.44 f_1 W_1 K_{W1} \Phi_m$$

式中，U_1 为定子相电压；E_1 为气隙磁通在定子每相中感应电动势有效值；f_1 为定子频率；W_1 为定子每相绕组串联匝数；K_{W1} 为基波绕组系数；Φ_m 为每极气隙磁通量。当降低 f_1 时，如果 U_1 不变，将使磁通 Φ_m 增大，电动机磁路饱和，励磁电流急剧增加，因此电动机将无法正常运行。为了防止磁路饱和，应使 Φ_m 保持不变，于是

$$U_1 / f_1 = 常数$$

上式表明，在基频以下变频调速时，要实现恒磁通调速，应使电压和频率按比例地配合调节，这相当于直流电动机的调压调速，也称为恒压频比控制方式。

10.4.2　异步电动机的调速系统

前面讨论的控制方式表明，必须同时改变电源的电压和频率才能满足变频调速的要求。现有的交流供电电源都是恒压恒频的，必须通过变频装置才能获得变压变频的电源，这样的装置统称为变压变频（Variable Voltage Variable Frequency，VVVF）装置。变频器分为两大类：第一类是交-直-交变频器，也称为间接变频器，它首先将现有的恒频恒压交流电供电电源经整流器变成幅值可调的直流电，然后再经逆变器变成频率、电压可调的交流电；第二类是交-交变频器，也称为直接变频器，它是由恒频恒压的交流电直接变成频率、电压可调的交流电。

1. 交-直-交电压型变频器异步电动机调速系统

交-直-交变频器工作原理如图 10-102 所示，按中间滤波环节的储能元件不同分为电压型和电流型两种。电压型的直流滤波元件为电容，它并接于整流桥的输出端，直流环节呈低阻抗性质，相当于恒压源。电流型的直流滤波元件为高阻抗电感，它串接于整流桥和逆变桥间的直流电路中，直流环节呈高阻抗性质，相当于恒流源。电压的变化靠控制整流桥的输出电压；频率的变化靠控制逆变桥的输出频率，协调两个桥的控制电路才能实现 $U_1 / f_1 =$ 常数的变频调速系统。

2. 交-交电压型变频器异步电动机调速系统

交-交变频器由两套正反并联的晶闸管整流电路组成，正半周由正组整流器供电，负半

周由负组整流器供电,其原理如图 10-103 所示。如果一方面使移相角 α 在半个周期内按余弦规律变化,即由大到小,再由小到大,同时用低于电源频率的速度切换正、反两组整流器轮流工作,则负载两端输出电压平均值是按正弦规律变化的。其瞬间输出电压为

$$U_d = U_{d0}\cos\alpha$$

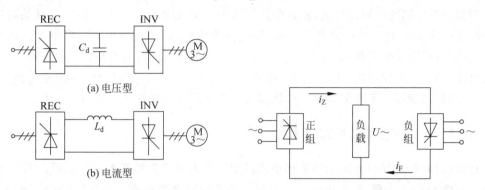

图 10-102 交-直-交变频器工作原理   图 10-103 交-交变频器工作原理

交-直-交变频器与交-交变频器主要特点比较如表 10-8 所示。

表 10-8 交-直-交变频器与交-交变频器主要特点比较

比较项目 \ 类型	交-直-交变频器	交-交变频器
换能方式	两次换能,效率略低	一次换能,效率较高
晶闸管换相方式	强迫换相或负载换相	电网电压换相
所有器件数量	较少	较多
调频范围	频率调节范围宽	一般情况下,输出最高频率为电网频率的 $1/3 \sim 1/2$
电网功率因数	采用可控整流器调压,低频低压时功率因数较低,采用斩波器或 PWM 方式调压,功率因数高	较低
适用场合	可用于各种电力拖动装置,稳频稳压电源和不间断电源	适用于低速大功率拖动

⑩.5 无源逆变电路

    直流-交流交换电路又称为逆变器,能够将直流电能转换为交流电能,使得直流电源向交流负载提供能量,或者作为装置的一部分将电能在不同的形式间进行交换传递,以适应生产和生活等不同场合的需要。

    逆变电路可做多种分类,按功率器件可分为半控器件逆变电路和全控器件逆变电路。前者采用晶闸管器件,负载换流或者外接电路强制换流,用于低频率大功率场合,正逐渐被

诸如 GTO、IGBT 等自关断器件替代。按输出波形要求可分为方波输出逆变器、正弦波输出逆变器、其他波形输出逆变器。按直流电源形式可分为电压源逆变器和电流源逆变器,前者采用电容元件为直流源进行电场储能,电源电压脉动以及电源阻抗小,特性类似电压源;而后者采用电感元件为直流源提供磁场储能,电源电流脉动小,电源阻抗大,特性类似电流源。两类逆变电路特性相差较大,但在电路原理上可以完全对偶分析。按负载以及能量传递情况可分为无源逆变及有源逆变,前者以电网为负载,将逆变输出的交流电能回送到电网,后者则以用电器为负载,如电炉、交流电机等。按电路结构可分为桥式逆变电路、非桥式逆变电路、组合式逆变电路、多电平逆变电路等。按输出相数主要可分为单相逆变器、三相逆变器、多相逆变器。按开关器件工作状态可分为硬开关和软开关逆变器。

10.5.1 逆变电路的工作原理

这里以如图 10-104(a)所示的单相桥式逆变电路为例说明其基本工作原理。图中 $S_1 \sim S_4$ 为桥式电路的 4 个臂,它们由电力电子器件及其辅助电路组成。当开关 S_1、S_4 闭合,S_2、S_3 断开时,负载电压 u_o 为正;当开关 S_1、S_4 断开,S_2、S_3 闭合时,负载电压 u_o 为负。其波形如图 10-104(b)所示。这样就把直流电变成了交流电,改变两组开关的切换频率即可改变输出交流电的频率。这就是逆变电流的基本工作原理。

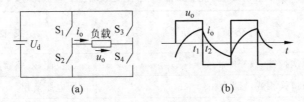

图 10-104　逆变电路及其波形举例

当负载为电阻时,负载电流 i_o 和电压 u_o 的波形形状相同,相位也相同。当负载为阻感时,i_o 相位滞后于 u_o,两者波形的形状也不同,图 10-104(b)给出的就是阻感负载时 i_o 的波形。设 t_1 时刻以前 S_1、S_4 导通,u_o 和 i_o 均为正。在 t_1 时刻断开 S_1、S_4,同时合上 S_2、S_3,则 u_o 的极性立刻变为负。但是,因为负载中有电感,其电流方向不能立刻改变而仍维持在原方向。这时负载电流从直流电源负极流出,经 S_2、负载和 S_3 流回正极,负载电感中储存的能量向直流电源反馈,负载电流逐渐减小,到 t_2 时刻降为 0,之后 i_o 才反向并逐渐增大。S_2、S_3 断开,S_1、S_4 闭合的情况类似。

10.5.2 换流方式分类

在图 10-104 所示的逆变电路工作过程中,在 t_1 时刻出现了电流从 S_1 到 S_2,以及从 S_4 到 S_3 的转移。电流从一个支路向另一个支路转移的过程称为换流。换流也常被称为换相。在换流过程中,有的支路要从通态转移到断态,有的支路要从断态转移到通态。从断态向通态转移时,无论支路是由全控型还是半控型电力电子器件组成,只要给门极适当的驱动信号,就可以使其开通。但从通态向断态转移的情况就不同了。全控型器件可以通过对门极的控制使其关断,而对于半控型器件的晶闸管来说,就不能通过对门极的控制使其关断,必须利用外部条件或采取其他措施才能使其关断。一般来说,要在晶闸管电流为 0 后再施加一定时间的反向电压才能使其关断。因为使晶闸管关断要比使其开通复杂得多,所以研究换流方式主要是研究如何使器件关断。

一般来说,换流方式可以分为以下几类。

1. 器件换流

利用全控型器件的自关断能力进行换流称为器件换流。在采用 IGBT、电力 MOSFET、GTO、GTR 等全控型器件的电路中,其换流方式即为器件换流。

2. 电网换流

由电网提供换流电压称为电网换流。在换流时,只要把负的电网电压施加到要关断的晶闸管上即可使其关断。这种换流方式不需要器件具有门极可关断能力,也不需要为换流附加任何元件,但是不适用于没有交流电网的无源逆变电路。

3. 负载换流

由负载提供换流电压称为负载换流。凡是负载电流的相位超前于负载电压的场合都可以实现负载换流。当负载为电容性负载时即可实现负载换流。另外,当负载为同步电动机时,由于可以控制励磁电流使负载呈现为容性,因而也可以实现负载换流。

4. 强迫换流

设置附加的换流电路,给要关断的晶闸管强迫施加反向电压或反向电流的换流方式称为强迫换流。强迫换流通常应用附加电容上所存储的能量来实现,因此也称为电容换流。

上述 4 种换流方式中,器件换流只适用于全控型器件,其余三种方式主要是针对晶闸管而言的。器件换流和强迫换流都是因为器件或变流器自身的原因而实现换流,两者都属于自换流;电网换流和负载换流不是依靠换流器自身,而是借助于外部手段来实现换流的,它们属于外部换流。采用自换流方式的逆变电路称为自换流逆变电路,采用外部换流方式的逆变电路称为外部换流逆变电路。

当电流不是从一个支路向另一个支路转移,而是在支路内部终止流通而变为 0,则称为熄灭。

10.5.3 单相电压型逆变电路

1. 单相半桥逆变电路

桥式逆变电路的一种最简单结构如图 10-105(a)所示,它是一种电压型半桥电路。半桥电路由一条桥臂和一个带有电压中点的直流电源组成,电压的中点可以由两个电压源串联而成,通常可由容量较大且数值相等的电容串联分压而成。若负载为纯电阻,VT_1、VT_2 轮流切换导通,可获得如图 10-105(b)和图 10-105(c)所示的输出电压 u_{an}、输出电流 i_0 波形。

如果在 $0 \leqslant t < T_0/2$ 期间,VT_1 有驱动信号,VT_2 截止,这时 $u_{an} = +U_d/2$;在 $T_0/2 \leqslant t < T_0$ 期间,VT_2 有驱动信号,VT_1 截止,这时 $u_{an} = -U_d/2$,则逆变器输出电压 u_{an} 为 180°宽的方波,幅值为 $U_d/2$,如图 10-105(b)所示。

输出电压有效值为

$$u_{\mathrm{an}} = \left(\frac{2}{T_0}\int_0^{T_0/2} \frac{U_{\mathrm{d}}^2}{4}\mathrm{d}t\right)^{1/2} = \frac{U_{\mathrm{d}}}{2}$$

由傅里叶分析,输出电压瞬时值表达式为

$$u_{\mathrm{an}} = \sum_{n=1,3,5,\cdots}^{\infty} \frac{2U_{\mathrm{d}}}{n\pi}\sin n\omega t$$

式中,$\omega = 2\pi f_0$ 为输出电压基波角频率,$f_0 = 1/T_0$。其基波分量的有效值为

$$U_1 = \frac{2U_{\mathrm{d}}}{\sqrt{2}\pi} = 0.45U_{\mathrm{d}}$$

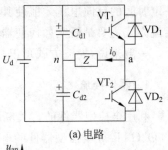

(a) 电路

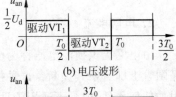

(b) 电压波形

改变开关管的门极驱动信号的频率,输出电压的频率也随着改变。要注意,为保证逆变电路的正常工作,必须保证 VT_1 和 VT_2 两个开关管不同时导通,否则将出现直流电源短路的情况,这种情况被称为逆变器的贯穿短路。实际的控制电路应采取有效的措施避免这种情况的发生。

当负载为纯电感时,在 $0 \leqslant t < T_0/2$ 期间,$u_{\mathrm{an}} = +U_{\mathrm{d}}/2 = L \cdot \mathrm{d}i_0/\mathrm{d}t$,$i_0$ 线性上升;在 $T_0/2 \leqslant t < T_0$ 期间,$u_{\mathrm{an}} = -U_{\mathrm{d}}/2 = L \cdot \mathrm{d}i_0/\mathrm{d}t$,$i_0$ 线性下降,如图 10-105(d) 所示。在图 10-105(d) 中第一个 $T_0/4$ 期间,若 VT_2 管关断,由于电感中电流不能突然改变方向,此时即使 VT_1 管加上驱动信号,负载电流 i_0 也必须通过 VD_1 管流通,直到 $i_0 = 0$ 时,VT_1 管才导通,负载电流开始反向。同样,VT_1 管关断时,负载电流先要通过 VD_2 管流通,直到 $i_0 = 0$ 时,VT_2 管才导通,负载电流开始又一次反向。当 VD_1 或 VD_2 导通时,能量返回电源,故称此二极管为反馈二极管。

(c) 电阻负载电流波形

(d) 电感负载电压波形

(e) R_L 负载电流波形

图 10-105　单相半桥逆变电路及其电流、电压波形

由图 10-105(d) 所示电感电流的波形可求得电感电流最大值 I_{oM},即

$$\frac{1}{2}U_{\mathrm{d}} = L\frac{\mathrm{d}i_0}{\mathrm{d}t} = L\frac{\Delta i_0}{\Delta t} = L\frac{I_{\mathrm{oM}} - (-I_{\mathrm{oM}})}{T_0/2} = 4Lf_0 I_{\mathrm{oM}}, \quad I_{\mathrm{oM}} = U_{\mathrm{d}}/(8f_0 L_0)$$

如果负载为 R-L 负载,则电流波形如图 10-105(e) 所示。$\cos\varphi_1$ 从 1 变到 0 时,VT_1、VT_2 的导电时间从 $T_0/2$ 变到 $T_0/4$,而二极管的导电时间则从 0 变到 $T_0/4$。

R-L 负载时,电流 i_0 的基波分量为

$$i_{01}(t) = \frac{\sqrt{2}U_1}{\sqrt{R^2 + (\omega L)^2}} \cdot \sin(\omega t - \varphi_1)$$

式中

$$U_1 = \frac{2U_{\mathrm{d}}}{\sqrt{2}\pi} = 0.45U_{\mathrm{d}}$$

2. 单相全桥逆变电路

半桥电路的特点是结构简单,所应用的管子比全桥电路少一半,相应地减少了管压降损

耗,但输出电压幅值降低一半,若要获得相同的输出电压,势必需要带有中间抽头的 $2U_d$ 的直流电源。因此在实际应用中,特别是容量较大的场合,全桥逆变电路使用更为普遍。

电压型单相全桥逆变电路如图 10-106(a)所示。带纯电阻、纯电感和电阻-电感负载时的电流波形分别如图 10-106(c)～图 10-106(e)所示。其工作原理和半桥逆变电路一样,此处不再赘述。但其输出电压有效值和瞬时值分别为:

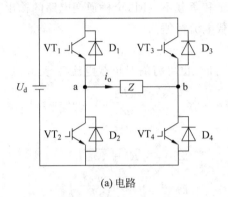

(a) 电路

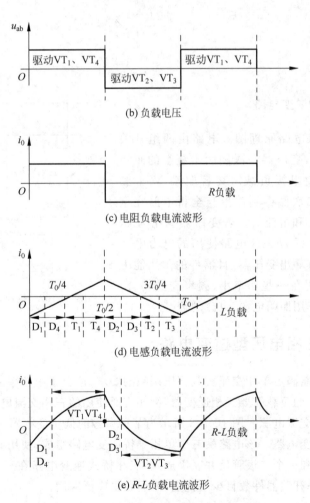

(b) 负载电压

(c) 电阻负载电流波形

(d) 电感负载电流波形

(e) R-L负载电流波形

图 10-106　单相全桥逆变电路及电压电流波形

$$U_{ab} = \left(\frac{2}{T_0} \int_0^{T_0/2} U_d^2 \, dt \right)^{1/2} = U_d, \quad u_{ab}(t) = \sum_{n=1,3,5,\cdots}^{\infty} \frac{4U_d}{n\pi} \sin n\omega t$$

其基波分量有效值可表示为

$$U_1 = \frac{4U_d}{\sqrt{2}\pi} = 0.9U_d$$

需注意的是,当电源电压和负载不变时,全桥逆变电路的输出功率是半桥的 4 倍。

对于纯电感负载,其负载电流峰值为

$$I_{oM} = U_d/(4f_0 L_0)$$

当负载为感性负载(R-L)时,也可将瞬时负载电流 i_0 表示为

$$i_0 = \sum_{n=1,3,5,\cdots}^{\infty} \frac{U_{1m}}{nZ_n} \sin(n\omega t - \varphi_n)$$

其中

$$Z_n = \sqrt{R^2 + (n\omega L)^2}$$

$$\varphi_n = \arctan\left(\frac{n\omega L}{R}\right)$$

$$U_{1m} = \begin{cases} \dfrac{4U_d}{\pi} & \text{(全桥)} \\[2mm] \dfrac{2U_d}{\pi} & \text{(半桥)} \end{cases}$$

3. 推挽式单相逆变电路

图 10-107 是该电路原理图。电路由两组开关和一个变压器组成,变压器一次侧两个绕组的匝数比为 1:1,二次绕组接负载。交替驱动 VT$_1$ 和 VT$_2$,则在变压器二次侧得到波形与全桥电路完全相同的输出电压 u_o 和电流 i_o。若变压器变比为 k,则输出电压幅值为 U_d/k。该电路使用的电力电子器件较少,但必须有输出变压器,且器件的耐压能力要求较高,故只应用在一些功率小、频率高的场合,如某些测量仪表、车用照明电源、电磁炉等。

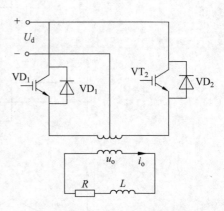

图 10-107　推挽式单相逆变电路

10.5.4　三相电压型逆变电路

单相逆变器只能满足单相交流负载调压调频的要求,适合于小功率的场合,对于负荷较大、使用三相交流电的负载需要三相逆变器,例如广泛使用的三相交流电动机的调速就需要能调频调压的三相交流电源。图 10-108 所示为某种型号的低压变频器主电路,其中虚线框内即为三相桥式逆变电路。该电路由三个单相半桥逆变电路组成,使用 6 个开关(每个开关由一个全控型器件和一个二极管反并联组成)。三相桥式逆变电路在三相逆变电路中具有相对简单、所用功率开关器件数目少等优点,因而获得广泛应用。

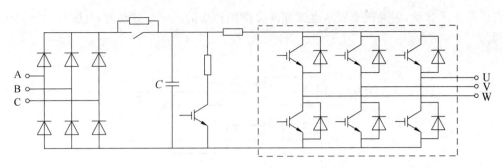

图 10-108 低压变频器主电路

电压型全桥式逆变电路如图 10-109 所示,其所接负载为阻感性负载。电路的控制方式有多种,电压输出波形为方波的有 180°导通型和 120°导通型。另一种应用极其广泛的控制方式是脉冲宽度调制(PWM)方式。

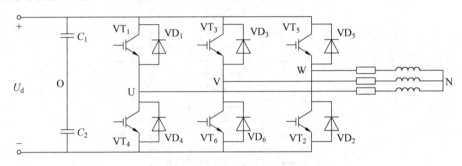

图 10-109 三相全桥式电压型逆变电路

1. 180°导通型方波输出三相逆变器

通常直流侧电容器只有一个即可,为了便于分析,图中画出两个电容器串联,O 为直流电源假想的中性点,N 为负载的中性点。和单相半桥、全桥逆变电路相同,每个桥臂的导通角度为 180°,同一相上下两个桥臂交替导电,各相开始导电的角度依次相差 120°。设 6 个开关为 $S_1 \sim S_6$,其中 S_1 为 VT_1 和 VD_1 的反并联,其余开关依此类推。6 个开关的导通顺序为 S_1、S_2、S_3、S_4、S_5、S_6,分析时假设负载为三相对称负载。下面分析其工作原理。

参照图 10-110 的波形图,u_{VO} 滞后 u_{UO} 120°,u_{WO} 滞后 u_{VO} 120°,在同一时刻有三个开关导通,或者上桥臂一个开关,下桥臂两个开关;或者上桥臂两个开关,下桥臂一个开关。设最初的导通状态为 S_1、S_5、S_6,则电流流通路径为 $U_d(+) \rightarrow S_1$ 和 $S_5 \rightarrow$ 负载 U 和 W 端 $\rightarrow$ 负载 V 端 $\rightarrow S_6 \rightarrow U_d(-)$,这时的负载是 Z_U 与 Z_W 并联再与 Z_V 串联,V 相负载上的电压 $u_{\text{VN}} = -(2/3)U_d$,U 相和 W 相负载上的电压为 $u_{\text{UN}} = u_{\text{WN}} = (1/3)U_d$,逐次分析各个区间可以得到三相负载上的电压波形。由于负载为感性负载,负载电流滞后于其两端电压。图 10-110 中给出的是阻抗角 $\varphi < \dfrac{\pi}{3}$ 时的 U 相负载电流波形,当负载电流与电压同向时,全控型器件导通,当负载电流与电压反向时,续流二极管导通。

i_V、i_W 的波形和 i_U 形状相同,相位依次相差 120°。把桥臂 1、3、5 的电流加起来即可得到直流侧电流 i_d 的波形,如图 10-110(i)所示。可以看出,每隔 60°电流 i_d 脉动一次,而直流侧电压基本无脉动,因而逆变器从直流侧向交流侧传送的功率是脉动的,且脉动的情况大体相同。

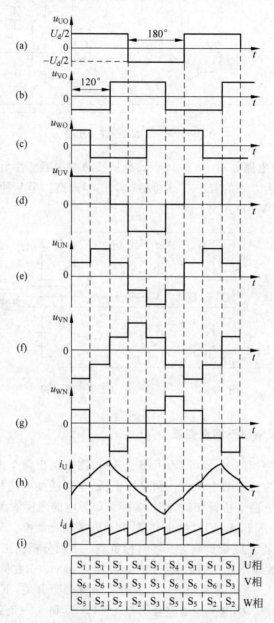

图 10-110　180°导通型方波输出波形

2. 120°导通型方波输出三相逆变电路

该控制方式的逆变电路的上桥臂开关 S_1、S_3、S_5 和下桥臂开关 S_4、S_6、S_2 各自以相隔 120°的顺序依次导通,一个周期中每个开关导通 120°,同一相上的下桥臂开关 S_4、S_6、S_2 比上桥臂开关 S_1、S_3、S_5 滞后 180°,如图 10-111 所示。同一时刻只有两个开关导通,一个属于上桥臂,另一个属于下桥臂。设最初导通的两桥臂为 S_1、S_6,则电流流通路径为 $U_d(+)\rightarrow$

$S_1 \rightarrow U$ 相负载 $\rightarrow V$ 相负载 $\rightarrow S_6 \rightarrow U_d(-)$，此时直流电压 U_d 加在了两相串联的负载上，因三相负载对称，故每相负载承担的电压为直流电压 U_d 的一半，即 $U_{UN} = -U_{VN} = U_d/2$。$60°$之后，下桥臂开关 S_2 与 S_6 换流，S_6 关断，S_2 导通，电流由 V 相转移到 W 相，流通路径为 $U_d(+) \rightarrow S_1 \rightarrow U$ 相负载 $\rightarrow W$ 相负载 $\rightarrow S_2 \rightarrow U_d(-)$。逐次分析各个区间可以发现，每隔 $60°$ 相邻序号的开关导通，一个周期中 6 个开关各导通一次。

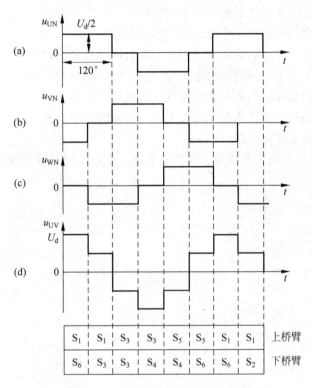

图 10-111 120°导通型方波输出波形

采用 120°导通方式时，同一相上下桥臂有 $60°$ 的导通间隙（例如 S_1 关断后 S_4 并不马上导通，而是间隔 $60°$ 以后才导通），对换流的安全有利，但开关器件的利用率较低，并且当电动机采用星形接法时，始终有一相绕组断开，换流时该相绕组中会引起较高的感应电动势，需要采取过电压保护措施。而采用 180°导通方式时，无论电动机采用星形接法还是三角形接法，正常工作时不会引起过电压，因而 180°导通方式应用较为普遍。

需要说明的是，在 180°导通方式的逆变器中，为了防止同一相上下两桥臂的开关器件同时导通而引起直流电源的短路，必须在两开关切换时设置死区时间。所谓死区时间是指同一相上的两开关切换时驱动信号同时为 0 的一段短暂的时间。当两器件切换时应采取先断后通的方法，即先使应关断的器件关断，待其关断一定时间之后再给应导通的器件发出开通信号，这一段间隔要确保应关断的器件关断后才开通另一器件。死区时间的长短取决于器件的开关速度，器件的开关速度越快，所留的死区时间就可以越短。对于工作于上下桥臂通断互补控制方式的任何电路，都必须设置"先断后通"的死区时间。

习题 10

10.1　晶闸管作为功率半导体器件的优点是什么？

10.2　简述晶闸管的工作原理和导通状态。

10.3　晶闸管有哪些派生器件？分别有哪些优点？

10.4　简述电力晶体管的工作原理和基本参数。

10.5　为什么电力晶体管的地位会被电力场效应晶体管取代？

10.6　对比 8.1 节中介绍的电力电子器件,总结各器件的特点。

10.7　简述单相整流电路和三相整流电路的区别。

10.8　斩波电路的主要作用是什么？主要应用在哪些方面？

10.9　交流调速是如何实现的？

10.10　无源逆变电路主要功能有哪些？无源逆变电路可以分成哪几类？

参 考 文 献

[1]　阎石.数字电子技术基础[M].4 版.北京：高等教育出版社,2001.

[2]　秦曾煌.电工学(上、下册)[M].5 版.北京：高等教育出版社,1999.

[3]　沈复兴.电子技术基础(下册)[M].北京：电子工业出版社,2004.

[4]　白中英.数字逻辑与数字系统[M].北京：科学出版社,1998.

[5]　叶淬.电工电子技术[M].北京：化学工业出版社,2002.

[6]　徐淑华.电工电子技术[M].北京：电子工业出版社,2004.

[7]　宁帆.数字电路与逻辑设计[M].北京：人民邮电出版社,2003.

[8]　刘浩斌.数字电路与逻辑设计[M].北京：电子工业出版社,2003.

[9]　鲍可进.数字逻辑电路设计[M].北京：清华大学出版社,2004.

[10]　叶挺秀,张伯尧.电工电子学[M].北京：高等教育出版社,2004.

[11]　唐介.电工学[M].北京：高等教育出版社,1999.

[12]　王兆安,黄俊.电力电子技术[M].北京：机械工业出版社,2001.

[13]　贺益康,潘再平.电力电子技术[M].北京：科学出版社,2004.

[14]　刘志刚.电力电子学[M].北京：清华大学出版社,北京交通出版社,2004.

[15]　苏玉刚,陈渝光.电力电子技术[M].重庆：重庆大学出版社,2000.

[16]　胡宴如.电子技术基础.模拟部分[M].北京：中国电力出版社,1999.

[17]　康华光.电子技术基础.模拟部分[M].北京：高等教育出版社,1999.

[18]　徐晓光.电子技术[M].北京：机械工业出版社,2004.

[19]　杨世彦.电工学.模拟电子技术[M].北京：机械工业出版社,2003.

[20]　李守成.电子技术.电工学(Ⅱ)[M].北京：高等教育出版社,2000.

[21]　张先永.电子技术基础[M].长沙：国防科技大学出版社,2004.

[22]　张建华.数字电子技术[M].北京：机械工业出版社,1994.

[23]　张建华.数字电子技术[M].北京：机械工业出版社,2005.

[24]　沈任元,吴勇.数字电子技术基础[M].北京：机械工业出版社,2000.

[25]　江思敏.VHDL 数字电路及系统设计[M].北京：机械工业出版社,2006.

[26]　Robert K Dueck.数字系统设计——CPLD 应用与 VHDL 编程[M].张春,译.北京：清华大学出版社,2005.

[27]　李丽敏.数字电子技术[M].北京：清华大学出版社,2015.

[28]　杨聪锟.数字电子技术基础[M].北京：高等教育出版社,2014.

[29]　张宝荣.数字电子技术基础[M].北京：电子工业出版社,2015.

[30]　方易圆.可编程逻辑器件与 EDA 技术[M].北京：清华大学出版社,2014.

[31]　郭利文.CPLD/FPGA 设计与应用高阶教程[M].北京：北京航空航天大学出版社,2011.

[32]　罗桂娥.模拟电子技术[M].北京：中国水利水电出版社,2014.

[33]　封维忠.模拟电子技术基础[M].南京：东南大学出版社,2015.

[34]　李国丽.模拟电子技术基础[M].北京：高等教育出版社,2012.

[35]　郭荣祥.电力电子应用技术[M].北京：高等教育出版社,2013.

[36]　杨卫国.电力电子技术[M].北京：冶金工业出版社,2011.

图 书 资 源 支 持

感谢您一直以来对清华版图书的支持和爱护。为了配合本书的使用,本书提供配套的资源,有需求的读者请扫描下方的"书圈"微信公众号二维码,在图书专区下载,也可以拨打电话或发送电子邮件咨询。

如果您在使用本书的过程中遇到了什么问题,或者有相关图书出版计划,也请您发邮件告诉我们,以便我们更好地为您服务。

我们的联系方式:

地　　址:北京市海淀区双清路学研大厦 A 座 701

邮　　编:100084

电　　话:010－62770175－4608

资源下载:http://www.tup.com.cn

客服邮箱:tupjsj@vip.163.com

QQ:2301891038(请写明您的单位和姓名)

用微信扫一扫右边的二维码,即可关注清华大学出版社公众号"书圈"。

资源下载、样书申请

书 圈

扫一扫,获取最新目录